Additional material from 

MONUMENT DES EISENS

AUSSTELLUNGSGEBÄUDE DES STAHLWERKS-
VERBANDS A.G. UND DES VEREINS DEUTSCHER
BRÜCKEN- UND EISENBAU-FABRIKEN AUF DER
BAUFACH-AUSSTELLUNG LEIPZIG 1913

Eisen im Hochbau.

Ein Taschenbuch mit Zeichnungen, Tabellen
und Angaben über die Verwendung
von Eisen im Hochbau.

Herausgegeben

vom

Stahlwerks-Verband A.-G.
Düsseldorf.

Vierte Auflage.
(Berichtigter Neudruck.)

Springer-Verlag Berlin Heidelberg GmbH
1914.

Einzelpreis ℳ 3.—.

Bei gleichzeitigem Bezug von 20 Exemplaren ℳ 2.75.

„   „   „   „   50   „   ℳ 2.60.

„   „   „   „   100   „   ℳ 2.50.

ISBN 978-3-662-23794-6   ISBN 978-3-662-25897-2 (eBook)
DOI 10.1007/978-3-662-25897-2
Softcover reprint of the hardcover 5th edition 1914

Vorwort.

Zum vierten Mal haben wir unserem Taschenbuch ein Geleitwort auf den Weg zu geben.

Der Zweck des Buches, dem ausführenden Architekten und Ingenieur ein Hilfsmittel an die Hand zu geben, um ihm alle denkbare Erleichterung bei der Verwendung des Eisens, insbesondere für Zwecke des gewöhnlichen Hochbaues zu bieten, ist der gleiche geblieben, die in dem Buch gebotenen Mittel sind dagegen wesentlich vermehrt und verbessert worden.

Die Anerkennung, die das Buch überall gefunden, hat uns zu weiterer Ausgestaltung veranlaßt und so hat die Neuauflage eine sorgfältige Überarbeitung erfahren, die hauptsächlich in gewiß willkommenen Ergänzungen der früheren Zusammenstellungen, in gänzlich neu berechneten Tabellen und in der Umarbeitung einzelner Kapitel zum Ausdruck kommen.

Auf die wichtigsten Neuerungen sei kurz hingewiesen.

Den Angaben bei den verschiedenen Normalprofilen sind hinzugefügt die größten mit Rücksicht auf Flanschbreite etc. zulässigen Nietdurchmesser und die unter Abzug dieser Niete verbleibenden Nettoquerschnitte, was bei Dimensionierung von Zugstäben Bequemlichkeiten bietet. Ferner sind die Niet-Wurzelmaße und die Grenzknicklängen (mit Rücksicht auf die Anwendung der Euler- bezw. Tetmayerschen Knickformel) sowohl für die Einzelprofile als auch zusammengesetzten Querschnitte verschiedener Anordnung angegeben. Die Reihen der ⊥-Normalprofile und der breitflanschigen Spezialprofile sind um die inzwischen eingefügten Profile Nr. 60 bezw. 80—100 B vermehrt worden.

Die Gewichtstabellen in Abstufungen von 10 cm für ⊥, ⊏ und breitflanschige ⊥-Eisen sind auch für gleichschenklige und ungleichschenklige L-Eisen, hochstegige und breitflanschige ⊥-Eisen, Z, ⊓ und ⌐-Eisen berechnet worden.

Die Angaben über Nieten und Schrauben sind den vom Verein deutscher Brücken- und Eisenbau-Fabriken festgesetzten Normalien angepaßt und um diesen den dringend erwünschten Eingang erleichtern zu helfen, sind auch die früheren Angaben über die Stützen sämtlich entsprechend den neuen Normalnietstärken umgerechnet worden. Bei gleichzeitiger möglichster Ausnutzung des Profilquerschnittes ergaben sich gegenüber den früheren Angaben einige Abweichungen, die sich als Verbesserungen darstellen.

Die Stützentabellen mit ihren Angaben über Tragfähigkeiten wurden ergänzt durch solche für Stützen aus einem breitflanschigen I, aus]H[und]⊢⊣[-Eisen. Die Stützentabellen für][und]][sind erweitert worden für Lamellenbreiten bis zu 600 mm und für die Zwischen-Stützlängen. Auch die Blechträgertabellen sind bedeutend erweitert; neu hinzugefügt wurden Blechkastenträger, die bei ganz geringen Konstruktionshöhen vielfach zur Anwendung gelangen müssen.

Bei allen Angaben ist im Auge behalten für Bleche, Winkel etc. solche Abmessungen zu wählen, wie sie als Normaldimensionen von den meisten Konstrukteuren oder Händlern auf Lager gehalten werden.

Einer der größten Vorzüge der Eisenkonstruktion ist die sofortige von Witterung und sonstigen Nebenumständen unabhängige Verwendbarkeit. Dies hat allerdings zur Voraussetzung, daß diese Schlagfertigkeit der Eisenkonstruktion nicht infolge Wahl unzweckmäßiger Profile und die dadurch bedingte lange Lieferzeit teilweise wieder aufgehoben wird.

Der Wunsch, die auf diesem Gebiete unbedingt wünschenswerte Normalisierung einzuleiten und verbreiten zu helfen, hat uns dabei geleitet.

Wie in früheren Auflagen, haben wir dem Kapitel „Massive Decken" auch wieder ein Bezugsquellenverzeichnis für poröse Ziegelhohlsteine beigefügt, das infolge des neu belebten Interesses an diesem vorzüglichen Deckenbaumaterial wesentlich erweitert werden konnte.

Durch Neuzeichnung sämtlicher Klischees haben wir die äußere Ausstattung, die sich im Übrigen der Verlag von Julius Springer in bewährter Weise hat angelegen sein lassen, weiter zu heben gesucht.

Die Verbesserungen sind zum Teil auf die Anregung von Fachleuten zurückzuführen, denen wir für ihr freundliches Interesse an unserem Taschenbuch auch an dieser Stelle unseren besten Dank abstatten.

Wir hoffen, wie bei den früheren Auflagen, daß sich das Taschenbuch weitere Freunde erwerben und der Kreis derer, die es mit Nutzen gebrauchen, ein immer größerer werden möge.

**Stahlwerks-Verband A.-G.,
Düsseldorf.**

Inhalts-Verzeichnis.

Angaben über gußeiserne Hohlstützen.

Angaben aus der Festigkeitslehre.

Angaben für die Berechnung von Trägern.

Querschnittstabelle.

---

*) Nach dem Runderlaß des preußischen Ministers der öffentlichen Arbeiten vom
31. Januar 1910.

Allgemeines über das im Hochbau verwendete Eisen.

Einteilung, Herstellung und Eigenschaften des Eisens.

Durch Schmelzen von Eisenerzen, deren wichtigste Roteisenstein, Magneteisenstein, Brauneisenstein und Spateisenstein sind, mit Brennstoffen unter Zusatz geeigneter Zuschläge (meist Kalkstein) und Einführung erhitzter gepreßter Luft in den Hochofen wird Roheisen gewonnen, aus dem die für die verschiedensten Verwendungszwecke erforderlichen Eisenarten hergestellt werden.

Roheisen enthält meist Silizium, Phosphor, Schwefel, Mangan und stets Kohlenstoff von 2,3 % und mehr, schmilzt bei verhältnismäßig niedriger Temperatur (1075—1275 °) und läßt sich nicht schmieden. Man unterscheidet: weißes, graues und halbiertes Roheisen.

Weißes Roheisen enthält sämtlichen Kohlenstoff als Härtungskohle im Eisen gelöst, besitzt strahliges Gefüge, ist äußerst hart und spröde, dickflüssig und daher nicht zum Gießen geeignet. Es wird nur hergestellt für die weitere Verarbeitung zu schmiedbarem Eisen.

Graues Roheisen, bei dem ein mehr oder minder großer Teil des Kohlenstoffes als Graphit eingelagert und nur der Rest als Härtungskohle gelöst ist, hat körniges Gefüge, ist siliziumhaltig, weicher und zäher als das weiße Material, leicht flüssig und dehnt sich beim Erkalten etwas aus. Vorwiegend wird es zur Erzeugung von Gußeisen verwendet.

Halbiertes Roheisen liegt zwischen grauem und weißem Roheisen und zeigt außer Graphit auch klar die weiße Grundmasse.

Nach dem Bruchaussehen unterscheidet man beim weißen Roheisen: mattes nicht kristallinisches, strahliges und Spiegel-Roheisen (Mangangehalt); beim grauen Roheisen: feinkörniges helleres, mit sehr kleinen Graphitplättchen durchsetztes und grob kristallinisches dunkeles Roheisen. Je nach dem bei der Herstellung verwendeten Brennstoffe spricht man von Holzkohlen-, Koks- und Steinkohlen-Roheisen; je nach der späteren Verwendung von Gießerei-, Bessemer-, Thomas-, Puddel- usw. Roheisen.

Roheisen wird weiter verarbeitet zu Gußeisen und schmiedbarem Eisen. Je nachdem letzteres härtbar ist oder nicht, pflegt man Stahl und Schmiedeisen zu unterscheiden. Da die Grenze, bei welcher eine merkbare

Härtbarkeit des Eisens eintritt, schwer festzulegen ist, wird in der Praxis im allgemeinen mit Stahl ein Eisen, dessen Zugfestigkeit größer als 50 kg/qmm ist, bezeichnet, mit Schmiedeisen ein solches mit geringerer Zugfestigkeit.

Nach Art der Gewinnung und dem Zustande, in dem sich das schmiedbare Eisen am Ende des Herstellungsprozesses befindet, unterscheidet man Schweißeisen und Flußeisen, bezw. Schweißstahl und Flußstahl. Schweißeisen und Schweißstahl ist das in teigigem Zustande durch den Puddelprozeß gewonnene schmiedbare Eisen, Flußeisen und Flußstahl das im Windfrisch- oder Herdfrischverfahren in flüssigem Zustande hergestellte.

Für Hochbauzwecke kommen nur in Betracht: A. Flußeisen, B. Gußeisen, C. Stahlformguß, D. Schmiedestahl. Schweißeisen findet für Hochbauzwecke so gut wie gar keine Verwendung mehr.

A. Flußeisen ist in flüssigem Zustande durch Entkohlung von Roheisen gewonnenes schmiedbares Eisen. Es ist schweißbar, schmelzbar (bei 1500^0 und höher) aber nicht merklich härtbar. Nach dem Herstellungs-Verfahren unterscheidet man: Birnenflußeisen (Bessemer- bzw. Thomaseisen) und Herdflußeisen (Martineisen). Bei der Herstellung des Birnenflußeisens kommen zwei Herstellungs-Verfahren in Betracht: das Bessemer-Verfahren (1855), auch saures Verfahren genannt und das Thomas-Verfahren, auch als basisches Verfahren bezeichnet (1878). Das Bessemer-Verfahren beruht darauf, daß die Bessemer-Birne, deren Inneres eine kieselsäurereiche — saure — Ausfütterung erhalten hat, mit siliziumreichem Roheisen, welches entweder unmittelbar dem Hochofen entnommen oder vorher in Kuppelöfen umgeschmolzen wurde, gefüllt, und durch dieses in flüssigem Zustande befindliche Eisen durch im Boden befindliche Öffnungen der Birne Luft gepreßt wird. Hierdurch findet Entkohlung des Roheisens bis zu einem bestimmten Grade statt.

Bei dem basischen oder Thomas-Verfahren wird phosphorhaltiges, siliziumarmes Roheisen bei Anwendung einer basischen Ausfütterung der Birne entkohlt und der Phosphor ausgeschieden. Bei den beiden Herstellungsarten wird das Eisen in der Regel vollkommen entkohlt und ein bestimmter Kohlenstoffgehalt durch nachträgliches Hinzufügen von Kohlenstoff, meist in Form von reinem Roheisen, erzielt; als Zusatz verwendet man beim Bessemer-Prozeß meist Spiegeleisen, bei sehr weichen Eisensorten Eisenmangan, beim Thomas-Prozeß Spiegeleisen oder festen Kohlenstoff in Form von Pulver oder Ziegeln aus gemahlenem Koks mit Kalk gebunden. In Deutschland findet fast ausschließlich das Thomas-Verfahren Anwendung.

Das Herdflußeisen (Siemens-Martin-Eisen) wird auf dem Herde eines mit Regenerativ-Feuerung versehenen Flammofens durch Zusammenschmelzen von Roheisen und Erz bezw. von Roheisen und Abfällen von Schmiedeisen und Stahl, bezw. von Roheisen, Erz und Schmiedeisen hergestellt. Je nachdem der Ofen mit basischem oder kieselsäurereichem Material ausgefüttert ist, erhält man basisches oder saures Herdflußeisen. Auch hier wird der Prozeß für gewöhnlich so weit geführt, daß man ein ganz kohlenstoffarmes Flußeisen erhält, welches alsdann durch Zusatz von Spiegeleisen oder Eisenmangan auf einen vorgeschriebenen Kohlenstoffgehalt und bestimmten Härtegrad gebracht wird.

B. Gußeisen ist ein durch Umschmelzen unter Verwendung von Koks im Tiegel-, Kuppel- oder Flammofen gereinigtes graues Roheisen. Bei Baukonstruktionen, bei denen hohe Ansprüche an die Festigkeit des Eisens gestellt werden, darf zu Gießzwecken nur ein phosphorarmes Roheisen (Hämatit) verwendet werden.

C. Stahlformguß wird nach dem für Flußeisen bezw. Stahl angegebenen Verfahren hergestellt und dann in Formen gegossen.

D. Schmiedestahl wird entweder durch die Verfahren zur Herstellung von Schmiedeisen oder nach dem Tiegelverfahren, welches in einem Umschmelzen des Rohstahles oder in einem Zusammenschmelzen von Roh- und Schmiedeisen in besonderen Tiegeln besteht, gewonnen.

Handelsfabrikate des Eisens.

Sämtliche Walzwerkserzeugnisse werden im Stahlwerksverbande eingeteilt in zwei Hauptgruppen Produkte A und Produkte B. Erstere werden durch den Stahlwerksverband A.-G. Düsseldorf verkauft, letztere selbständig durch die einzelnen Werke.

Die **Produkte A** umfassen Gruppe Halbzeug, Gruppe Eisenbahn-Oberbaumaterial, Gruppe Formeisen.

Unter Halbzeug versteht man rohe und vorgewalzte Blöcke und Brammen, Knüppel und Platinen, Breiteisen und Puddelluppen.

In die Gruppe Eisenbahn-Oberbaumaterial gehören sämtliche Eisenbahnschienen, Rillen- und sonstige Schienen, Eisenbahnschwellen, Laschen und Unterlagsplatten, Hakenplatten, Radlenker und dergl.

Die Gruppe Formeisen umfaßt sämtliche $\underline{\text{I}}$- und $\underline{\text{L}}$-Eisen von 80 mm Höhe und mehr, sowie Zores-Eisen.

Die **Produkte B** umfassen die Gruppen:

Stabeisen,

Walzdraht,

Bleche,

Röhren,

Guß- und Schmiedestücke.

Zur Gruppe Stabeisen gehören Universal- und Flacheisen, auch Röhrenstreifen und Weichenplatten, Rund- und Quadrateisen, sonstiges Stab- und Stabformeisen, Bandeisen, sowie Klemmplatteneisen und Streckdraht.

Die Gruppe Bleche enthält Grobbleche mit 5 mm und mehr Stärke, Feinbleche jeder Art unter 5 mm Stärke, Riffelbleche, Warzenbleche und Bleche mit sonstigem Walzmuster.

Zur Gruppe Guß- und Schmiedestücke werden gerechnet Eisenbahnachsen, Räder und Radreifen, Schmiedestücke, Stahlgußstücke, Stahlwalzen und alle anderen Stahlfabrikate, die nicht in einer der vorstehenden Gruppen angegeben sind.

Als sonstige Handelsfabrikate des Eisens sind noch anzuführen: gußeiserne Stützen für Bauzwecke, Auflagerplatten für Träger, Auflager für Brücken und Hochbauten, gußeiserne Rohre, Niete, Schrauben, Nägel, Drahtseile, Ketten und dergl.

Bauwerkeisen.

Lieferungsvorschriften.

Für die Lieferung von Eisen für Hochbauzwecke kommen in der Hauptsache nachstehende Bestimmungen in Betracht:

1. Vorschriften für Lieferung von Eisen und Stahl, aufgestellt vom Verein deutscher Eisenhüttenleute. Düsseldorf 1911. Verlag Stahleisen m. b. H., Düsseldorf. Preis 40 Pfg.
2. Normalbedingungen für die Lieferung von Eisenkonstruktionen für Brücken- und Hochbau, aufgestellt von dem Verbande deutscher Architekten- und Ingenieurvereine, dem Vereine deutscher Ingenieure und dem Verein deutscher Eisenhüttenleute. Otto Meißners Verlag, Hamburg 1908. Preis 60 Pfg.

    Bei Staatslieferungen werden auch zugrunde gelegt:
3. Besondere Vertragsbedingungen für die Anfertigung, Lieferung und Aufstellung von Eisenbauwerken. Ministerialrunderlaß vom 14. Juni 1912. Verlag Wilhelm Ernst & Sohn, Berlin. Preis 50 Pfg.

Die unter 1 genannten Vorschriften stimmen überein mit den Angaben über Güte des Materials und Prüfungsverfahren in den Normalbedingungen, die im übrigen Bestimmungen über die Herstellung zusammengesetzter Eisenkonstruktionen und ihre Abnahme enthalten.

Auszug aus den Vorschriften für die Lieferung von Eisen und Stahl.

I. Allgemeine Bestimmungen.

Prüfungsverfahren.

Art der Proben. Zur Erkennung der Brauchbarkeit der vorstehend angeführten Materialien kommen folgende Proben in Betracht:

A. Proben mit ungeteilten Gebrauchsstücken.

Kaltproben:

1. Außenbesichtigung.
2. Schlagprobe.
3. Biegeprobe.

B. Proben mit abgetrennten Stücken.

a) Kaltproben:

    1. Gewöhnliche Biegeprobe.
    2. Lochprobe.
    3. Bruchprobe.
    4. Zerreißprobe.
    5. Verwindungsprobe.

b) Warmproben:

    1. Biegeprobe.
    2. Härtungsbiegeprobe.
    3. Lochprobe.
    4. Ausbreit-(Schmiede-)probe.
    5. Stauchprobe.

Wahl der Probestücke. Die Wahl der Stücke, von welchen Probestreifen entnommen werden, bleibt dem Abnahmebeamten vorbehalten, jedoch sollen tunlichst die beim Walzen gefallenen kürzeren Stücke und Abfallenden hierzu Verwendung finden.

Mit sichtbaren Fehlern behaftete Probestücke dürfen nicht verwendet werden.

Herstellung der Probestreifen. Die Stäbe für Zerreißproben sind von dem zu untersuchenden Eisen kalt abzutrennen und kalt zu bearbeiten. Die Wirkungen etwaigen Scherenschnitts sowie des Auslochens oder Aushauens sind zuverlässig zu beseitigen.

Wird das Gebrauchsstück ausgeglüht, so sind auch die Probestreifen sorgfältig auszuglühen, im anderen Falle ist das Ausglühen derselben zu unterlassen.

Auf den Probestreifen ist tunlichst die Walzhaut zu belassen.

Die Probestäbe sollen in der Regel eine Versuchslänge von 200 mm bei 300 bis 500 qmm Querschnitt haben. Beträgt der Querschnitt (F) weniger als 300 qmm, so kann die Versuchslänge (l) bestimmt werden nach der Formel:

$$l = 11{,}3 \sqrt{F}$$

Bei Material von 40 mm und mehr Dicke sollen die Probestreifen nicht durch Aushobeln, sondern durch Ausschmieden auf den geeigneten Querschnitt gebracht werden. Über die Versuchslänge hinaus haben die Probestäbe nach beiden Seiten noch auf je 10 mm Länge den gleichen Querschnitt.

Zu Biegeproben sind Materialstreifen von 30 bis 50 mm Breite oder Rundstäbe von einer der Verwendung entsprechenden Dicke zu benutzen. Die Probestücke müssen auf kaltem Wege abgetrennt werden. Die Kanten der Streifen sind abzurunden.

Finden sich nach dem Zerreißen, Biegen usw. anscheinend guter Probestücke Fehlerstellen, so werden die Prüfungsergebnisse aus solchen

Stücken nicht berücksichtigt, wenn sie den gestellten Anforderungen nicht genügt haben.

Wenn bei Ausführung der Zerreißprobe der Bruch außerhalb des mittleren Drittels der Versuchslänge des Stabes erfolgt, so ist die Probe zu wiederholen, falls die Dehnung ungenügend ausfällt.

Satzweise Prüfung. Wenn eine satzweise Prüfung vorgesehen ist, muß alles Material mit der Nummer des Gußsatzes (Charge) versehen sein, aus dem es herrührt.

Ersatzproben. Entsprechen alle Proben den gestellten Anforderungen, so gilt das zugehörige Material als abgenommen. Für jede nicht genügende Probe müssen aus der betreffenden Materialmenge bezw. aus demselben Gußsatze zwei neue Proben entnommen werden. Entspricht eine derselben wiederum den Anforderungen nicht, so kann das Material verworfen werden.

Zerreißmaschinen. Die Zerreißmaschinen müssen leicht und sicher auf ihre Richtigkeit geprüft werden können.

Profil. Die Profile werden nach den vom Besteller eingesandten Schablonen und Zeichnungen oder nach dem Profilalbum des Werkes gewalzt. Die hierbei zulässigen Abweichungen sind bei den einzelnen Fabrikaten gesondert angeführt.

Äußere Beschaffenheit. Geringe äußere Fehler, welche die Haltbarkeit der Gebrauchsstücke nicht beeinträchtigen, sollen kein Hindernis für die Abnahme bilden. Das Wegmeißeln von Walzsplittern und Schalen ist gestattet.

Abnahme. Die endgültige Prüfung und Abnahme erfolgt in dem Werke, falls nichts anderes ausdrücklich vereinbart ist.

II. Flußeisen und Flußstahl.

B. Bauwerk-Flußeisen. [1]
(S. a. Allgemeine Bestimmungen.)

Auswahl und Anzahl. War eine satzweise Prüfung vereinbart, so muß jedes dem Abnahmebeamten vorgelegte Stück die betreffende Satznummer tragen. Aus jedem so vorgelegten Satze dürfen 3 Stück, höchstens jedoch von je 20 oder angefangenen 20 Stück 1 Stück entnommen und zu nachstehenden Proben verwendet werden.

---

[1] In Übereinstimmung mit den „Normalbedingungen für die Lieferung von Eisenkonstruktionen für „Brücken- und Hochbau" aufgestellt von dem „Verbande deutscher Architekten- und Ingenieur-Vereine", dem „Verein deutscher Ingenieure" und dem „Verein deutscher Eisenhüttenleute" 1908.

War eine satzweise Prüfung nicht vereinbart, so können von je 100 Stücken 5, höchstens jedoch von je 2000 oder angefangenen 2000 kg desselben Walzprofils 1 Stück zu Probezwecken entnommen werden.

Zerreiß- und Dehnungsproben. Es soll betragen:

a) bei Material von 7 bis 28 mm Dicke und mindestens 300 qmm Querschnitt der Probe

in der Längsrichtung:

die Zugfestigkeit 37 bis 44 kg, die Dehnung mindestens 20 %;

in der Querrichtung:

die Zugfestigkeit 36 bis 45 kg, die Dehnung mindestens 17 %;

b) bei Material von 4 bis unter 7 mm Dicke und mindestens 200 qmm Querschnitt der Probe und einer entsprechenden Versuchslänge (siehe S. 6)

in der Längsrichtung:

die Zugfestigkeit 37 bis 46 kg, die Dehnung mindestens 18 %;

in der Querrichtung:

die Zugfestigkeit 36 bis 47 kg, die Dehnung mindestens 15 %;

c) bei Niet- und Schraubenmaterial:

die Zugfestigkeit 36 bis 42 kg, die Dehnung mindestens 22 %.

Sonstige Proben. *1. Flacheisen, Formeisen.*

a) Biegeproben. Sowohl Längs- als auch Querstreifen sind kirschrotwarm zu machen, in Wasser von etwa 28⁰ C. abzuschrecken und dann so zusammenzubiegen, daß sie eine Schleife bilden, deren Durchmesser an der Biegestelle gleich ist: bei Längsstreifen der einfachen, bei Querstreifen der doppelten Dicke des Versuchsstückes. Hierbei dürfen an Längsstreifen keine Risse entstehen; bei Querstreifen sind unwesentliche Oberflächenrisse zulässig.

b) Rotbruchproben. Ein im rotwarmen Zustande auf 6 mm Dicke und etwa 40 mm Breite abgeschmiedeter Probestreifen soll mit einem sich verjüngenden Lochstempel, der 80 mm lang ist und 20 mm Durchmesser am dünnen, 30 mm am dicken Ende hat, im rotwarmen Zustande gelocht werden. Das 20 mm weite Loch soll dann auf 30 mm erweitert werden, ohne daß hierbei ein Einriß in dem Probestreifen entstehen darf.

2. Niet- und Schraubenmaterial.

a) Biegeproben. Rundeisenstäbe sind hellrotwarm zu machen, in Wasser von etwa 28⁰ C. abzuschrecken und dann so zusammenzubiegen, daß sie eine Schleife bilden, deren Durchmesser an der Biegestelle gleich der halben Dicke des Versuchsstücks ist. Hierbei dürfen keine Risse entstehen.

b) Stauchproben. Ein Stück Schrauben- oder Nieteisen, dessen Länge gleich dem doppelten Durchmesser ist, soll sich im warmen, der

Verwendung entsprechenden Zustande bis auf ein Drittel seiner Länge zusammenstauchen lassen, ohne Risse zu zeigen.

Spielraum für Maß und Gewicht. Wird Bauwerk-Flußeisen auf g e n a u e Länge verlangt, so sind folgende Abweichungen zulässig:

1. Bei *Flach-, Winkel-, Rund-, Vierkant-* und *Universaleisen* Mehrlängen bis zu 20 mm.

2. Bei *Formeisen* Mehrlängen bis zu 50 mm.

Geringerer Spielraum nach besonderer Vereinbarung.

Die Normalgewichte werden aus den Abmessungen und dem spezifischen Gewichte abgeleitet.

Von diesen rechnungsmäßigen Gewichten sind folgende Abweichungen zulässig:

1. Bei *Flach-, Winkel-, Rund-* und *Vierkanteisen* im g a n z e n ein Mehrgewicht bis zu 3% und ein Mindergewicht bis zu 2%, für e i n z e l n e Stäbe ein Mehrgewicht bis zu 5% und ein Mindergewicht bis zu 2%.

2. *Universaleisen* darf in der Breite ± 3 mm und in der Dicke ± 5%, mindestens aber ± ½ mm von den vorgeschriebenen Maßen abweichen.

3. Bei *Formeisen* ± 6% mit der Maßgabe, daß bei größeren Bestellungen eines und desselben Profils eine größere Genauigkeit vereinbart werden kann.

Werden die für einzelne Stäbe oder Platten angeführten Gewichtsabweichungen überschritten, so können die betreffenden Teile zurückgewiesen werden.

———

Verkaufs- und Lieferungsbedingungen des „Stahlwerks-Verband A. G. Düsseldorf".

A. Allgemeine Bedingungen.

1. Alle Verkäufe und Lieferungen erfolgen auf Grund der nachstehenden Bestimmungen, sowie der von uns festgesetzten Preisliste. Etwa von Auftraggebern gemachte Vorschriften, Bemerkungen oder Ergänzungen, soweit sie sich nicht mit unseren Verkaufs- und Lieferungsbedingungen oder sonstigen etwaigen Vereinbarungen decken, sind für uns nur dann gültig, wenn wir sie ausdrücklich gegenbestätigt haben. Spätere Einwendungen und Ansprüche werden ein für allemal abgelehnt.

2. Sämtliche Preisangaben beziehen sich, sofern nichts anderes angegeben ist, auf die Tonne = 1000 kg ab Station des liefernden Werkes auf den Eisenbahnwagen gelegt, mit 10 t Fracht wie ab Diedenhofen. Hierbei ist 10 t Bezug vorausgesetzt.

Bei Bahnlieferungen nach der Werksstation wird die anteilige Ortsfracht vergütet. Wird indes das Material mit Fuhre abgeholt, so erfolgt keinerlei Vergütung von Ortsfracht.

3. Die Angabe der Lieferfristen für Anfragen oder Bestellungen erfolgt durch uns bezw. die Werke nach bestem Ermessen. Eine Verbindlichkeit für die Einhaltung dieser Fristen kann nur insoweit übernommen werden, als der Werksbetrieb die rechtzeitige Ausführung des Auftrages zuläßt.

Betriebsstörungen, worunter auch Rohmaterial- und Brennstoffmangel infolge von Stockungen in der regelmäßigen Anlieferung gehört, Arbeitermangel, Arbeiterausstände oder Aussperrungen, sowie Wagenmangel, Mobilmachung und Krieg, entbinden von der Einhaltung zugesagter Lieferfristen und von der Verpflichtung zur vollständigen Lieferung.

4. Die Abwickelung der Schlüsse hat, sofern es sich nicht um Abschlüsse für besondere Objekte handelt, in der Reihenfolge, wie sie getätigt wurden, zu erfolgen, ohne Rücksicht darauf, auf welche Abschlüsse die Bestellung erteilt wird. Gegenteilige Wünsche können nicht berücksichtigt werden.

Direkte Erteilung von Spezifikationen auf Abschlüsse seitens dritter Firmen ist unzulässig.

Sollte die Berechnung auf einen Abschluß gehen und dieser bezw. die folgenden dadurch überschritten werden, so behalten wir uns ausdrücklich vor, den Überschuß zu anullieren, oder den bei der Bestellung gültigen Tagespreis dafür in Anrechnung zu bringen.

5. Wenn nichts Besonderes vereinbart ist, müssen die Bestellungen auf getätigte Abschlüsse in möglichst gleichen Monatsraten bei den Werken eingereicht und die bestellten Materialien in annähernd gleichmäßig über die Vertragszeit verteilten Mengen abgenommen werden.

6. Falls nichts anderes vereinbart ist, wird das Material in Thomasflußeisen gewöhnlicher Handelsqualität geliefert. Wir sind deshalb nicht verpflichtet, auf einen bestehenden Abschluß Lieferungen nach besonderen Vorschriften zu übernehmen, wenn dies nicht von vornherein vorgesehen ist.

Normalqualität oder andere Qualitätsbedingungen werden von uns nur nach Maßgabe der in den besonderen Bedingungen enthaltenen Bestimmungen übernommen.

7. Falls nicht mit der Bestellung ganz bestimmte Weisungen für den Versand gegeben werden, wird dieser nach bestem Ermessen des liefernden Werkes ohne Verantwortlichkeit für billigste Verfrachtung bewirkt.

Die Waren gehen auf Gefahr des Bestellers, auch bei Frankolieferungen. Die Frachtzahlung ist also als eine für den Besteller gemachte Vorlage zu betrachten.

8. Für die Frachtausgleichung gilt die Station als Bestimmungsstation, nach welcher die Ware vom Werke abgerichtet ist.

Wird die Ware unterwegs umkartiert, also von der Station, nach welcher sie vom Werke abgerichtet wurde, nach erfolgter Umkartierung weiter gesandt, so ist die Endbestimmungsstation für die Berechnung maßgebend.

Solche Umkartierungen müssen uns bei Auftragserteilung angemeldet werden.

Bei Beiladungen wird für die Berechnung der Frachtdifferenz diejenige Station zugrunde gelegt, nach welcher die vollständige Ladung abgerichtet ist.

9. Bemängelungen der Waren bezw. Beschwerden über Fehlgewicht müssen uns, also nicht dem liefernden Werke, schriftlich mitgeteilt werden; sie können nur dann Berücksichtigung finden, wenn die Mitteilung innerhalb acht Tagen nach Empfang der Ware erfogt ist und nur insoweit, als sich die Ware noch im Zustande, wie sie angeliefert wurde, befindet.

Werden die Bemängelungen von uns als begründet anerkannt, so nehmen wir die unverarbeitete mangelhafte Ware zurück und liefern Ersatz in guter Ware, lehnen jedoch alle weitergehende Ansprüche, wie Vergütung von Schaden und Arbeitslöhnen, Verzugsstrafen und dergl. ausdrücklich ab.

10. Die Rechnungen sind zahlbar ausschließlich durch Überweisung auf unser Reichsbank-Giro-Konto spätestens am 15. des der Lieferung ab Werk folgenden Monats abzüglich $1\,^{1}/_{2}\%$ Skonto.

11. Die Skontovergütung erfolgt nicht vom Endbetrage der Rechnung, sondern vom Rechnungsbetrage ab Diedenhofen. Von den Frachtdifferenzen gegen Diedenhofen wird also Skonto nicht vergütet.

12. Für alle aus den Geschäften sich ergebenden Rechte und Pflichten gilt für beide Teile Düsseldorf als Erfüllungsort und Gerichtsstand.

B. Besondere Bedingungen.

Die nachstehend angegebenen Preise sind der besseren Übersicht halber nochmals unter „C. Preisliste" mitaufgeführt.

1. Die Preisliste bezieht sich auf I- und U-Eisen in Profilen von 80 mm Steghöhe aufwärts und auf Belag (Zores-)Eisen, soweit die einzelnen Werke die Profile herstellen, sowie auf Bearbeitungen, soweit die Werke darauf eingerichtet sind.

2. Die in der Preisliste und in den Profilheften der Werke angegebenen Gewichte sind annähernde, mit einem Spielraum von 6 % mehr oder weniger.

Bei größeren Bestellungen in ein und demselben Profil, welche eine besondere Auswalzung gestatten, kann eine größere Genauigkeit des Gewichtes vereinbart werden. Es bleibt dann für den geringeren Gewichtsspielraum Preisvereinbarung vorbehalten.

Insofern nicht ausdrücklich möglichst genaue Einhaltung der eingeschriebenen Profilabmessungen vorgeschrieben ist, wird im allgemeinen „auf Gewicht" gewalzt; es können sich dann unter Umständen die Abmessungen, je nach dem Walzenverschleiß, verändern.

Wird möglichst genaue Einhaltung der eingeschriebenen „Profilmasse" ohne Rücksicht auf etwa hierdurch bedingtes Mehrgewicht gefordert, so ist dies vorher mit uns zu vereinbaren. Aber auch in diesem Falle berechtigen etwaige, durch längeren Gebrauch der Walzen entstehende geringfügige Abweichungen von den in den Profilheften eingeschriebenen Maßen nicht zu Beanstandungen. Es wird vielmehr für die Höhe des Formeisens ein Spielraum von $\pm$ 2 mm bei Profilen von 80 mm bis unter 200 mm Höhe und von $\pm$ 3 mm bei 200 mm und höheren Profilen ausdrücklich ausbedungen.

Die **Verwiegung** erfolgt waggonweise.

Die Gewichte der einzelnen Positionen werden nach dem theoretischen Gewicht festgestellt.

Abweichungen des durch Verwiegung festgestellten Gesamtgewichtes von dem theoretischen Gesamtgewichte werden auf die theoretischen Gewichte der einzelnen Positionen in gleichem Verhältnis verteilt.

3. Die **Normallängen,** d. h. die Längen, welche keinen Preiszuschlag bedingen, reichen bei:

I-Eisen von 4 m bis einschließlich 12 m,
U-Eisen von 4 m bis einschließlich 10 m,
Belag-(Zores-)Eisen von 4 m bis einschließlich 8 m.

Stäbe, welche die Normallängen über- oder unterschreiten, bedingen die in der Preisliste angegebenen Preiszuschläge für Mehr- bezw. Minderlänge.

4. I- und U-Eisen in Normalprofilen sind in Lagerlängen von 4—12, bzw. 4—10 m meistens vorrätig. Diese Längen sind zwischen:

4— 9 m mit 200 mm,
9—12 „ für I-Eisen }
und 9—10 „ für U-Eisen } mit 250 mm

abgestuft. Der Längenspielraum beträgt hierfür ± 50 mm.

Außerdem sind unter **Lagerlängen** zu verstehen Längen von 10 bzw. 12 m und darüber nach Wahl des Werkes.

In anderen Längen werden normale und anormale Profile nur auf Bestellung angefertigt und die vorgeschriebenen Längen dabei bis auf ± 50 mm eingehalten.

5. Wird ein größerer Grad von Genauigkeit in der Länge als ± 50 mm Spielraum gewünscht, so ist „genaue" oder „**fixe Länge**" zu bestellen. Die bestellten Längenmaße werden dann bis zu (plus-minus) ± 10 mm eingehalten. Hierfür ist ein Aufpreis von Mk. 5.— für die Tonne zu zahlen.

Die Längenbezeichnung „nicht fix, jedoch nicht kürzer" und andere unbestimmte Angaben sind unzulässig und es wird in denjenigen Fällen, in denen das Werk einen kleineren Spielraum als ± 50 mm oder ± 100 mm liefert, der Fixmaß-Aufpreis berechnet.

Werden z. B. Stäbe mit nur plus oder nur minus 50 mm Toleranz verlangt, so wird hierfür ebenfalls der Fixmaß-Aufpreis in Anrechnung gebracht.

Werden außer obengenannten Toleranzen noch **glatte** und **rechtwinklige Schnitte** vorgeschrieben, so tritt hierfür bei beiden Enden ein besonderer Aufpreis von Mk. 2.50 pro 1000 kg und bei einem Ende ein solcher von Mk. 1.65 pro 1000 kg in Kraft.

Für gefräste Stäbe beträgt der erforderliche Längenspielraum bis zu (plus-minus) ± 5 mm. Ein größerer Grad der Genauigkeit kann bei der Verschiedenheit der geeichten Maßstäbe, namentlich bei großen Längen, nicht gewährleistet werden.

Gefräste Stäbe bedingen einen Überpreis von Mk. 10.— pro 1000 kg, einschließlich Aufpreis für fixes Maß.

6. Die Formeisen gelangen gut handelsüblich gerichtet zur Anlieferung.

Werden Formeisenstäbe **extra** oder **doppelt gerichtet** bestellt, so kommt ein Aufpreis von Mk. 10.— für die Tonne zur Anrechnung.

7. Für **Zeichnen** gelangt ein Aufpreis nicht zur Berechnung, wenn nur drei Buchstaben, Ziffern oder Zeichen vorgeschrieben sind.

Weitergehende Zeichen werden mit Mk. 0,10 pro Tonne und pro Buchstabe, Ziffer oder Zeichen berechnet; zu weitgehende derartige Vorschriften können abgelehnt werden.

Für das Zeichnen von Stückgütern kommt ein Aufpreis für die seitens der Bahn für Stückgüter vorgeschriebene Zeichnung nicht in Anrechnung.

Alle über die bahnseitige Vorschrift hinausgehende Zeichen werden indes berechnet.

8. Werden **Normalqualität** oder andere **Qualitätsbedingungen** vorgeschrieben und von uns angenommen, so tritt die Berechnung eines vorher besonders zu vereinbarenden Qualitäts-Aufpreises ein, der mindestens Mk. 5.— pro Tonne beträgt. Die endgültige Abnahme der Ware hat auf dem Lieferungswerke zu erfolgen; der vereinbarte Qualitätsaufpreis wird auch berechnet, wenn eine Abnahme auf dem Werke nicht stattfindet.

Der Aufpreis gilt ein für allemal einschließlich sachlicher Abnahmekosten, aber ausschließlich Testkosten und der persönlichen Spesen des Abnahmebeamten.

Das Material gilt für äußere und innere Beschaffenheit mit dem Versand ab Werk als bedingungsgemäß geliefert und als endgültig abgenommen, einerlei, ob eine Abnahme stattgefunden hat oder nicht.

Wird eine **Bescheinigung über die Qualitätsziffern** des Materials verlangt, ohne daß eine besondere Qualität vorgeschrieben ist, so gelangt trotzdem ein Aufpreis von Mk. 3.— pro Tonne für die Vornahme der Proben zur Berechnung.

Derselbe Aufpreis von Mk. 3.— pro Tonne gelangt zur Berechnung, falls Material ohne besondere Qualität, jedoch mit **Probeenden** bestellt wird.

Mitlieferung von Probeenden erfolgt ohne irgendwelche Verbindlichkeit für die damit vorzunehmenden Qualitätsversuche.

Bei Bestellungen von besonderen Qualitäten ist Angabe des Verwendungszweckes empfehlenswert.

9. Für Bestellungen nach einem außerhalb des Absatzgebietes des betr. Käufers gelegenen Platze, gleichviel ob die Lieferung dorthin direkt oder indirekt erfolgt, wird, sofern die Bestellung überhaupt zur Ausführung gelangt, ein besonderer Aufpreis von Mk. 10.— für die Tonne **für Gebietsüberschreitung** in Ansatz gebracht, auch dann, wenn die Lieferung wieder in das Absatzgebiet eingeführt wird.

Lieferungen über die Grenzen Deutschlands hinaus sind nicht gestattet. Falls dennoch, direkt oder ab Lager Lieferungen nach dem Auslande erfolgen, kommt hierfür ein Aufpreis von Mk. 25.— pro Tonne in Anrechnung.

Die Abnehmer des Stahlwerksverbandes sind verpflichtet, bei Weiterankäufen dieselben Bedingungen zu stellen.

10. Für **Beiladungen,** soweit solche überhaupt angenommen werden, wird ein Aufpreis von Mk. 3.— pro Tonne, mindestens aber Mk. 3.— für jede Beiladung berechnet, gleichgültig ob eine Umladung erfolgt oder nicht.

11. Für **Abholen vom Werke mittels Fuhre** wird ein Aufpreis von Mk. 5.— pro Tonne und die Fracht Diedenhofen-Werkstation berechnet. Besorgt das Werk die Abfuhr, so gelangt außerdem noch der Fuhrlohn zur Berechnung und in diesem Falle die Fracht Diedenhofen-Bestimmungsstation.

12. Formeisen-Bestellungen bzw. Lieferungen an eine Adresse bedingen einen **Mindermengen-Aufpreis** von

Mk. 5.— pro Tonne, wenn das Gesamtgewicht der Lieferung nur 2000 kg und darunter und

Mk. 3.— ,, ,, wenn das Gesamtgewicht der Lieferung über 2000 bis einschl. 5000 kg beträgt.

Wenn diese **Mindermengen-Aufpreise** vermieden werden sollen, so ist vorzuschreiben

„Nicht unter 2001 bezw. 5001 kg zu versenden, eventl. zu komplettieren".

Dieselben Aufpreise gelangen auch dann zur Berechnung, wenn durch Zusammenladen von Formeisen-Ordres verschiedener Besteller an eine Adresse ein Minderversand vermieden wird.

Wünscht ein Abnehmer aus einer Bestellung über 5 t ein kleineres Quantum vorab, so gelangen vorstehende Überpreise für Mindermengen ebenfalls zur Berechnung. Dieselben fallen dagegen fort, wenn ein Werk aus Bestellung über 5 t aus eigenem Ermessen geringere Mengen zum Versand bringt.

C. Preisliste.

Allgemeine Aufpreise.

Bezüglich der unten angegebenen Preise verweisen wir auch auf die betreffenden Paragraphen unserer „Besonderen Bedingungen".

Fixe Längen (Bes. Bed. 5)	Mk.	5.—	pro Tonne
Glatte und rechtwinklige Schnitte (Bes. Bd. 5)			
an beiden Enden	,,	2.50	,, ,,
an einem Ende	,,	1.65	,, ,,
Gefräste Stäbe (Bes. Bed. 5)	,,	10.—	,, ,,
Besonders oder doppelt gerichtete Stäbe (Bes. Bd. 6)	,,	10.—	,, ,,
Zeichnungen über 3 Buchstaben, Ziffern oder Zeichen (Bes. Bed. 7) für je einen Buchstaben, bzw. Ziffer, bzw. Zeichen	,,	0.10	,, ,,
Normalqualität (Bes. Bed. 8)	,,	5.—	,, ,,
Bescheinigung der Qualitätsziffern (Bes. Bed. 8) .	,,	3.—	,, ,,
Material mit Probeenden	,,	3.—	,, ,,
Bestellungen bzw. Lieferungen außerhalb des Absatzgebietes (vergl. Bes. Bed. 9)	,,	10.—	,, ,,
über die Grenzen Deutschlands (vergl. Bes. Bed. 9)	,,	25.—	,, ,,
Beiladungen (Bes. Bed. 10)	,,	3.—	,, ,,
(mindestens aber Mk. 3,— für jede Beiladung)			
Abholen vom Werk mittels Fuhre (Bes. Bed. 11)	,,	5.—	,, ,,
Lieferungen von 2000 kg und darunter (Bes. Bed. 12)	,,	5.—	,, ,,
Lieferungen von 5000 kg bis über 2000 kg (Bes. Bed. 12)	,,	3.—	,, ,,

A. Überpreise auf Profile und Stäbe über Normallänge.

Die Preise verstehen sich in Mark pro t.

I-Eisen, Normallänge 4—12 m								
a) Normalprofile			b) Sonstige Profile			c) Greyprofile		
Normalprofile	Profil-über-preis	Längen-auf-preis*	Profil in mm	Profil-über-preis	Längen-auf-preis*	Profil	Profil-über-preis	Längen-auf-preis*
8—26	—	3,0	80 bis einschl. 260	6,0	3,0	18 B—26	10,0	3,0
27—30	5,0	4,0	über 260—300	11,0	4,0	27—30	12,0	4,0
32 und 34	7,5	5,0	„ 300—340	17,5	5,0	32 und 34	15,0	5,0
36 38 40	12,5	6,0	„ 340—400	22,5	6,0	36 38 40	20,0	6,0
42½ 45	}20,0	8,0	„ 400—500	40,0	8,0	42½ 45	}25,0	8,0
47½ 50			„ 500—600	50,0	8,0	47½		
55	40,0	8,0	über 600 mm			50—100 B		
60 besondere Preisverein-barung			besondere Preis-vereinbarung			besondere Preisverein-barung		

d) Ungleichflanschige I-Profile von 80—140 mm haben einen Profilüberpreis von Mk. 10.— und Längenaufpreis von Mk. 3,00*.

⊔-Eisen, Normallänge 4—10 m						Belag-(Zores-)Eisen		
a) Normalprofile			b) Sonstige Profile			Normallänge 4—8 m		
Profil	Profil-über-preis	Längen-auf-preis*	Profil	Profil-über-preis	Längen-auf-preis*	Profil	Profil-über-preis	Längen-auf-preis*
8 10 10½			80—220	16,0	4,0	5		
11¾						6		
12 14	}10,0	4,0	über 220	30,0	5,0	7½	}30,0	6,0
14½						9		
16 18						11		
20 22								
23½ 24						sonstige		
260/90/10						Profile	40,0	6,0
260/90/14	}20,0	5,0						
28 300/75/10								
300/100/16								

* Längenaufpreis für jeden Meter oder Meterteil des ganzen Stabes über Normallänge.

B. Überpreise für Längen unter 4 m (Unterlängen).

Für I-, U- und Belag-(Zores-)Eisen in Stäben unter 4 m Länge
werden folgende Überpreise berechnet:

für Stäbe von unter 4 bis 3 m Länge	Mk. 3,00
,, ,, ,, ,, 3 ,, 2 ,, ,, ...	,, 5,00
,, ,, ,, ,, 2 ,, 1 ,, ,, ...	,, 7,50
,, ,, ,, ,, 1 ,, $^1/_2$,, ,, ...	,, 9,00
,, ,, ,, ,, 500 bis einschl. 400 mm . . .	,, 15,00
,, ,, ,, ,, 400 ,, ,, 300 ,, . . .	,, 20,00
,, ,, ,, ,, 300 ,, ,, 250 ,, . . .	,, 30,00
,, ,, ,, ,, 250 ,, ,, 200 ,, . . .	,, 40,00
,, ,, ,, ,, 200 ,, ,, 150 ,, . . .	,, 60,00
,, ,, ,, ,, 150 ,, ,, 100 ,, . . .	,, 80,00

mindestens jedoch Mk. 0,25 pro Schnitt für bis einschl. 150 mm hohe Profile und Mk. 0,40 pro Schnitt für höhere Profile.

Die Werke sind jedoch berechtigt, die Lieferung der kurzen Stücke unter
500 mm abzulehnen.

Alle übrigen Preisbestimmungen, insbesondere über Bearbeitungen, sind aus der gesondert erschienenen Preisliste des Stahlwerksverbandes, die auf Wunsch von den Trägerhändlern an Interessenten abgegeben
wird, zu ersehen.

Aufpreise für Anstrich:

1. Für I-Eisen.

Profilhöhen:	Leinöl		Blei-mennig		Eisenrot		Diamant-farbe		Schuppen-panzer-farbe		Teer	Ze-ment
	1 mal	2 mal	1 mal	2 mal	1 mal	2 mal	1 mal	2 mal	1 mal	2 mal	1 mal	1 mal
	ℳ	ℳ	ℳ	ℳ	ℳ	ℳ	ℳ	ℳ	ℳ	ℳ	ℳ	ℳ
bis 100 mm einschl.	6,10	8,70	10,50	16,10	8,00	11,70	8,40	12,40	12,70	19,70	6,00	5,30
über 100—200 mm ,,	5,10	6,80	8,10	12,00	6,40	8,90	6,70	9,50	9,60	14,50	4,80	4,10
,, 200—300 ,, ,,	4,30	5,30	6,30	8,80	5,10	6,80	5,30	7,20	7,20	10,50	3,50	2,80
,, 300—400 ,, ,,	3,90	4,70	5,30	7,10	4,40	5,70	4,50	5,90	6,00	8,30	2,90	2,40
,, 400—500 ,, ,,	3,60	4,30	4,70	6,10	4,00	5,10	4,10	5,20	5,20	7,10	2,50	1,90
,, 500	3,50	4,00	4,40	5,70	3,90	4,70	4,00	4,90	4,90	6,50		

2. Für ⎵-Eisen:

Profilhöhen:	Leinöl		Bleimennig		Eisenrot		Diamantfarbe		Schuppenpanzerfarbe		Teer	Zement
	1 mal	2 mal	1 mal	2 mal	1 mal	2 mal	1 mal	2 mal	1 mal	2 mal	1 mal	1 mal
	ℳ	ℳ	ℳ	ℳ	ℳ	ℳ	ℳ	ℳ	ℳ	ℳ	ℳ	ℳ
bis 100 mm einschl.	5.20	7.10	8.50	12.50	6.70	9.50	6.90	9.90	10.10	15.30	5.60	4.90
über 100–200 mm „	4.80	6.30	7.50	10.70	5.90	8.10	6.10	8.50	8.70	12.90	4.10	3.50
„ 200–300 „ „	4.30	5.50	6.30	8.80	5.20	6.80	5.30	7.20	7.30	10.50	3.70	3.10
„ 300 „	4.30	5.30	6.10	8.70	5.10	6.70	5.20	7.10	7.20	10.30		

3. Für ⌓ (Zores-Eisen):

Profilhöhen:	Leinöl		Bleimennig		Eisenrot		Diamantfarbe		Schuppenpanzerfarbe		Teer	Zement
	1 mal	2 mal	1 mal	2 mal	1 mal	2 mal	1 mal	2 mal	1 mal	2 mal	1 mal	1 mal
	ℳ	ℳ	ℳ	ℳ	ℳ	ℳ	ℳ	ℳ	ℳ	ℳ	ℳ	ℳ
bis 50 mm einschl.	7.60	10.90	13.70	21.50	10.10	15.30	10.70	16.30	16.70	26.50	8.00	7.30
über 50–60 mm „	6.80	9.70	12.00	18.70	9.10	13.50	9.50	14.30	14.70	22.80	6.90	6.30
„ 60–75 „ „	6.30	8.80	10.80	16.50	8.30	12.10	8.50	12.80	13.10	20.30	6.10	5.50
„ 75–90 „ „	5.90	8.00	9.70	14.70	7.50	10.80	7.90	11.50	11.70	18.00	5.50	4.80
„ 90–110 „ „	5.60	7.60	9.10	13.60	7.10	10.10	7.30	10.70	10.90	16.70	5.10	4.40
„ 110 „	5.70	7.70	9.50	14.10	7.20	10.40	7.60	10.90	11.20	17.20	5.30	4.40

Andere Profilhöhen nur nach besonderer Vereinbarung.

Die Tabellen geben die Kosten für den Anstrich in Mark für 1000 kg; Transportkosten gelangen hierbei nicht besonders zur Berechnung.

Formeisen mit anderem Anstrich können nur nach vorheriger Vereinbarung bezogen werden.

Angaben über Formeisen und Stabformeisen.

Vorbemerkungen.

1. Die bei den Profilen in den folgenden Tabellen angegebenen Maße sind Millimeter. Es bedeutet

F = Querschnitt in qcm,
G = Gewicht in kg für 1 lfd. m,
W = Widerstandsmoment in cm^3,
J = Trägheitsmoment in cm^4,
i = Trägheitshalbmesser in cm, für die entspr. Achsen,
l_0 = Grenzknicklänge = 105 i_{min} (für 1 Profileisen),
l = ,, bei den zusammeng. Profil-Querschnitten in cm.
     Bei Druckstäben mit $> l_0$ bezw. $> l$ gilt die Eulersche, mit $< l_0$ bezw. $< l$ die Tetmajersche Formel.
F_n = Netto-Profilquerschnitt in qcm, unter Abzug von größten Nietquerschnitten,
d_1 = max. Nietdurchmesser in mm,
c, c_1 ... n o r m a l e Profilwurzelmaße.

2. Die angegebenen Gewichte gelten für Flußeisen. Sie sind nur annähernde.

3. Für die Höhe bei I- und U-Eisen gilt, wenn eine möglichst genaue Einhaltung der eingeschriebenen Profilmaße ohne Rücksicht auf etwa hierdurch bedingtes Mehrgewicht ausdrücklich verlangt wird, als gestattete Abweichung:

bis unter 200 mm Profilhöhe $\pm$ 2 mm und
von 200 mm Profilhöhe aufwärts $\pm$ 3 mm.

4. Bei Flach- und Universaleisen gilt im allgemeinen eine Abweichung als zulässig

von $\pm$ 1 mm bei Breiten bis 50 mm und
von $\pm$ 2 % bei Breiten über 50 mm.

5. Für sämtliche Dicken bei Stabformeisen ist die im allgemeinen zulässige Abweichung:

$\pm$ 0,5 mm bei Dicken bis 12,5 mm und
$\pm$ 4 % bei Dicken über 12,5 mm.

Bei Rund- und Vierkanteisen beträgt die zulässige Abweichung in der Dicke im allgemeinen

bis   25 mm $+$ 0,3 mm,
bis   50 mm $\pm$ 0,5 mm,
über 50 mm $\pm$ 1,0 mm.

6. Die Winkel- und Quadrantprofile können an den oberen Kanten der Schenkel scharf geliefert werden.

7. Normallängen sind die Längen, welche keinen Preisaufschlag bedingen.

8. Lagerlängen sind die Längen, welche meist vorrätig sind.

Ⅰ-Eisen, Normalprofile.

Normallängen = 4 bis einschließlich 12 m.

Lagerlängen mit Abstufungen von 200 mm zwischen 4 bis 9 m und von 250 mm zwischen 9 bis 12 m Länge.

t in der Entfernung b/4 von der Außenkante gemessen.

a = Abstand der Mittellinien zweier Ⅰ, für den die beiden Hauptträgheitsmomente gleich groß werden = $2 J_x$.

S_x = Statisches Moment des halben Querschnittes für die Biegungsachse x — x.

s = Abstand der Zug- und Druck-Mittelpunkte.

i_x und i_y = Trägheitshalbmesser für die Hauptachsen x — x und y — y.

l_0 = Grenz-Knicklänge (nach Tetmajer) = $105 \cdot i_y$ (für 1 Ⅰ NP.).

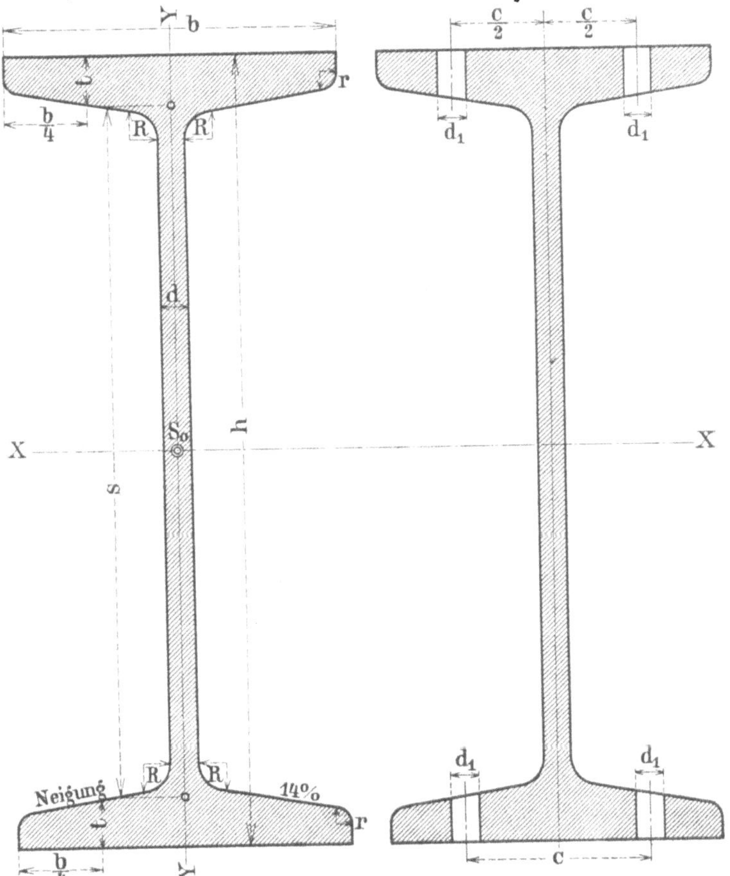

Bis h = 250 mm ist b = 0,4 h + 10 mm; d = 0,03 h + 1,5 mm;

Für h > 250 mm ist b = 0,3 h + 35 mm; d = 0,036 h (mit Ausnahme von Profil 55);

R = d (mit Ausnahme von Profil 55); r = 0,6 d.

F_{netto} = **Profilquerschnitt unter Abzug von vier Nietlöchern in den Flanschen.**

Profil Nr.	Abmessungen				Quer-schnitt	Ge-wicht	Wurzel-maß	Niet-durchm.	Quer-schnitt	Trägheits-halbmesser		Grenz-knick-länge
	h	b	d	t	F	G	c	d_1	F_{netto}	i_x	i_y	l_0
	mm	mm	mm	mm	qcm	kg/m	mm	mm	qcm	cm	cm	cm
8	80	42	3,9	5,9	7,58	5,95	22	8	5,7	3,20	0,91	95
9	90	46	4,2	6,3	9,00	7,07	24	8	7,0	3,61	1,00	105
10	100	50	4,5	6,8	10,6	8,32	26	8	8,5	4,01	1,07	115
11	110	54	4,8	7,2	12,3	9,66	28	8	10,0	4,41	1,15	121
12	120	58	5,1	7,7	14,2	11,15	30	10	11,1	4,81	1,23	129
13	130	62	5,4	8,1	16,1	12,64	34	10	12,9	5,20	1,31	137
14	140	66	5,7	8,6	18,3	14,37	36	10	14,9	5,61	1,40	146
15	150	70	6,0	9,0	20,4	16,01	38	13	15,8	6,00	1,47	158
16	160	74	6,3	9,5	22,8	17,90	40	13	18,0	6,40	1,55	163
17	170	78	6,6	9,9	25,2	19,78	42	13	20,3	6,80	1,63	171
18	180	82	6,9	10,4	27,9	21,90	44	13	22,6	7,20	1,71	180
19	190	86	7,2	10,8	30,6	24,02	48	13	25,1	7,60	1,80	188
20	200	90	7,5	11,3	33,5	26,30	50	16	26,5	8,00	1,87	200
21	210	94	7,8	11,7	36,4	28,57	52	16	29,1	8,40	1,95	205
22	220	98	8,1	12,2	39,6	31,09	54	16	32,0	8,80	2,02	212
23	230	102	8,4	12,6	42,7	33,52	56	16	34,8	9,21	2,10	220
24	240	106	8,7	13,1	46,1	36,19	58	16	37,9	9,59	2,20	230
25	250	110	9,0	13,6	49,7	39,01	58	20	38,9	10,00	2,27	238
26	260	113	9,4	14,1	53,4	41,92	60	20	42,2	10,38	2,32	244
27	270	116	9,7	14,7	57,2	44,90	62	20	45,7	10,77	2,40	251
28	280	119	10,1	15,2	61,1	47,96	64	20	49,2	11,14	2,45	256
29	290	122	10,4	15,7	64,9	50,95	66	20	52,6	11,55	2,50	263
30	300	125	10,8	16,2	69,1	54,24	68	20	56,5	11,91	2,56	273
32	320	131	11,5	17,3	77,8	61,07	70	20	64,2	12,70	2,67	284
34	340	137	12,2	18,3	86,8	68,14	74	20	72,5	13,45	2,80	294
36	360	143	13,0	19,5	97,1	76,22	78	23	79,6	14,21	2,90	304
38	380	149	13,7	20,5	107	84,00	80	23	88,5	15,00	3,02	317
40	400	155	14,4	21,6	118	92,63	84	23	98,6	15,73	3,13	329
42 ½	425	163	15,3	23,0	132	103,62	88	26	108,6	16,73	3,30	347
45	450	170	16,2	24,3	147	115,40	92	26	122,3	17,65	3,43	360
47 ½	475	178	17,1	25,6	163	127,96	98	26	137,0	18,60	3,60	378
50	500	185	18,0	27,0	180	141,30	100	26	152,5	19,60	3,72	391
55	550	200	19,0	30,0	213	167,21	110	26	182,5	21,42	4,02	422
60	600	215	21,6	32,4	254	199,40	120	26	221,2	23,40	4,30	452

Momente für die XX-Biegungsachse			Zug- u. Druck-Mittelpunkt Abstand	Momente für die YY-Biegungsachse		$z\!-\!\!\!\parallel\!\!\!-\!z$	Zusammengesetztes Profil $W_a < W_z$; $W_z = 2 \cdot W_x$ Trägheitshalbmesser $i_a = i_x$			
J_x	W_x	S_x	s	J_y	W_y	a	$J_a = J_z = 2\,J_x$	Grenz-Knicklänge l	W_a	Profil Nr.
cm⁴	cm²	cm³	cm	cm⁴	cm³	cm	cm⁴	cm	cm³	
77,8	19,5	11,4	6,84	6,29	3,00	6,2	155,6	336	30,3	8
117	26,0	15,2	7,71	8,78	3,82	7,0	234	378	40,3	9
171	34,2	19,9	8,57	12,2	4,88	7,8	342	420	53,3	10
239	43,5	25,3	9,43	16,2	6,00	8,5	478	462	68,8	11
328	54,7	31,8	10,3	21,5	7,41	9,4	656	504	86,3	12
436	67,1	39,1	11,2	27,5	8,87	10,0	872	546	107,7	13
573	81,9	47,7	12,0	35,2	10,7	10,8	1146	588	131,7	14
735	98,0	57,1	12,9	43,9	12,5	11,6	1470	630	158	15
935	117	68,0	13,7	54,7	14,8	12,4	1870	672	189	16
1166	137	79,8	14,6	66,6	17,1	13,2	2332	714	222	17
1446	161	93,4	15,5	81,3	19,8	14,0	2892	756	261	18
1763	186	108	16,3	97,4	22,7	14,8	3526	798	301	19
2142	214	125	17,2	117	26,0	15,6	4284	840	348	20
2563	244	142	18,1	138	29,4	16,4	5126	882	397	21
3060	278	162	18,9	162	33,1	17,0	6120	924	460	22
3607	314	182	19,8	189	37,1	18,0	7214	966	512	23
4246	354	206	20,6	221	41,7	18,8	8492	1008	578	24
4966	397	231	21,5	256	46,5	19,5	9932	1050	651	25
5744	442	257	22,3	288	51,0	20,2	11488	1092	729	26
6626	491	306	21,7	326	56,2	21,0	13252	1134	813	27
7587	542	316	24,0	364	61,2	21,8	15174	1165	900	28
8636	596	347	24,9	406	66,6	22,5	17272	1218	995	29
9800	653	381	25,7	451	72,2	23,4	19600	1250	1092	30
12510	782	457	27,4	555	84,7	24,8	25020	1333	1320	32
15695	923	540	29,1	674	98,4	26,4	31390	1417	1566	34
19605	1089	638	30,7	818	114	27,8	39210	1491	1863	36
24012	1264	741	32,4	975	131	29,5	48024	1575	2163	38
29213	1461	857	34,1	1158	149	30,8	58426	1648	2524	40
36973	1740	1022	36,2	1437	176	32,8	73946	1753	3012	42½
45852	2037	1198	38,3	1725	203	34,8	91704	1858	3541	45
56481	2378	1400	40,4	2088	235	36,5	112962	1953	4161	47½
68738	2750	1620	42,4	2478	268	38,5	137476	2058	4824	50
99184	3607	2120	46,8	3488	349	42,5	198368	2247	6348	55
138957	4632	2732	50,9	4668	434	46,0	277914	2457	8333	60

I-Eisen, breitflanschige Spezialprofile und Greyträger.

Diese Spezialprofile werden nach dem System Grey (Differdingen), einzelne niedere Profile auch nach anderem Verfahren gewalzt.

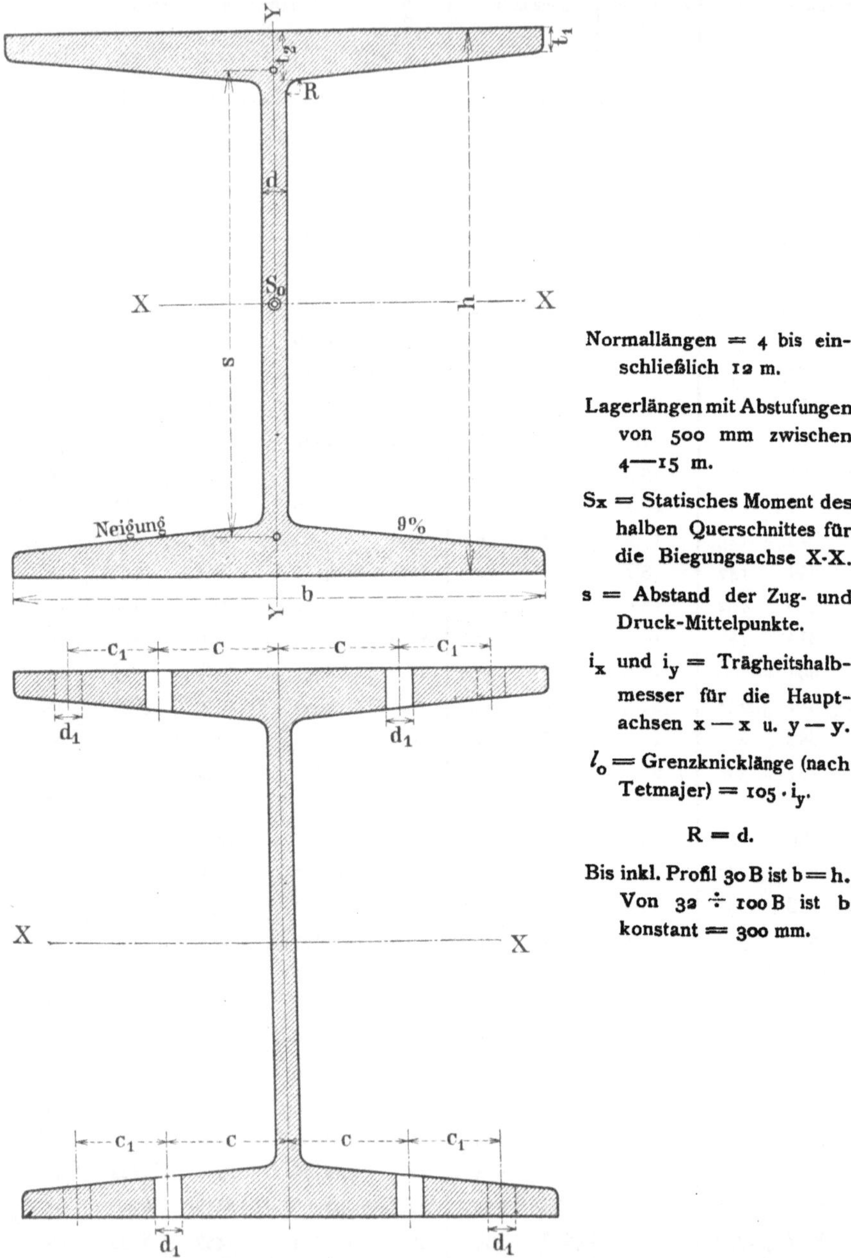

Normallängen = 4 bis einschließlich 12 m.

Lagerlängen mit Abstufungen von 500 mm zwischen 4—15 m.

S_x = Statisches Moment des halben Querschnittes für die Biegungsachse X-X.

s = Abstand der Zug- und Druck-Mittelpunkte.

i_x und i_y = Trägheitshalbmesser für die Hauptachsen x — x u. y — y.

l_o = Grenzknicklänge (nach Tetmajer) = $105 \cdot i_y$.

R = d.

Bis inkl. Profil 30 B ist b = h. Von 32 ÷ 100 B ist b konstant = 300 mm.

F_{netto} = Profilquerschnitt unter Abzug von vier Nietlöchern in den Flanschen.

Profil Nr.	Abmessungen					Querschnitt F	Gewicht G	Wurzel-Masse		Niet Durchmesser d_1	Querschnitt F_{netto}	Trägheits-halbmesser		Grenz-Knicklänge l_o	Momente für die Biegungsachse X–X			Abstand der Druckmittelpunkte s	Momente für die Biegungsachse Y–Y		Profil Nr.
	h	b	t_1	t_2	d	F	G	c	c_1	d_1	F_{netto}	i_x	i_y	l_o	Jx	Wx	Sx	s	Jy	Wy	
	mm	mm	mm	mm	mm	qcm	kg/m	mm	mm	mm	qcm	cm	cm	cm	cm⁴	cm³	cm³	cm	cm⁴	cm³	
18 B	180	180	9,0	16,72	8,5	59,9	47,0	50	—		48,3	7,66	4,23	444	3 512	390	220	16,0	1 073	119	18 B
20 B	200	200	9,5	18,12	8,5	70,4	55,3	55	—		58,0	8,57	4,72	496	5 171	517	290	17,8	1 568	157	20 B
22 B	220	220	10,0	19,5	9,0	82,6	64,8	60	—	23	69,3	9,45	5,18	544	7 379	671	376	19,6	2 216	201	22 B
24 B	240	240	10,5	20,85	10,0	96,8	76,0	50	30		81,4	10,30	5,61	589	10 260	855	479	21,4	3 043	254	24 B
25 B	250	250	10,9	21,7	10,5	105,1	82,5	50	35		88,8	10,71	5,83	612	12 066	965	540	22,3	3 575	286	25 B
26 B	260	260	11,7	22,9	11,0	115,6	90,7	50	40		95,9	11,14	6,07	637	14 352	1 104	619	23,2	4 261	328	26 B
27 B	270	270	11,95	23,6	11,25	123,2	96,7	50	45		102,7	11,58	6,32	664	16 529	1 224	686	24,1	4 920	365	27 B
28 B	280	280	12,35	24,4	11,5	131,8	103,4	55	45	26	111,0	12,02	6,56	689	19 052	1 361	762	25,0	5 671	405	28 B
29 B	290	290	12,7	25,2	12,0	141,1	110,8	60	45		120,0	12,45	6,74	708	21 866	1 508	844	25,9	6 417	443	29 B
30 B	300	300	13,25	26,25	12,5	152,1	119,4	60	50		129,8	12,88	7,02	737	25 201	1 680	941	26,8	7 494	500	30 B
32 B	320	300	14,1	27,0	13,0	160,7	126,2				137,6	13,69	7,00	735	30 119	1 882	1 055	28,5	7 867	524	32 B
34 B	340	300	14,6	27,5	13,4	167,4	131,4				143,8	14,51	6,95	730	35 241	2 073	1 162	30,3	8 097	540	34 B
36 B	360	300	16,15	29,0	14,2	181,5	142,5	60	50	26	156,3	15,30	6,96	731	42 479	2 360	1 327	32,0	8 793	586	36 B
38 B	380	300	17,0	29,8	14,8	191,2	150,1				165,1	16,09	6,93	728	49 496	2 605	1 468	33,7	9 175	612	38 B
40 B	400	300	18,2	31,0	15,5	203,6	159,8				176,3	16,85	6,91	726	57 834	2 892	1 636	35,4	9 721	648	40 B
42½ B	425	300	19,0	31,75	16,0	213,9	167,9				185,7	17,86	6,85	719	68 249	3 212	1 815	37,6	10 078	672	42½ B
45 B	450	300	20,3	33,0	17,0	229,3	180,0				199,8	18,78	6,82	716	80 887	3 595	2 044	39,6	10 668	711	45 B
47½ B	475	300	21,35	34,0	17,6	242,0	190,0	60	50	26	211,4	19,79	6,79	713	94 811	3 992	2 264	41,9	11 142	743	47½ B
50 B	500	300	22,6	35,2	19,4	261,8	205,5				229,9	20,62	6,69	702	111 283	4 451	2 542	43,8	11 718	781	50 B
55 B	550	300	24,5	37,0	20,6	283,0	226,1				254,2	22,51	6,61	694	145 957	5 308	3 060	47,7	12 582	839	55 B
60 B	600	300	24,7	37,2	20,8	300,6	236,0				267,0	24,42	6,49	681	179 303	5 977	3 432	52,2	12 672	845	60 B
65 B	650	300	25,0	37,5	21,1	314,5	246,9	65	45	26	280,6	26,29	6,38	670	217 402	6 690	3 844	56,6	12 814	854	65 B
70 B	700	300	25,0	37,5	21,1	325,2	255,3				291,3	28,17	6,28	659	258 106	7 374	4 254	60,7	12 818	854	70 B
75 B	750	300	25,0	37,5	21,1	335,7	263,4				301,8	30,02	6,18	649	302 560	8 068	4 664	64,9	12 823	855	75 B
80 B	800	300	26,0	38,5	21,5	354,9	278,6				320,4	31,9	6,1	641	360 486	9 012	5 223	69,0	13 269	885	80 B
85 B	850	300	26,0	38,5	21,5	365,6	287,0				331,1	33,7	6,0	630	414 887	9 762	5 673	73,1	13 274	885	85 B
90 B	900	300	26,0	38,5	21,5	376,4	295,5	70	40	26	341,9	35,5	5,9	620	473 964	10 533	6 137	77,2	13 279	885	90 B
95 B	950	300	27,0	39,5	21,9	396,2	311,0				360,6	37,3	5,9	620	550 974	11 600	6 779	81,3	13 727	915	95 B
100 B	1000	300	27,0	39,5	21,9	407,2	319,7				371,7	39,1	5,8	609	621 287	12 425	7 281	85,3	13 732	915	100 B

⊏-Eisen, Normalprofile.

Normallänge 4 bis einschließlich 10 m.

Lagerlängen mit Abstufungen von 200 mm zwischen 4 bis 9 m und 250 mm zwischen 9—10 m Länge.

a_1 und a_2 = Abstand 2er ⊏-Eisen, bei welchem die beiden Hauptträgheitsmomente gleich groß sind. $\quad J_x$ ⊐⊏ ⊐⊏ $J_x \quad (J_a = 2\,J_x).$

i_x und i_y = Trägheitshalbmesser für die Hauptachsen x — x und y — y.

l_0 = Grenz-Knicklänge (nach Tetmajer) = 105 i_y (für 1 ⊏ NP.).

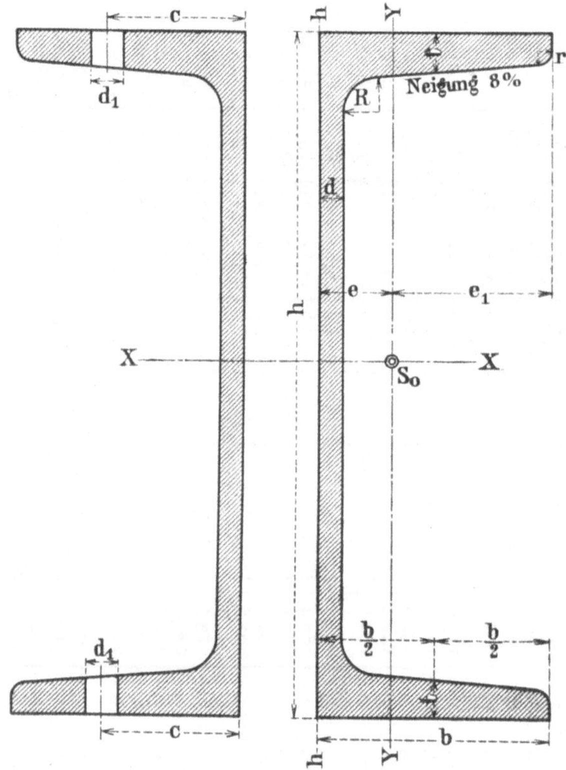

$$b = 0{,}25\,h + 25\,\text{mm}; \quad R = t; \quad r = \frac{t}{2}.$$

F netto = Profilquerschnitt unter Abzug von zwei Nietlöchern in den Flanschen.

Profil Nr.	Abmessungen				Querschnitt	Gewicht	Wurzelmaß	Nietdurchmesser	Querschnitt	Schwerpunkts-Abstand		Trägheitshalbmesser		Grenzknicklänge	Momente für die Biegungsachsen					Zusammengesetztes Profil $i_a=i_{a_1}=i_{a_2}=i_x$; $W_a=2W_x$; $W_{a_2}>W_{a_1}$				Abstände (aufgerundet)		Profil Nr.
															xx		yy		h—h							
	h	b	d	t	F	G	c	d_1	Fnetto	e	e_1	i_x	i_y	l_0	J_x	W_x	J_y	W_y	J_h	$J_a=J_{a_1}=J_{a_2}$	l	W_{a_1}	W_{a_2}	a_1	a_2	
	mm	mm	mm	mm	qcm	kg/m	mm	mm	qcm	cm	cm	cm	cm	cm	cm⁴	cm⁸	cm⁴	cm³	cm⁴	cm⁴	cm	cm³	cm³	cm	cm	
3	30	33	5,0	7,0	5,44	**4,27**	20	8	4,34	1,31	1,99	1,08	0,99	105	6,39	**4,26**	5,33	2,68	14,7	12,8	115	—	—	—	—	3
4	40	35	5,0	7,0	6,21	**4,87**	20	8	5,09	1,33	2,17	1,50	1,04	115	14,1	**7,05**	6,68	3,08	17,7	28,2	157	—	—	—	—	4
5	50	38	5,0	7,0	7,12	**5,59**	20	10	5,72	1,37	2,43	1,92	1,13	126	26,4	**10,6**	9,12	3,75	22,5	52,8	200	13,2	—	0,4	—	5
6½	65	42	5,5	7,5	9,03	**7,09**	25	10	7,59	1,42	2,78	2,52	1,25	136	57,5	**17,7**	14,1	5,07	32,3	115	262	23,0	—	1,6	—	6½
8	80	45	6,0	8,0	11,0	**8,64**	25	13	9,0	1,45	3,05	3,10	1,33	147	106	**26,5**	19,4	6,36	42,5	212	325	35,9	—	2,8	—	8
10	100	50	6,0	8,5	13,5	**10,60**	30	13	11,4	1,55	3,45	3,91	1,47	157	206	**41,2**	29,3	8,49	61,7	412	410	58,0	79,2	4,2	10,4	10
12	120	55	7,0	9,0	17,0	**13,35**	30	16	14,2	1,60	3,90	4,62	1,59	168	364	**60,7**	43,2	11,1	86,7	728	483	88,2	121,3	5,5	12,0	12
14	140	60	7,0	10,0	20,4	**16,01**	35	16	17,3	1,75	4,25	5,45	1,75	189	605	**86,4**	62,7	14,8	125	1210	577	128,7	172,8	6,8	14,0	14
16	160	65	7,5	10,5	24,0	**18,84**	35	20	20,0	1,84	4,66	6,21	1,89	200	925	**116**	85,3	18,3	167	1850	651	174,5	238,7	8,2	15,5	16
18	180	70	8,0	11,0	28,0	**21,98**	40	20	23,8	1,92	5,08	6,95	2,02	210	1354	**150**	114	22,4	217	2708	725	230,4	314,9	9,5	17,2	18
20	200	75	8,5	11,5	32,2	**25,28**	40	20	27,8	2,01	5,49	7,70	2,14	220	1911	**191**	148	27,0	278	3822	808	296,2	406,6	10,8	18,8	20
22	220	80	9,0	12,5	37,4	**29,36**	45	23	31,9	2,14	5,86	8,48	2,26	241	2690	**245**	197	33,6	368	5380	892	384,3	522,3	12,0	20,6	22
24	240	85	9,5	13,0	42,3	**33,21**	45	23	36,3	2,23	6,27	9,22	2,42	252	3598	**300**	248	39,6	458	7196	966	473,4	639,6	13,4	22,5	24
26	260	90	10,0	14,0	48,3	**37,92**	50	23	41,9	2,36	6,64	9,88	2,56	273	4823	**371**	317	47,7	586	9646	1040	591,8	803,8	14,6	24,0	26
28	280	95	10,0	15,0	53,3	**41,84**	50	23	46,5	2,53	6,97	10,85	2,74	283	6276	**448**	399	57,2	740	12552	1134	717,3	965,5	16,0	26,0	28
30	300	100	10,0	16,0	58,8	**46,16**	55	26	50,6	2,70	7,30	11,69	2,90	304	8026	**535**	495	67,8	924	16052	1228	863,0	1146,5	17,2	28,0	30

Zusammengesetzte

Tabelle der Trägheitsmomente, Träg-

Profil Nr.	Quer-schnitt F qcm	Ge-wicht G kg|m	Trägheits-momente cm⁴	Trägheits-radius cm	Grenz-knicklänge cm	Angaben für die Biegungs-achse x	Ab-stand δ wobei $J_x = J_\delta$ ist (aufger.) cm	Angaben für die J_δ / J_x — 0	6	8	10
6½	18,1	14,18	J=			115		65	82	88	95
				i=		2,52	1,6	1,90	2,13	2,20	2,29
					l=	263		200	223	231	240
8	22,0	17,28	J=			212		85	106	114	122
				i=		3,10	2,8	1,96	2,19	2,28	2,35
					l=	325		205	230	239	246
10	27,0	21,20	J=			412		123	151	161	172
				i=		3,91	4,2	2,13	2,36	2,44	2,52
					l=	410		223	247	256	264
12	34,0	26,70	J=			728		173	209	222	236
				i=		4,62	5,5	2,26	2,48	2,56	2,64
					l=	483		237	260	268	277
14	40,8	32,02	J=			1210		250	297	314	332
				i=		5,45	6,8	2,47	2,70	2,77	2,85
					l=	577		259	283	290	299
16	48,0	37,68	J=			1850		334	390	411	433
				i=		6,21	8,2	2,63	2,85	2,92	3,00
					l=	651		276	299	306	315
18	56,0	43,96	J=			2708		434	504	530	555
				i=		6,95	9,5	2,78	3,00	3,07	3,14
					l=	725		292	315	322	329
20	64,4	50,56	J=			3822		556	640	670	702
				i=		7,70	10,8	2,94	3,16	3,23	3,32
					l=	808		308	332	339	347
22	74,8	58,72	J=			5380		736	840	877	915
				i=		8,48	12,0	3,16	3,35	3,43	3,50
					l=	892		331	352	360	367
24	84,6	66,42	J=			7196		916	1038	1080	1127
				i=		9,22	13,4	3,29	3,49	3,57	3,65
					l=	966		345	366	375	383
26	96,6	75,84	J=			9646		1172	1318	1370	1425
				i=		9,88	14,6	3,48	3,69	3,76	3,84
					l=	1040		366	387	395	403
28	106,6	83,68	J=			12552		1480	1652	1713	1777
				i=		10,85	16,0	3,72	3,93	4,01	4,07
					l=	1134		390	412	420	427
30	117,6	92,32	J=			16052		1848	2048	2120	2194
				i=		11,69	17,2	3,97	4,18	4,25	4,32
					l=	1228		416	439	446	452

normale ⸃-Eisen.

heitshalbmesser und Grenzknicklängen.

Biegungsachse δ_{Mitte} bei einem Abstand zweier ⸃-Eisen in mm von $\delta =$

12	15	20	22	24	26	28	30	40	50
102 2,37 248	113 2,50 262								
131 2,43 255	145 2,57 269	171 2,79 293	182 2,87 301	193 2,96 310	205 3,05 320	217 3,10 325			
183 2,60 273	201 2,72 285	234 2,94 308	248 3,03 318	263 3,12 327	278 3,21 337	294 3,30 346	310 3,39 356	399 3,84 403	
251 2,72 285	274 2,84 298	316 3,05 320	334 3,13 328	353 3,22 338	372 3,31 347	392 3,40 357	413 3,48 365	527 3,93 412	658 4,40 462
350 2,93 307	380 3,05 320	434 3,26 342	457 3,35 352	480 3,43 360	505 3,52 369	530 3,60 378	556 3,69 387	700 4,14 435	862 4,60 483
456 3,08 323	493 3,20 336	558 3,40 357	585 3,49 366	615 3,58 376	645 3,66 385	674 3,75 393	706 3,83 402	878 4,27 448	1075 4,73 496
584 3,23 339	627 3,34 350	705 3,55 373	740 3,63 381	773 3,72 390	810 3,80 399	845 3,88 408	883 3,97 416	1090 4,41 463	1322 4,86 510
735 3,38 355	787 3,51 368	880 3,70 388	920 3,79 398	960 3,88 407	1002 3,95 415	1045 4,03 423	1090 4,12 433	1332 4,55 478	1605 5,00 525
956 3,57 375	1019 3,69 387	1130 3,89 408	1180 3,98 418	1228 4,06 426	1280 4,14 434	1330 4,22 443	1385 4,31 452	1675 4,74 497	2005 5,18 544
1174 3,73 392	1247 3,84 403	1380 4,04 424	1434 4,11 431	1490 4,20 441	1550 4,28 449	1610 4,36 457	1673 4,45 467	2010 4,88 512	2390 5,31 558
1480 3,91 410	1568 4,03 423	1725 4,23 444	1790 4,30 451	1858 4,38 460	1928 4,47 469	2000 4,55 478	2073 4,63 486	2470 5,06 531	2915 5,50 577
1842 4,15 435	1945 4,27 448	2125 4,47 468	2203 4,55 478	2280 4,63 486	2362 4,71 494	2445 4,79 504	2530 4,87 511	2985 5,29 555	3495 5,72 600
2270 4,40 462	2390 4,51 472	2600 4,70 493	2688 4,78 502	2780 4,87 511	2872 4,95 520	2967 5,03 528	3065 5,11 536	3588 5,53 580	4170 5,96 626

Der Gewichtsberechnung liegt die Preisliste des Stahlwerks-Verbandes, Ausgabe VI. vom 23. Nov. 1911, zugrunde. Gewichte in kg.

Länge m	Normalprofile Nr.													Waggonbauprofile Nr.						Länge m
	6½	8	10	12	14	16	18	20	22	24	26	28	30	10½	11¾	14½	23½	26	30	
0,01	0,07	0,09	0,11	0,13	0,16	0,19	0,22	0,25	0,29	0,33	0,38	0,42	0,46	0,14	0,18	0,16	0,33	0,33	0,34	0,01
0,02	0,14	0,17	0,21	0,27	0,32	0,38	0,44	0,51	0,59	0,66	0,76	0,84	0,92	0,27	0,35	0,31	0,67	0,65	0,67	0,02
0,03	0,21	0,26	0,32	0,40	0,48	0,57	0,66	0,76	0,88	1,00	1,14	1,26	1,38	0,41	0,53	0,47	1,00	0,98	1,01	0,03
0,04	0,28	0,35	0,42	0,53	0,64	0,75	0,88	1,01	1,17	1,33	1,52	1,67	1,85	0,54	0,71	0,62	1,33	1,31	1,34	0,04
0,05	0,35	0,43	0,53	0,67	0,80	0,94	1,10	1,26	1,47	1,66	1,90	2,09	2,31	0,68	0,89	0,78	1,66	1,63	1,68	0,05
0,06	0,43	0,52	0,64	0,80	0,96	1,13	1,32	1,52	1,76	1,99	2,28	2,51	2,77	0,81	1,06	0,93	2,00	1,96	2,02	0,06
0,07	0,50	0,60	0,74	0,93	1,12	1,32	1,54	1,77	2,06	2,32	2,65	2,93	3,23	0,95	1,24	1,09	2,33	2,29	2,35	0,07
0,08	0,57	0,69	0,85	1,07	1,28	1,51	1,76	2,02	2,35	2,66	3,03	3,35	3,69	1,09	1,42	1,24	2,66	2,61	2,69	0,08
0,09	0,64	0,78	0,95	1,20	1,44	1,70	1,98	2,28	2,64	2,99	3,41	3,77	4,15	1,22	1,60	1,40	3,00	2,94	3,02	0,09
0,10	0,71	0,86	1,06	1,34	1,60	1,88	2,20	2,53	2,94	3,32	3,79	4,18	4,62	1,36	1,77	1,55	3,33	3,27	3,36	0,10
1,0	7,09	8,64	10,60	13,35	16,01	18,84	21,98	25,28	29,36	33,21	37,92	41,84	46,16	13,58	17,74	15,54	33,28	32,66	33,60	1,0
1,1	7,80	9,50	11,66	14,69	17,61	20,72	24,18	27,81	32,30	36,53	41,71	46,02	50,78	14,94	19,51	17,09	36,61	35,93	36,96	1,1
1,2	8,51	10,37	12,72	16,02	19,21	22,61	26,38	30,34	35,23	39,85	45,50	50,21	55,39	16,30	21,29	18,65	39,94	39,19	40,32	1,2
1,3	9,22	11,23	13,78	17,36	20,81	24,49	28,57	32,86	38,17	43,17	49,30	54,39	60,01	17,65	23,06	20,20	43,26	42,46	43,68	1,3
1,4	9,93	12,10	14,84	18,69	22,41	26,38	30,77	35,39	41,10	46,49	53,09	58,58	64,62	19,01	24,84	21,76	46,59	45,72	47,04	1,4
1,5	10,64	12,96	15,90	20,03	24,02	28,26	32,97	37,92	44,04	49,82	56,88	62,76	69,24	20,37	26,61	23,31	49,92	48,99	50,40	1,5
1,6	11,34	13,82	16,96	21,36	25,62	30,14	35,17	40,45	46,98	53,14	60,67	66,94	73,86	21,73	28,38	24,86	53,25	52,26	53,76	1,6
1,7	12,05	14,69	18,02	22,70	27,22	32,03	37,37	42,98	49,91	56,46	64,46	71,13	78,47	23,09	30,16	26,42	56,58	55,52	57,12	1,7
1,8	12,76	15,55	19,08	24,03	28,82	33,91	39,56	45,50	52,85	59,78	68,26	75,31	83,09	24,44	31,93	27,97	59,90	58,79	60,48	1,8
1,9	13,47	16,42	20,14	25,37	30,42	35,80	41,76	48,03	55,78	63,10	72,05	79,50	87,70	25,80	33,71	29,53	63,23	62,05	63,84	1,9
2,0	14,18	17,28	21,20	26,70	32,02	37,68	43,96	50,56	58,72	66,42	75,84	83,68	92,32	27,16	35,48	31,08	66,56	65,32	87,20	2,0
2,1	14,89	18,14	22,26	28,04	33,62	39,56	46,16	53,09	61,66	69,74	79,63	87,86	96,94	28,52	37,25	32,63	69,89	68,59	70,56	2,1
2,2	15,60	19,01	23,32	29,37	35,22	41,45	48,36	55,62	64,59	73,06	83,42	92,05	101,55	29,88	39,03	34,19	73,22	71,85	73,92	2,2
2,3	16,31	19,87	24,38	30,71	36,82	43,33	50,55	58,14	67,53	76,38	87,22	96,23	106,17	31,23	40,80	35,74	76,54	75,12	77,28	2,3
2,4	17,02	20,74	25,44	32,04	38,42	45,22	52,75	60,67	70,46	79,70	91,01	100,42	110,78	32,59	42,58	37,30	79,87	78,38	80,64	2,4
2,5	17,73	21,60	26,50	33,38	40,03	47,10	54,95	63,20	73,40	83,03	94,80	104,60	115,40	33,95	44,35	38,85	83,20	81,65	84,00	2,5
2,6	18,43	22,46	27,56	34,71	41,63	48,98	57,15	65,73	76,34	86,35	98,59	108,78	120,02	35,31	46,12	40,40	86,53	84,92	87,36	2,6
2,7	19,14	23,33	28,62	36,05	43,23	50,87	59,35	68,26	79,27	89,67	102,38	112,97	124,63	36,67	47,90	41,96	89,86	88,18	90,72	2,7
2,8	19,85	24,19	29,68	37,38	44,83	52,75	61,54	70,78	82,21	92,99	106,18	117,15	129,25	38,02	49,67	43,51	93,18	91,45	94,08	2,8
2,9	20,56	25,06	30,74	38,72	46,43	54,64	63,74	73,31	85,14	96,31	109,97	121,34	133,86	39,38	51,45	45,07	96,51	94,71	97,44	2,9
3,0	21,27	25,92	31,80	40,05	48,03	56,52	65,94	75,84	88,08	99,63	113,76	125,52	138,48	40,47	53,22	46,62	99,84	97,98	100,80	3,0
3,1	22,00	26,78	32,86	41,39	49,63	58,40	68,14	78,37	91,02	102,95	117,55	129,70	143,10	42,10	54,99	48,17	103,17	101,25	104,16	3,1
3,2	22,69	27,65	33,92	42,72	51,23	60,29	70,34	80,90	93,95	106,27	121,34	133,89	147,71	43,46	56,77	49,73	106,50	104,51	107,52	3,2
3,3	23,40	28,51	34,98	44,06	52,83	62,17	72,53	83,42	96,89	109,59	125,14	138,07	152,33	44,81	58,54	51,28	109,82	107,77	110,88	3,3
3,4	24,11	29,38	36,04	45,39	54,43	64,06	74,73	85,95	99,82	112,91	128,93	142,26	156,94	46,17	60,32	52,84	113,15	111,04	114,24	3,4
3,5	24,82	30,24	37,10	46,73	56,04	65,94	76,93	88,48	102,76	116,24	132,72	146,44	161,56	47,53	62,09	54,39	116,48	114,31	117,60	3,5
3,6	25,52	31,10	38,16	48,06	57,64	67,82	79,13	91,01	105,70	119,56	136,51	150,62	166,18	48,89	63,86	55,94	119,81	117,58	120,96	3,6
3,7	26,23	31,97	39,22	49,40	59,24	69,71	81,33	93,54	108,63	122,88	140,30	154,81	170,79	50,25	65,64	57,50	123,14	120,84	124,32	3,7
3,8	26,94	32,83	40,28	50,73	60,84	71,59	83,52	96,06	111,57	126,20	144,10	158,99	175,41	51,60	67,41	59,05	126,46	124,11	127,68	3,8
3,9	27,65	33,70	41,34	52,07	62,44	73,48	85,72	98,59	114,50	129,52	147,89	163,18	180,02	52,96	69,19	60,61	129,79	127,37	131,04	3,9
4,0	28,36	34,56	42,40	53,40	64,04	75,36	87,92	101,12	117,44	132,84	151,68	167,36	184,64	54,32	70,96	62,16	133,12	130,64	134,40	4,0
4,1	29,07	35,42	43,46	54,74	65,64	77,24	90,12	103,65	120,38	136,16	155,47	171,54	189,26	55,68	72,73	63,71	136,45	133,91	137,76	4,1
4,2	29,78	36,29	44,52	56,07	67,24	79,13	92,32	106,18	123,31	139,48	159,26	175,73	193,87	57,04	74,51	65,27	139,78	137,17	141,12	4,2
4,3	30,49	37,15	45,58	57,41	68,84	81,01	94,51	108,70	126,25	142,80	163,06	179,91	198,49	58,39	76,28	66,82	143,10	140,44	144,48	4,3
4,4	31,20	38,02	46,64	58,74	70,44	82,90	96,71	111,23	129,18	146,12	166,85	184,10	203,10	59,75	78,06	68,38	146,43	143,70	147,84	4,4
4,5	31,91	38,88	47,70	60,08	72,05	84,78	98,91	113,76	132,12	149,45	170,64	188,28	207,72	61,11	79,83	69,93	149,76	146,97	151,20	4,5
4,6	32,61	39,74	48,76	61,41	73,65	86,66	101,11	116,29	135,06	152,77	174,43	192,46	212,34	62,47	81,60	71,41	153,09	150,24	154,56	4,6
4,7	33,32	40,61	49,82	62,75	75,25	88,55	103,31	118,82	137,99	156,09	178,22	196,65	216,95	63,83	83,38	73,04	156,42	153,50	157,92	4,7
4,8	34,03	41,47	50,88	64,08	76,85	90,43	105,50	121,34	140,93	159,41	182,02	200,83	221,57	65,18	85,15	74,59	159,74	156,77	161,28	4,8

für ⊏-Eisen.

5,0	**35,45**	**43,20**	**53,00**	**66,75**	**80,05**	**94,20**	**109,90**	**126,40**	**146,80**	**166,05**	**189,60**	**209,20**	**230,80**	**67,90**	**88,70**	**77,70**	**166,40**	**163,30**	**168,00**	**5,0**
5,1	36,16	44,06	54,06	68,09	81,85	96,08	112,10	128,93	149,74	169,37	193,39	213,38	235,42	69,26	90,47	79,25	169,73	166,57	171,36	5,1
5,2	36,87	44,93	55,12	69,42	83,25	97,97	114,30	131,46	152,67	172,69	197,18	217,57	240,03	70,62	92,25	80,81	173,06	169,83	174,72	5,2
5,3	37,58	45,79	56,18	70,76	84,85	99,85	116,49	133,98	155,61	176,01	200,98	221,75	244,65	71,97	94,02	82,36	176,38	173,10	178,08	5,3
5,4	38,29	46,66	57,24	72,09	86,45	101,74	118,69	136,51	158,54	179,33	204,77	225,94	249,26	73,33	95,80	83,92	179,71	176,36	181,44	5,4
5,5	**39,00**	**47,52**	**58,30**	**73,43**	**88,06**	**103,62**	**120,89**	**139,04**	**161,48**	**182,66**	**208,56**	**230,12**	**253,88**	**74,69**	**97,57**	**85,47**	**183,04**	**179,63**	**184,80**	**5,5**
5,6	39,70	48,38	59,36	74,76	89,66	105,50	123,09	141,57	164,42	185,98	212,35	234,30	258,50	76,05	99,34	87,02	186,37	182,90	188,16	5,6
5,7	40,41	49,25	60,42	76,10	91,26	107,39	125,29	144,10	167,35	189,30	216,14	238,49	263,11	77,41	101,12	88,58	189,70	186,16	191,52	5,7
5,8	41,12	50,11	61,48	77,43	92,86	109,27	127,48	146,62	170,29	192,62	219,94	242,67	267,73	78,76	102,89	90,13	193,02	189,43	194,88	5,8
5,9	41,83	50,98	62,54	78,77	94,46	111,16	129,68	149,15	173,22	195,94	223,73	246,86	272,34	80,12	104,67	91,69	196,35	192,69	198,24	5,9
6,0	**42,54**	**51,84**	**63,60**	**80,10**	**96,06**	**113,04**	**131,88**	**151,68**	**176,16**	**199,26**	**227,52**	**251,04**	**276,96**	**81,48**	**106,44**	**93,24**	**199,68**	**195,96**	**201,60**	**6,0**
6,1	43,25	52,70	64,66	81,44	97,66	114,92	134,08	154,21	179,10	202,58	231,31	255,22	281,58	82,84	108,21	94,79	203,01	199,23	204,96	6,1
6,2	43,96	53,57	65,72	82,77	99,26	116,81	136,28	156,74	182,03	205,90	235,10	259,41	286,19	84,20	109,99	96,35	206,34	202,49	208,32	6,2
6,3	44,67	54,43	66,78	84,11	100,86	118,69	138,47	159,26	184,97	209,22	238,90	263,59	290,81	85,55	111,76	97,90	209,66	205,76	211,68	6,3
6,4	45,38	55,30	67,48	85,44	102,46	120,58	140,67	161,79	187,90	212,54	242,69	267,78	295,42	86,91	113,54	99,46	212,99	209,02	215,04	6,4
6,5	**46,09**	**56,16**	**68,90**	**86,78**	**104,07**	**122,46**	**142,87**	**164,32**	**190,84**	**215,87**	**246,48**	**271,96**	**300,04**	**88,27**	**115,31**	**101,01**	**216,32**	**212,29**	**218,40**	**6,5**
6,6	46,79	57,02	69,96	88,11	105,67	124,34	145,07	166,85	193,78	219,19	250,27	276,14	304,66	89,63	117,08	102,56	219,65	215,56	221,76	6,6
6,7	47,50	57,89	71,02	89,45	107,27	126,23	147,27	169,38	196,71	222,51	254,06	280,33	309,27	90,99	118,96	104,12	222,98	218,82	225,12	6,7
6,8	48,21	58,75	72,08	90,78	108,87	128,11	149,46	171,90	199,65	225,83	257,86	284,51	313,89	92,34	120,63	105,67	226,30	222,09	228,48	6,8
6,9	48,92	59,62	73,14	92,12	110,47	130,00	151,66	174,43	202,58	229,15	261,65	288,70	318,50	93,70	122,41	107,23	229,63	225,35	231,84	6,9
7,0	**49,63**	**60,48**	**74,20**	**93,45**	**112,07**	**131,88**	**153,86**	**176,96**	**205,52**	**232,47**	**265,44**	**292,88**	**323,12**	**95,06**	**124,18**	**108,78**	**232,96**	**228,62**	**235,20**	**7,0**
7,1	50,34	61,34	75,26	94,79	113,67	133,76	156,06	179,49	208,46	235,79	269,23	297,06	327,74	96,42	125,95	110,33	236,29	231,89	238,56	7,1
7,2	51,05	62,21	76,32	96,12	115,27	135,65	158,26	182,02	211,39	239,11	273,02	301,25	332,35	97,78	127,73	111,89	239,62	235,15	241,92	7,2
7,3	51,76	63,07	77,38	97,46	116,87	137,53	160,45	184,54	214,33	242,43	276,82	305,43	336,97	99,13	129,50	113,44	242,94	238,42	245,28	7,3
7,4	52,47	63,94	78,44	98,79	118,47	139,42	162,85	187,07	217,26	245,75	280,61	309,62	341,58	100,49	131,28	115,00	246,27	241,68	248,64	7,4
7,5	**53,18**	**64,80**	**79,50**	**100,13**	**120,08**	**141,30**	**164,65**	**189,60**	**220,20**	**249,08**	**284,40**	**313,80**	**346,20**	**101,85**	**133,05**	**116,55**	**249,60**	**244,95**	**252,00**	**7,5**
7,6	53,88	65,66	80,56	101,46	121,68	143,18	167,05	192,13	223,14	252,40	288,19	317,98	350,82	103,21	134,82	118,10	252,93	248,22	255,36	7,6
7,7	54,59	66,53	81,62	102,80	123,28	145,07	169,25	194,66	226,07	255,72	291,98	322,17	355,43	104,57	136,60	119,66	256,26	251,48	258,72	7,7
7,8	55,30	67,39	82,68	104,13	124,88	146,95	171,44	197,18	229,01	259,04	295,78	326,35	360,05	105,92	138,37	121,21	259,58	254,75	262,08	7,8
7,9	56,01	68,26	83,74	105,47	126,48	148,84	173,64	199,71	231,94	262,36	299,57	230,54	364,66	107,28	140,15	122,77	262,91	258,01	265,44	7,9
8,0	**56,72**	**69,12**	**84,80**	**106,80**	**128,08**	**150,72**	**175,84**	**202,24**	**234,88**	**265,68**	**303,36**	**334,72**	**369,28**	**108,64**	**141,92**	**124,32**	**266,24**	**261,28**	**268,80**	**8,0**
8,1	57,43	69,98	85,86	108,14	129,68	152,60	178,04	204,77	237,82	269,00	307,15	338,90	373,90	110,00	143,69	125,87	269,57	264,55	272,16	8,1
8,2	58,14	70,85	86,92	109,47	131,28	154,49	180,24	207,30	240,75	272,32	310,94	343,09	378,51	111,36	145,47	127,43	272,90	267,81	275,52	8,2
8,3	58,85	71,71	87,98	110,81	132,88	156,37	182,43	209,82	243,69	275,64	314,74	347,27	383,13	112,71	147,24	128,98	276,22	271,08	278,88	8,3
8,4	59,56	72,58	89,04	112,14	134,48	158,26	184,63	212,35	246,62	278,96	318,53	351,46	387,74	114,07	149,02	130,54	279,55	274,34	282,24	8,4
8,5	**60,27**	**73,44**	**90,10**	**113,48**	**136,09**	**160,14**	**186,83**	**214,88**	**249,56**	**282,29**	**322,32**	**355,64**	**392,36**	**115,43**	**150,79**	**132,09**	**282,88**	**277,61**	**285,60**	**8,5**
8,6	60,97	74,30	91,16	114,81	137,69	162,02	189,03	217,41	252,50	285,61	326,11	359,82	396,98	116,79	152,56	133,64	286,21	280,88	288,96	8,6
8,7	61,68	75,17	92,22	116,15	139,29	163,91	191,23	219,94	255,43	288,93	329,90	364,01	401,59	118,15	154,34	135,20	289,54	284,14	292,32	8,7
8,8	62,39	76,03	93,28	117,48	140,89	165,79	193,42	222,46	258,37	292,25	333,70	368,19	406,21	119,50	156,11	136,75	292,86	287,41	295,68	8,8
8,9	63,10	76,90	94,34	118,82	142,49	167,68	195,62	224,99	261,30	295,57	337,49	372,38	410,82	120,86	157,89	138,31	296,19	290,67	299,04	8,9
9,0	**63,81**	**77,76**	**95,40**	**120,15**	**144,09**	**169,56**	**197,82**	**227,52**	**264,24**	**298,89**	**341,28**	**376,56**	**415,44**	**122,22**	**159,66**	**139,86**	**299,52**	**293,94**	**302,40**	**9,0**
9,1	64,52	78,62	96,46	121,49	145,69	171,44	200,02	230,05	267,18	302,21	345,07	380,74	420,06	123,58	161,43	141,41	302,84	297,21	305,76	9,1
9,2	65,23	79,49	97,52	122,82	147,29	173,33	202,22	232,58	270,11	305,53	348,86	384,93	424,67	124,94	163,21	142,97	306,18	300,47	309,12	9,2
9,3	65,94	80,35	98,58	124,16	148,89	175,21	204,41	235,10	273,05	308,85	352,66	389,11	429,29	126,29	164,98	144,52	309,50	303,74	312,48	9,3
9,4	66,65	81,22	99,64	125,49	150,49	177,10	206,61	237,63	275,98	312,17	356,45	393,30	433,90	127,65	166,76	146,08	312,83	307,00	315,84	9,4
9,5	**67,36**	**82,08**	**100,70**	**126,83**	**152,10**	**178,98**	**208,81**	**240,16**	**278,92**	**315,50**	**360,24**	**397,48**	**438,52**	**129,01**	**168,53**	**147,63**	**316,16**	**310,27**	**319,20**	**9,5**
9,6	68,06	82,94	101,76	128,16	153,70	180,86	211,01	242,69	281,86	318,82	364,03	401,66	443,14	130,37	170,30	149,18	319,49	313,54	322,56	9,6
9,7	68,77	83,81	102,82	129,50	155,30	182,75	213,21	245,22	284,79	322,14	367,82	405,85	447,75	131,73	172,08	150,74	322,82	316,80	325,92	9,7
9,8	69,48	84,67	103,88	130,83	156,90	184,63	215,40	247,74	287,73	325,46	371,62	410,03	452,37	133,08	173,85	152,29	326,14	320,07	329,28	9,8
9,9	70,19	85,54	104,94	132,17	158,50	186,52	217,60	250,27	290,66	328,78	375,41	414,22	456,98	134,44	175,63	153,85	329,47	323,33	332,64	9,9
10,0	**70,90**	**86,40**	**106,00**	**133,50**	**160,10**	**188,40**	**219,80**	**252,80**	**293,60**	**332,10**	**379,20**	**418,40**	**461,60**	**135,80**	**177,40**	**155,40**	**332,80**	**326,60**	**336,00**	**10,0**

Normale, gleichschenklige ∟-Eisen.

Normallängen $= 4$ bis einschließlich 12 m.

Lagerlängen $= 4$ bis 16 m, mit Abstufungen von 200 mm zwischen 4 bis 9 m und 250 mm zwischen 9 bis 16 m.

i_x und i_y = Trägheitshalbmesser für die Achsen x—x und y—y.

l_0 = Grenz-Knicklänge (nach Tetmajer) $= 105 \cdot i_y$ (für ein Profil).

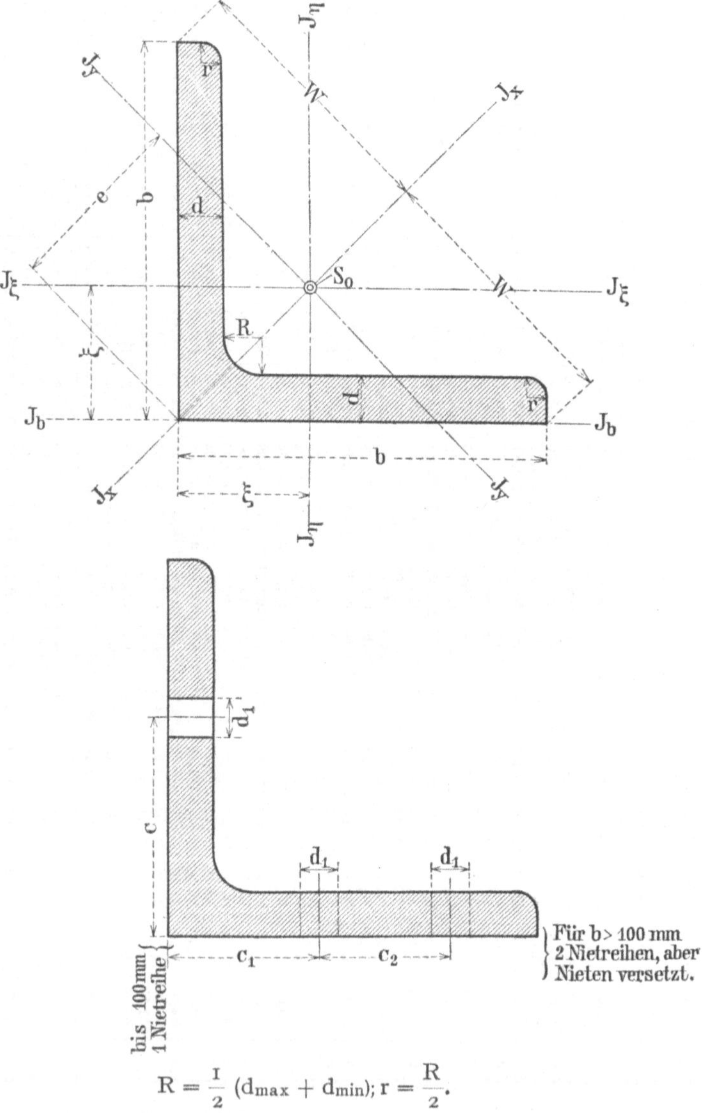

$$R = \frac{1}{2}(d_{max} + d_{min}); \; r = \frac{R}{2}.$$

F_{netto} = Profilquerschnitt unter Abzug eines Nietloches.

Profil Nr.	Abmessungen b (mm)	d (mm)	Querschnitt F (qcm)	Gewicht G (kg/m)	Wurzelmaß c (mm)	max. Niet durchm. d_l (mm)	Querschnitt F_{netto} (qcm)	w (cm)	e (cm)	ξ (cm)	i_x (cm)	i_y (min) (cm)	l_o (cm)	J_x (cm⁴)	J_y (cm⁴)	$J_\eta = \xi$ (cm⁴)	J_b (· cm⁴)	J (cm⁴)	i (cm)	ι (cm)	Profil Nr.
1½	15	3	0,82	0,64	8	5	0,64	1,06	0,67	0,48	0,54	0,27	28	0,24	0,06	0,15	0,34	0,30	0,43	45	1½
		4	1,05	0,82			0,81		0,73	0,51	0,53	0,28	29	0,29	0,08	0,18	0,46	0,36	0,41	43	
2	20	3	1,12	0,88	12	6	0,94	1,41	0,85	0,60	0,74	0,37	39	0,62	0,15	0,38	0,79	0,76	0,58	61	2
		4	1,45	1,14			1,21		0,90	0,64	0,73	0,36	38	0,77	0,19	0,48	1,08	0,96	0,55	58	
2½	25	3	1,42	1,12	14	8	1,18	1,77	1,03	0,73	0,95	0,47	49	1,27	0,31	0,79	1,55	1,58	0,75	79	2½
		4	1,85	1,45			1,53		1,08	0,76	0,93	0,47	49	1,61	0,40	1,01	2,07	2,02	0,74	78	
3	30	4	2,27	1,78	16	8	1,95	2,12	1,24	0,89	1,12	0,58	61	2,85	0,76	1,80	3,60	3,60	0,89	93	3
		6	3,27	2,57			2,79		1,36	0,96	1,09	0,57	59	3,91	1,06	2,49	5,50	4,89	0,87	91	
3½	35	4	2,67	2,10	20	10	2,27	2,47	1,41	1,00	1,33	0,68	71	4,68	1,24	2,96	5,63	5,92	1,05	110	3½
		6	3,87	3,04			3,27		1,53	1,08	1,30	0,68	71	6,50	1,77	4,14	8,65	8,28	1,04	109	
4	40	4	3,08	2,42	22	10	2,68	2,83	1,58	1,12	1,52	0,78	82	7,09	1,86	4,48	8,34	8,96	1,20	126	4
		6	4,48	3,52			3,88		1,70	1,20	1,49	0,77	81	9,98	2,67	6,33	12,8	12,66	1,19	125	
		8	5,80	4,55			5,00		1,81	1,28	1,46	0,76	80	12,4	3,38	7,89	17,4	15,98	1,17	123	
4½	45	5	4,30	3,38	25	13	3,65	3,18	1,81	1,28	1,70	0,87	91	12,4	3,25	7,83	14,9	15,66	1,35	142	4½
		7	5,86	4,60			4,95		1,92	1,36	1,67	0,87	91	16,4	4,39	10,4	21,2	20,8	1,33	140	
		9	7,34	5,76			6,17		2,04	1,44	1,64	0,86	90	19,8	5,40	12,6	27,8	25,2	1,31	138	
5	50	5	4,80	3,77	28	13	4,15	3,54	1,98	1,40	1,90	0,98	103	17,4	4,59	11,0	20,4	22,0	1,51	158	5
		7	6,56	5,15			5,65		2,11	1,49	1,88	0,96	101	23,1	6,02	14,6	29,1	29,2	1,49	156	
		9	8,24	6,47			7,07		2,21	1,56	1,85	0,97	102	28,1	7,67	17,9	37,9	35,8	1,47	154	
5½	55	6	6,31	4,95	30	16	5,35	3,89	2,21	1,56	2,08	1,07	112	27,4	7,24	17,3	32,7	34,6	1,66	174	5½
		8	8,23	6,46			6,95		2,32	1,64	2,06	1,07	112	34,8	9,35	22,1	44,2	44,2	1,64	172	
		10	10,07	7,90			8,47		2,43	1,72	2,02	1,06	111	41,4	11,27	26,3	56,1	52,6	1,62	170	
6	60	6	6,91	5,42	35	16	5,95	4,24	2,39	1,69	2,29	1,17	123	36,1	9,43	22,8	42,5	45,6	1,82	191	6
		8	9,03	7,09			7,75		2,50	1,77	2,26	1,16	122	46,1	12,1	29,1	57,4	58,2	1,79	188	
		10	11,07	8,69			9,47		2,62	1,85	2,23	1,15	121	55,1	14,6	34,9	72,7	69,8	1,78	187	
6½	65	7	8,70	6,83	35	20	7,30	4,60	2,62	1,85	2,47	1,26	132	53,0	13,8	33,4	63,2	66,8	1,96	206	6½
		9	10,98	8,62			9,18		2,73	1,93	2,44	1,25	131	65,4	17,2	41,3	82,2	82,6	1,94	204	
		11	13,17	10,34			10,97		2,83	2,00	2,42	1,25	131	76,8	20,7	48,8	101	97,6	1,91	202	
7	70	7	9,4	7,38	40	20	8,00	4,95	2,79	1,97	2,67	1,37	144	67,1	17,6	42,4	78,8	84,8	2,12	222	7
		9	11,9	9,34			10,10		2,90	2,05	2,64	1,36	143	83,1	22,0	52,6	103	105,2	2,1	220	
		11	14,3	11,23			12,10		3,01	2,13	2,61	1,35	142	97,6	26,0	61,8	127	123,6	2,08	218	

Spaltenüberschriften: Abstände der Hauptachsen u. des Schwerpunktes (So); Trägheitshalbmesser; Grenz-knick-länge; Trägheitsmomente; $J_a = \left[J_b + F \left(\xi a + \left(\frac{a}{2} \right)^2 \right) \right]^{\frac{1}{2}} \cdot 2$, $J \min = 2 \cdot J_\eta$.

Zusammengesetztes Profil: $\quad J_{min} = 2 \cdot J_\eta \qquad J_a = \left[J_b + F\left(\xi \cdot a + \left(\frac{a}{2}\right)^2\right)\right] \cdot 2$

Profil Nr.	b	d	Querschnitt F	Gewicht G	Wurzelmaß c	max. Niet-durchm. d_1	Querschnitt F_{netto}	w	e	ξ	i_x	i_y (min)	Grenzknicklänge l_o	J_x	J_y	$J_\eta = J_\xi$	J_b	J	i	l	Profil Nr.
	mm	mm	qcm	kg/m	mm	mm	qcm	cm	cm	cm	cm	cm	cm	cm⁴	cm⁴	cm⁴	cm⁴	cm⁴	cm	cm	
7½	75	8	11,5	**9,03**	45	20	9,90	5,30	3,01	2,13	2,85	1,46	153	93,3	24,4	58,9	111	117,8	2,27	238	7½
		10	14,1	**11,07**		20	12,10		3,12	2,21	2,83	1,45	152	113,0	29,8	71,4	140	142,8	2,24	235	
		12	16,7	**13,11**		23	13,94		3,24	2,29	2,79	1,44	151	130,0	34,7	82,4	170	164,8	2,22	233	
8	80	8	12,3	**9,66**	45	20	10,70	5,66	3,20	2,26	3,06	1,55	163	115,0	29,6	72,3	135	144,6	2,42	254	8
		10	15,1	**11,86**		20	13,10		3,31	2,34	3,03	1,54	162	139,0	35,9	87,5	170	175,0	2,41	253	
		12	17,9	**14,05**		23	15,14		3,41	2,41	3,00	1,55	163	161,0	43,0	102	206	204,0	2,39	251	
9	90	9	15,5	**12,17**	50	20	13,70	6,36	3,59	2,54	3,45	1,76	185	184,0	47,8	116	216	232	2,74	288	9
		11	18,7	**14,68**		20	16,50		3,70	2,62	3,41	1,75	184	218,0	57,1	138	266	276	2,71	285	
		13	21,8	**17,11**		23	18,81		3,81	2,70	3,39	1,74	183	250,0	65,9	158	317	316	2,69	282	
10	100	10	19,2	**15,07**	55	20	17,20	7,07	3,99	2,82	3,82	1,95	205	280	73,3	177	329	354	3,04	319	10
		12	22,7	**17,82**		23	19,94		4,10	2,90	3,80	1,95	205	328	86,2	207	398	414	3,02	317	
		14	26,2	**20,57**		23	22,98		4,21	2,98	3,77	1,94	204	372	98,3	235	468	470	3,00	315	
11	110	10	21,2	**16,64**	c_1 45 / c_2 25	20	19,20	7,78	4,34	3,07	4,23	2,16	227	379	98,6	239	439	478	3,36	353	11
		12	25,1	**19,70**		23	22,34		4,45	3,15	4,21	2,15	226	444	116	280	529	560	3,34	350	
		14	29,0	**22,75**		23	25,78		4,54	3,21	4,18	2,14	225	505	133	319	618	638	3,32	348	
12	120	11	25,4	**19,94**	50 / 30	23	22,87	8,48	4,75	3,36	4,62	2,35	247	541	140	341	627	682	3,66	384	12
		13	29,7	**23,31**		26	26,32		4,86	3,44	4,59	2,34	246	625	162	394	745	788	3,64	382	
		15	33,9	**26,61**		26	30,00		4,96	3,51	4,56	2,34	246	705	186	446	863	892	3,63	381	
13	130	12	30,0	**23,55**	50 / 40	23	27,24	9,19	5,15	3,64	5,00	2,54	269	750	194	472	870	944	3,97	417	13
		14	34,7	**27,24**		26	31,06		5,26	3,72	4,97	2,54	269	857	223	540	1020	1080	3,95	415	
		16	39,3	**30,85**		26	35,14		5,37	3,80	4,94	2,52	265	959	251	605	1173	1210	3,92	412	
14	140	13	35,0	**27,48**	55 / 45	26	31,62	9,90	5,54	3,92	5,38	2,74	288	1014	262	638	1176	1276	4,27	448	14
		15	40,0	**31,40**			36,10		5,66	4,00	5,36	2,73	287	1148	298	723	1363	1446	4,25	446	
		17	45,0	**35,33**			40,58		5,77	4,08	5,33	2,72	286	1276	334	805	1554	1610	4,23	444	
15	150	14	40,3	**31,64**	55 / 55	26	36,66	10,6	5,95	4,20	5,77	2,94	309	1343	347	845	1556	1690	4,58	481	15
		16	45,7	**35,87**			41,54		6,07	4,30	5,74	2,92	307	1507	391	949	1794	1898	4,56	479	
		18	51,0	**40,04**			46,32		6,17	4,40	5,70	2,93	308	1665	438	1052	2039	2104	4,54	476	
16	160	15	46,1	**36,19**	60 / 55	26	42,2	11,3	6,35	4,50	6,15	3,14	330	1745	453	1099	2033	2198	4,88	512	16
		17	51,8	**40,66**			47,38		6,46	4,60	6,13	3,13	329	1945	506	1226	2322	2452	4,86	510	
		19	57,5	**45,14**			52,56		6,58	4,60	6,10	3,12	328	2137	558	1348	2564	2696	4,84	508	

Normale, ungleichschenklige ∟-Eisen.

Normallängen = 4 bis einschließlich 12 m.

Lagerlängen = 4 bis 14 m in Abstufungen von 250 mm.

h = Abstand zweier Winkeleisen bei dem die beiden Haupt-

trägheitsmomente J_ξ und J_h gleich groß sind. $(J_h \cdot 2 J_\xi)$.

i_x und i_y = Trägheitshalbmesser für die Achsen x—x und y—y.

l_0 = Grenz-Knicklänge (nach Tetmajer) = 105 · i (für 1 Profil).

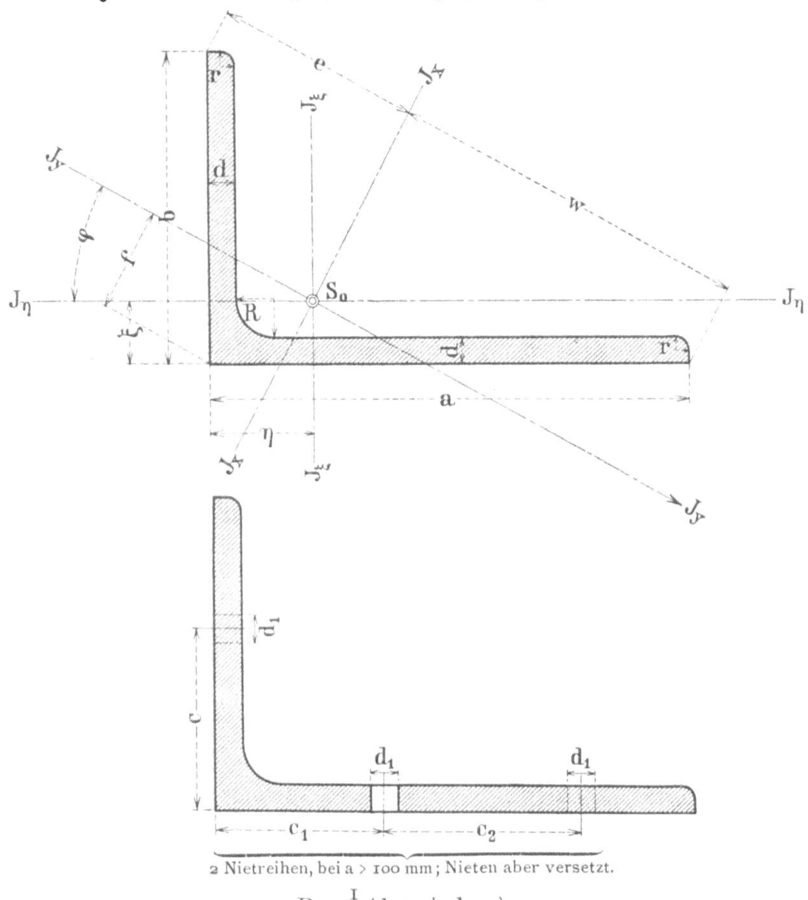

2 Nietreihen, bei a > 100 mm; Nieten aber versetzt.

$$R = \frac{1}{2}(d_{min} + d_{max})$$

$$r = \frac{R}{2}.$$

F netto = Profilquerschnitt unter Abzug eines Nietloches.

Verhältnis der Schenkellängen $\frac{b}{a} = \frac{1}{1\frac{1}{2}}$

Profil Nr.	Abmessungen			Quer-schnitt	Ge-wicht	Wurzelmaße			Niet-durchm.	Quer-schnitt	Abstände der Hauptachsen und des Schwerpunktes S_0					
	b	a	d	F	G	c	c_1	c_2	d_1	F_{netto}	η	ξ	tg φ	w	e	f
	mm	mm	mm	qcm	kg/m	mm	mm	mm	mm	qcm	cm	cm		cm	cm	cm
$\frac{2}{3}$	20	30	3	1,42	**1,11**	—	18	—	10	1,12	0,99	0,49	0,4216	2,04	1,50	0,83
			4	1,85	**1,45**	—		—		1,45	1,03	0,54	0,4214	2,02	1,52	0,90
$\frac{3}{4\frac{1}{2}}$	30	45	4	2,87	**2,25**	—	25	—	13	2,35	1,48	0,74	0,4334	3,06	2,26	1,27
			5	3,53	**2,77**	—		—		2,88	1,52	0,78	0,4288	3,05	2,28	1,32
$\frac{4}{6}$	40	60	5	4,79	**3,76**	—	35	—	16	3,99	1,95	0,97	0,4319	4,10	3,00	1,66
			7	6,55	**5,14**	—		—		5,43	2,04	1,05	0,4275	4,06	3,03	1,77
$\frac{5}{7\frac{1}{2}}$	50	75	7	8,33	**6,54**	—	45	—	20	6,93	2,47	1,24	0,4304	5,11	3,76	2,12
			9	10,5	**8,24**	—		—		8,70	2,56	1,32	0,4272	5,07	3,79	2,22
$\frac{6\frac{1}{2}}{10}$	65	100	9	14,2	**11,15**	35	55	—	20	12,40	3,31	1,59	0,4101	6,79	4,93	2,73
			11	17,1	**13,42**			—		14,90	3,40	1,67	0,4074	6,74	4,97	2,83
$\frac{8}{12}$	80	120	10	19,1	**14,99**	45	50	30	20	17,10	3,92	1,95	0,4348	8,19	6,01	3,35
			12	22,7	**17,82**				23	19,94	4,00	2,02	0,4304	8,15	6,03	3,44
$\frac{10}{15}$	100	150	12	28,7	**22,53**	55	60	50	23	25,94	4,89	2,42	0,4361	10,2	7,51	4,18
			14	33,2	**26,06**				26	29,56	4,97	2,50	0,4339	10,2	7,55	4,27

Verhältnis der Schenkellängen $\frac{b}{a} = \frac{1}{2}$

Profil Nr.	Abmessungen			Quer-schnitt	Ge-wicht	Wurzelmaße			Niet-durchm.	Quer-schnitt	Abstände der Hauptachsen und des Schwerpunktes S_0					
	b	a	d	F	G	c	c_1	c_2	d_1	F_{netto}	η	ξ	tg φ	w	e	f
	mm	mm	mm	qcm	kg/m	mm	mm	mm	mm	qcm	cm	cm		cm	cm	cm
$\frac{2}{4}$	20	40	3	1,72	**1,35**	—	22	—	13	1,33	1,43	0,44	0,2575	2,60	1,77	0,78
			4	2,25	**1,77**	—		—		1,73	1,47	0,48	0,2528	2,57	1,80	0,83
$\frac{3}{6}$	30	60	5	4,29	**3,37**	—	35	—	16	3,49	2,15	0,68	0,2544	3,91	2,64	1,19
			7	5,85	**4,59**	—		—		4,73	2,24	0,76	0,2479	3,83	2,71	1,28
$\frac{4}{8}$	40	80	6	6,89	**5,41**	—	45	—	20	5,69	2,85	0,88	0,2568	5,21	3,53	1,56
			8	9,01	**7,07**	—		—		7,41	2,94	0,96	0,2518	5,14	3,60	1,65
$\frac{5}{10}$	50	100	8	11,5	**9,03**	—	55	—	20	9,9	3,59	1,12	0,2665	6,49	4,44	1,97
			10	14,1	**11,07**	—		—		12,1	3,67	1,20	0,2658	6,42	4,52	2,03
$\frac{6\frac{1}{2}}{13}$	65	130	10	18,6	**14,60**	35	50	40	20	16,6	4,65	1,45	0,2569	8,45	5,76	2,56
			12	22,1	**17,35**				20	19,7	4,75	1,53	0,2549	8,38	5,83	2,65
$\frac{8}{16}$	80	160	12	27,5	**21,59**	45	60	55	23	24,7	5,72	1,77	0,2686	10,4	7,10	3,14
			14	31,8	**24,96**				26	28,2	5,81	1,85	0,2679	10,3	7,20	3,29
$\frac{10}{20}$	100	200	14	40,3	**31,64**	55	60	95	26	36,7	7,12	2,18	0,2608	13,0	8,86	3,91
			16	45,7	**35,87**					41,5	7,20	2,26	0,2586	13,0	8,90	3,99

Verhältnis der Schenkellängen $\dfrac{b}{a} = \dfrac{1}{1\,^{1}/_{2}}$

Trägheitshalbmesser		Grenzknicklänge	Trägheitsmomente				Abstand	Zusammeng. Profile — Trägheitsmoment	Trägheitshalbm.	Grenzknickl.	Profil Nr.	Schenkelstärke d
i_x	i_y	l_0	J_x	J_y	J_η	J_ξ	h	$J_h = J = 2\,J_\xi$	i	l		
cm	cm	cm	cm⁴	cm⁴	cm⁴	cm⁴	mm	cm⁴	cm	cm		mm
1,00	0,44	46	1,42	0,28	0,45	1,25	5,2	2,50	0,94	98	2	3
0,99	0,42	44	1,82	0,33	0,56	1,60	4,3	3,20	0,93	97	3	4
1,52	0,64	67	6,63	1,19	2,05	5,77	8,0	11,54	1,42	149	3	4
1,50	0,64	67	8,01	1,44	2,46	6,99	7,1	13,98	1,41	148	4½	5
2,03	0,87	91	19,8	3,66	6,21	17,3	11,0	34,6	1,90	200	4	5
2,00	0,84	88	26,3	4,63	7,99	22,9	9,0	45,6	1,87	196	6	7
2,53	1,07	112	53,1	9,58	16,4	46,3	13,1	92,6	2,36	248	5	7
2,50	1,06	111	65,4	11,90	20,1	57,2	11,2	114,4	2,33	245	7½	9
3,36	1,37	144	160	26,8	46,6	140	19,5	280	3,14	330	6½	9
3,32	1,38	145	189	32,9	55,1	167	17,7	334	3,12	328	10	11
4,07	1,72	181	317	56,8	98,2	276	22,1	552	3,80	399	8	10
4,04	1,72	181	370	67,5	115	323	20,1	646	3,77	396	12	12
5,10	2,16	227	747	134	232	649	27,8	1298	4,75	499	10	12
5,07	2,15	226	854	153	264	743	26,1	1488	4,73	497	15	14

Verhältnis der Schenkellängen $\dfrac{b}{a} = \dfrac{1}{2}$

i_x	i_y	l_0	J_x	J_y	J_η	J_ξ	h	$J_h = J = 2\,J_\xi$	i	l	Profil Nr.	Schenkelstärke d
1,31	0,42	44	2,96	0,31	0,48	2,80	14,6	5,62	1,28	134	2	3
1,30	0,42	44	3,78	0,40	0,60	3,58	13,4	7,16	1,26	132	4	4
1,96	0,63	66	16,5	1,71	2,61	15,6	21,2	31,2	1,91	200	3	5
1,93	0,62	65	21,8	2,28	3,41	20,7	19,1	41,2	1,87	196	6	7
2,62	0,85	89	47,6	4,99	7,63	45,0	28,9	89,8	2,55	268	4	6
2,60	0,84	88	60,8	6,41	9,62	57,6	26,9	115,0	2,52	265	8	8
3,27	1,05	111	123	12,8	19,6	116	35,5	232	3,17	333	5	8
3,26	1,02	107	150	14,6	23,5	141	33,7	282	3,16	332	10	10
4,30	1,38	145	339	35,4	54,2	320	46,6	640	4,15	436	6½	10
4,23	1,37	144	395	41,3	62,9	373	44,4	748	4,11	432	13	12
5,26	1,70	178	762	79,4	122	719	57,8	1438	5,11	537	8	12
5,24	1,64	172	875	86	139	822	55,7	1644	5,08	533	16	14
6,60	2,12	223	1754	182	283	1653	73,1	3308	6,40	672	10	14
6,57	2,12	223	1973	205	316	1862	71,2	3726	6,38	670	20	16

Zusammengesetzte, normale
Schenkellängen-
Tabelle der Trägheitsmomente, Trägheits-

Profil Nr.	Schenkelstärke d mm	Querschnitt F qcm	Gewicht G kg/m		Angaben für die Biegungsachsen η — η	ξ — ξ	Angaben 0	4	5
2/3	3	2,84	2,22	J=	0,90	2,50	1,58	2,25	2,46
				i=	0,56	0,94	0,75	0,89	0,93
				l=	59	99	79	93	98
	4	3,70	2,90	J=	1,12	3,20	2,20	3,15	3,43
				i=	0,55	0,93	0,77	0,92	—
				l=	58	98	81	97	—
3/4½	4	5,74	4,50	J=	4,10	11,54	7,24	9,17	9,73
				i=	0,85	1,42	1,12	1,27	1,30
				l=	89	149	118	133	137
	5	7,06	5,54	J=	4,92	13,98	9,22	11,70	12,40
				i=	0,84	1,41	1,14	1,29	1,33
				l=	88	148	120	135	140
4/6	5	9,58	7,52	J=	12,42	34,60	21,40		26,70
				i=	1,14	1,90	1,49		1,67
				l=	120	200	156		175
	7	13,10	10,28	J=	15,98	45,80	30,4		—
				i=	1,10	1,87	1,52		—
				l=	116	196	160		—
5/7½	7	16,66	13,08	J=	32,80	92,60	58,40		
				i=	1,41	2,36	1,87		
				l=	148	248	196		
	9	21,00	16,48	J=	40,20	114,4	76,80		
				i=	1,38	2,33	1,91		
				l=	145	245	201		
6½/10	9	28,40	22,30	J=	92,0	282,0	164		
				i=	1,80	3,15	2,40		
				l=	189	331	252		
	11	34,20	26,84	J=	110,2	334	206		
				i=	1,80	3,13	2,45		
				l=	189	329	257		
8/12	10	38,20	29,98	J=	196,4	552	342		
				i=	2,27	3,80	2,99		
				l=	238	399	314		
	12	45,40	35,64	J=	230	646	414		
				i=	2,25	3,77	3,02		
				l=	236	396	317		
10/15	12	57,40	45,06	J=	464	1298	800		
				i=	2,84	4,76	3,73		
				l=	298	500	392		
	14	66,40	52,12	J=	528	1486	942		
				i=	2,82	4,73	3,77		
				l=	296	497	396		

ungleichschenklige L-Eisen.

verhältnis $\dfrac{b}{a} = \dfrac{1}{1^{1/2}}$.

halbmesser und Grenzknicklängen.

für die Biegungsachse δ_{Mitte} bei einem Abstand zweier L-Eisen in mm von $\delta =$

6	8	10	12	15	20	22	24	26	28	30
2,67										
—										
—										
—										
—										
10,30	11,60									
1,34	—									
141	—									
13,20	14,80									
1,37	—									
144	—									
27,90	30,40	33,10	36,00							
1,71	1,78	1,86	—							
180	187	195	—							
39,9	43,5	47,5	—							
1,75	1,82	—	—							
184	191	—	—							
	77,60	83,20	89,20	98,80						
	2,16	2,24	2,31	—						
	227	235	243	—						
	102,3	109,8	117,6							
	2,21	2,29	—							
	232	240	—							
	204	216	228	248	283					
	2,68	2,76	2,83	2,96	—					
	281	290	297	311	—					
		271	286	310	354					
		2,82	2,89	3,01	—					
		296	303	316	—					
		426	445	475	529	552	575			
		3,34	3,41	3,53	3,72	3,80	—			
		351	358	371	391	399	—			
		518	542	578	644	672				
		3,38	3,46	3,57	3,77	—				
		355	363	375	396	—				
			988	1041	1135	1175	1216	1258	1302	
			4,15	4,26	4,45	4,52	4,60	4,68	—	
			436	447	467	475	483	491	—	
			1166	1229	1341	1389	1437	1487	1538	
			4,19	4,30	4,49	4,58	4,65	4,73	—	
			440	452	471	481	488	497	—	

Sämtliche weiteren Angaben für J, i und l erübrigen sich, da letztere grö ß e r sind als diejenigen bei Achse $\xi - \xi$.

Zusammengesetzte normale
Schenkellängen-
Tabelle der Trägheitsmomente, Trägheits-

Profil Nr.	d (mm)	F (qcm)	G (kg/m)		Angaben für die Biegungsachsen		Angaben für							
					η − η	ξ − ξ	0	6	8	10	12	15	20	22
$\frac{2}{4}$	3	**3,44**	2,70	J=	0,92	5,62	1,62	2,8	3,4	4,0	4,6	5,8		
				i=	0,52	1,28	0,68	0,90	0,99	1,08	1,16	—		
				l=	55	134	71	95	104	113	122	—		
	4	**4,50**	3,54	J=	1,20	7,16	2,24	3,9	4,7	5,5	6,4	8,0		
				i=	0,52	1,26	0,70	0,93	1,02	1,10	1,19	—		
				l=	55	132	74	98	107	116	125	—		
$\frac{3}{6}$	5	**8,58**	6,74	J=	5,22	31,20	9,20	13,5	15,2	17,2	19,3	22,8	29,4	32,4
				i=	0,78	1,91	1,03	1,25	1,33	1,42	1,50	1,63	1,85	—
				l=	82	200	108	131	140	149	158	171	194	—
	7	**11,70**	9,18	J=	6,84	41,20	13,54	20,0	22,6	25,4	28,5	33,5	43,1	—
				i=	0,76	1,88	1,08	1,30	1,39	1,47	1,56	1,69	—	
				l=	80	197	113	137	146	154	164	177	—	
$\frac{4}{8}$	6	**13,78**	10,82	J=	15,32	89,80	26	34,5	37,9	41,5	45,5	51,9	64,0	69,3
				i=	1,05	2,55	1,37	1,58	1,66	1,74	1,82	1,94	2,16	2,24
				l=	110	268	144	166	174	183	191	204	227	235
	8	**18,02**	14,14	J=	19,40	115	35,8		52,6	57,8	63,2	72,1	88,6	95,8
				i=	1,03	2,53	1,41		1,70	1,79	1,87	2,00	2,22	2,30
				l=	108	266	148		178	188	196	210	233	242
$\frac{5}{10}$	8	**23,00**	18,06	J=	39,20	232	68,2		92	100	107	120	143	153
				i=	1,30	3,18	1,72		2,00	2,08	2,16	2,28	2,49	2,58
				l=	137	334	181		210	218	227	240	261	271
	10	**28,20**	22,14	J=	47,00	282	86,6		119	128	138	154	183	196
				i=	1,29	3,16	1,75		2,05	2,13	2,21	2,34	2,55	2,63
				l=	135	332	184		215	224	232	246	268	276
$\frac{6\frac{1}{2}}{13}$	10	**37,20**	29,20	J=	108,80	640	187			250	265	290	330	350
				i=	1,71	4,15	2,24			2,59	2,67	2,79	2,98	3,07
				l=	180	436	235			272	280	293	313	322
	12	**44,20**	34,70	J=	125,60	748	230			308	325	355	410	430
				i=	1,68	4,11	2,27			2,64	2,71	2,83	3,05	3,12
				l=	176	432	238			277	285	297	320	328
$\frac{8}{16}$	12	**55,00**	43,18	J=	244	1438	418			527	553	593	665	697
				i=	2,10	5,10	2,75			3,09	3,17	3,28	3,48	3,56
				l=	220	536	289			324	333	344	365	374
	14	**63,60**	49,92	J=	278	1644	496				660	708	795	830
				i=	2,09	5,09	2,79				3,22	3,34	3,54	3,61
				l=	219	534	293				338	351	372	379
$\frac{10}{20}$	14	**80,60**	63,28	J=	564	3308	948				1190	1258	1380	1433
				i=	2,65	6,42	3,43				3,85	3,95	4,14	4,22
				l=	278	674	360				404	415	435	443
	16	**91,40**	71,74	J=	630	3726	1100					1460	1603	1665
				i=	2,62	6,38	3,47					4,00	4,19	4,27
				l=	275	670	364					420	440	448

ungleichschenklige L-Eisen.

verhältnis $\dfrac{b}{a} = \dfrac{1}{2}$.

halbmesser und Grenzknicklängen.

die Biegungsachse δ_{Mitte} bei einem Abstand zweier L-Eisen in mm von $\delta =$

24	26	28	30	32	34	36	38	40	45	50	55	60	65	70	75
74,9	80,8	86,9	93,3												
2,33	2,42	2,51	—												
245	254	264	—												
103	111	120													
2,39	2,48	—													
251	260	—													
163	174	185	197	210	222	235									
2,66	2,75	2,84	2,92	3,02	3,10	—									
280	289	298	307	317	326	-									
210	223	238	253	268	284										
2,73	2,81	2,90	3,00	3,08	—										
287	295	305	315	323	—										
370	390	410	433	455	478	502	526	552	618	689					
3,15	3,24	3,32	3,41	3,50	3,58	3,67	3,76	3,85	4,07	—					
331	340	349	358	368	376	385	395	404	427	—					
455	480	505	532	560	587	615	645	677	757						
3,21	3,29	3,38	3,47	3,56	3,64	3,73	3,82	3,91	—						
337	345	355	364	374	382	392	401	411	—						
730	762	797	832	870	906	945	985	1020	1133	1247	1368	1496			
3,64	3,72	3,80	3,89	3,98	4,06	4,14	4,23	4,31	4,54	4,76	4,99	--			
382	391	399	408	418	426	435	444	453	477	500	524	—			
870	910	950	992	1035	1080	1125	1172	1220	1347	1482	1624	1774			
3,70	3,79	3,87	3,95	4,03	4,12	4,21	4,29	4,38	4,61	4,83	5,05	—			
389	398	405	415	423	433	442	450	460	484	507	530	—			
1487	1542	1599	1658	1718	1780	1843	1908	1974	2146	2329	2523	2727	2940	3164	3398
4,30	4,38	4,45	4,53	4,62	4,70	4,78	4,87	4,95	5,16	5,38	5,60	5,82	6,04	6,26	—
452	460	467	476	485	494	502	511	520	542	565	588	611	634	657	—
1726	1790	1856	1925	1994	2065	2140	2214	2291	2489	2701	2924	3159	3405	3662	3932
4,34	4,43	4,50	4,59	4,67	4,75	4,84	4,92	5,01	5,22	5,44	5,66	5,88	6,10	6,33	—
456	465	473	482	490	499	508	517	526	548	571	594	617	640	665	—

Sämtliche weiteren Angaben für J, i und 1 erübrigen sich, da letztere größer sind, als diejenigen der Achse $\xi - \xi$.

Scharfkantige L-Eisen.

Normallängen = 4 bis einschließlich 12 m.

Lagerlängen = 4 bis 14 m in Abstufungen von 250 mm.

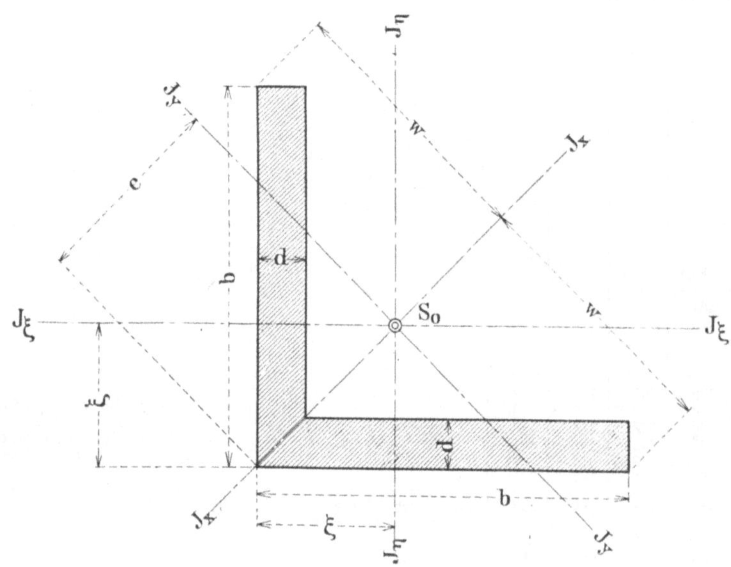

Profil Nr.	Abmessungen		Querschnitt	Gewicht	Abstände der Hauptachsen und des Schwerpunkts (S_0)			Trägheits-Moment	Trägheits-Moment	Trägheits-Moment	Profil Nr.
	b	d	F	G	w	e	ξ	Jx	Jy	$J\xi = J\eta$	
	mm	mm	qcm	kg/m	cm	cm	cm	cm⁴	cm⁴	cm⁴	
15	15	3	0,81	0,63	1,07	0,68	0,48	0,25	0,07	0,16	15
		4	1,04	0,81		0,73	0,52	0,30	0,09	0,20	
20	20	3	1,11	0,87	1,42	0,86	0,61	0,64	0,17	0,40	20
		4	1,44	1,12		0,91	0,64	0,79	0,22	0,50	
25	25	3	1,41	1,10	1,78	1,04	0,74	1,30	0,34	0,82	25
		4	1,84	1,44		1,09	0,77	1,63	0,44	1,03	
30	30	4	2,24	1,75	2,13	1,26	0,90	2,94	0,77	1,86	30
		6	3,24	2,53		1,36	0,97	3,98	1,10	2,54	
35	35	4	2,64	2,06	2,49	1,44	1,02	4,81	1,24	3,03	35
		6	3,84	3,00		1,54	1,09	6,61	1,78	4,20	
40	40	4	3,04	2,37	2,84	1,62	1,15	7,34	1,88	4,61	40
		6	4,44	3,46		1,72	1,22	10,20	2,70	6,45	
45	45	5	4,25	3,32	3,20	1,85	1,31	12,84	3,30	8,07	45
		7	5,81	4,53		1,95	1,38	16,80	4,46	10,63	
50	50	5	4,75	3,73	3,55	2,02	1,43	17,91	4,59	11,25	50
		7	6,51	5,11		2,12	1,51	23,59	6,20	14,89	
60	60	5	5,75	4,50	4,26	2,38	1,69	31,74	8,07	19,90	60
		6,5	7,38	5,70		2,45	1,74	39,72	10,22	24,97	

Abnormale ungleichschenklige Winkeleisen.

d = Normalstärke der Schenkel.
Die mit einem * bezeichneten Profile stimmen hinsichtlich ihrer Schenkelbreiten mit den Normal-L-Eisen-Profilen überein.

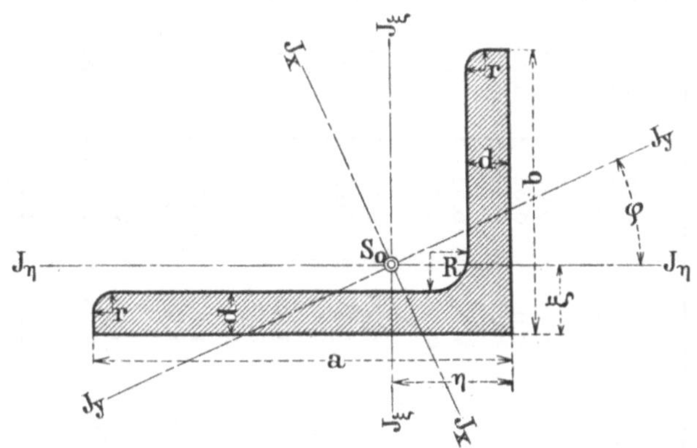

R ist der Abrundungshalbmesser der inneren Winkelecke.
Abrundungshalbmesser der Schenkelenden r = $\frac{1}{2}$ R (auf halbe mm abgerundet).
Vorprofile mit gleichen Schenkelbreiten und 1 mm größerer Schenkelstärke werden gewalzt.

Profil Nr.	Abmessungen				Querschnitt	Gewicht	Abstand des Schwerpunktes S_o		tg φ	Trägheitsmomente			
	b	a	d	R	F	G	ξ	η		J_ξ	J_η	$J_x =$ max.	$J_y =$ min.
	mm	mm	mm	mm	qcm	kg/m	mm			cm⁴	cm⁴	cm⁴	cm⁴
3/4	30	40	3	3,5	2,02	1,59	7,4	12,4	0,556	3,22	1,56	3,92	0,86
*3/4½	30	45	3	3,5	2,17	1,70	7,0	14,4	0,430	4,46	1,62	4,62	1,46
*3/6	30	60	3	4	2,63	2,60	6,1	20,9	0,261	9,93	1,73	10,51	1,15
3½/4½	35	45	3	4	2,33	1,83	8,6	13,6	0,595	4,68	2,53	5,87	1,34
4/5	40	50	3	4	2,63	2,06	9,9	14,8	0,626	6,63	3,77	8,42	1,98
*4/6	40	60	4	5	3,87	3,04	9,4	19,2	0,434	14,27	5,08	16,3	3,05
*4/8	40	80	4	5,5	4,67	3,67	8,1	27,8	0,262	31,23	5,44	33,0	3,67
4½/5½	45	55	4	5	3,87	3,04	11,4	16,4	0,651	11,63	7,02	15,0	3,65
4½/6½	45	65	4	5	4,27	3,35	10,6	20,4	0,529	18,49	7,30	21,0	4,79
5/6	50	60	5	6,5	5,29	4,15	13,0	17,9	0,670	18,58	11,71	24,1	6,19
5/6½	50	65	5	6,5	5,54	4,35	12,5	19,9	0,584	23,22	11,99	29,0	6,21
*5/7½	50	75	5	6,5	6,04	4,74	11,7	24,0	0,415	35,40	12,43	40,0	7,83
*5/10	50	100	5	7	7,28	5,71	10,1	34,8	0,261	76,31	13,42	80,9	8,83
			7	7	10,04	7,88	10,9	35,7	0,261	103,7	17,97	110	11,66
5½/6½	55	65	5	7	5,78	4,54	14,2	19,2	0,696	23,93	15,85	31,7	8,08
			7		7,94	6,23	15,0	19,9	0,692	32,22	21,13	42,6	10,75
5½/7½	55	75	5	7	6,28	4,93	13,3	23,2	0,514	35,72	16,39	42,6	9,51
			7		8,64	6,78	14,1	24,0	0,521	48,03	21,97	57,7	12,3
5½/8½	55	85	5	7	6,78	5,32	12,5	27,3	0,412	50,34	16,96	57,2	10,1
			7		9,34	7,33	13,3	28,2	0,410	68,37	22,73	77,4	13,7
6½/7½	65	75	6	8	8,11	6,37	17,0	21,9	0,732	44,4	31,1	59,9	15,6
			8		10,63	8,34	17,9	22,8	0,721	57,3	39,4	76,1	20,6
6½/8½	65	85	6	8	8,71	6,84	16,0	25,9	0,564	63,1	32,2	77,2	18,1
			8		11,43	8,97	16,9	26,7	0,563	81,7	40,9	99,6	23,0
*6½/10	65	100	6	8	9,61	7,54	14,8	32,1	0,410	98,7	33,5	112	20,2
			8		12,6	9,89	15,6	32,9	0,413	127,4	43,3	145	25,7
6½/11½	65	115	6	8	10,5	8,24	13,8	38,5	0,323	144,5	35,0	158	21,5
			8		13,8	10,83	14,6	39,7	0,324	186,7	44,6	204	27,3
*6½/13	65	130	6	8,5	11,4	8,95	12,9	45,0	0,264	202,2	35,5	214	23,7
			8		15,0	11,78	13,8	45,9	0,261	264,1	45,4	280	29,5

Profil Nr.	Abmessungen				Querschnitt	Gewicht	Abstand des Schwerpunktes So		tg φ	Trägheitsmomente			
	b	a	d	R	F	G	ξ	η		$J\xi$	$J\eta$	Jx = max	Jy = min
	mm	mm	mm	mm	qcm	kg/m	mm			cm⁴	cm⁴	cm⁴	cm⁴
$7^1/_2/9$	75	90	6 / 8	8,5	9,6 / 12,6	7,54 / 9,89	18,9 / 19,7	26,0 / 26,8	0,661 / 0,657	78,4 / 101,5	48,7 / 63,1	101 / 131	26,1 / 33,6
$7^1/_2/10$	75	100	7 / 10	10	11,9 / 16,6	9,34 / 13,03	18,1 / 19,5	30,6 / 31,9	0,543 / 0,539	119,3 / 162,2	58,5 / 78,9	144 / 197	33,8 / 44,1
$7^1/_2/11$	75	110	7 / 10	10	12,6 / 17,6	9,89 / 13,8	17,5 / 18,7	34,7 / 36,0	0,452 / 0,456	154,6 / 209,9	59,4 / 81,0	179 / 244	35,0 / 46,9
$7^1/_2/12$	75	120	8 / 10	10,5	15,1 / 18,6	11,85 / 14,6	17,1 / 17,9	39,3 / 40,2	0,382 / 0,380	221,6 / 270,5	68,3 / 82,9	248 / 303	41,9 / 50,4
$7^1/_2/13$	75	130	9 / 11	10,5	17,7 / 21,4	13,9 / 16,8	16,9 / 17,7	44,0 / 44,9	0,334 / 0,329	310,7 / 367,8	76,9 / 91,0	338 / 401	49,6 / 57,8
$7^1/_2/14$	75	140	9 / 11	10,5	18,6 / 22,5	14,6 / 17,7	16,3 / 17,1	48,4 / 49,4	0,293 / 0,291	377,7 / 451,6	78,1 / 92,7	406 / 484	49,8 / 60,3
$7^1/_2/15$	75	150	9 / 11	10,5	19,5 / 23,6	15,3 / 18,5	15,7 / 16,5	52,8 / 53,8	0,270 / 0,257	456,3 / 545,7	79,9 / 94,8	485 / 578	51,2 / 62,5
$7^1/_2/17$	75	170	9 / 11	11,5	21,4 / 25,9	16,8 / 20,3	14,8 / 15,6	62,1 / 62,7	0,217 / 0,209	632,4 / 767,9	82,1 / 102,0	660 / 803	54,5 / 66,9
*8/12	80	120	9	11	17,3	13,6	19,1	38,8	0,436	251,0	90,4	289	52,4
*8/16	80	160	9	13	21,0	16,5	16,5	55,8	0,262	554,3	94,8	588	61,1
9/10	90	100	9 / 12	12	16,4 / 21,5	12,9 / 16,9	24,2 / 25,4	29,1 / 30,3	0,797 / 0,793	145,6 / 199,8	119,0 / 152,3	219 / 280	55,6 / 72,1
9/11	90	110	9 / 12	12	17,3 / 22,7	13,6 / 17,8	23,2 / 24,4	33,0 / 34,2	0,654 / 0,649	204,3 / 262,8	122,4 / 156,4	265 / 339	61,7 / 80,2
9/12	90	120	9 / 12	12	18,2 / 23,9	14,3 / 18,8	22,2 / 23,4	37,0 / 38,3	0,524 / 0,520	261,0 / 334,6	125,8 / 161,6	318 / 409	68,8 / 87,2
9/13	90	130	9 / 12	12	19,1 / 25,1	15,0 / 19,7	21,4 / 22,6	41,1 / 42,4	0,467 / 0,465	325,7 / 419,7	128,5 / 164,8	381 / 491	73,2 / 93,5
9/14	90	140	9 / 12	12	20,0 / 26,3	15,7 / 20,6	20,6 / 21,9	45,3 / 46,6	0,409 / 0,406	399,1 / 517,1	131,1 / 167,4	454 / 586	76,2 / 98,5

Profil Nr.	Abmessungen				Querschnitt	Gewicht	Abstand des Schwerpunktes So		tg φ	Trägheitsmomente			
	b	a	d	R	F	G	ξ	η		J_ξ	J_η	$J_x =$ max.	$J_y =$ min.
	mm	mm	mm	mm	qcm	kg/m	mm			cm⁴	cm⁴	cm⁴	cm⁴
9/15	90	150	9	12,5	20,9	16,4	19,9	49,4	0,359	482,9	132,7	535	80,6
			11		25,3	19,9	20,7	50,3	0,358	579,4	158,6	642	96,0
			13		29,7	23,3	21,5	51,2	0,357	671,1	182,2	743	110,3
9/16	90	160	9	12,5	21,8	17,1	19,3	53,7	0,322	578,0	134,3	629	83,3
			11		26,4	20,7	20,1	54,7	0,320	693,1	160,8	754	99,9
			13		31,0	24,3	20,9	55,5	0,319	804,4	184,6	874	115,0
9/17	90	170	9	12,5	22,7	17,8	18,7	58,1	0,291	683,2	136,7	734	85,9
			11		27,5	21,6	19,5	59,0	0,288	819,6	163,4	880	103
			13		32,3	25,4	20,3	59,9	0,300	952,1	187,9	1021	119
9/20	90	200	9	12,5	25,4	19,9	17,2	71,4	0,227	1068,9	141,4	1119	91,3
			11		30,8	24,2	18,0	72,4	0,220	1285,8	169,2	1342	113
			13		36,2	28,4	18,8	73,3	0,219	1494,9	195,1	1561	129
9/22½	90	225	9	12,5	27,7	21,7	16,3	82,8	0,186	1476,4	143,4	1523	96,8
			11		33,6	26,4	17,0	83,8	0,181	1775,1	172,9	1830	118
			13		39,4	30,9	17,8	84,7	0,181	2066,8	200,2	2131	136
9/25	90	250	9	12,5	29,9	23,5	15,3	94,4	0,156	1966,0	148,0	2011	103
			11		36,3	28,5	16,1	95,4	0,154	2371,6	177,4	2424	125
			13		42,7	33,5	17,0	96,3	0,154	2759,4	203,6	2821	142
10/12	100	120	9	12	19,1	15,0	25,6	35,5	0,681	270,8	170,3	354	87,1
			12		25,1	19,7	26,8	36,7	0,678	342,3	218,7	452	109
10/13	100	130	10	13	22,1	17,3	25,0	39,7	0,577	367,0	187,9	456	98,9
			13		28,3	22,2	26,2	41,0	0,574	462,3	236,7	574	125
10/14	100	140	10	13	23,1	18,1	24,1	43,8	0,499	451,7	192,3	538	106
			13		29,6	23,2	25,3	45,1	0,495	571,0	242,0	678	135
*10/15	100	150	10	13	24,1	18,9	23,3	47,9	0,437	546,8	196,2	631	112
			13		30,9	24,3	24,5	49,2	0,435	692,0	247,0	798	141
10/16	100	160	10	13	25,1	19,7	22,6	52,2	0,390	656,2	198,8	738	117
			13		32,2	25,3	23,8	53,3	0,382	836,4	250,6	937	150
*10/20	100	200	10	15	29,2	22,9	20,1	69,3	0,263	1202,5	210,5	1279	134
			12		34,8	27,3	21,0	70,3	0,261	1443,5	246,5	1530	160
11½/17	115	170	10	13,5	27,7	21,7	26,5	53,6	0,451	817,0	305,0	948	174
			12		32,9	25,8	27,3	54,5	0,448	964,7	359,3	1117	207
			14		38,1	29,9	28,1	55,3	0,447	1106,8	410,2	1280	237

Hochstegige T-Eisen $\frac{b}{h} = \frac{1}{1}$.

Normallängen = 4 bis einschließlich 12 m.

Lagerlängen = 4 bis 12 m in Abstufungen von 250 mm.

i_x und i_y = Trägheitshalbmesser für die Hauptachsen x — x und y — y.

l_0 = Grenz-Knicklänge (nach Tetmajer) = 105 · i_y (für 1 Profil).

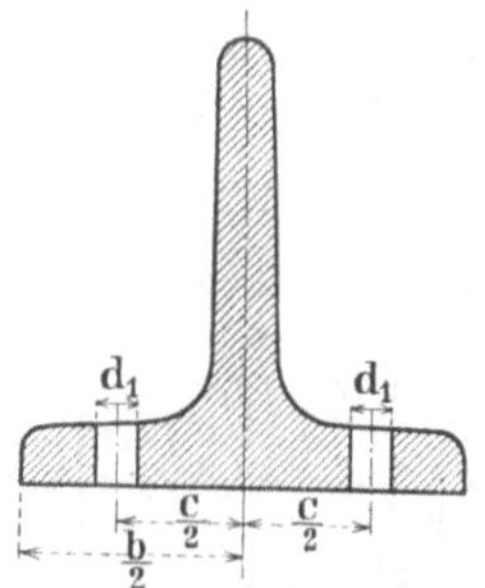

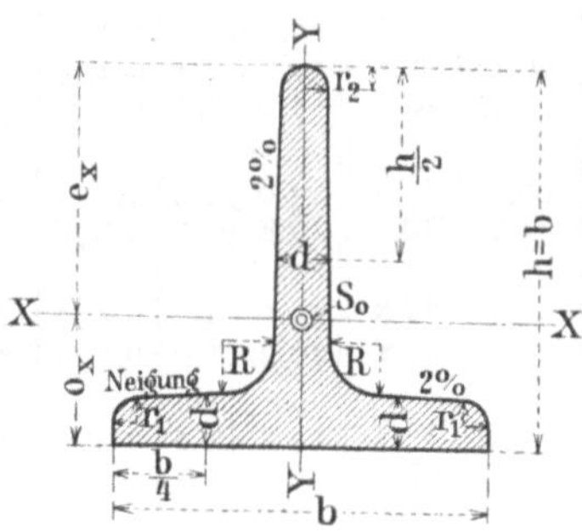

$$h = b; \quad d = 0{,}1\,h + 1 \text{ mm}; \quad R = d; \quad r_1 = \frac{R}{2}; \quad r_2 = \frac{R}{4}.$$

d in der Entfernung $\frac{b}{4}$ bezw. $\frac{h}{2}$ von der Außenkante gemessen;

Neigung im Fuß 2%; an jeder Seite des Steges 2%.

F_{netto} = Profilquerschnitt unter Abzug von zwei Nietlöchern.

Profil Nr.	Abmessungen		Querschnitt	Gewicht	Wurzelmaß	Nietdurchm.	Querschnitt	Schwerpunkts-Abstände So		Trägheitshalbmesser		Grenz knicklänge	Momente für die Biegungsachsen XX			YY		Profil Nr.
	b=h	d=R	F	G	c	d_1	F_{netto}	o_x	e_x	i_x	i_y	l_o	Trägheits-Moment J_x	Widerstands-Momente $Wo_x = \frac{Jx}{o_x}$	(Min.) $We_x = \frac{Jx}{e_x}$	Trägheits-Moment J_y	Widerstands-Moment $W_y = \frac{Jy}{b/2}$	
	mm	mm	qcm	kg/m	mm	mm	qcm	cm	cm	cm	cm	cm	cm⁴	cm³	cm³	cm⁴	cm³	
$\frac{2}{2}$	20	3,0	1,12	0,88	—	—	—	0,58	1,42	0,58	0,42	44	0,38	0,66	0,27	0,20	0,20	$\frac{2}{2}$
$\frac{2^1/_2}{2^1/_2}$	25	3,5	1,64	1,29	—	—	—	0,73	1,77	0,73	0,51	53	0,87	1,19	0,49	0,43	0,34	$\frac{2^1/_2}{2^1/_2}$
$\frac{3}{3}$	30	4,0	2,26	1,77	—	—	—	0,85	2,15	0,87	0,62	65	1,72	2,02	0,80	0,87	0,58	$\frac{3}{3}$
$\frac{3^1/_2}{3^1/_2}$	35	4,5	2,97	2,33	—	—	—	0,99	2,51	1,04	0,73	77	3,10	3,13	1,24	1,57	0,90	$\frac{3^1/_2}{3^1/_2}$
$\frac{4}{4}$	40	5,0	3,77	2,96	24	6	3,17	1,12	2,88	1,18	0,83	87	5,28	4,71	1,83	2,58	1,29	$\frac{4}{4}$
$\frac{4^1/_2}{4^1/_2}$	45	5,5	4,67	3,67	26	6	4,01	1,26	3,24	1,32	0,93	98	8,13	6,45	2,51	4,01	1,78	$\frac{4^1/_2}{4^1/_2}$
$\frac{5}{5}$	50	6,0	5,66	4,44	30	6	4,94	1,39	3,61	1,46	1,03	108	12,1	8,71	3,35	6,06	2,42	$\frac{5}{5}$
$\frac{6}{6}$	60	7,0	7,94	6,23	34	8	6,82	1,66	4,34	1,73	1,24	130	23,8	14,3	5,48	12,2	4,07	$\frac{6}{6}$
$\frac{7}{7}$	70	8,0	10,6	8,32	40	10	9,0	1,94	5,06	2,05	1,44	151	44,5	22,9	8,79	22,1	6,32	$\frac{7}{7}$
$\frac{8}{8}$	80	9,0	13,6	10,68	48	13	11,2	2,22	5,78	2,33	1,65	173	73,7	33,2	12,75	37,0	9,25	$\frac{8}{8}$
$\frac{9}{9}$	90	10,0	17,1	13,42	50	13	14,5	2,48	6,52	2,64	1,85	194	119	48,0	18,25	58,5	13,0	$\frac{9}{9}$
$\frac{10}{10}$	100	11,0	20,9	16,41	54	16	17,4	2,74	7,26	2,92	2,05	215	179	65,3	24,66	88,3	17,7	$\frac{10}{10}$
$\frac{12}{12}$	120	13,0	29,6	23,24	70	16	25,4	3,28	8,72	3,51	2,45	257	366	112	41,92	178	29,7	$\frac{12}{12}$
$\frac{14}{14}$	140	15,0	39,9	31,32	80	20	33,9	3,80	10,2	4,07	2,88	302	660	174	64,71	330	47,2	$\frac{14}{14}$

Breitflanschige ⊤-Eisen $\cdot \dfrac{b}{h} = \dfrac{2}{1}$.

Normallängen = 4 bis einschließlich 12 m.

Lagerlängen = 4 bis 12 m in Abstufungen von 250 mm.

i_x und i_y = Trägheitshalbmesser für die Hauptachsen x — x und y — y.

l_0 = Grenz-Knicklänge (nach Tetmajer) = 105 $\cdot i_x$ (für 1 Profil.)

a = Abstand zweier ⊥-Eisen, bei welchen die beiden Hauptträgheitsmomente gleich groß sind (Ja = Jy).

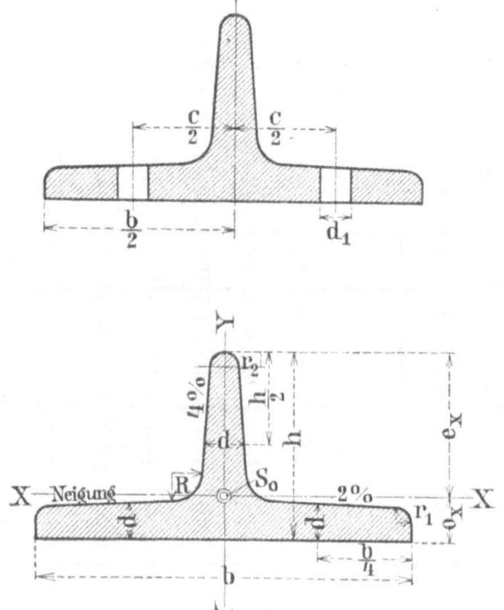

$$h = \frac{b}{2}; \quad d = 0{,}15\,h + 1\;\mathrm{mm}; \quad R = d; \quad r_1 = \frac{R}{2}; \quad r_2 = \frac{R}{4};$$

d in der Entfernung $\dfrac{b}{4}$ bezw. $\dfrac{h}{2}$ von der Außenkante gemessen;

Neigung im Fuß 2%; an jeder Seite des Steges 4%.

F_{netto} = Profilquerschnitt unter Abzug von zwei Nietlöchern.

Profil Nr.	Ab-messungen b mm	Ab-messungen h mm	Ab-messungen d=R mm	Querschnitt F qcm	Ge-wicht G kg/m	Wurzelmaß c mm	Nietdurch-messer d₁ mm	Quer-schnitt Fnetto qcm	Schwerpunkts-Abstände So o_x cm	Schwerpunkts-Abstände So e_x cm	Trägheitshalbmesser i_x cm	Trägheitshalbmesser i_y cm	Grenz-Knicklänge l_o cm	XX Trägheits-Moment Jx cm⁴	XX Wo_x = Jx/o_x cm³	XX (Min.) We_x = Jx/e_x cm³	YY Trägheits-Moment Jy cm⁴	YY Widerstands-Moment W_y = Jy/(b/2) cm³	Ab-stand a cm	Trägheitsmoment Ja = 2 Jy cm⁴	Zusammenges. Profile Trägheitshalbmesser i cm	Zusammenges. Profile Grenz-Knicklänge l cm	Profil Nr.
$\frac{6}{3}$	60	30	5,5	4,64	**3,64**	32	10	3,54	0,67	2,33	0,75	1,36	79	2,58	3,85	**1,11**	8,62	2,87	0,94	17,24	1,36	143	$\frac{6}{3}$
$\frac{7}{3^{1}/_{2}}$	70	35	6,0	5,94	**4,66**	36	13	4,38	0,77	2,73	0,87	1,59	91	4,49	5,83	**1,65**	15,1	4,31	1,12	30,2	1,59	167	$\frac{7}{3^{1}/_{2}}$
$\frac{8}{4}$	80	40	7,0	7,91	**6,21**	40	13	6,09	0,88	3,12	0,99	1,90	104	7,81	8,88	**2,50**	28,5	7,13	1,48	57,0	1,90	200	$\frac{8}{4}$
$\frac{9}{4^{1}/_{2}}$	90	45	8,0	10,2	**8,01**	46	13	8,12	1,00	3,50	1,11	2,12	117	12,7	12,7	**3,63**	46,1	10,2	1,62	92,2	2,13	224	$\frac{9}{4^{1}/_{2}}$
$\frac{10}{5}$	100	50	8,5	12,0	**9,42**	52	15	9,28	1,09	3,91	1,25	2,38	131	18,7	17,2	**4,78**	67,7	13,5	1,86	135,4	2,38	250	$\frac{10}{5}$
$\frac{12}{6}$	120	60	10,0	17,0	**13,35**	60	15	13,8	1,30	4,70	1,49	2,84	156	38,0	29,2	**8,09**	137	22,8	2,22	274	2,84	298	$\frac{12}{6}$
$\frac{14}{7}$	140	70	11,5	22,8	**17,90**	70	20	18,2	1,51	5,49	1,74	3,36	183	68,9	45,6	**12,6**	258	36,9	2,74	516	3,36	353	$\frac{14}{7}$
$\frac{16}{8}$	160	80	13,0	29,5	**23,16**	80	23	23,5	1,72	6,28	1,99	3,78	210	117	68,0	**18,6**	422	52,8	3,00	844	3,78	397	$\frac{16}{8}$
$\frac{18}{9}$	180	90	14,5	37,0	**29,05**	90	23	30,3	1,93	7,07	2,24	4,25	235	185	95,9	**26,2**	670	74,4	3,38	1340	4,26	447	$\frac{18}{9}$
$\frac{20}{10}$	200	100	16,0	45,4	**35,64**	100	25	37,1	2,14	7,86	2,47	4,69	259	277	129,5	**35,2**	1000	100	3,70	2000	4,69	492	$\frac{20}{10}$

Zusammengesetzte breit-

Tabelle der kleinsten Trägheitsmomente,

Profil Nr	Schenkelstärke d mm	Querschnitt F qcm	Gewicht G kg/m	Trägheitsmomente cm^4	Trägheitshalbmesser cm	Grenzknicklängen cm	Angaben für die Biegungsachse y—y	Angaben für die 0	6	8	10	12	15
$\frac{6}{3}$	5,5	**9,28**	7,28	J=			17,24	9,32	13,89	15,78	17,86		
					i=		1,36	0,32	1,22	1,30	—		
						l=	143	34	128	137	—		
$\frac{7}{3\frac{1}{2}}$	6,0	**11,88**	9,32	J=			30,20	16,02	22,58	25,24	28,14	31,28	
					i=		1,59	1,16	1,38	1,46	1,54	—	
						l=	167	122	145	153	162	—	
$\frac{8}{4}$	7,0	**15,82**	12,42	J=			57,00	27,86	37,65	41,54	45,75	50,27	57,65
					i=		1,90	1,33	1,54	1,62	1,70	1,78	—
						l=	200	140	162	170	179	187	—
$\frac{9}{4\frac{1}{2}}$	8,0	**20,40**	16,02	J=			92,20	45,8	59,9	65,38	71,3	77,6	87,9
					i=		2,12	1,50	1,71	1,79	1,87	1,95	2,08
						l=	223	158	180	188	196	205	218
$\frac{10}{5}$	8,5	**24,00**	18,84	J=			135,40	66,0		90,7	98,1	105,9	118,6
					i=		2,38	1,66		1,94	2,02	2,10	2,22
						l=	250	174		204	212	221	233
$\frac{12}{6}$	10,0	**34,00**	26,7	J=			274,0	133,4		174,3	186,2	198,7	218,9
					i=		2,84	1,98		2,26	2,34	2,42	2,54
						l=	298	208		237	246	254	267
$\frac{14}{7}$	11,5	**45,60**	35,8	J=			516	242			322	341	371
					i=		3,36	2,31			2,66	2,73	2,85
						l=	353	243			279	287	299
$\frac{16}{8}$	13,0	**59,0**	46,32	J=			844	408			525	552	594
					i=		3,78	2,63			2,98	3,06	3,17
						l=	397	276			313	321	333
$\frac{18}{9}$	14,5	**74,0**	58,10	J=			1340	646				844	901
					i=		4,25	2,94				3,38	3,49
						l=	446	309				355	366
$\frac{20}{10}$	16,0	**90,8**	71,28	J=			2000	970				1236	1312
					i=		4,69	3,27				3,69	3,80
						l=	492	343				387	399

flanschige ⊥-Eisen $\frac{b}{h} = \frac{2}{1}$.

Trägheitshalbmesser und Grenzknicklängen.

Biegungsachse δ_{Mitte} bei einem Abstand zweier ⊥-Eisen in mm von $\delta =$

16	18	20	22	24	26	28	30	32	34	36	38
91,5 2,12 223	99,0 — —				Sämtliche weiteren Angaben für J, i und l erübrigen sich, da letztere größer sind als diejenigen der Achse y—y.						
123,1 2,26 237	132,4 2,35 247	142,2 — —									
225,9 2,58 271	240,6 2,66 279	255,9 2,74 288	271,8 2,83 297	288,5 — —							
381 2,89 303	403 2,97 312	425 3,05 320	448 3,13 329	473 3,22 338	498 3,30 347	524 — —					
609 3,21 337	639 3,29 345	671 3,37 354	703 3,45 362	737 3,53 371	772 3,62 380	808 3,70 389	846 — —				
921 3,53 371	963 3,61 379	1005 3,69 387	1049 3,77 396	1095 3,85 404	1142 3,93 413	1190 4,01 421	1241 4,10 431	1292 4,18 439	1345 — —		
1339 3,84 403	1393 3,92 412	1449 3,99 419	1507 4,07 427	1567 4,15 436	1628 4,23 444	1692 4,32 454	1757 4,40 462	1824 4,48 470	1893 4,57 480	1964 4,65 488	2036 — —

⌐-Eisen.

Normallängen = 4 bis einschließlich 10 m.

Lagerlängen = 4 bis 12 m in Abstufungen von 250 mm.

Die inneren Flanschflächen sind den äußeren parallel.

i_x, i_y und i_ξ = Trägheitshalbmesser für die Achsen $x - x$, $y - y$ und $\xi - \xi$.

l_0 = Grenz-Knicklänge (nach Tetmajer) = $105 \cdot i_y$ (für 1 Profil).

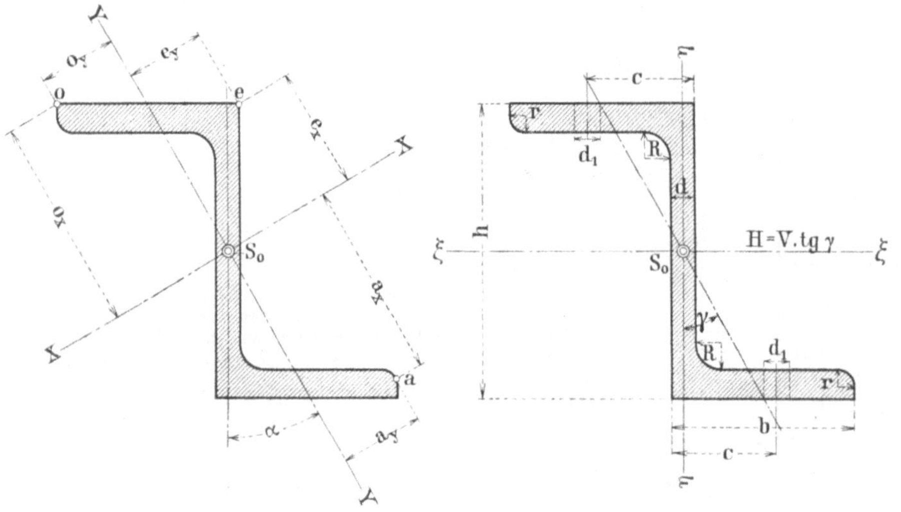

$$b = 0{,}25\,h + 30\,mm; \quad d = 0{,}035\,h + 3\,mm.$$
$$t = 0{,}05\,h + 3\,mm.$$
$$R = t; \quad r_1 = \frac{t}{2}.$$

Profil Nr.	Ab-messungen				Querschnitt	Gewicht	Wurzelmaß	Nietdurchm.	Lage der Hauptachse	Abstände von den Hauptachsen						Trägheitshalbmesser			Grenz-knicklänge	Trägheits- und Widerstandsmomente für die Biegungsachsen								Centrifugalmoment für $\xi-\eta$	Widerstandsmomente f. lotrechte Belastg. V			Profil Nr.
										XX			YY							XX		YY		$\xi\xi$		$\eta\eta$			bei Verhind. seitl. Ausbieg. durch H		bei freier Ausbieg. zur Seite	
	h	b	d	t	F	G	c	d_1	$Y-Y$	o_x	e_x	a_x	e_y	a_y	o_y	i_x	i_y	i_ξ	l_o	J_x = max.	W_x	J_y = min.	W_y	J_ξ	W_ξ	J_η	W_η	$J_{\xi\eta}$	W_ξ	$\dfrac{H}{V}$ = tgγ	W	
	mm	mm	mm	mm	qcm	kg/m	mm	mm	tgα	cm	cm	cm	cm	cm	cm	cm	cm	cm	cm	cm⁴	cm³	cm⁴	cm³	cm⁴	cm³	cm⁴	cm³	cm⁴	cm³		cm³	
3	30	38	4	4,5	4,32	3,39	20	10	1,655	3,85	0,61	3,54	1,39	0,87	0,58	2,04	0,60	1,17	63	18,1	4,69	1,54	1,11	5,96	3,97	13,7	3,80	7,35	3,97	1,227	1,26	3
4	40	40	4,5	5	5,43	4,26	25	10	1,181	4,17	1,12	3,82	1,67	1,19	0,91	2,27	0,75	1,58	79	28,0	6,72	3,05	1,83	13,5	6,75	17,6	4,66	12,2	6,75	0,913	2,26	4
5	50	43	5	5,5	6,77	5,31	25	13	0,939	4,60	1,65	4,21	1,89	1,49	1,24	2,57	0,88	1,97	92	44,9	9,76	5,23	2,76	26,3	10,5	23,8	5,88	19,6	10,5	0,752	3,64	5
6	60	45	5	6	7,91	6,21	25	13	0,779	4,93	2,21	4,56	2,04	1,76	1,51	2,81	0,98	2,38	102	67,2	13,5	7,60	3,73	44,7	14,9	30,1	7,09	28,8	14,9	0,647	5,24	6
8	80	50	6	7	11,1	8,71	30	13	0,588	5,83	3,30	5,35	2,29	2,25	2,02	3,58	1,15	3,13	121	142	24,4	14,7	6,44	109,3	27,3	47,4	10,1	55,6	27,3	0,509	10,1	8
10	100	55	6,5	8	14,5	11,38	30	16	0,492	6,77	4,34	6,24	2,50	2,65	2,43	4,31	1,30	3,91	136	270	39,8	24,6	9,26	222	44,4	72,5	14,0	97,2	44,4	0,438	16,8	10
12	120	60	7	9	18,2	14,29	35	16	0,433	7,75	5,37	7,16	2,70	3,02	2,80	5,08	1,44	4,70	151	470	60	37,7	12,5	402	67,0	106	18,8	158	67,0	0,392	25,6	12
14	140	65	8	10	22,9	17,98	35	20	0,385	8,72	6,39	8,08	2,89	3,39	3,18	5,79	1,57	5,43	165	768	88	56,4	16,6	676	96,6	148	24,3	239	96,6	0,353	38,0	14
16	160	70	8,5	11	27,5	21,59	40	20	0,357	9,74	7,39	9,04	3,09	3,72	3,51	6,57	1,70	6,20	178	1184	121	79,5	21,4	1053	132	211	32,1	358	132	0,330	52,9	16
18	180	75	9,5	12	33,3	26,14	40	20	0,329	10,7	8,40	9,99	3,27	4,08	3,86	7,26	1,82	6,92	191	1759	164	110	27,0	1599	178	270	38,4	490	178	0,307	72,4	18
20	200	80	10,0	13	38,7	30,38	45	20	0,313	11,8	9,39	11,0	3,47	4,39	4,17	8,06	1,95	7,71	205	2509	213	147	33,4	2299	230	357	47,6	674	230	0,293	94,1	20

$$W_x = \frac{J_x}{o_x}; \quad W_y = \frac{J_y}{e_y}; \quad W_\xi = \frac{J_\xi}{h|_2}; \quad W_r = \frac{J_\eta}{b-d|_2}.$$

⌒\-Belag-Eisen.

Normallängen = 4 bis einschließlich 8 m.
Lagerlängen = 4 bis 12 m in Abstufungen von 250 mm

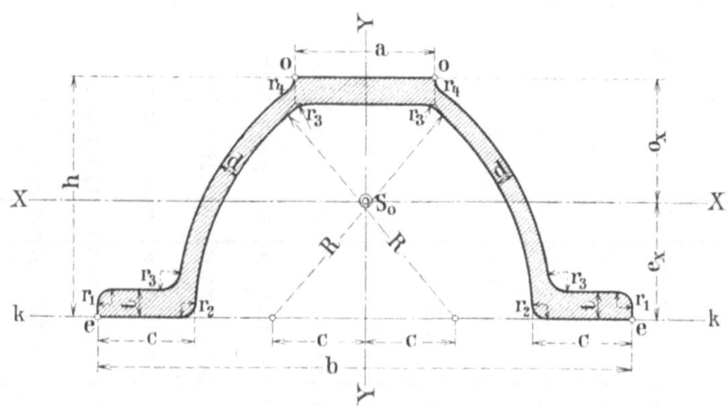

$$r_1 = d; \quad r_2 = d - 0{,}5 \text{ mm}; \quad r_3 = t; \quad r_4 = 0{,}6\,d + 1{,}3 \text{ mm}.$$

Profil Nr.	Abmessungen									Quer-schnitt	Ge-wicht	Momente für die Biegungs-achsen				Schwer-punktsab-stände S_o		Ver-hält-nis	Momente für die Achse k-k		Profil Nr.
												XX		YY							
												Trägh.-Moment J_x	Widerst.-Moment $W_x=\dfrac{J_x}{o_x}$	Trägh.-Moment J_y	Widerst.-Moment $W_y=\dfrac{J_y}{b/_2}$	e_x	o_x	$\dfrac{W_x}{W_y}$	J_k	$W_k=\dfrac{J_k}{h}$	
	h	b	a	c	R	t $=r_3$	d $=r_1$	r_2	r_4	F	G										
	mm	mm	mm	mm	mm	mm	mm	mm	mm	qcm	kg/m	cm⁴	cm³	cm⁴	cm³	cm	cm		cm⁴	cm³	
5	50	120	33,0	21,0	60	5	3,0	2,5	3,1	6,74	5,29	23,3	9,21	86,4	14,4	2,47	2,53	0,64	64,4	12,9	5
6	60	140	38,0	24,0	70	6	3,5	3,0	3,4	9,33	7,32	47,3	15,6	164	23,4	2,96	3,04	0,67	129	21,5	6
7¹/₂	75	170	45,5	28,5	85	7	4,0	3,5	3,7	13,2	10,36	107	28,1	347	40,8	3,69	3,81	0,69	287	38,3	7¹/₂
9	90	200	53,0	33,0	100	8	4,5	4,0	4,0	17,9	14,05	207	46,1	651	65,1	4,50	4,50	0,71	571	63,4	9
11	110	240	63,0	39,0	120	9	5,0	4,5	4,3	24,2	19,00	420	75,9	1272	106,0	5,47	5,53	0,72	1144	104	11

Quadrant-Eisen.

Normallängen = 1 bis einschließlich 10 m.

Lagerlängen = 5 bis 14 m in Abstufungen von 500 mm.

i = Trägheitshalbmesser der vollen Röhre.

l = Grenz-Knicklänge   „   „   „   (nach Tetmajer) = 105 i.

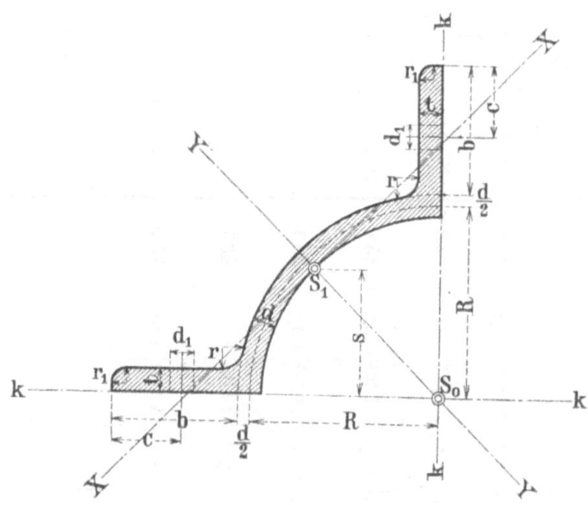

$$b = 0{,}2\,R + 25 \text{ mm.}$$

$$r = 0{,}12\,R; \quad r_1 = 0{,}06\,R.$$

S_1 = der Schwerpunkt eines Quadranteisens.

S_0 = der Schwerpunkt der aus vier Quadranteisen bestehenden Röhre.

Profil Nr.	Abmessungen					Für ein Quadranteisen			Wurzelmaß	Niet- durchmesser	Trägheits- momente			Für die volle Röhre							Profil Nr.
	R	b	d	t	r	Quer- schnitt F	Ge- wicht G	Ab- stand für S_1 s	e	d_1	J_x	J_y	J_k	Quer- schnitt F	Ge- wicht G	Trägheits- Moment für jede Biegungs- achse J	Träg- heits- halb- messer i	Grenz- Knick- länge l	Größtes Widerstands- Moment W_z	Kleinstes Widerstands- Moment $W_x = W_y$	
	mm	mm	mm	mm	mm	qcm	kg/m	mm	mm	mm	cm⁴	cm⁴	cm⁴	qcm	kg/m	cm⁴	cm	cm	cm²	cm³	
5 min.	50	35	4	6	6	7,44	5,84	3,46	20	13	3,59	110	144	29,8	23,36	576	4,40	462	89,6	66,2	5 min.
5 max.	50	35	8	8	6	12,00	9,42	3,47	20	13	6,37	159	227	48,0	37,68	908	4,34	456	135	102	5 max.
7½ min.	75	40	6	8	9	13,7	10,75	4,95	20	13	7,69	360	517	54,8	43,00	2068	6,14	645	237	175	7½ min.
7½ max.	75	40	10	10	9	20,0	15,70	4,97	20	13	13,3	479	745	80,0	62,80	2980	6,09	639	331	248	7½ max.
10 min.	100	45	8	10	12	22,0	17,27	6,43	24	16	16,5	909	1366	88,0	69,08	5464	7,88	827	497	367	10 min.
10 max.	100	45	12	12	12	30,0	23,55	6,49	24	16	25,1	1144	1870	120,0	94,20	7480	7,89	828	664	495	10 max.
12½ min.	125	50	10	12	15	32,2	25,28	8,02	25	16	37,5	1876	3039	128,8	101,12	12156	9,70	1018	917	675	12½ min.
12½ max.	125	50	14	14	15	42,2	33,13	8,00	25	16	49,2	2386	3945	168,8	132,52	15780	9,66	1014	1165	867	12½ max.
15 min.	150	55	12	14	18	44,6	35,01	9,51	28	20	73,2	3549	5909	178,4	140,04	23636	11,49	1206	1522	1120	15 min.
15 max.	150	55	13	17	18	62,6	49,14	9,54	28	20	104	4633	8079	250,4	196,56	32316	11,36	1192	2029	1510	15 max.

Laufkranschienen.

Profil Nr.	Abmessungen				Querschnitt	Gewicht	Schwerpunkts-Abstand vom Schienenfuß	Momente für die Biegungsachsen				Raddruck in kg R = D · s (k−2r) (Maße in cm)			Raddurchmesser
								x−x		y−y		Spezifischer Druck s pro qcm			
	Fußbreite	Höhe	Kopfbreite	Abrundungs-Radius				Trägh.-Moment	Widerstands-Moment	Trägh.-Moment	Widerstands-Moment				
	b	h	k	r	F	G		J_x	W_x	J_y	W_y	40 kg	50 kg	60 kg	D
	mm	mm	mm	mm	qcm	kg/m	cm	cm⁴	cm³	cm⁴	cm³				in mm
1	125	55	45	3	28,7	**22,5**	2,27	94,1	**29,1**	182,4	29,2	6 240	7 800	9 360	400
2	150	65	55	4	41,1	**32,2**	2,65	185,0	**48,0**	328,8	43,8	11 280	14 100	16 920	600
3	175	75	65	5	55,8	**43,8**	3,06	328,6	**74,0**	646,1	73,8	17 600	22 000	26 400	800
4	200	85	75	6	72,6	**57**	3,52	523,4	**105,1**	988,7	98,9	25 200	31 500	37 800	1000
6	150	65	55	5	38,8	**30,5**	2,85	163,0	**44,6**	368,6	49,1	10 800	13 500	16 200	600
8	200	100	85	6	83,3	**65,4**	4,70	799,7	**150,0**	1314,1	131,4	35 040	43 800	52 560	1200

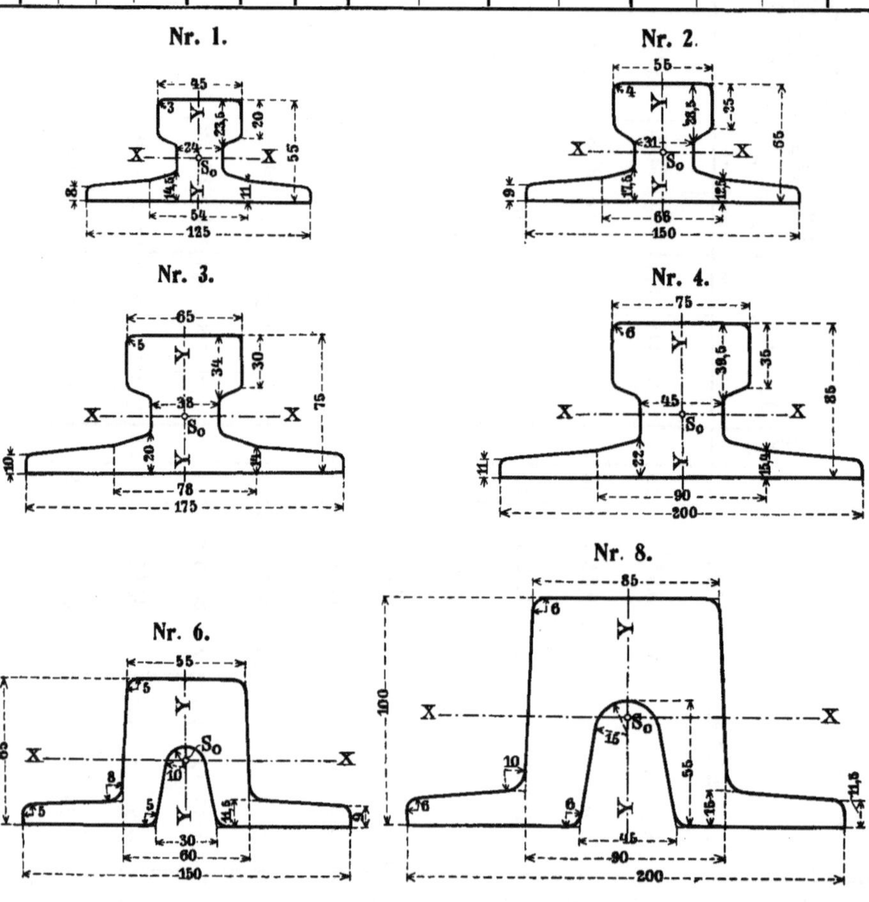

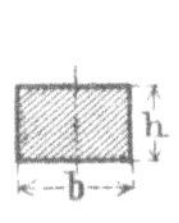

b	h	F	G
mm	mm	qcm	kg/m
50	30	15	11,70
50	40	20	15,60
60	30	18	14,02
60	40	24	18,70

Schienenprofile.

Bezeichnung	Höhe	Fuß-breite	Kopf-breite	Stegstärke	Quer-schnitt	Ge-wicht	Trägheits-moment	Wider-stands-moment	Schwer-punkts-ab-stand
				d	F	G	J	W_u	c
	mm	mm	mm	mm	qcm	kg/m	cm⁴	cm³	cm
Preuß. Sekundärbahn	113	90	53	10	30,3	**23,8**	522	**92**	5,67
„ „	115	90	53	10	31,1	**24,4**	560	**97**	5,77
Preußen Profil 6 b	134	105	58	11	42,6	**33,4**	1036	**154**	6,73
„ „ 7 b	134	105	58	18	47,4	**37,24**	1063	**157**	6,77
„ „ 8 a	138	110	72	14	52,3	**41,00**	1352	**193**	7,00
„ „ 9 b	138	110	72	18	55,3	**43,43**	1363	**197**	7,00
„ „ 10 a	129	105	58	11	39,7	**31,16**	929	**141**	6,27
„ „ 11 a	115	100	58	10	35,1	**27,55**	642	**112**	5,75
„ „ 15	144	110	72	14	57,38	**45,05**	1609	**204**	7,89
„ „ 16	144	110	72	18	60,24	**47,29**	1712	**214**	8,00

Streckenbogeneisen
(ungleichflanschige I Profile.)

	Höhe	Fuß-breite	Kopf-breite	Stegstärke	Quer-schnitt	Ge-wicht	Trägheits-moment	Wider-stands-moment	Schwer-punkts-ab-stand
				d	F	G	J	W_u	c
	mm	mm	mm	mm	qcm	kg/m	cm⁴	cm³	cm
68×42×26×4	68	42	26	4	6,00	**4,7**	40,8	**10,3**	2,92
80×42×26×5	80	42	26	5	8,64	**6,8**	77	**17,3**	3,55
80×79×49×7	80	79	49	7	15,2	**12,0**	145,5	**31,7**	3,41
80×80×50×8	80	80	50	8	16,0	**12,6**	150,8	**33,1**	3,44
80×80×52×10	80	80	52	10	17,6	**13,8**	159,4	**35,3**	3,49
130×100×74×10	130	100	74	10	30,65	**24,1**	657,9	**88,9**	5,6
130×104×78×14	130	104	78	14	35,85	**28,2**	763,6	**103,9**	5,65
140×100×65×7	140	100	65	7	25,2	**19,62**	812	**102,10**	6,05

Angaben über Stabeisen.

Rund-, Quadrat-, Flach- und Universaleisen aus Fluß- bezw. Schweißeisen gewalzt oder geschmiedet in Stäben von 3 bis 10 m Länge. Nach der Güte des Eisens wird das gewöhnliche Handelseisen und das bessere Qualitätseisen unterschieden.

Man bezeichnet mit **Bandeisen** dünnes Flacheisen unter 5 mm Stärke und bis 250 mm Breite, in Bunden geliefert und verkauft.

Flacheisen ist rechteckiges Stabeisen von 10—180 mm Breite auf kalibrierten Walzen hergestellt und in Stäben bis 30 m Länge.

Universaleisen ist rechteckiges Stabeisen von 180—1000 mm Breite bei einer Stärke von 5 mm an aufwärts.

Die Gewichte in den Tabellen verstehen sich für Flußeisen in kg./lfdm. Für Schweißeisen sind die Werte mit 0,99363 zu multiplizieren.

Querschnitts- und Gewichtstabelle von Quadrat- und Rundeisen.

Abmessungen d mm	Quadrat Querschnitt F qcm	Quadrat Gewicht G kg/m	Rund Querschnitt F qcm	Rund Gewicht G kg/m
5	0,25	0,20	0,20	0,15
6	0,36	0,28	0,28	0,22
7	0,49	0,38	0,38	0,30
8	0,64	0,50	0,50	0,39
9	0,81	0,64	0,64	0,50
10	1,00	0,79	0,79	0,62
11	1,21	0,95	0,95	0,75
12	1,44	1,13	1,13	0,89
13	1,69	1,33	1,33	1,04
14	1,96	1,54	1,54	1,21
15	2,25	1,77	1,77	1,39
16	2,56	2,01	2,01	1,58
17	2,89	2,27	2,27	1,78
18	3,24	2,54	2,54	2,00
19	3,61	2,83	2,84	2,23
20	4,00	3,14	3,14	2,46
21	4,41	3,46	3,46	2,72
22	4,84	3,80	3,80	2,98
23	5,29	4,15	4,15	3,26
24	5,76	4,52	4,52	3,55
25	6,25	4,91	4,91	3,85
26	6,76	5,31	5,31	4,17
27	7,29	5,72	5,73	4,49
28	7,84	6,15	6,16	4,83
29	8,41	6,60	6,61	5,18
30	9,00	7,07	7,07	5,55
31	9,61	7,54	7,55	5,93
32	10,24	8,04	8,04	6,31
33	10,89	8,55	8,55	6,71
34	11,56	9,07	9,08	7,13
35	12,25	9,62	9,62	7,55
36	12,96	10,17	10,18	7,99
37	13,69	10,75	10,75	8,44
38	14,44	11,34	11,34	8,90
39	15,21	11,94	11,95	9,38
40	16,00	12,56	12,57	9,86

Abmessungen d mm	Quadrat Querschnitt F qcm	Quadrat Gewicht G kg/m	Rund Querschnitt F qcm	Rund Gewicht G kg/m
42	17,64	13,85	13,85	10,88
44	19,36	15,20	15,21	11,94
46	21,16	16,61	16,62	13,05
48	23,04	18,09	18,10	14,21
50	25,00	19,63	19,64	15,41
52	27,04	21,23	21,24	16,67
54	29,16	22,89	22,90	17,98
56	31,36	24,62	24,63	19,33
58	33,64	26,41	26,42	20,74
60	36,00	28,26	28,27	22,20
62	38,44	30,18	30,19	23,70
64	40,96	32,15	32,17	25,25
66	43,56	34,19	34,21	26,86
68	46,24	36,30	36,32	28,51
70	49,00	38,47	38,48	30,21
72	51,84	40,69	40,72	31,96
74	54,76	42,99	43,01	33,76
76	57,76	45,34	45,36	35,61
78	60,84	47,76	47,78	37,51
80	64,00	50,24	50,27	39,46
82	67,24	52,78	52,81	41,46
84	70,56	55,39	55,42	43,50
86	73,96	58,06	58,09	45,60
88	77,44	60,79	60,82	47,74
90	81,00	63,59	63,62	49,94
92	84,64	66,44	66,48	52,18
94	88,36	69,36	69,40	54,48
96	92,16	72,35	72,38	56,82
98	96,04	75,39	75,43	59,21
100	100,00	78,50	78,54	61,65
105	110,25	86,55	86,59	67,97
110	121,00	94,99	95,03	74,60
115	132,25	103,82	103,87	81,54
120	144,00	113,04	113,10	88,78
125	156,25	122,66	122,72	96,33

Abmessungen d mm	Quadrat Querschnitt F qcm	Quadrat Gewicht G kg/m	Rund Querschnitt F qcm	Rund Gewicht G kg/m
130	169,00	132,67	132,73	104,2
135	182,25	143,07	143,14	112,36
140	196,00	153,86	153,04	120,84
145	210,25	165,05	165,13	129,63
150	225,00	176,63	176,72	138,72
155	240,25	188,60	188,69	148,12
160	256,00	200,96	201,06	157,83
165	272,25	213,72	213,83	167,85
170	289,00	226,87	226,98	178,18
175	306,25	240,41	240,53	188,81
180	324,00	254,34	254,47	199,76
185	342,25	268,66	268,80	211,01
190	361,00	283,39	283,53	222,57
195	380,25	298,50	298,65	234,44
200	400,00	314,00	314,16	246,61
205	420,25	329,90	330,06	259,10
210	441,00	346,19	346,36	271,89
215	462,25	362,87	363,05	285,00
220	484,00	379,94	380,13	298,40
225	506,25	397,40	397,61	312,12
230	529,00	415,27	415,48	326,15
235	552,25	433,52	433,74	340,48
240	576,00	452,16	452,39	355,13
245	600,25	471,20	471,44	370,08
250	625,00	490,63	490,87	385,34
260	676,00	530,66	530,93	416,78
270	729,00	572,27	572,36	449,46
280	784,00	615,44	615,72	483,37
290	841,00	660,19	660,52	518,51
300	900,00	706,50	706,86	554,88
310	961,00	754,39	754,77	592,49
320	1024,00	803,84	804,25	631,34
330	1089,00	854,87	855,30	671,41
340	1156,00	907,46	907,92	712,72
350	1225,00	961,63	962,11	755,26

Gewichtstabellen für Flacheisen.

Dicke s mm	Breite in mm											
	10	12	14	15	16	18	20	22	24	25	26	28
1	0,079	0,094	0,110	0,118	0,126	0,141	0,157	0,173	0,188	0,196	0,204	0,220
2	0,157	0,188	0,220	0,236	0,251	0,283	0,314	0,345	0,377	0,393	0,408	0,440
3	0,236	0,283	0,330	0,353	0,377	0,424	0,471	0,518	0,565	0,589	0,612	0,659
4	0,314	0,377	0,440	0,471	0,502	0,565	0,628	0,691	0,754	0,785	0,816	0,879
5	0,393	0,471	0,550	0,589	0,628	0,707	0,785	0,864	0,942	0,981	1,020	1,099
6	0,471	0,565	0,659	0,707	0,754	0,848	0,942	1,036	1,130	1,178	1,225	1,319
7	0,550	0,659	0,769	0,824	0,879	0,989	1,099	1,209	1,319	1,374	1,420	1,539
8	0,628	0,754	0,879	0,942	1,005	1,130	1,256	1,382	1,507	1,570	1,633	1,758
9	0,707	0,848	0,989	1,060	1,130	1,272	1,413	1,554	1,606	1,766	1,837	1,978
10	0,785	0,942	1,099	1,178	1,256	1,413	1,570	1,727	1,884	1,963	2,041	2,198
11	0,864	1,036	1,209	1,295	1,382	1,554	1,727	1,900	2,072	2,159	2,245	2,418
12	0,942	1,130	1,319	1,413	1,507	1,696	1,884	2,072	2,261	2,355	2,449	2,638
13	1,021	1,225	1,429	1,531	1,633	1,837	2,041	2,245	2,449	2,551	2,653	2,857
14	1,099	1,319	1,539	1,649	1,758	1,978	2,198	2,418	2,638	2,748	2,857	3,077
15	1,178	1,413	1,649	1,766	1,884	2,120	2,355	2,591	2,826	2,944	3,061	3,297
16	1,256	1,507	1,758	1,884	2,010	2,261	2,512	2,763	3,014	3,140	3,266	3,517
17	1,335	1,601	1,868	2,002	2,135	2,402	2,669	2,936	3,203	3,336	3,470	3,737
18	1,413	1,696	1,978	2,120	2,261	2,543	2,826	3,109	3,391	3,533	3,674	3,956
19	1,492	1,790	2,088	2,237	2,386	2,685	2,983	3,281	3,580	3,729	3,878	4,176
20	1,570	1,884	2,198	2,355	2,512	2,826	3,140	3,454	3,768	3,925	4,082	4,396
21	1,649	1,978	2,308	2,473	2,638	2,967	3,297	3,627	3,956	4,121	4,286	4,616
22	1,727	2,072	2,418	2,591	2,763	3,109	3,454	3,799	4,145	4,318	4,490	4,836
23	1,806	2,167	2,528	2,708	2,889	3,250	3,611	3,972	4,333	4,518	4,694	5,055
24	1,884	2,261	2,638	2,826	3,014	3,391	3,768	4,145	4,522	4,710	4,898	5,275
25	1,963	2,355	2,748	2,944	3,140	3,533	3,925	4,318	4,710	4,905	5,103	5,495
26	2,041	2,449	2,857	3,062	3,266	3,674	4,082	4,490	4,898	5,103	5,307	5,715
27	2,120	2,543	2,967	3,179	3,391	3,815	4,239	4,663	5,087	5,299	5,511	5,935
28	2,198	2,638	3,077	3,297	3,517	3,956	4,396	4,836	5,275	5,495	5,715	6,154
29	2,277	2,732	3,187	3,415	3,642	4,098	4,553	5,008	5,464	5,691	5,919	6,374
30	2,355	2,826	3,297	3,533	3,768	4,239	4,710	5,181	5,652	5,888	6,123	6,594
31	2,434	2,920	3,407	3,650	3,894	4,380	4,867	5,354	5,840	6,084	6,327	6,814
32	2,512	3,014	3,517	3,768	4,019	4,522	5,024	5,526	6,029	6,280	6,521	7,034
33	2,591	3,109	3,627	3,886	4,145	4,663	5,181	5,699	6,217	6,476	6,735	7,253
34	2,669	3,203	3,737	4,004	4,270	4,804	5,338	5,872	6,406	6,673	6,939	7,473
35	2,748	3,297	3,847	4,121	4,396	4,946	5,495	6,045	6,594	6,869	7,144	7,693
36	2,826	3,391	3,956	4,239	4,522	5,087	5,652	6,217	6,782	7,065	7,348	7,913
37	2,905	3,485	4,066	4,357	4,647	5,228	5,809	6,390	6,971	7,261	7,552	8,133
38	2,983	3,580	4,176	4,475	4,773	5,369	5,966	5,563	7,159	7,458	7,756	8,352
39	3,062	3,674	4,286	4,592	4,898	5,511	6,123	6,735	7,348	7,654	7,950	8,572
40	3,140	3,768	4,396	4,710	5,024	5,652	6,280	6,908	7,536	7,850	8,164	8,792
41	3,219	3,862	4,506	4,828	5,150	5,793	6,437	7,081	7,724	8,046	8,368	9,012
42	3,297	3,956	4,616	4,946	5,295	5,935	6,594	7,253	7,913	8,243	8,572	9,232
43	3,376	4,051	4,726	5,063	5,401	6,076	6,751	7,426	8,101	8,439	8,776	9,451
44	3,454	4,145	4,836	5,181	5,526	6,217	6,908	7,599	8,290	8,635	8,980	9,671
45	3,533	4,239	4,946	5,299	5,652	6,359	7,065	7,772	8,478	8,831	9,185	9,891

Gewichtstabellen für Flacheisen.

Dicke s mm	Breite in mm											
	30	32	34	35	36	38	40	42	44	45	46	48
1	0,235	0,251	0,267	0,275	0,283	0,298	0,314	0,330	0,345	0,353	0,361	0,377
2	0,471	0,502	0,534	0,550	0,565	0,597	0,628	0,659	0,691	0,707	0,722	0,754
3	0,705	0,754	0,801	0,824	0,848	0,895	0,942	0,989	1,036	1,060	1,083	1,130
4	0,942	1,005	1,068	1,099	1,130	1,193	1,256	1,319	1,382	1,413	1,444	1,507
5	1,177	1,256	1,334	1,374	1,413	1,491	1,570	1,648	1,727	1,766	1,805	1,884
6	1,413	1,507	1,601	1,649	1,696	1,790	1,884	1,978	2,072	2,120	2,167	2,261
7	1,648	1,758	1,868	1,923	1,978	2,088	2,198	2,308	2,418	2,473	2,528	2,638
8	1,884	2,010	2,135	2,198	2,261	2,386	2,512	2,638	2,763	2,826	2,889	3,014
9	2,119	2,261	2,402	2,473	2,543	2,685	2,826	2,967	3,109	3,179	3,250	3,391
10	2,355	2,512	2,669	2,748	2,826	2,983	3,140	3,297	3,454	3,533	3,610	3,768
11	2,590	2,763	2,936	3,022	3,109	3,281	3,454	3,627	3,799	3,886	3,972	4,145
12	2,826	3,014	3,203	3,297	3,391	3,580	3,768	3,956	4,145	4,239	4,333	4,522
13	3,061	3,266	3,470	3,572	3,674	3,878	4,082	4,286	4,490	4,592	4,694	4,898
14	3,297	3,517	3,737	3,847	3,956	4,176	4,396	4,616	4,836	4,946	5,055	5,275
15	3,532	3,768	4,003	4,121	4,239	4,474	4,710	4,945	5,181	5,299	5,416	5,652
16	3,768	4,019	4,270	4,396	4,522	4,773	5,024	5,275	5,526	5,652	5,778	6,029
17	4,003	4,270	4,537	4,671	4,804	5,071	5,338	5,605	5,872	6,005	6,139	6,406
18	4,239	4,522	4,804	4,946	5,087	5,369	5,652	5,935	6,217	6,359	6,500	6,782
19	4,474	4,773	5,071	5,220	5,369	5,668	5,966	6,264	6,563	6,712	6,861	7,159
20	4,710	5,024	5,338	5,495	5,652	5,966	6,280	6,594	6,908	7,065	7,222	7,536
21	4,946	5,275	5,605	5,770	5,935	6,264	6,594	6,924	7,253	7,418	7,583	7,913
22	5,181	5,526	5,872	6,045	6,217	6,563	6,908	7,253	7,599	7,772	7,944	8,290
23	5,417	5,778	6,139	6,319	6,500	6,861	7,222	7,583	7,944	8,125	8,305	8,666
24	5,652	6,029	6,406	6,594	6,782	7,159	7,536	7,913	8,290	8,478	8,666	9,043
25	5,888	6,280	6,673	6,869	7,065	7,458	7,850	8,243	8,635	8,831	9,028	9,420
26	6,123	6,531	6,939	7,144	7,348	7,756	8,164	8,572	8,980	9,185	9,389	9,797
27	6,359	6,782	7,206	7,418	7,630	8,054	8,478	8,902	9,326	9,538	9,750	10,174
28	6,594	7,034	7,473	7,693	7,913	8,352	8,792	9,232	9,671	9,891	10,11	10,55
29	6,830	7,285	7,740	7,968	8,195	8,651	9,106	9,561	10,017	10,244	10,47	10,93
30	7,065	7,536	8,007	8,243	8,478	8,949	9,420	9,891	10,362	10,598	10,83	11,304
31	7,301	7,787	8,274	8,517	8,761	9,247	9,734	10,221	10,707	10,951	11,194	11,68
32	7,536	8,038	8,541	8,792	9,043	9,546	10,048	10,550	11,053	11,304	11,555	12,06
33	7,772	8,290	8,808	9,067	9,326	9,844	10,362	10,880	11,398	11,657	11,92	12,434
34	8,007	8,541	9,075	9,342	9,608	10,142	10,676	11,210	11,744	12,011	12,28	12,811
35	8,243	8,792	9,342	9,616	9,891	10,441	10,990	11,540	12,089	12,364	12,64	13,19
36	8,478	9,043	9,608	9,891	10,174	10,739	11,304	11,869	12,434	12,717	13,00	13,565
37	8,714	9,294	9,875	10,166	10,456	11,037	11,618	12,199	12,780	13,070	13,36	13,942
38	8,949	9,546	10,142	10,441	10,739	11,335	11,932	12,529	13,125	13,424	13,72	14,32
39	9,185	9,797	10,409	10,715	11,021	11,634	12,246	12,858	13,471	13,777	14,08	14,695
40	9,420	10,048	10,676	10,990	11,304	11,932	12,560	13,188	13,816	14,130	14,44	15,072
41	9,656	10,299	10,943	11,265	11,587	12,230	12,874	13,518	14,161	14,483	14,81	15,449
42	9,891	10,550	11,210	11,540	11,869	12,529	13,188	13,847	14,507	14,837	15,17	15,826
43	10,127	10,801	11,477	11,814	12,152	12,827	13,502	14,177	14,852	15,190	15,527	16,202
44	10,362	11,053	11,744	12,089	12,434	13,125	13,816	14,507	15,198	15,543	15,888	16,579
45	10,598	11,304	12,011	12,364	12,717	13,424	14,130	14,837	15,543	15,896	16,25	16,956

Gewichtstabellen für Flacheisen.

Dicke s mm	Breite in mm											
	50	52	54	55	56	58	60	62	64	65	66	68
1	0,392	0,408	0,424	0,432	0,440	0,455	0,471	0,487	0,502	0,510	0,518	0,534
2	0,785	0,816	0,848	0,864	0,879	0,911	0,942	0,973	1,005	1,021	1,036	0,168
3	1,177	1,225	1,272	1,295	1,319	1,336	1,413	1,460	1,507	1,531	1,554	1,601
4	1,570	1,633	1,696	1,727	1,758	1,821	1,884	1,947	2,010	2,041	2,072	2,135
5	1,962	2,041	2,119	2,159	2,198	2,276	2,355	2,433	2,512	2,551	2,590	2,569
6	2,355	2,449	2,543	2,591	2,638	2,732	2,826	2,920	3,014	3,062	3,109	3,203
7	2,747	2,857	2,967	3,022	3,077	3,187	3,297	3,407	3,517	3,572	3,627	3,737
8	3,140	3,266	3,391	3,454	3,517	3,642	3,768	3,894	4,019	4,082	4,145	4,270
9	3,532	3,674	3,815	3,886	3,956	4,098	4,239	4,380	4,522	4,592	4,663	4,804
10	3,925	4,082	4,239	4,318	4,396	4,553	4,710	4,867	5,024	5,103	5,181	5,338
11	4,317	4,490	4,463	4,749	4,836	5,008	5,181	5,354	5,526	5,613	5,699	5,872
12	4,710	4,898	5,087	5,181	5,275	5,464	5,652	5,840	6,029	6,123	6,217	6,406
13	5,102	5,307	5,511	5,613	5,715	5,919	6,123	6,327	6,531	6,633	6,735	6,939
14	5,495	5,715	5,935	6,045	6,154	6,374	6,594	6,814	7,034	7,144	7,253	7,473
15	5,887	6,123	6,358	6,476	6,594	6,829	7,065	7,300	7,536	7,654	7,771	8,007
16	6,280	6,531	6,782	6,908	7,034	7,285	7,536	7,787	8,038	8,164	8,290	8,541
17	6,672	6,939	7,206	7,340	7,473	7,740	8,007	8,274	8,541	8,674	8,808	9,075
18	7,065	7,348	7,630	7,772	7,913	8,195	8,478	8,761	9,043	9,185	9,326	9,608
19	7,457	7,756	8,054	8,203	8,352	8,651	8,949	9,247	9,546	9,695	9,844	10,14
20	7,850	8,164	8,478	8,635	8,792	9,106	9,420	9,734	10,05	10,21	10,36	10,68
21	8,243	8,572	8,902	9,067	9,232	9,561	9,891	10,221	10,55	10,715	10,88	11,21
22	8,635	8,980	9,326	9,499	9,671	10,017	10,362	11,707	11,053	11,226	11,398	11,744
23	9,028	9,389	9,750	9,930	10,111	10,472	10,833	11,194	11,56	11,736	11,916	12,277
24	9,420	9,797	10,174	10,362	10,55	10,927	11,304	11,681	12,058	12,246	12,434	12,811
25	9,813	10,21	10,598	10,794	10,99	11,383	11,775	12,168	12,56	12,756	12,953	13,345
26	10,21	10,613	11,021	11,226	11,43	11,838	12,246	12,654	13,062	13,267	13,471	13,879
27	10,598	11,021	11,445	11,657	11,87	12,293	12,717	13,141	13,565	13,777	13,989	14,413
28	10,99	11,43	11,869	12,089	12,31	12,748	13,188	13,628	14,067	14,287	14,51	14,946
29	11,383	11,84	12,293	12,521	12,75	13,204	13,659	14,114	14,57	14,797	15,025	15,48
30	11,775	12,25	12,717	12,953	13,188	13,659	14,13	14,601	15,072	15,308	15,543	16,014
31	12,168	12,654	13,141	13,384	13,63	14,114	14,601	15,088	15,574	15,818	16,061	16,548
32	12,56	13,062	13,565	13,816	14,067	14,570	15,072	15,574	16,077	16,328	16,579	17,082
33	12,953	13,471	13,989	14,248	14,501	15,025	15,543	16,061	16,579	16,838	17,097	17,615
34	13,345	13,88	14,413	14,68	14,95	15,48	16,014	16,548	17,082	17,349	17,615	18,149
35	13,738	14,287	14,84	15,111	15,386	15,936	16,485	17,035	17,584	17,859	18,134	18,683
36	14,13	14,695	15,26	15,543	15,826	16,391	16,956	17,521	18,086	18,369	18,652	19,217
37	14,523	15,103	15,684	15,975	16,265	16,846	17,427	18,008	18,589	18,879	19,17	19,751
38	14,915	15,512	16,11	16,407	16,705	17,301	17,898	18,495	19,091	19,39	19,688	20,284
39	15,308	15,92	16,532	16,84	17,144	17,757	18,369	18,981	19,594	19,90	20,21	20,818
40	15,70	16,33	16,956	17,27	17,584	18,212	18,84	19,468	20,096	20,41	20,724	21,352
41	16,093	16,74	17,38	17,702	18,024	18,667	19,311	19,955	20,598	20,92	21,242	21,886
42	16,485	17,144	17,804	18,134	18,463	19,123	19,782	20,441	21,101	21,431	21,76	22,42
43	16,878	17,553	18,23	18,565	18,903	19,578	20,253	20,928	21,603	21,941	22,28	22,953
44	17,27	17,961	18,652	18,997	19,342	20,033	20,724	21,415	22,106	22,451	22,796	23,487
45	17,663	18,369	19,076	19,43	19,782	20,489	21,195	21,902	22,608	22,961	23,315	24,021

Gewichtstabellen für Flacheisen.

Dicke s mm	Breite in mm											
	70	72	74	75	76	78	80	85	90	95	100	105
1	0,549	0,565	0,581	0,589	0,596	0,611	0,628	0,667	0,707	0,746	0,785	0,824
2	1,099	1,130	1,162	1,177	1,194	1,223	1,256	1,335	1,413	1,492	1,570	1,649
3	1,648	1,696	1,743	1,766	1,790	1,834	1,884	2,002	2,120	2,237	2,355	2,473
4	2,198	2,261	2,324	2,355	2,386	2,445	2,512	2,669	2,826	2,983	3,140	3,297
5	2,747	2,826	2,904	2,944	2,982	3,057	3,140	3,336	3,532	3,729	3,925	4,121
6	3,297	3,391	3,485	3,532	3,580	3,668	3,768	4,003	4,239	4,474	4,710	4,945
7	3,846	3,956	4,066	4,121	4,176	4,279	4,396	4,671	4,945	5,220	5,495	5,760
8	4,396	4,522	4,647	4,710	4,772	4,890	5,024	5,338	5,652	5,966	6,28	6,594
9	4,945	5,087	5,228	5,299	5,370	5,502	5,652	6,005	6,358	6,712	7,065	7,418
10	5,495	5,652	5,809	5,887	5,966	6,113	6,280	6,672	7,065	7,457	7,850	8,242
11	6,044	6,217	6,390	6,476	6,562	6,724	6,908	7,340	7,771	8,203	8,635	9,067
12	6,594	6,782	6,971	7,065	7,160	7,336	7,536	8,007	8,478	8,949	9,420	9,891
13	7,143	7,348	7,552	7,654	7,756	7,947	8,164	8,674	9,184	9,695	10,20	10,72
14	7,693	7,913	8,133	8,242	8,352	8,558	8,792	9,341	9,891	10,44	10,99	11,54
15	8,242	8,478	8,713	8,831	8,948	9,170	9,420	10,01	10,60	11,19	11,77	12,36
16	8,792	9,043	9,294	9,420	9,546	9,781	10,05	10,68	11,30	11,93	12,56	13,19
17	9,341	9,608	9,875	10,01	10,142	10,392	10,68	11,34	12,01	12,68	13,34	14,01
18	9,891	10,17	10,46	10,60	10,738	11,003	11,30	12,01	12,72	13,42	14,13	14,84
19	10,44	10,74	11,04	11,19	11,34	11,615	11,93	12,68	13,42	14,17	14,91	15,66
20	10,99	11,30	11,62	11,775	11,932	12,226	12,56	13,345	14,13	14,92	15,70	16,49
21	11,54	11,869	12,199	12,364	12,528	12,837	13,186	14,012	14,837	15,661	16,485	17,309
22	12,089	12,434	12,78	12,953	13,126	13,449	13,816	14,68	15,543	16,407	17,27	18,134
23	12,639	13,000	13,361	13,541	13,722	14,060	14,444	15,347	16,25	17,152	18,055	18,958
24	13,188	13,565	13,942	14,13	14,318	14,671	15,072	16,014	16,96	17,898	18,84	19,782
25	13,738	14,13	14,523	14,719	14,916	15,283	15,70	16,681	17,663	18,644	19,625	20,606
26	14,287	14,695	15,103	15,308	15,512	15,894	16,328	17,349	18,369	19,39	20,41	21,431
27	14,837	15,26	15,684	15,896	16,108	16,505	16,956	18,016	19,076	20,135	21,195	22,255
28	15,386	15,826	16,265	16,485	16,704	17,116	17,584	18,683	19,782	20,881	21,98	23,079
29	15,936	16,391	16,846	17,074	17,302	17,728	18,212	19,35	20,489	21,627	22,765	23,903
30	16,486	16,056	17,427	17,663	17,898	18,339	18,84	20,018	21,195	22,373	23,55	24,728
31	17,035	17,521	18,008	18,251	18,494	18,950	19,468	20,685	21,902	23,118	24,335	25,552
32	17,584	18,086	18,589	18,84	19,092	19,562	20,096	21,352	22,608	23,864	25,12	26,376
33	18,134	18,652	19,17	19,429	19,688	20,173	20,724	22,019	23,315	24,61	25,905	27,20
34	18,683	19,217	19,751	20,018	20,284	20,784	21,352	22,687	24,021	25,356	26,69	28,025
35	19,233	19,782	20,332	20,606	20,882	21,396	21,98	23,354	24,728	26,101	27,475	28,849
36	19,782	20,347	20,912	21,195	21,478	22,007	22,608	24,021	25,434	26,847	28,26	29,673
37	20,332	20,912	21,493	21,784	22,074	22,618	23,236	24,688	26,141	27,593	29,045	30,497
38	20,881	21,478	22,074	22,373	22,670	23,229	23,864	25,356	26,847	28,339	29,83	31,322
39	21,432	22,043	22,655	22,961	23,268	23,841	24,492	26,023	27,554	29,084	30,615	32,146
40	21,98	22,608	23,24	23,55	23,864	24,452	25,12	26,690	28,26	29,83	31,40	32,97
41	22,53	23,173	23,817	24,139	24,460	25,063	25,748	27,357	28,967	30,576	32,185	33,794
42	23,079	23,738	24,398	24,728	25,058	25,675	26,376	28,025	29,673	31,322	32,97	34,619
43	23,629	24,304	24,979	25,316	25,654	26,286	27,004	28,692	30,38	32,067	33,755	35,443
44	24,178	24,869	25,56	25,905	26,250	26,897	27,632	29,359	31,086	32,813	34,54	36,267
45	24,728	25,424	26,141	26,494	26,848	27,509	28,26	30,026	31,793	33,559	35,325	37,091

Gewichtstabellen für Flacheisen.

Dicke s mm	Breite in mm										
	110	115	120	125	130	135	140	145	150	155	160
1	0,864	0,903	0,942	0,981	1,021	1,060	1,099	1,138	1,178	1,217	1,256
2	1,727	1,806	1,884	1,963	2,041	2,120	2,198	2,277	2,355	2,434	2,512
3	2,591	2,708	2,826	2,944	3,062	3,179	3,297	3,415	3,533	3,650	3,768
4	3,454	3,611	3,768	3,925	4,082	4,239	4,396	4,553	4,710	4,867	5,024
5	4,317	4,514	4,710	4,906	5,103	5,299	5,495	5,691	5,887	6,084	6,280
6	5,181	5,416	5,652	5,887	6,123	6,359	6,594	6,830	7,065	7,301	7,536
7	6,044	6,319	6,594	6,869	7,144	7,418	7,693	7,968	8,242	8,517	8,792
8	6,908	7,222	7,536	7,850	8,164	8,478	8,792	9,106	9,420	9,734	10,05
9	7,771	8,125	8,478	8,831	9,185	9,538	9,891	10,244	10,60	10,951	11,304
10	8,635	9,027	9,420	9,812	10,21	10,598	10,99	11,383	11,77	12,168	12,56
11	9,498	9,930	10,36	10,79	11,23	11,66	12,09	12,521	12,95	13,384	13,82
12	10,36	10,83	11,30	11,77	12,25	12,72	13,19	13,66	14,13	14,60	15,072
13	11,23	11,74	12,25	12,76	13,27	13,78	14,29	14,797	15,31	15,82	16,33
14	12,09	12,64	13,19	13,74	14,29	14,84	15,39	15,936	16,48	17,04	17,584
15	12,95	13,54	14,13	14,72	15,31	15,896	16,49	17,074	17,66	18,25	18,84
16	13,82	14,44	15,07	15,70	16,33	16,96	17,584	18,21	18,84	19,47	20,096
17	14,68	15,35	16,01	16,68	17,35	18,02	18,683	19,35	20,02	20,69	21,352
18	15,54	16,25	16,96	17,66	18,37	19,08	19,782	20,489	21,19	21,90	22,61
19	16,41	17,15	17,90	18,64	19,39	20,14	20,88	21,63	22,37	23,12	23,864
20	17,27	18,055	18,84	19,63	20,41	21,195	21,98	22,77	23,55	24,34	25,12
21	18,134	18,958	19,782	20,606	21,431	22,255	23,079	23,903	24,728	25,55	26,38
22	18,997	19,861	20,724	21,588	22,451	23,315	24,178	25,042	25,905	26,77	27,632
23	19,861	20,763	21,666	22,569	23,472	24,374	25,277	26,180	27,083	27,985	28,89
24	20,724	21,666	22,608	23,55	24,492	25,434	26,376	27,318	28,26	29,20	30,144
25	21,588	22,569	23,55	24,531	25,513	26,494	27,475	28,456	29,438	30,42	31,400
26	22,451	23,472	24,492	25,513	26,533	27,554	28,574	29,595	30,615	31,64	32,66
27	23,315	24,374	25,434	26,494	27,554	28,613	29,673	30,733	31,793	32,85	33,912
28	24,178	25,277	26,376	27,475	28,574	29,673	30,772	31,871	32,97	34,07	35,17
29	25,042	26,18	27,318	28,456	29,595	30,733	31,871	33,009	34,148	35,29	36,424
30	25,905	27,083	28,26	29,438	30,615	31,793	32,97	34,148	35,325	36,50	37,68
31	26,769	27,985	29,202	30,419	31,636	32,852	34,069	35,286	36,503	37,72	38,94
32	27,632	28,888	30,144	31,40	32,656	33,912	35,168	36,424	37,680	38,94	40,19
33	28,496	29,791	31,086	32,381	33,677	34,972	36,267	37,562	38,858	40,153	41,45
34	29,359	30,694	32,028	33,363	34,697	36,032	37,366	38,701	40,035	41,37	42,70
35	30,223	31,596	32,97	34,344	35,718	37,091	38,465	39,839	41,213	42,59	43,96
36	31,086	32,499	33,912	35,325	36,738	38,151	39,564	40,977	42,39	43,80	45,22
37	31,95	33,402	34,854	36,306	37,759	39,211	40,663	42,115	43,568	45,02	46,47
38	32,813	34,305	35,796	37,288	38,779	40,271	41,762	43,254	44,745	46,24	47,73
39	33,677	35,207	36,738	38,269	39,80	41,33	42,861	44,392	45,923	47,453	48,984
40	34,54	36,110	37,68	39,250	40,82	42,39	43,96	45,53	47,10	48,67	50,24
41	35,404	37,013	38,622	40,231	41,841	43,45	45,059	46,668	48,278	49,89	51,496
42	36,267	37,916	39,564	41,213	42,861	44,51	46,158	47,807	49,455	51,10	52,75
43	37,131	38,818	40,506	42,194	43,882	45,569	47,257	48,945	50,633	52,32	54,01
44	37,994	39,721	41,448	43,175	44,902	46,629	48,356	50,083	51,810	53,54	55,264
45	38,858	40,624	42,39	44,156	45,923	47,689	49,455	51,221	52,988	54,754	56,52

Gewichtstabellen für Flacheisen.

Dicke S mm	Breite in mm										
	165	170	175	180	185	190	195	200	210	220	230
1	1,295	1,335	1,374	1,413	1,452	1,492	1,531	1,570	1,649	1,727	1,806
2	2,591	2,669	2,748	2,826	2,905	2,983	3,062	3,140	3,297	3,454	3,811
3	3,886	4,004	4,121	4,239	4,357	4,475	4,592	4,710	4,946	5,181	5,417
4	5,181	5,338	5,495	5,652	5,809	5,966	6,123	6,280	6,594	6,980	7,222
5	6,476	6,673	6,869	7,065	7,261	7,458	7,654	7,850	8,243	8,635	9,028
6	7,772	8,007	8,243	8,478	8,713	8,949	9,185	9,420	9,891	10,362	10,83
7	9,067	9,342	9,616	9,891	10,17	10,441	10,72	10,99	11,54	12,089	12,64
8	10,362	10,676	10,99	11,304	11,62	11,932	12,25	12,56	13,19	13,816	14,44
9	11,66	12,011	12,364	12,72	13,07	13,424	13,78	14,13	14,84	15,543	16,25
10	12,953	13,35	13,74	14,13	14,523	14,92	15,31	15,70	16,49	17,270	18,06
11	14,25	14,68	15,111	15,543	15,98	16,41	16,84	17,27	18,13	18,997	19,86
12	15,543	16,014	16,49	16,96	17,43	17,898	18,37	18,84	19,78	20,724	21,67
13	16,84	17,35	17,86	18,37	18,88	19,39	19,90	20,41	21,43	22,451	23,47
14	18,134	18,683	19,233	19,782	20,332	20,881	21,431	21,98	23,08	24,178	25,28
15	19,43	20,018	20,61	21,195	21,784	22,373	22,961	23,55	24,73	25,905	27,08
16	20,724	21,35	21,98	22,61	23,24	23,864	24,492	25,12	26,38	27,632	28,89
17	22,02	22,69	23,354	24,021	24,69	25,36	26,023	26,69	28,02	29,359	30,69
18	23,32	24,02	24,73	25,434	26,141	26,85	27,554	28,26	29,67	31,086	32,50
19	24,51	25,36	26,101	26,85	27,593	28,34	29,084	29,83	31,32	32,813	34,30
20	25,91	26,69	27,48	28,26	29,045	29,83	30,62	31,40	32,97	34,54	36,11
21	27,20	28,03	28,85	29,673	30,497	31,322	32,15	32,97	34,62	36,27	37,92
22	28,496	29,36	30,223	31,09	31,95	32,813	33,68	34,54	36,27	37,994	39,72
23	29,791	30,694	31,596	32,499	33,402	34,31	35,21	36,11	37,92	39,721	41,53
24	31,09	32,03	32,97	33,912	34,854	35,796	36,74	37,68	39,56	41,45	43,33
25	32,381	33,363	34,311	35,33	36,31	37,29	38,269	39,25	41,21	43,18	45,14
26	33,68	34,697	35,72	36,74	37,76	38,78	39,80	40,28	42,86	44,902	46,94
27	34,972	36,032	37,091	38,151	39,211	40,271	41,33	42,39	44,51	46,63	48,75
28	36,27	37,37	38,47	39,564	40,663	41,762	42,861	43,96	46,16	48,36	50,55
29	37,56	38,70	39,84	40,98	42,115	43,254	44,392	45,53	47,81	50,083	52,36
30	38,86	40,04	41,213	42,39	43,57	44,745	45,923	47,10	49,46	51,81	54,17
31	40,153	41,37	42,59	43,803	45,02	46,24	47,453	48,67	51,10	53,54	55,97
32	41,45	42,704	43,96	45,22	46,472	47,73	48,984	50,24	52,75	55,264	57,78
33	42,74	44,04	45,334	46,63	47,924	49,22	50,52	51,81	54,40	56,991	59,58
34	44,04	45,373	46,71	48,042	49,38	50,711	52,05	53,38	56,05	58,72	61,39
35	45,334	46,71	48,081	49,46	50,83	52,203	53,58	54,95	57,70	60,45	63,19
36	46,63	48,042	49,46	50,87	52,281	53,694	55,11	56,52	59,35	62,172	64,99
37	47,924	49,38	50,83	52,28	53,733	55,186	56,64	58,08	60,99	63,899	66,80
38	49,22	50,711	52,203	53,694	55,19	56,677	58,17	59,66	62,64	65,63	68,61
39	50,52	52,05	53,576	55,11	56,64	58,169	59,699	61,23	64,29	67,353	70,41
40	51,81	53,38	54,950	56,52	58,09	59,66	61,23	62,80	65,94	69,08	72,22
41	53,105	54,72	56,324	57,933	59,542	61,152	62,761	64,37	67,59	70,81	74,03
42	54,401	56,05	57,698	59,35	60,995	62,643	64,292	65,94	69,24	72,534	75,83
43	55,696	57,384	59,071	60,76	62,45	64,14	65,822	67,51	70,89	74,261	77,64
44	56,991	58,72	60,45	62,172	63,899	65,63	67,353	69,08	72,53	75,99	79,44
45	58,29	60,053	61,82	63,59	65,351	67,12	68,884	70,65	74,18	77,72	81,25

Angaben über Bleche.

Nr. d. deutschen Blechlehre	Dicke mm	Gewichtstabelle für verschiedene Metallbleche in kg pro qm								Dicke mm	Nr. d. deutschen Blechlehre
		Schweiß-eisen	Fluß-eisen	Fluß-stahl	Kupfer	Messing	Bronze	Zink	Blei		
27	0,300	2,340	2,355	2,358	2,670	2,565	2,580	2,160	3,411	0,300	27
26	0,375	2,925	2,944	2,948	3,338	3,206	3,225	2,700	4,264	0,375	26
25	0,438	3,416	3,438	3,443	3,898	3,745	3,767	3,154	4,980	0,438	25
24	0,500	3,900	3,925	3,930	4,450	4,275	4,300	3,600	5,685	0,500	24
23	0,562	4,384	4,412	4,418	5,000	4,805	4,833	4,047	6,390	0,562	23
22	0,625	4,875	4,906	4,913	5,563	5,344	5,375	4,500	7,106	0,625	22
21	0,75	5,850	5,888	5,895	6,675	6,413	6,450	5,400	8,528	0,75	21
20	0,875	6,825	6,869	6,878	7,788	7,482	7,525	6,300	9,950	0,875	20
19	**1,000**	**7,800**	**7,850**	**7,860**	**8,900**	**8,550**	**8,600**	**7,200**	**11,370**	**1,000**	19
18	1,125	8,775	8,832	8,843	10,013	9,620	9,675	8,100	12,792	1,125	18
17	1,25	9,750	9,813	9,825	11,125	10,688	10,750	9,000	14,213	1,25	17
16	1,375	10,725	10,794	10,810	12,238	11,757	11,825	9,900	15,634	1,375	16
15	1,500	11,700	11,775	11,790	13,350	12,825	12,900	10,800	17,055	1,50	15
14	1,75	13,650	13,738	13,755	15,575	14,963	15,050	12,600	19,898	1,75	14
13	2,00	15,600	15,700	15,720	17,800	17,100	17,200	14,000	22,74	2,00	13
12	2,25	17,55	17,66	17,69	20,03	19,24	19,35	16,20	25,58	2,25	12
11	2,50	19,50	19,63	19,65	22,25	21,38	21,50	18,00	28,43	2,50	11
10	2,75	21,45	21,60	21,62	24,48	23,52	23,65	19,80	31,27	2,75	10
9	3,00	23,40	23,55	23,58	26,70	25,65	25,80	21,60	34,11	3,00	9
8	3,25	25,35	25,52	25,55	28,93	27,79	27,95	23,40	36,95	3,25	8
7	3,50	27,30	27,48	27,51	31,15	29,93	30,10	25,20	39,80	3,50	7
6	3,75	29,25	29,45	29,48	33,38	32,06	32,25	27,00	42,64	3,75	6
5	4,00	31,20	31,40	31,44	35,60	34,20	34,40	28,80	45,48	4,00	5
4	4,25	33,15	33,36	33,41	37,83	36,34	36,55	30,60	48,33	4,25	4
3	4,50	35,10	35,32	35,37	40,05	38,48	38,70	32,40	51,17	4,50	3
2	5,00	39,00	39,25	39,30	44,50	42,75	43,00	36,00	56,85	5,00	2
1	5,50	42,90	43,18	43,25	48,95	47,03	47,30	39,60	62,54	5,50	1
	6	46,80	47,10	47,16	53,40	51,30	51,60	43,20	68,22	6	
	7	54,60	54,95	55,02	62,30	59,85	60,20	50,40	79,59	7	
	8	62,40	62,80	62,88	71,20	68,40	68,80	57,60	90,96	8	
	9	70,20	70,65	70,74	80,10	76,95	77,40	64,80	102,33	9	
	10	78,00	78,50	78,60	89,00	85,50	86,00	72,00	113,70	10	
	11	85,80	86,35	86,46	97,90	94,05	94,60	79,20	125,07	11	
	12	93,60	94,20	94,32	106,80	102,00	103,20	86,40	136,44	12	
	13	101,40	102,05	102,18	115,70	111,15	111,80	93,60	147,81	13	
	14	109,20	109,90	110,04	124,60	119,70	120,40	100,80	159,18	14	
	15	117,00	117,75	117,90	133,50	128,25	129,00	108,00	170,55	15	
	16	124,80	125,60	125,76	142,40	136,80	137,60	115,20	181,92	16	
	17	132,60	133,45	133,62	151,30	145,35	146,20	122,40	193,29	17	
	18	140,40	141,30	141,48	160,20	153,90	154,80	129,60	204,66	18	
	19	148,20	149,15	149,43	169,10	162,45	163,40	136,80	216,03	19	
	20	156,00	157,00	157,20	178,00	171,00	172,00	144,00	227,40	20	

1. **Glatte Bleche** werden aus Plattinen und Blöcken aus Schweiß- und Fluß-eisen sowie aus Flußstahl gewalzt. Bis 4,5 mm Dicke heißen sie Feinbleche (Sturzbleche), bei 5 mm und mehr Dicke Grobbleche. Für den Hochbau kommen nur Grobbleche, die zu Blechträgerstegen, Lamellen, Knotenblechen etc. Verwendung finden, in Betracht.

Tabelle der Normal-Abmessungen.

Blech-dicke in mm	Größte Breite in mm	Größte Länge in mm bei einer Breite von Millimeter:																			
		150	200	250	300	350	400	450	500	550	600	650	700	750	800	900	1000	1100	1200	1250	1300	1400
5,00	2000	8000	8000	8000	8000	8000	8000	8000	8000	8000	8000	8000	8000	9000	10000	9000	8000	7500	7000	6500	6500	6000
5,50	2100	8000	8000	8000	8000	8000	8000	8000	8000	8000	8000	8000	8000	9000	10000	9000	8500	8000	7500	7000	7000	6500
6,00	2250	7500	7500	7500	7500	7500	7500	7500	7500	8000	8000	8000	6000	9000	10000	9000	8500	8000	7500	7000	7000	6500
6,50	2400	7500	7500	7500	7500	7500	7500	7500	7500	8000	8000	8000	6000	9000	10000	9500	9000	8500	8000	8000	8000	7500
7,00	2500	7500	7500	7500	7500	7500	7500	7500	7500	8000	8000	8000	6000	10000	12000	11500	11000	10500	10000	9500	9500	9000
7,50	2550	7500	7500	7500	7500	7500	7500	7500	7500	8000	8000	8000	6000	10000	12000	12000	11500	11000	10500	10000	10000	9500
8,00	2600	7000	7000	7000	7000	7500	7500	7500	7500	8000	8000	8000	6500	10000	12500	12000	11500	11000	10500	10000	10000	9500
9,00	2700	7000	7000	7000	7000	7000	7500	7500	7500	8000	8000	8000	6500	10000	12500	12000	11500	11000	10500	10000	10000	9500
10,00	2750	7000	7000	7000	7000	7000	7000	7500	7500	8000	8000	8000	7000	10000	13000	12500	12000	11500	11000	10500	10500	10000
11—12	2750		6500	6500	7000	7000	7000	7000	7000	7500	8000	8000	7000	10000	13500	13000	12500	12000	11500	11000	11000	10500
13—14	2750		6500	6500	7000	7000	7000	7000	7000	7500	8000	8000	7500	11000	14000	13500	13000	12500	12000	11500	11500	11000
15—17	2750			6000	6500	6500	6500	7000	7000	7500	8000	8000	8000	11000	14500	14000	13500	13000	12500	12000	12000	11500
18—19	2800			5500	6000	6500	6500	7000	7000	7500	8000	8000	8000	10000	13000	12500	12000	11500	11000	10500	10500	10000
20—24	2900			5000	5500	6000	6000	6500	6500	7000	8000	8000	8000	10000	13000	12500	12000	11500	11000	10500	10500	10000
25—29	3000				5000	5500	6000	6500	6500	7000	8000	8000	8000	10000	13000	12500	12000	11500	11000	10500	10500	10000
30—34	3100												8000	11000	14500	14000	13500	13000	12500	12000	12000	11500
35—39	3150												8000	11000	14500	14000	13500	13000	12500	12000	12000	11500
40 und darüber	3200												8000	10000	13000	12500	12000	11500	11000	10500	10500	10000

Zwischenliegende Dimensionen, sowohl in der Breite wie in der Stärke und Länge, können ebenfalls geliefert werden.

Blech-dicke in mm	Größte Breite in mm	Größte Länge in mm bei einer Breite von Millimeter:																					
		1500	1550	1600	1650	1700	1800	1850	2000	2100	2250	2400	2500	2550	2600	2700	2750	2800	2900	3000	3100	3150	3200
5,00	2000	5500	5500	5500	5000	5000	4500	4500	4000														
5,50	2100	6000	6000	6000	5500	5500	5000	4500	4000	3500													
6,00	2250	6000	6000	6000	5500	5500	5000	5000	4500	4000	3500												
6,50	2400	7000	7000	7000	6500	6500	6000	6000	5500	5000	4500	4000											
7,00	2500	8500	8000	8000	7500	7500	6500	6000	5500	5000	4000	3500	3000										
7,50	2550	9000	8500	8500	8000	8000	7500	7000	6500	6000	5000	4500	4000	3000									
8,00	2600	9000	8500	8500	8000	8000	7500	7000	6500	6000	5500	5000	4500	4000	3000								
9,00	2700	9000	8500	8500	8000	8000	7500	7000	6500	5500	5000	4500	4000	4000	3500	3000							
10,00	2750	9500	9000	9000	8500	8500	8000	7500	7000	6500	6000	5500	5000	4500	4000	3500	3000						
11—12	2750	10000	9500	9500	9000	9000	8500	8000	7500	7000	6500	6000	5500	5000	4500	4000	3500						
13—14	2750	10500	10000	10000	9500	9500	9000	8500	8000	7500	7000	6500	6000	5500	5000	4500	4000						
15—17	2750	11000	10500	10500	10000	10000	9500	9000	8500	8000	7500	7000	6500	6000	5500	5000	4500						
18—19	2800	9500	9000	9000	8500	8500	8000	8000	7500	7000	6500	6000	5500	5500	5000	4500	4500	4000					
20—24	2900	9500	9000	9000	8500	8500	8000	8000	7500	7000	6500	6000	5500	5500	5000	4500	4500	4000	4000				
25—29	3000	9500	9000	9000	8500	8500	8000	8000	7500	7000	6500	6000	5500	5500	5500	5000	5000	5000	4500	4000			
30—34	3100	11000	10500	10500	10000	10000	9500	9500	9000	8500	8000	7500	7000	7000	7000	6500	6500	6500	6000	5000	5000		
35—39	3150	11000	10500	10500	10000	10000	9500	9500	9000	8500	8000	7500	7000	7000	7000	6500	6500	6500	6000	5000	5000	5000	
40 und darüber	3200	9500	9500	9500	9000	9000	8500	8500	8000	7500	7000	6500	6000	6000	6000	5500	5000	5000	5000	4500	4500	4000	4000

Zwischenliegende Dimensionen, sowohl in der Breite wie in der Stärke und Länge, können ebenfalls geliefert werden.

2. Buckelplatten aus Flußeisen zum Belegen von Brücken usw., nach Art der Klostergewölbe mit $^1/_{10}$ bis $^1/_{15}$ Stich geformt, mit allseitigem, ebenem Rande von 40—80 mm Breite zum Annieten an die Träger, werden in allen Abmessungen (Seitenlängen von 500—1800 mm) in quadratischer, rechteckiger und Trapezform bei 5—10 mm Stärke geliefert. Die Tragfähigkeit der Platten wird am besten durch Versuchsbelastungen festgestellt. Ist h die Pfeilhöhe des Buckels, so ist die für das Gewicht in Rechnung zu ziehende ebene Fläche

für rechteckige Buckelplatten:

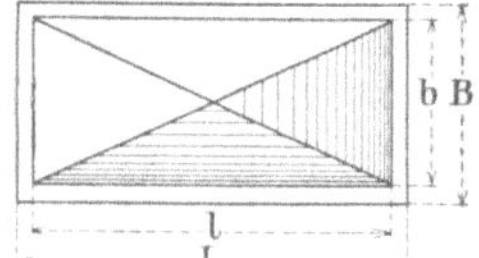

$$F = L\,B + 2\ \frac{l^2 + b^2}{l\,b}\ h^2,$$

für quadratische Buckelplatten mit $L = B$ und $l = b$: $F = L^2 + 4\,h^2$,
für trapezförmige Buckelplatten:

$$F = \frac{L + L_1}{2} \cdot B + \frac{(l + l_1) \cdot (l^2 + l_1{}^2 + 2\,b^2)}{2 \cdot l \cdot l_1 \cdot b} \cdot h^2.$$

Einen Anhalt für die Abmessungen und Gewichte bieten folgende Angaben und zwar für quadratische und rechteckige Buckelplatten, wobei G in kg als das Gewicht einer 10 mm starken Buckelplatte angegeben ist:

L	B	h	Rand	G	L	B	h	Rand	G
mm	mm	mm	mm	kg	mm	mm	mm	mm	kg
500	500	27	60	**10,9**	1630	1270	130	80	**167,9**
700	700	45	70	**39,1**	1098	1098	78	78	**96,5**
750	750	45	60	**44,2**	1098	1098	75	40	**96,4**
1000	1000	72	60	**80,1**	1140	1140	85	40	**104,3**
1310	1000	104	50	**106,4**	1265	1265	100	80	**128,8**
1100	770	80	55	**68,7**	1490	1490	130	78	**179,6**

3. Gelochte Bleche sind Feinbleche mit kreisförmiger, quadratischer, rechteckiger, sechseckiger, dreieckiger oder geschlitzter Lochung; in allen Nummern der Feinblechlehre, bis zu 2,50 m Breite und 6,00 m Länge erhältlich, dienen sie zu Siebzwecken aller Art. Runde Lochung wird von 0,5 bis 100 mm Durchmesser ausgeführt. Zierbleche sind verschiedenartig gemusterte gelochte Bleche von 0,75 bis 2 mm Stärke; sie werden zur Verkleidung von Heizkörpern, Ausfüllung von Maueröffnungen usw. benutzt. Alle gelochten Bleche werden auch verzinkt oder verbleit geliefert.

4. **Tonnenbleche** (Hängebleche) aus Flußeisen, zum Belegen von Brücken, nach Art der flachen Kappen mit $^1/_8$ bis $^1/_{12}$ Stich geformt, mit längsseitigen, ebenen Rändern von 60—80 mm Breite zum Annieten, werden in allen Abmessungen (Länge = 500—3000 mm, Breite = 500 bis 2000 mm) in rechteckiger Grundform bei 5—10 mm Stärke geliefert. Das Gewicht ist aus dem Querschnitt und der mittleren Länge zu bestimmen. Niete (zur Befestigung an die Träger) von 16 mm Schaftdurchmesser bei 60—100 mm Teilung.

5. **Riffelbleche** (Gerippte Bleche) aus Flußeisen. Die Platten sind auf der einen Seite mit geradlinigen, sich rautenförmig kreuzenden (Diagonalen-Verhältnis 20:30 mm), 1,5—3 mm hohen, 4—5 mm breiten Erhöhungen (Riffeln) versehen. Sie werden bis 450 kg schwer, bis 1350 mm breit und in Stärken von 4—25 mm (ausschl. Riffel) gewalzt. Benutzt werden sie zu Belagzwecken und Abdeckungen aller Art, z. B. für Treppenstufen, zur Abdeckung von Kanälen, zu Brücken-Fußwegen usw. **Waffelbleche**, in Stärken von 1,5—5 mm, sind wie die Riffelbleche verwendbar. Ähnlich auch die **Warzenbleche**.

Einen Anhalt für die größten Abmessungen sowie annähernde Gewichte bietet die nachstehende Tabelle:

Riffelbleche.

Rhombisch geriffelt, Höhe der Riffel ca. $1^1/_2$—$2^1/_2$ mm.

Dicke in Millimeter ohne Riffel	Bei einer Breite von Millimetern							Annäherndes Gewicht in kg eines qm einschl. Riffel
	1000	1100	1200	1300	1400	1500	1600	
	beträgt die größte Länge in Millimetern							
4	5000	4500	4000	4000	3500	3000	—	38
5	5000	4500	4000	4000	3500	3000	—	46
6	6000	5500	5000	5000	4500	4000	3000	54
7	6000	5500	5000	5000	4500	4000	3000	62
8	6000	5500	5000	5000	4500	4000	3500	70
9	6000	5500	5000	5000	4500	4000	3500	78
10	6000	5500	5000	5000	4500	4000	3500	86
11	6000	5500	5000	5000	4500	4000	3500	94
12	6000	5500	5000	5000	4500	4000	3500	102
13	6000	5500	5000	5000	4500	4000	3500	110
14	6000	5500	5000	4500	4000	3500	3000	118
15	5500	5000	4500	4000	4000	3500	3000	126

Die Riffelhöhe fällt um so niedriger aus, je dünner oder breiter die Bleche werden.

Es wird ein Gewichtsspielraum von $\pm$ 10% vorbehalten.

6. **Wellbleche.** Man unterscheidet drei Arten von Wellblech:

Flaches Wellblech ⎫
Jalousie-Wellblech ⎭ mit B > 2 H und ⎰ B = 50—200 mm
⎱ B = 20—45 mm
Trägerwellblech mit B ⋛ 2 H und B = 30—160 mm

Flaches Wellblech zu Dachdeckungen benutzt in Stärken von 1,6—2,2 mm, 0,65—0,95 m breit und 2—3 m lang.

Trägerwellblech für Deckenkonstruktionen gerade oder gewölbt benutzt. Gewölbtes Wellblech trägt bei gleichmäßiger Belastung und bei $1/12$ bis $1/10$ Stich etwa das acht- bis zehnfache der zulässigen Last des geraden Wellbleches.

Gewöhnliche Tafellänge 3—4 m, größte Länge 6 m. Die Tafelbreite (0,45—0,90 m) richtet sich nach dem Profil und den verwendeten Feinblechen. Die Baubreite einer Tafel ist gleich der Tafelbreite, vermindert um eine halbe Wellenbreite B.

Flaches (gerades) Wellblech wird berechnet wie ein Träger, wobei 1 m Tafelbreite zugrunde gelegt wird, dem auch die in der Wellblech-Profiltabelle angegebenen Widerstandsmomente pro 1 m Breite entsprechen.

Das erforderliche Widerstandsmoment ist bei gleichmäßig verteilter Belastung

$$W_{mm^3} = \frac{Q \cdot l}{8\,\sigma} \cdot 1000 \quad \left\{ \begin{array}{l} Q = \text{Gesamtbelastung} = p \cdot l \ldots \text{ in kg.} \\ p = \text{Belastung in kg/m}^2 \\ l = \text{Stützweite in Meter.} \\ \sigma = \text{zulässige Beanspruchung in kg/qmm} \end{array} \right.$$

Gewölbtes (bombiertes) Wellblech wird statisch als Gewölbe betrachtet.

Bei gleichmäßig verteilter Belastung mit q kg/qm, der Spannweite l (bis 20 m vorteilhaft) und der Pfeilhöhe a in m, $\left(a = \frac{l}{5} \div \frac{l}{7}\right)$ ist für 1 m Gewölbebreite

 1. der Horizontalschub $H = \dfrac{q \cdot l^2}{8 \cdot a}$ . . . . . kg.

(Aufzunehmen durch Zugstangen in Abständen von ca. 3—5 m.)

 2. Die beiden Auflagerdrücke $A = B = \dfrac{q \cdot l}{2}$ . . kg.

Das Wellblech muß die an den beiden Auflagern aus H und A sich zusammensetzende Resultante

$$R = \sqrt{H^2 + A^2} \ldots \text{ kg,}$$

aufnehmen können, woraus sich der Querschnitt F ergibt für 1 m Tafelbreite

$$F_{qmm} = \frac{R}{\sigma} \ldots \sigma = \text{zulässige Beanspruchung in kg/qmm.}$$

(Das größte Biegungsmoment entsteht bei einseitiger Schneebelastung.)

Bei der Gewichtsberechnung ist für Überdeckung im Seiten- und Längsstoß zusammen je nach dem Profil 7 bis 9 v. H. und einschl. der Befestigung auf der Unterkonstruktion 12 v. H. Gewichtszuschlag zu rechnen.

Über gebräuchliche Abmessungen, Stärken, Wellenformen und Tragfähigkeit bei den meist gebräuchlichen zulässigen Beanspruchungen gibt nachstehende Tabelle Aufschluß.

Flache Wellbleche.

Nummer des Profiles	Abmessungen des Profiles in mm			Gewicht pro qm exkl. Überdeckung		pro m Breite		Normale Baubreite	σ spezifische Beanspruchung in kg/qmm	Zulässige gleichmäßig verteilte Belastung pro qm in Kilogramm bei einer Beanspruchung von 7,5, bezw. 10, bezw. 12 Kilogramm pro qmm und einer Freilage von Meter:								
	H Höhe d. Welle	B v. Mitte zu Mitte Welle	δ Blechstärke	schwarz	verzinkt	Querschnitt in qmm	Widerstandsmoment in mm³			1,00	1,25	1,50	1,75	2,00	2,50	3,00	3,50	4,00
30/90	30	90	0,75	7,65	9,05	956	7350	720	7,5	441	280	196	144	111	70	49	36	27
									10,0	588	374	262	192	148	93	65	48	36
									12,0	706	448	314	231	178	112	79	58	43
			1,00	10,20	11,60	1274	9800	720	7,5	588	380	262	190	147	94	65	48	37
									10,0	785	506	349	254	196	125	87	64	49
									12,0	942	609	420	304	236	150	104	77	59
			1,50	15,29	16,69	1911	14700	720	7,5	882	565	392	288	222	141	98	72	55
									10,0	1178	754	523	384	296	188	131	96	73
									12,0	1410	905	627	461	356	226	157	115	88
30/100	30	100	0,75	7,34	8,69	918	6900	800	7,5	412	264	180	135	102	66	45	34	25
									10,0	550	352	240	180	136	88	60	45	33
									12,0	660	424	288	216	163	106	72	54	40
			1,00	9,80	11,15	1225	9210	800	7,5	550	352	244	180	137	88	61	45	34
									10,0	734	469	325	240	183	117	81	60	45
									12,0	880	563	391	288	220	141	98	72	54
			1,50	14,70	16,05	1837	13815	800	7,5	825	528	360	270	205	132	91	67	51
									10,0	1100	705	480	360	274	176	121	89	68
									12,0	1320	845	577	432	328	212	146	107	82
35/100	35	100	0,75	7,80	9,23	975	8520	700	7,5	510	326	228	166	127	81	57	41	31
									10,0	680	435	304	221	170	108	76	55	41
									12,0	816	523	365	266	203	130	91	66	50
			1,00	10,40	11,83	1300	11360	700	7,5	680	435	304	222	170	109	76	55	42
									10,0	906	580	406	296	226	145	101	73	56
									12,0	1090	696	486	356	272	175	122	88	67
			1,50	15,60	17,00	1950	17040	700	7,5	1020	652	456	333	255	163	114	82	63
									10,0	1360	870	608	444	340	218	152	109	84
									12,0	1632	1043	730	534	408	261	183	131	101
40/100	40	100	0,75	8,29	9,81	1037	10300	700	7,5	618	396	276	202	154	99	69	50	38
									10,0	825	528	368	269	206	132	92	67	51
									12,0	990	635	442	324	247	158	110	80	61
			1,00	11,06	12,58	1383	13750	700	7,5	825	528	368	270	206	132	92	67	51
									10,0	1100	705	491	360	275	176	123	89	68
									12,0	1320	846	589	432	330	211	147	107	82
			1,50	16,60	18,12	2074	20600	700	7,5	1237	792	552	405	309	198	138	100	76
									10,0	1650	1058	736	540	412	264	184	133	101
									12,0	1980	1267	885	649	495	317	221	160	121
45/100	45	100	1,00	11,79	13,41	1474	16370	600	7,5	983	629	436	321	246	157	109	80	61
									10,0	1310	840	581	427	328	209	145	107	81
									12,0	1570	1005	698	514	394	251	174	128	98
			1,50	17,70	19,31	2211	24555	600	7,5	1474	943	654	480	369	235	163	120	92
									10,0	1968	1260	872	640	492	314	218	160	123
									12,0	2362	1509	1045	768	590	376	261	192	147
			2,00	23,58	25,20	2948	32740	600	7,5	1966	1258	872	640	492	314	218	160	122
									10,0	2620	1676	1163	854	656	418	291	214	163
									12,0	3150	2014	1395	1022	787	503	349	256	195

Flache Wellbleche.

Nummer des Profiles	Abmessungen des Profiles in mm			Gewicht pro qm exkl. Überdeckung		pro m Breite		Normale Baubreite	σ spezifische Beanspruchung in kg/qmm	Zulässige gleichmäßig verteilte Belastung pro qm in Kilogramm bei einer Beanspruchung von 7,5, bezw. 10, bezw. 12 Kilogramm pro qmm und einer Freilage von Meter:								
	H Höhe d. Welle	B v. Mitte zu Mitte Welle	δ Blechstärke	schwarz	verzinkt	Querschnitt in qmm	Widerstandsmoment in mm³			1,00	1,25	1,50	1,75	2,00	2,50	3,00	3,50	4,00
$\frac{30}{120}$	30	120	0,75	6,96	8,24	870	6740	840	7,5	404	258	180	132	101	64	45	33	25
									10,0	538	344	240	176	135	85	60	44	33
									12,0	646	412	288	211	162	102	72	53	40
			1,00	9,28	10,56	1160	8990	840	7,5	540	345	240	176	135	86	60	44	32
									10,0	720	460	320	234	180	115	80	59	43
									12,0	865	552	384	284	216	137	96	70	51
			1,50	13,92	15,20	1740	13480	840	7,5	809	518	360	264	202	129	90	66	51
									10,0	1079	691	480	352	270	172	120	88	68
									12,0	1295	830	576	423	324	206	144	106	82
$\frac{40}{120}$	40	120	1,00	10,20	11,60	1274	13060	720	7,5	784	505	351	257	196	126	87	64	49
									10,0	1043	673	467	342	261	168	116	85	65
									12,0	1252	808	562	412	314	202	139	102	79
			1,50	15,30	16,70	1911	19590	720	7,5	1175	757	526	385	292	189	130	96	73
									10,0	1569	1010	702	514	389	252	173	128	97
									12,0	1880	1211	843	616	476	303	208	154	117
			2,00	20,40	21,80	2548	26120	720	7,5	1567	1010	702	514	392	252	174	128	98
									10,0	2083	1345	938	685	523	336	232	170	131
									12,0	2506	1636	1125	822	627	404	279	205	157
$\frac{50}{120}$	50	120	1,00	11,30	12,85	1413	17660	600	7,5	1060	680	475	346	265	169	118	86	66
									10,0	1413	906	634	461	354	226	157	115	88
									12,0	1696	1089	760	555	424	271	189	138	106
			1,50	16,95	18,50	2119	26490	600	7,5	1590	1010	708	520	398	255	177	128	98
									10,0	2120	1345	945	693	531	340	236	171	131
									12,0	2544	1615	1132	833	637	408	284	205	157
			2,00	22,60	24,15	2826	35320	600	7,5	2119	1360	950	691	530	337	235	172	132
									10,0	2820	1812	1268	922	706	450	313	229	176
									12,0	3390	2180	1520	1108	850	540	376	276	212
$\frac{35}{130}$	35	130	0,75	7,10	8,41	888	7900	780	7,5	474	302	210	154	117	57	52	38	30
									10,0	631	403	280	205	156	100	69	51	40
									12,0	758	483	336	246	187	120	83	61	48
			1,00	9,46	10,76	1183	10540	780	7,5	630	403	280	206	157	100	70	51	40
									10,0	840	536	373	274	209	133	93	68	53
									12,0	1008	645	448	330	252	160	112	82	64
			1,50	14,21	15,51	1776	15800	780	7,5	948	604	420	309	235	150	105	76	60
									10,0	1265	806	560	412	314	200	140	101	80
									12,0	1518	965	672	495	376	240	168	122	96
$\frac{35}{150}$	35	150	0,75	6,84	8,09	855	7620	750	7,5	460	294	204	150	115	73	51	38	29
									10,0	613	392	272	200	153	98	68	51	39
									12,0	736	470	326	240	184	117	82	61	47
			1,00	9,11	10,36	1139	10160	750	7,5	612	391	272	200	153	98	68	50	38
									10,0	816	520	362	267	204	131	91	67	51
									12,0	980	625	435	320	245	157	109	80	61
			1,50	13,68	14,93	1710	15240	750	7,5	920	588	408	300	230	146	102	76	58
									10,0	1226	784	544	400	306	195	136	101	77
									12,0	1472	942	655	480	368	234	163	122	93

Flache Wellbleche.

Nummer des Profiles	Abmessungen des Profiles in mm			Gewicht pro qm exkl. Überdeckung		pro m Breite		Normale Baubreite	σ spezifische Beanspruchung in kg/qmm	Zulässige gleichmäßig verteilte Belastung pro qm in Kilogramm bei einer Beanspruchung von 7,5, bezw. 10, bezw. 12 Kilogramm pro qmm und einer Freilage von Meter:								
	H	B	δ	schwarz	verzinkt	Querschnitt in qmm	Widerstandsmoment in mm³			1,00	1,25	1,50	1,75	2,00	2,50	3,00	3,50	4,00
$\frac{40}{150}$	40	150	0,75	7,08	8,38	885	9000	750	7,5	540	345	240	176	135	86	60	44	34
									10,0	720	460	320	236	180	115	80	59	45
									12,0	865	552	384	282	216	138	96	70	55
			1,00	9,44	10,74	1180	12000	750	7,5	720	460	320	236	180	115	80	59	45
									10,0	960	614	427	315	240	153	107	79	60
									12,0	1150	736	512	378	288	184	128	95	72
			1,50	14,16	15,46	1770	18000	750	7,5	1080	690	480	352	270	172	120	88	68
									10,0	1440	920	640	470	360	230	160	117	91
									12,0	1730	1103	768	564	432	276	192	141	109
$\frac{45}{150}$	45	150	0,75	7,35	8,70	919	10480	750	7,5	630	403	280	204	157	101	70	51	39
									10,0	840	537	373	272	210	135	93	68	52
									12,0	1010	646	448	326	252	162	112	82	63
			1,00	9,80	11,15	1225	13976	750	7,5	840	537	372	280	210	135	93	70	52
									10,0	1120	716	496	373	180	180	124	93	69
									12,0	1343	860	595	448	336	216	149	112	83
			1,50	14,70	16,05	1837	20960	750	7,5	1260	806	560	408	315	202	140	102	78
									10,0	1680	1074	746	544	420	270	186	136	104
									12,0	2020	1292	896	654	505	324	224	163	125
$\frac{50}{150}$	50	150	1,00	10,19	11,59	1274	16100	750	7,5	966	618	428	316	241	154	107	79	60
									10,0	1290	825	571	421	322	205	142	106	80
									12,0	1546	990	686	505	386	246	171	126	96
			1,50	15,29	16,70	1911	24150	750	7,5	1449	927	640	472	362	231	160	118	90
									10,0	1930	1235	854	630	482	308	213	157	120
									12,0	2320	1483	1022	756	580	370	256	189	144
			2,00	20,38	21,80	2548	32200	750	7,5	1932	1236	856	632	483	308	214	158	120
									10,0	2580	1648	1142	842	645	410	275	211	160
									12,0	3100	1980	1372	1010	772	492	343	253	192
$\frac{60}{150}$	60	150	1,00	11,06	12,58	1383	20790	600	7,5	1250	800	560	408	312	200	140	102	78
									10,0	1665	1068	746	545	415	266	187	136	104
									12,0	2000	1280	895	854	500	320	224	163	125
			1,50	16,59	18,11	2074	31185	600	7,5	1875	1200	830	612	468	300	208	153	117
									10,0	2500	1600	1105	815	624	400	278	204	156
									12,0	3000	1920	1330	980	750	480	333	245	187
			2,00	22,13	23,65	2766	41580	600	7,5	2500	1600	1120	816	624	400	280	204	156
									10,0	3330	2136	1492	1090	830	533	373	272	208
									12,0	4000	2560	1790	1308	1000	640	448	326	250
$\frac{70}{150}$	70	150	1,00	12,04	13,69	1505	26130	600	7,5	1570	1000	696	516	392	250	174	129	98
									10,0	2093	1333	930	689	523	334	232	172	131
									12,0	2518	1600	1115	826	627	400	278	206	157
			1,50	18,06	19,70	2257	39195	600	7,5	2355	1500	1044	772	588	375	261	193	147
									10,0	3138	2000	1392	1032	785	500	348	258	196
									12,0	3765	2400	1670	1235	943	600	417	309	235
			2,00	24,08	25,73	3010	52260	600	7,5	3140	2000	1392	1032	785	500	348	258	196
									10,0	4195	2666	1855	1378	1046	668	464	344	262
									12,0	5025	3200	2230	1652	1255	800	556	413	314

Flache Wellbleche.

Nummer des Profils	Abmessungen des Profiles in mm			Gewicht pro qm exkl. Überdeckung		pro m Breite		Normale Baubreite	spezifische Beanspruchung σ in kg/qmm	Zulässige gleichmäßig verteilte Belastung pro qm in Kilogramm bei einer Beanspruchung von 7,5, bezw. 10, bezw. 12 Kilogramm pro qmm und einer Freilage von Meter:								
	H (Höhe d. Welle)	B (v. Mitte zu Mitte Welle)	δ (Blech stärke)	schwarz	verzinkt	Querschnitt in qmm	Widerstands-moment in mm³			1,00	1,25	1,50	1,75	2,00	2,50	3,00	3,50	4,00
$\frac{50}{160}$	50	160	1,00	9,94	11,31	1243	15750	640	7,5	945	605	420	308	236	151	105	77	60
									10,0	1260	806	560	411	315	201	140	103	80
									12,0	1515	970	672	494	378	242	168	123	96
			1,50	14,91	16,28	1864	23625	640	7,5	1417	907	628	460	354	226	157	115	90
									10,0	1890	1210	837	614	472	302	210	153	120
									12,0	2270	1452	1005	736	567	362	252	184	144
			2,00	19,89	21,26	2486	31500	640	7,5	1890	1200	840	616	472	302	210	154	120
									10,0	2520	1600	1120	822	630	402	280	205	160
									12,0	3025	1920	1345	988	756	484	336	246	192

Träger-Wellbleche.

Nummer des Profils	H	B	δ	schwarz	verzinkt	Querschnitt in qmm	Widerstands-moment in mm³	Normale Baubreite	σ in kg/qmm	1,00	1,25	1,50	1,75	2,00	2,50	3,00	3,50	4,00
$\frac{45}{90}$	45	90	0,75	9,42	11,15	1178	12975	630	7,5	778	500	352	255	195	125	88	63	49
									10,0	1038	666	470	340	260	167	117	84	65
									12,0	1245	800	564	408	312	200	141	101	78
			1,00	12,57	14,29	1571	17300	630	7,5	1038	664	472	340	260	166	118	85	65
									10,0	1382	885	630	454	346	221	157	113	87
									12,0	1661	1061	756	545	416	266	189	136	104
			1,50	18,84	20,58	2356	25950	630	7,5	1557	996	708	510	390	250	177	127	97
									10,0	2075	1330	945	680	520	334	236	169	129
									12,0	2492	1596	1132	816	625	400	284	204	155
$\frac{60}{90}$	60	90	0,75	11,42	13,51	1428	20400	540	7,5	1224	783	540	400	306	195	135	100	76
									10,0	1632	1042	720	534	408	260	180	133	101
									12,0	1961	1252	865	640	490	312	216	160	122
			1,00	15,23	17,32	1904	27200	540	7,5	1632	1044	724	533	408	261	181	132	102
									10,0	2175	1392	965	712	545	348	242	176	136
									12,0	2615	1672	1159	854	655	417	290	212	163
			1,50	22,85	24,94	2856	40800	540	7,5	2448	1566	1080	800	612	390	271	200	153
									10,0	3260	2085	1440	1068	816	520	362	266	204
									12,0	3920	2509	1730	1280	980	625	434	320	245
$\frac{50}{100}$	50	100	1,00	12,57	14,30	1571	19245	600	7,5	1170	750	520	380	292	187	130	95	73
									10,0	1560	1000	693	506	389	249	173	127	97
									12,0	1872	1200	832	608	467	299	208	152	117
			1,50	18,85	20,58	2356	28867	600	7,5	1755	1125	780	576	438	280	195	142	109
									10,0	2340	1500	1040	768	585	373	260	189	145
									12,0	2808	1800	1248	924	702	449	312	227	175
			2,00	25,14	26,87	3142	38490	600	7,5	2340	1500	1040	760	584	374	260	190	146
									10,0	3120	2000	1387	1013	778	498	347	253	195
									12,0	3742	2400	1664	1215	935	599	416	304	234
$\frac{60}{100}$	60	100	1,00	14,17	16,12	1771	25630	500	7,5	1540	986	684	504	385	246	171	126	96
									10,0	2053	1315	912	672	513	328	228	168	128
									12,0	2464	1580	1094	806	616	394	274	202	154
			1,50	21,25	23,19	2656	38445	500	7,5	2310	1479	1024	756	577	369	256	189	144
									10,0	3080	1972	1365	1008	769	492	341	252	192
									12,0	3700	2362	1640	1210	925	590	410	303	231
			2,00	28,34	30,29	3542	51260	500	7,5	3080	1972	1368	1008	770	492	342	252	192
									10,0	4106	2629	1824	1344	1027	656	456	336	256
									12,0	4928	3160	2192	1610	1232	787	547	403	307

Träger-Wellbleche.

Nummer des Profiles	Abmessungen des Profiles in mm H (Höhe d. Welle)	B (v. Mitte zu Mitte Welle)	δ (Blechstärke)	Gewicht pro qm exkl. Überdeckung schwarz	verzinkt	pro m Breite Querschnitt in qmm	Widerstandsmoment in mm³	Normale Baubreite	σ spezifische Beanspruchung in kg/qmm	1,00	1,25	1,50	1,75	2,00	2,50	3,00	3,50	4,00
70/100	70	100	1,00	15,77	17,94	1971	32710	500	7,5	1960	1250	872	640	490	312	218	160	122
									10,0	2615	1668	1162	854	654	416	291	214	163
									12,0	3139	2000	1395	1024	784	499	349	256	195
			1,50	23,64	25,81	2955	49060	500	7,5	2940	1875	1308	960	735	468	327	240	183
									10,0	3920	2500	1744	1280	980	625	436	320	244
									12,0	4700	3000	2092	1535	1175	750	523	384	293
			2,00	31,54	33,70	3942	65420	500	7,5	3920	2500	1744	1280	980	624	436	320	244
									10,0	5225	3338	2328	1708	1308	831	582	427	325
									12,0	6267	4000	2790	2048	1568	1000	699	512	390
80/150	80	150	1,00	13,10	14,90	1638	32150	450	7,5	1930	1235	856	632	482	309	214	158	120
									10,0	2575	1648	1142	844	644	412	286	212	160
									12,0	3090	1978	1370	1010	772	495	343	253	192
			1,50	19,66	21,45	2457	48225	450	7,5	2895	1852	1284	948	723	463	321	237	180
									10,0	3860	2470	1712	1264	965	618	428	316	240
									12,0	4640	2965	2060	1518	1158	742	514	380	288
			2,00	26,21	28,00	3276	64300	450	7,5	3860	2470	1712	1264	965	618	428	316	241
									10,0	5150	3295	2285	1685	1288	825	572	422	322
									12,0	6180	3960	2740	2022	1544	990	686	506	386
80/160	80	160	1,00	12,57	14,30	1571	31020	480	7,5	1860	1190	828	600	465	300	207	150	116
									10,0	2480	1585	1105	800	620	400	276	200	155
									12,0	2980	1905	1325	960	745	480	332	240	186
			1,50	18,85	20,58	2356	46530	480	7,5	2790	1800	1240	900	700	450	310	225	175
									10,0	3720	2400	1656	1200	930	600	414	300	233
									12,0	4460	2840	1985	1440	1120	720	496	360	280
			2,00	25,14	26,85	3142	62040	480	7,5	3720	2400	1656	1200	930	600	414	300	232
									10,0	4960	3200	2210	1600	1240	800	552	400	310
									12,0	5950	3840	2650	1920	1490	960	664	480	372
80/200	80	200	1,00	11,06	12,58	1383	27830	600	7,5	1670	1070	740	545	417	267	186	137	104
									10,0	2230	1428	986	726	556	356	248	183	139
									12,0	2670	1710	1185	873	667	427	298	219	166
			1,50	16,59	18,11	2074	41740	600	7,5	2505	1605	1110	817	625	400	276	205	156
									10,0	3340	2140	1480	1090	834	534	368	274	208
									12,0	4000	2570	1775	1308	1000	640	442	328	250
			2,00	22,13	23,65	2766	55660	600	7,5	3340	2140	1480	1090	834	534	372	274	208
									10,0	4460	2860	1975	1455	1112	712	496	365	278
									12,0	5350	3420	2370	1745	1335	855	596	438	332
100/200	100	200	1,00	12,57	14,30	1571	38880	600	7,5	2340	1498	1040	768	585	374	260	192	146
									10,0	3120	2000	1385	1022	780	500	346	256	195
									12,0	3740	2400	1665	1230	935	600	416	308	234
			1,50	18,85	20,58	2356	58050	600	7,5	3480	2230	1548	1140	870	560	387	285	218
									10,0	4640	2980	2065	1520	1160	746	515	380	290
									12,0	5560	3565	2480	1825	1390	896	620	456	349
			2,00	25,14	26,85	3142	77000	600	7,5	4620	2960	2052	1510	1155	740	513	380	290
									10,0	6160	3940	2740	2020	1540	986	685	506	386
									12,0	7400	4740	3280	2420	1850	1185	820	608	465

Angaben über Nieten.

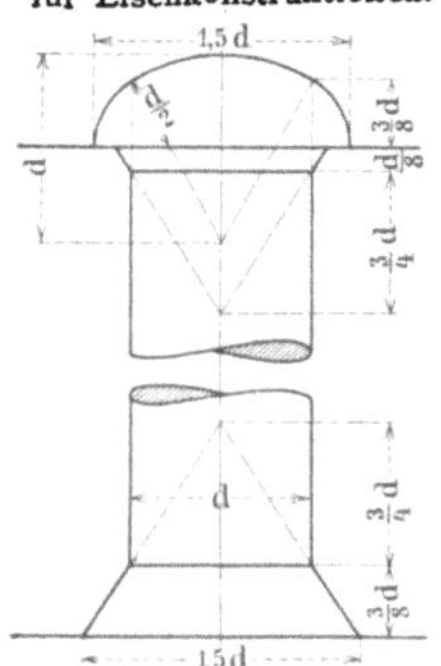

Man wähle den Nietdurchm. zu

$$d = \sqrt{5\,\delta} - 0{,}2 \text{ cm,}$$

wenn δ die Plattenstärke in cm ist und verwende die einheitlichen Nietstärken für den deutschen Eisenhoch- und Brückenbau.

Einheitliche Nietbezeichnung.

Für die Nietanschlüsse wähle man:

Nietteilung $t = 2{,}5 \div 3{,}5$ d,

Randabstand $e = 1{,}5 \div 2{,}0$ d.

Heftniete halten die verbundenen Teile nur zusammen. Ihr Abstand ist zum Schutz gegen Rostbildung und Klaffen der Nietung nicht zu groß zu wählen und nehme man 1. bei Verbindung zweier L-Eisen etc., oder zweier L mit zwischenliegendem Stehblech t höchstens zu 8 d; 2. eines L-Eisens mit Blech oder Universaleisen bei einer Blechstärke $\delta = 8 \div 12$ mm, $t_{max} = 5$ d; und bei $\delta > 12$ mm, $t_{max} = 6$ d.

Die erforderliche Nietschaftlänge ermittelt sich zu

$$l = \delta' + \tfrac{1}{3}\,d \text{ bei Maschinennietung}$$

$$l = \delta' + \tfrac{1}{4}\,d \text{ bei Handnietung}$$

$\delta' =$ Summe der Dicken der zu vernietenden Teile

Die handelsübliche Nietschaftlänge ist eine durch 3 teilbare Zahl. Es ist also l entsprechend aufzurunden.

Nietanschlüsse sind auf Abscheren und Lochleibungsdruck zu berechnen. Es ist die Anzahl der erforderlichen Nieten

1. auf **Scherfestigkeit**

$$n_s = \frac{P}{m \cdot \sigma_s \cdot d^2 \frac{\pi}{4}}$$

2. auf **Lochleibungsdruck**

$$n_l = \frac{P}{\sigma_l \cdot \delta_1 \cdot d}$$

$P =$ Stabkraft in kg.

$d =$ Nietdurchmesser in cm.

$m =$ Schnittigkeit der Nietverbindung.

$\sigma_s =$ zul. Scherspannung $= 1000$ kg . cm².

$\sigma_l =$ zul. Druckspannung zwischen Nietschaft u. Lochwand $= 2000$ kg . cm².

$\delta_1 =$ die in der einen der beiden Kraftrichtungen beanspruchte geringste Plattenstärke in cm.

Die aus 1. und 2. sich ergebende größte Nietzahl ist der Ausführung zugrunde zu legen.

Bei $\sigma_s : \sigma_l = 1 : 2$ ist eine Verbindung zu berechnen

a) auf Abscheren

b) auf Lochleibungsdruck

wenn

$d < 2{,}6\,\delta_1$ bei einschn. Verbindung,

$d < 1{,}3\,\delta_1$ bei zweischn. Verbindung.

$d > 2{,}6\,\delta_1$ bei einschn. Verbindung,

$d > 1{,}3\,\delta_1$ bei zweischn. Verbindung.

Gewichte der Nietköpfe pro 100 Stück.

Nietdurchmesser d	10 mm	13 mm	16 mm	20 mm	23 mm	26 mm
Gewicht in kg	0,8	1,70	2,75	5,1	7,70	12,0

Niettabelle.*)

Niet		Tragfähigkeit der Niete in Tonnen						
		auf Abscheren bei einer Beanspruchung von				auf Lochleibung bei einer Beanspruchung von		
Durchmesser d	Querschnitt F qcm	$\dfrac{600\ \mathrm{kg}}{\mathrm{cm}^2}$	$\dfrac{800\ \mathrm{kg}}{\mathrm{cm}^2}$	$\dfrac{1000\ \mathrm{kg}}{\mathrm{cm}^2}$	Materialstärke δ_1 mm	$\dfrac{1200\ \mathrm{kg}}{\mathrm{cm}^2}$	$\dfrac{1600\ \mathrm{kg}}{\mathrm{cm}^2}$	$\dfrac{2000\ \mathrm{kg}}{\mathrm{cm}^2}$
13 mm ($^1/_2''$)	1,327	0,80	1,06	1,33	8	1,25	1,66	2,08
					10	1,56	2,08	2,60
					12	1,87	2,50	3,12
					14	2,18	2,91	3,64
					15	2,34	3,12	3,90
					16	2,50	3,32	4,16
					18	2,81	3,74	4,68
					20	3,12	4,16	5,20
16 mm ($^5/_8''$)	2,01	1,21	1,61	2,01	8	1,54	2,05	2,56
					10	1,92	2,56	3,20
					12	2,30	3,07	3,84
					14	2,69	3,58	4,48
					15	2,88	3,84	4,80
					16	3,07	4,10	5,12
					18	3,46	4,61	5,76
					20	3,84	5,12	6,40
20 mm ($^3/_4''$)	3,14	1,88	2,51	3,14	8	1,92	2,56	3,20
					10	2,40	3,20	4,00
					12	2,88	3,84	4,80
					14	3,36	4,48	5,60
					15	3,60	4,80	6,00
					16	3,84	5,12	6,40
					18	4,32	5,76	7,20
					20	4,80	6,40	8,00
23 mm ($^7/_8''$)	4,155	2,49	3,32	4,15	8	2,21	2,94	3,68
					10	2,76	3,68	4,60
					12	3,31	4,42	5,52
					14	3,86	5,15	6,44
					15	4,14	5,52	6,90
					16	4,42	5,89	7,36
					18	4,97	6,62	8,28
					20	5,52	7,36	9,20
26 mm ($1''$)	5,31	3,19	4,25	5,31	8	2,50	3,33	4,16
					10	3,12	4,16	5,20
					12	3,75	4,99	6,24
					14	4,37	5,82	7,28
					15	4,68	6,24	7,80
					16	4,99	6,66	8,32
					18	5,62	7,49	9,36
					20	6,24	8,32	10,40

*) Die Tragfähigkeiten von Schrauben sind ebenfalls aus der Tabelle zu entnehmen, unter Berücksichtigung, daß auf Abscheren mit höchstens 800 kg/cm², auf Lochleibung mit höchstens 1600 kg/cm² gerechnet werden kann.

Angaben über Schrauben.

Schraubenverbindungen sind auf Abscheren und Lochleibungsdruck zu berechnen.

Werden **Schrauben auf Zug** beansprucht, z. B. Zuganker, Fundamentanker usw., so ist die Tragfähigkeit einer Schraube

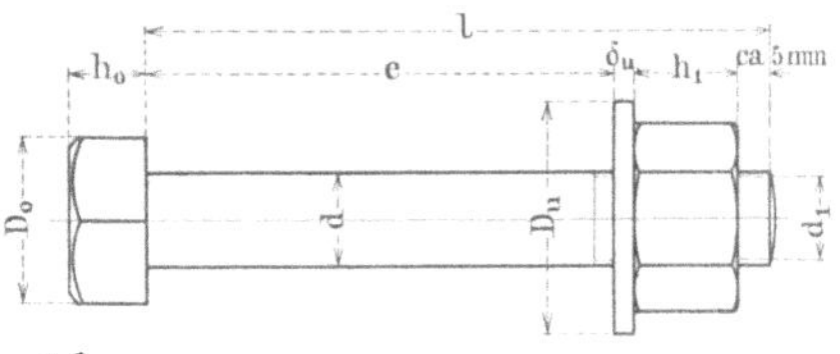

$$P = F \cdot \sigma_z = \frac{d_1^2\, \pi}{4} \cdot \sigma_z.$$

Daraus ermittelt sich der Kerndurchmesser $d_1 = \sqrt{\dfrac{4\,P}{\pi \cdot \sigma_z}}$

Bei der zulässigen Beanspruchung $\sigma_z = 800$ kg/cm² wird $d_{1\,cm} = 1{,}256 \cdot \sqrt{P}$, P = Zugkraft in Tonnen.

Normal-Schrauben-Tabelle (Whitworthsches Gewinde).

Durchmesser der Schraube			Kernquerschnitt $= d_1^2 \cdot \frac{\pi}{4}$	Anzahl der Gewindegänge auf		Kopf und Mutter			Unterlagsscheibe		Gewicht der sechseckigen Mutter und des		Durchm. der Schraube in engl. Zollen
d		d_1				$h_1 =$ Höhe der Mutter, d = Durchm. d des Bolzens (abgerundet)	$h_0 =$ Höhe des Kopfes $= 0{,}7 \cdot h_1$	$D_0 =$ Schlüsselweite, Seite des quadr.o.Durchm. d.rund.o.sechseckigenKopfes	Durchm. der Scheibe in mm	Dicke der Scheibe in mm	sechseckigen Kopfes	quadratischen Kopfes	
in engl. Zollen	in mm	Kerndurchm.		einen engl.Zoll	die Länge d				D_u	δ_u			
		mm	qcm			mm	mm	mm			kg	kg	
$1/4$	6,35	4,72	**0,175**	20	5	6	4	13	20	1,5	0,013	0,014	$1/4$
$5/16$	7,94	6,13	**0,295**	18	$5^5/8$	8	6	16	21	1,5	0,022	0,023	$5/16$
*$3/8$	9,52	7,49	**0,44**	16	6	10	7	17	22	3	0,033	0,035	$3/8$*
$7/16$	11,11	8,79	**0,61**	14	$6^1/8$	11	8	21	29	2	0,048	0,051	$7/16$
*$1/2$	12,70	9,99	**0,785**	12	6	13	9	22	28	4	0,067	0,072	$1/2$*
*$5/8$	15,87	12,92	**1,31**	11	$6^7/8$	16	12	28	36	4	0,120	0,13	$5/8$*
*$3/4$	19,05	15,80	**1,96**	10	$7^1/2$	20	14	33	44	5	0,198	0,21	$3/4$*
*$7/8$	22,22	18,61	**2,72**	9	$7^7/8$	23	16	39	50	5	0,287	0,31	$7/8$*
*1	25,40	21,33	**3,57**	8	8	26	18	44	56	6	0,415	0,445	1*
*$1^1/8$	28,57	23,93	**4,50**	7	$7^7/8$	30	20	50	62	6	0,574	0,615	$1^1/8$*
*$1^1/4$	31,75	27,10	**5,77**	7	$8^3/4$	33	22	55	68	7	0,755	0,815	$1^1/4$*
*$1^3/8$	34,92	29,50	**6,835**	6	$8^1/4$	36	24	61	74	7	0,988	1,06	$1^3/8$*
*$1^1/2$	38,10	32,68	**8,39**	6	9	40	26	66	80	8	1,26	1,36	$1^1/2$*
*$1^5/8$	41,27	34,77	**9,495**	5	$8^1/8$	43	29	72	86	8	1,57	1,70	$1^5/8$*
*$1^3/4$	44,45	37,94	**11,31**	5	$8^3/4$	46	31	77	92	9	1,94	2,10	$1^3/4$*
*$1^7/8$	47,62	40,40	**12,82**	$4^1/2$	$8^7/16$	50	34	83	100	9	2,36	2,55	$1^7/8$*
2	50,80	43,57	**14,91**	$4^1/2$	9	51	36	76	98	8	2,83	3,10	2
$2^1/4$	57,15	49,02	**18,87**	4	9	57	40	85	110	9	3,96	4,26	$2^1/4$
$2^1/2$	63,50	55,37	**24,08**	4	10	64	45	94	121	9	5,40	5,78	$2^1/2$
$2^3/4$	69,85	60,55	**28,80**	$3^1/2$	$9^5/8$	70	49	103	134	10	7,10	7,62	$2^3/4$
3	76,20	66,90	**35,15**	$3^1/2$	$10^1/2$	76	53	112	145	12	9,10	9,78	3

Die mit * bezeichneten Schrauben entsprechen den Normalien der preußischen Staatsbahnen. Die übrigen Schrauben sind der Whitworthschen Schraubentabelle entnommen.

Schraubenlänge $l = e + \delta_u + h_1 + 5$ mm (abzurunden auf eine durch 5 teilbare Länge, welche handelsüblich ist).

Tragfähigkeitstabelle für Schrauben
(auf Zug).

Beanspruchung σ_z	Schrauben-Durchm. d in engl. Zollen =											
	$^3/_8$	$^1/_2$	$^5/_8$	$^3/_4$	$^7/_8$	I	I$^1/_4$	I$^1/_2$	I$^3/_4$	2	2$^1/_2$	3
	Kernquerschnitt in qcm											
kg/cm²	0,44	0,785	1,31	1,96	2,72	3,57	5,77	8,39	11,31	14,91	24,08	35,15
480	210	375	630	940	1 300	1 715	2 775	4 025	5 425	7 150	11 560	16 875
600	265	470	785	1 175	1 630	2 145	3 450	5 025	6 775	8 950	14 450	21 090
800	350	630	1 050	1 575	2 175	2 850	4 600	6 712	9 050	11 925	19 265	28 120

$\sigma_z = 800$ kg/cm² entspricht den ministeriellen Vorschriften vom 31. 1. 1910.

Gewichte der Maschinenschrauben
mit sechskantigem Kopf und sechskantiger Mutter.

Die Gewichte verstehen sich (annähernd) für 100 Stück in Kilo, bei den paketierten Schrauben mit Papier.

Schraubendurchm. =	10 mm ($^3/_8$")	13 mm ($^1/_2$")	16 mm ($^5/_8$")	20 mm ($^3/_4$")	23 mm ($^7/_8$")	26 mm (I")	32 mm (I$^1/_4$")	38 mm (I$^1/_2$")
20 mm	4,0	—	—	—	—	—	—	—
25 „	4,3	8,5	—	—	—	—	—	—
30 „	4,6	9,0	15,4	—	—	—	—	—
35 „	4,9	9,5	16,1	—	—	—	—	—
40 „	5,2	9,9	16,8	29,6	—	—	—	—
45 „	5,5	10,4	17,5	30,7	—	—	—	—
50 „	5,8	10,9	18,2	31,8	41,0	—	—	—
55 „	6,1	11,4	18,9	32,9	42,4	—	—	—
60 „	6,4	11,8	19,7	34,0	43,9	61,0	—	—
65 „	6,7	12,3	20,4	35,1	45,3	62,0	—	—
70 „	7,0	12,8	21,2	36,2	46,8	64,8	—	—
75 „	7,3	13,3	21,9	37,3	48,2	—	—	—
80 „	7,6	13,7	22,6	38,5	49,7	68,6	118,0	—
85 „	—	14,2	23,3	39,6	51,2	—	—	—
90 „	8,2	14,7	24,0	40,8	52,7	72,3	124,0	—
100 „	8,8	15,6	25,5	43,1	55,7	76,0	130,0	215
110 „	9,4	16,6	27,0	45,4	58,7	79,7	136,0	225
120 „	10,0	17,5	28,5	47,7	61,7	83,4	142,0	234
130 „	10,6	18,5	30,0	50,0	64,7	87,1	148,0	242
140 „	—	19,5	31,5	52,3	67,6	90,8	154,0	250
150 „	—	20,5	33,0	54,6	70,5	94,5	160,0	270
Die 10 mm mehr	0,6	1,0	1,5	2,4	3,0	3,9	6,3	9,0

Schmiedeeiserne Gasrohre.

Normale innere Weite	engl. Zoll	$^1/_4$	$^3/_8$	$^1/_2$	$^3/_4$	1	$1^1/_4$	$1^1/_2$	2	$2^1/_2$	3
	mm	$6^1/_2$	10	13	19	$25^1/_2$	32	38	51	$63^1/_2$	76
Äußerer Durchmesser mm		13	17	20	26	$33^1/_2$	41	47	60	76	89
Wandstärke mm		3,2	3,5	3,5	3,5	4,0	4,5	4,5	4,5	6,2	6,5
Gewicht p. Mtr. ca. kg.		0,60	0,85	1,15	1,75	2,50	3,40	4,30	6,00	9,00	11,50

Angaben über zusammengesetzte Profile.

I. Stützen.

Die auf den folgenden Seiten gegebenen Skizzen sollen einen Anhalt für Stützenausbildung geben.

Ganz allgemein ist darauf zu achten, daß eine gute Bindung mit reichlichem Nietanschluß der die Stützen bildenden Profile erfolgt. Die Höhe der Traversen ist zweckmäßig $\geq 0,8$ der Breite, mindestens aber 15 cm, die Stärke $\geq 0,8$ cm zu wählen. Für freistehende nicht ummauerte Stützen ist eine Bindung durch Traversen mit Flacheisenvergitterung oder eine Bindung durch Winkeleisenvergitterung zu empfehlen.

Die angegebenen Tragfähigkeiten sind im übrigen nach der Eulerschen Formel $P = \dfrac{\pi^2\, E\, J}{n\, l^2}$ berechnet, wobei mit $n = 5$ und $l =$ Stützenlänge in cm gerechnet wurde und unter Zugrundelegung einer höchsten zulässigen Beanspruchung von 1200 kg/cm². Die Entfernung der Traversen ist nach der Beziehung $c = 32,787 \sqrt{\dfrac{J}{P}}$, zu welcher man durch Umformung der Eulerschen Formel mit $n = 20$ kommt, bestimmt. Hierin ist $c =$ Traversenabstand in cm, J das kleinste Trägheitsmoment des einzelnen Profils in cm⁴, P die auf ein Profil entfallende Last in t.

Die Stützenberechnungen genügen den Bestimmungen über die bei Hochbauten anzunehmenden Belastungen und Beanspruchungen nach dem Runderlaß des kgl. preußischen Ministers der öffentlichen Arbeiten vom 31. Januar 1910.

Beanspruchung des Eisens 1200 kg/cm².

Knicksicherheit nach Euler 5 fach.

Unterlagstein aus Basalt mit 40 kg/cm² zulässiger Belastung.

Stützen aus ⊏-Eisen. (Deutsche Normalprofile.)

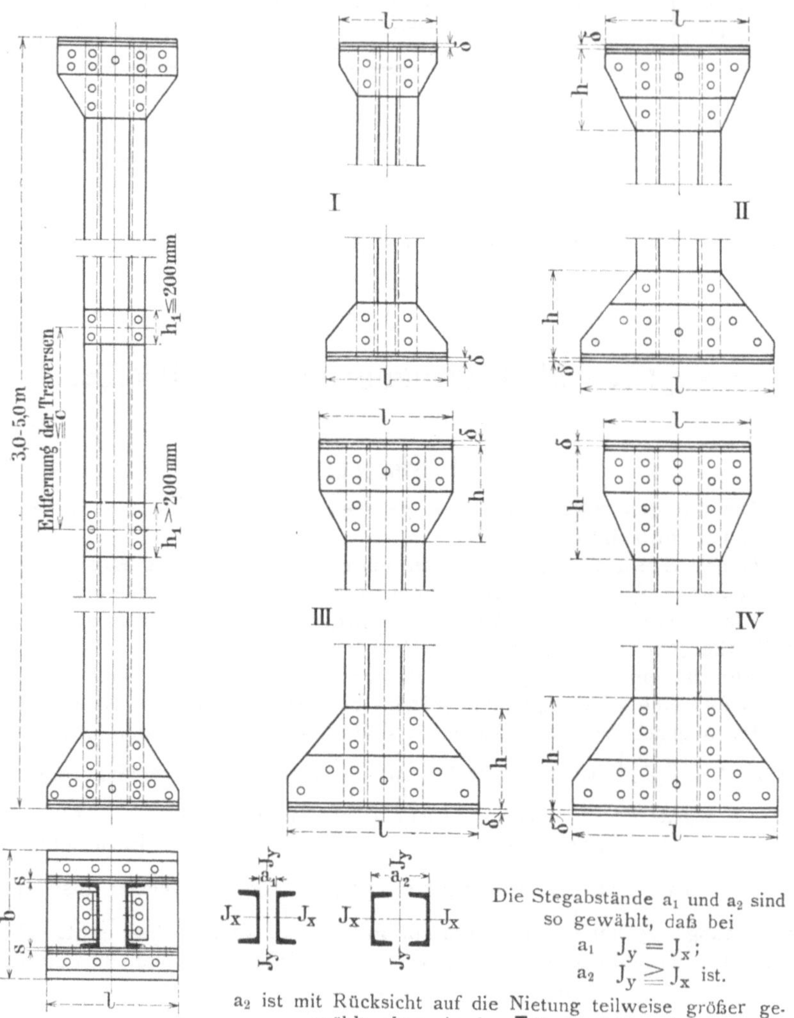

Die Stegabstände a_1 und a_2 sind
so gewählt, daß bei
$a_1 \quad J_y = J_x$;
$a_2 \quad J_y \geqq J_x$ ist.

a_2 ist mit Rücksicht auf die Nietung teilweise größer gewählt, als a_2 in der ⊏-Profiltabelle, S. 25.

Die in den Tabellen gemachten Angaben über Säulenfuß- und Säulenkopfausbildung gelten für ⊐-Eisenstellung mit Abstand „a_1".

Säulenlänge = 3,00 m.

Zwei ⊏ NP. Nr.	Abstand a₁ (mm)	Abstand a₂ (mm)	Trägheitsmoment (kleinstes) Jx (cm⁴)	Querschnitt F (qcm)	Tragfähigkeit P (kg)	Niete in den Flanschen — Durchmesser (mm)	Anzahl n	Übertragen (kg)	Niete in den Stegen — Durchmesser (mm)	Anzahl n	Übertragen (kg)	Entfernung Maximum c (mm)	Breite h₁ (mm)	Stärke (mm)	Fußplatte $\frac{l.b}{\delta}$ (mm)	Fußbleche $\frac{l.h}{s}$ (mm)	Fuß L (mm)	Fläche der Fußplatte (qcm)	Kopfplatte $\frac{l.b}{\delta}$ (mm)	Kopfbleche $\frac{l.h}{s}$ (mm)	Kopf L (mm)	Typ. Nr.	Fuß (kg)	Kopf (kg)	Schaft mit Traversen (kg)
8	28	140	212	22,0	10110	13	8	10615	—	—	—	535	150	8	200·200 / 10	—	50·100 / 8	400	200·200 / 8	—	50·100 / 8	I	8	7	60
10	42	150	412	27,0	19645	13	12	15925	13	4	5310	560	150	8	250·220 / 10	250·150 / 8	50·100 / 8	550	250·220 / 8	250·150 / 8	50·100 / 8	II	16	14	75
12	55	160	728	34,0	34780	16	12	24120	16	6	12100	520	150	8	300·300 / 10	300·200 / 8	65·130 / 10	900	260·280 / 10	260·200 / 8	65·130 / 10	II	25	22	98
14	68	170	1210	40,8	48960	16	20	40200	16	6	12100	525	150	80	360·350 / 12	360·300 / 10	80·120 / 10	1260	300·300 / 10	300·300 / 8	65·130 / 10	IV	45	30	115
16	82	180	1850	48,0	57600	20	12	37680	20	8	24000	565	160	10	400·360 / 12	400·250 / 10	80·160 / 12	1440	320·320 / 10	320·200 / 10	65·130 / 10	II	55	35	140
18	95	190	2708	56,0	67200	20	16	50240	20	6	18840	600	180	10	450·380 / 12	450·300 / 10	80·160 / 12	1710	360·350 / 12	360·280 / 10	65·130 / 10	III	65	45	160
20	108	200	3822	64,4	77280	20	16	50240	20	10	31400	640	200	10	500·400 / 12	500·300 / 10	80·160 / 12	2000	380·360 / 12	380·280 / 10	65·130 / 10	III	70	50	185
22	120	210	5380	74,8	89760	23	16	66480	23	6	24930	685	220	12	500·450 / 15	500·350 / 12	100·200 / 14	2250	420·420 / 12	420·320 / 12	80·160 / 12	III	102	68	220
24	134	223	7196	84,6	101520	23	16	66480	23	10	41550	725	240	12	530·480 / 15	530·350 / 12	100·200 / 14	2544	450·450 / 12	450·320 / 12	80·160 / 12	III	110	75	240
26	146	240	9646	96,6	115920	23	20	83100	23	8	33240	765	260	12	580·500 / 15	580·450 / 12	100·200 / 14	2900	470·450 / 12	470·400 / 12	80·160 / 12	IV	135	85	275
28	160	261	12552	106,6	124650	23	20	83100	23	10	41550	815	280	12	600·550 / 15	600·450 / 12	100·200 / 14	3300	500·470 / 12	500·400 / 12	80·160 / 12	IV	145	95	300
30	172	280	16052	117,6	141120	26	20	106200	26	8	42480	865	300	12	650·550 / 15	650·480 / 12	100·200 / 14	3575	520·500 / 12	520·450 / 12	80·160 / 12	IV	160	105	340

(Rows NP 14–30 bracketed with the side label: auf reinen Druck)

Kraftübertragung in den Stegen { durch L Eisen in gleichem Profil wie die Säulenfuß L Eisen. L Eisenlänge in mm ≦ 8 × Profilnummer (ohne einzupassen).

Säulenlänge = 3,25 m.

Zwei [NP. Nr.	Abstand a_1 mm	Abstand a_2 mm	Trägheitsmoment (kleinstes) Jx cm⁴	Querschnitt F qcm	Tragfähigkeit P kg	Nietanschlüsse für Kopf u. Fuß – Niete in den Flanschen: Durchmesser mm	in den Flanschen: Anzahl n	in den Flanschen: Übertragen kg	in den Stegen: Durchmesser mm	in den Stegen: Anzahl n	in den Stegen: Übertragen kg	Traversen: Entfernung Maximum c mm	Traversen: Breite h_1 mm	Traversen: Stärke mm	Säulenfuß: Fußplatte $\frac{l \cdot b}{\delta}$ mm	Säulenfuß: Fußbleche $\frac{l \cdot h}{s}$ mm	Säulenfuß: Fuß L mm	Fläche der Fußplatte qcm	Säulenkopf: Kopfplatte $\frac{l \cdot b}{\delta}$ mm	Säulenkopf: Kopfbleche $\frac{l \cdot h}{s}$ mm	Säulenkopf: Kopf L mm	Typ. Nr.	Gewichte: Fuß kg	Gewichte: Kopf kg	Gewichte: Schaft mit Traversen kg
8	28	140	212	22,0	8600	13	8	10615	—	—	—	695	150	8	200 · 200 / 10	—	50 · 100 / 8	400	200 · 200 / 8	—	50 · 100 / 8	I	8	7	65
10	42	150	412	27,0	16700	13	12	15925	13	4	5310	615	150	8	250 · 220 / 10	250 · 150 / 8	50 · 100 / 8	550	250 · 220 / 8	250 · 150 / 8	50 · 100 / 8	II	16	14	80
12	55	160	728	34,0	29600	16	12	24120	16	4	8065	560	150	8	280 · 300 / 10	280 · 200 / 8	65 · 130 / 10	840	260 · 280 / 10	260 · 200 / 8	65 · 130 / 10	II	23	22	105
14	68	170	1210	40,8	48960	16	20	40200	16	6	10720	525	150	8	360 · 350 / 12	360 · 300 / 10	80 · 120 / 10	1260	300 · 300 / 10	300 · 300 / 8	65 · 130 / 10	IV	45	30	125
16	82	180	1850	48,0	57600	20	12	37680	20	8	24000	565	160	10	400 · 360 / 12	400 · 250 / 10	80 · 160 / 12	1440	320 · 320 / 10	320 · 200 / 10	65 · 130 / 10	II	55	35	150
18	95	190	2708	56,0	67200	20	16	50240	20	6	18840	600	180	10	450 · 380 / 12	450 · 300 / 10	80 · 160 / 12	1710	360 · 350 / 12	360 · 280 / 10	65 · 130 / 10	III	65	45	170
20	108	200	3822	64,4	77280	20	16	50240	20	10	31400	640	200	10	500 · 400 / 12	500 · 300 / 10	80 · 160 / 12	2000	380 · 360 / 12	380 · 280 / 10	65 · 130 / 10	III	70	50	200
22	120	210	5380	74,8	89760	23	16	66480	23	6	24930	685	220	12	500 · 450 / 15	500 · 350 / 12	100 · 200 / 14	2250	420 · 420 / 12	420 · 320 / 12	80 · 160 / 12	III	102	68	235
24	134	223	7196	84,6	101520	23	16	66480	23	10	41550	725	240	12	530 · 480 / 15	530 · 350 / 12	100 · 200 / 14	2544	450 · 450 / 12	450 · 320 / 12	80 · 160 / 12	III	110	75	275
26	146	240	9646	96,6	115920	23	20	83100	23	8	33240	765	260	12	580 · 500 / 15	580 · 450 / 12	100 · 200 / 14	2900	470 · 450 / 12	470 · 400 / 12	80 · 160 / 12	IV	135	85	300
28	160	261	12552	106,6	124650	23	20	83100	23	10	41550	815	280	12	600 · 550 / 15	600 · 450 / 12	100 · 200 / 14	3300	500 · 470 / 12	500 · 400 / 12	80 · 160 / 12	IV	145	95	330
30	172	280	16052	117,6	141120	26	20	106200	26	8	42480	865	300	12	650 · 550 / 15	650 · 480 / 12	100 · 200 / 14	3575	520 · 500 / 12	520 · 450 / 12	80 · 160 / 12	IV	160	105	365

NP. 14–30: auf reinen Druck

Kraftübertragung in den Stegen { durch L Eisen in gleichem Profil wie die Säulenfuß L Eisen. L Eisenlänge in mm ≦ 8 × Profilnummer (ohne einzupassen).

Zwei [Abstand a₁ (mm)	a₂ (mm)	Trägheitsmoment (kleinstes) Jx (cm⁴)	Querschnitt F (qcm)	Tragfähigkeit P (kg)	Niete in den Flanschen Durchmesser (mm)	Anzahl n	Übertragen (kg)	Niete in den Stegen Durchmesser (mm)	Anzahl n	Übertragen (kg)	Traversen Entfernung Maximum c (mm)	Breite h₁ (mm)	Stärke (mm)	Säulenfuß Fußplatte l.b/δ (mm)	Fußbleche l.h/s (mm)	Fuß L (mm)	Fläche der Fußplatte (qcm)	Säulenkopf Kopfplatte l.b/δ (mm)	Kopfbleche l.h/s (mm)	Kopf L (mm)	Typ. Nr.	Fuß (kg)	Kopf (kg)	Schaft mit Traversen (kg)
8 · 28	140	212	22,0	7425	13	8	10615	—	—	—	745	150	8	180.200 / 10	—	50.100 / 8	360	180.200 / 8	—	50.100 / 8	I	7	6	70
10 · 42	150	412	27,0	14410	13	12	15925	—	—	—	660	150	8	250.220 / 10	250.150 / 8	50.100 / 8	550	250.220 / 8	250.150 / 8	50.100 / 8	II	16	14	85
12 · 55	160	728	34,0	25500	16	12	24120	16	4	8064	600	150	8	280.300 / 10	280.200 / 8	65.130 / 10	840	260.280 / 10	260.200 / 8	65.130 / 10	II	23	22	110
14 · 68	170	1210	40,8	42450	16	15	32250	16	6	12100	560	150	8	320.350 / 12	320.250 / 10	80.120 / 10	1120	300.300 / 10	300.250 / 8	65.130 / 10	III	40	28	130
16 · 82	180	1850	48,0	57600	20	12	37680	20	8	24000	565	160	10	400.360 / 12	400.250 / 10	80.160 / 12	1440	320.320 / 10	320.200 / 10	65.130 / 10	II	55	35	160
18 · 95	190	2708	56,0	67200	20	16	50240	20	6	18840	600	180	10	450.380 / 12	450.300 / 10	80.160 / 12	1710	360.350 / 12	360.280 / 10	65.130 / 10	III	65	45	185
20 · 108	200	3822	64,4	77280	20	16	50240	20	10	31400	640	200	10	500.400 / 12	500.300 / 10	80.160 / 12	2000	380.360 / 12	380.280 / 10	65.130 / 10	III	70	50	210
22 · 120	210	5380	74,8	89760	23	16	66480	23	6	24930	685	220	12	500.450 / 15	500.350 / 12	100.200 / 14	2250	420.420 / 12	420.320 / 12	80.160 / 12	III	102	68	260
24 · 134	223	7196	84,6	101520	23	16	66480	23	10	41550	725	240	12	530.480 / 15	530.350 / 12	100.200 / 14	2544	450.450 / 12	450.320 / 12	80.160 / 12	III	110	75	285
26 · 146	240	9646	96,6	115920	23	20	83100	23	8	33240	765	260	12	580.500 / 15	580.450 / 12	100.200 / 14	2900	470.450 / 12	470.400 / 12	80.160 / 12	IV	135	85	330
28 · 160	261	12552	106,6	124650	23	20	83100	23	10	41550	815	280	12	600.550 / 15	600.450 / 12	100.200 / 14	3300	500.470 / 12	500.400 / 12	80.160 / 12	IV	145	95	345
30 · 172	280	16052	117,6	141120	26	20	106200	26	8	42480	865	300	12	650.550 / 15	650.480 / 12	100.200 / 14	3575	520.500 / 12	520.450 / 12	80.160 / 12	IV	160	105	395

(Zeilenbeschriftung links: **auf reinen Druck**)

Kraftübertragung in den Stegen { durch L Eisen in gleichem Profil wie die Säulenfuß L Eisen. { L Eisenlänge in mm ≦ 8 × Profilnummer (ohne einzupassen).

Säulenlänge = 3,75 m.

Zwei [NP. Nr.	Abstand a_1 mm	Abstand a_2 mm	Trägheitsmoment (kleinstes) Jx cm⁴	Querschnitt F qcm	Tragfähigkeit P kg	Nietanschlüsse für Fuß u. Kopf – Niete in den Flanschen – Durchmesser mm	Anzahl n	Übertragen kg	Niete in den Stegen – Durchmesser mm	Anzahl n	Übertragen kg	Traversen – Entfernung Maximum c mm	Breite h_1 mm	Stärke mm	Säulenfuß – Fußplatte l.b / δ mm	Fußbleche l.h / s mm	Fuß L mm	Fläche der Fußplatte qcm	Säulenkopf – Kopfplatte l.b / δ mm	Kopfbleche l.h / s mm	Kopf L mm	Typ. Nr.	Gewichte – Fuß kg	Kopf kg	Schaft mit Traversen kg
8	28	140	212	22,0	**6470**	13	8	10615	—	—	—	790	150	8	120·200 / 10	—	50·100 / 8	240	120·200 / 8	—	50·100 / 8	I	6	8	75
10	42	150	412	27,0	**12590**	13	8	10615	13	4	5310	700	150	8	160·220 / 10	—	50·100 / 8	352	160·220 / 8	—	50·100 / 8	I	8	7	90
12	55	160	728	34,0	**22200**	16	8	16125	16	4	8060	645	150	8	200·300 / 10	—	65·130 / 10	600	180·280 / 10	—	65·130 / 10	I	15	12	118
14	68	170	1210	40,8	**36950**	16	16	32250	16	4	8060	600	150	8	320·350 / 12	320·250 / 10	80·120 / 10	1120	300·300 / 10	300·250 / 8	65·130 / 10	III	40	28	137
16	82	180	1850	48,0	**56500**	20	12	37680	20	8	24000	570	160	10	400·360 / 12	400·250 / 10	80·160 / 12	1440	320·320 / 10	320·200 / 10	65·130 / 10	II	55	35	170
18	95	190	2708	56,0	**67200**	20	16	50240	20	6	18840	600	180	10	450·380 / 12	450·300 / 10	80·160 / 12	1710	360·350 / 10	360·280 / 10	65·130 / 10	III	65	45	195
20	108	200	3822	64,4	**77280**	20	16	50240	20	10	31400	640	200	10	500·400 / 15	500·300 / 10	80·160 / 12	2000	380·360 / 12	380·280 / 10	65·130 / 10	III	70	50	215
22	120	210	5380	74,8	**89760**	23	16	66480	23	6	24930	685	220	12	500·450 / 15	500·400 / 12	100·200 / 14	2250	420·420 / 12	420·320 / 12	80·160 / 12	III	102	68	267
24	134	223	7196	84,6	**101520**	23	16	66480	23	10	41550	725	240	12	530·480 / 15	530·400 / 12	100·200 / 14	2544	450·450 / 12	450·320 / 12	80·160 / 12	III	110	75	300
26	146	240	9646	96,6	**115920**	23	20	83100	23	8	33240	765	260	12	580·500 / 15	580·450 / 12	100·200 / 14	2900	470·450 / 12	470·400 / 12	80·160 / 12	IV	135	85	350
28	160	261	12552	106,6	**124650**	23	20	83100	23	10	41550	815	280	12	600·550 / 15	600·400 / 12	100·200 / 14	3300	500·470 / 12	500·400 / 12	80·160 / 12	IV	145	95	365
30	172	280	16052	117,6	**141120**	26	20	106200	26	8	42480	865	300	12	650·550 / 15	650·480 / 12	100·200 / 14	3575	520·500 / 12	520·450 / 12	80·160 / 12	IV	160	105	410

NP. 18–30: auf reinen Druck

Kraftübertragung in den Stegen { durch L Eisen in gleichem Profil wie die Säulenfuß L Eisen
L Eisenlänge in mm ≦ 8 × Profilnummer (ohne einzupassen)..

Säulenlänge = 4,00 m.

Zwei ⊏ NP. Nr.	Abstand a_1 mm	Abstand a_2 mm	Trägheitsmoment (kleinstes) J_x cm⁴	Querschnitt F qcm	Tragfähigkeit P kg	Niete in den Flanschen Durchmesser mm	Anzahl n	Übertragen kg	Niete in den Stegen Durchmesser mm	Anzahl n	Übertragen kg	Traversen Entfernung Maximum c mm	Breite h_1 mm	Stärke mm
8	28	140	212	22,0	5680	13	8	10615	—	—	—	850	150	8
10	42	150	412	27,0	11040	13	8	10615	13	4	5310	750	150	8
12	55	160	728	34,0	19520	16	8	16125	16	4	8060	685	150	8
14	68	170	1210	40,8	32400	16	12	24180	16	6	12090	640	150	8
16	82	180	1850	48,0	49550	20	12	37680	20	4	12000	610	160	10
18	95	190	2708	56,0	67200	20	16	50240	20	6	18840	600	180	10
20	108	200	3822	64,4	77280	20	16	50240	20	10	31400	640	200	10
22	120	210	5380	74,8	89760	23	16	66480	23	6	24930	685	220	12
24	134	223	7196	84,6	101520	23	16	66480	23	10	41550	725	240	12
26	146	240	9646	96,6	115920	23	20	83100	23	8	33240	765	260	12
28	160	261	12552	106,6	124650	23	20	83100	23	10	41550	815	280	12
30	172	280	16052	117,6	141120	26	20	106200	26	8	42480	865	300	12

(Left margin brace on rows NP 18–30: *auf reinen Druck*)

Zwei ⊏ NP. Nr.	Säulenfuß Fußplatte $\frac{l.b}{\delta}$ mm	Fußbleche $\frac{l.h}{s}$ mm	Fuß L mm	Fläche der Fußplatte qcm	Säulenkopf Kopfplatte $\frac{l.b}{\delta}$ mm	Kopfbleche $\frac{l.h}{s}$ mm	Kopf L mm	Typ. Nr.	Gewichte Fuß kg	Kopf kg	Schaft mit Traversen kg
8	120·200 / 10	—	50·100 / 8	240	120·200 / 8	—	50·100 / 8	I	6	5	79
10	160·220 / 10	—	50·100 / 8	352	160·220 / 8	—	50·100 / 8	I	8	7	97
12	180·300 / 10	—	80·120 / 10	540	180·280 / 10	—	65·130 / 10	I	13	12	125
14	300·350 / 12	300·200 / 10	80·120 / 10	1050	300·300 / 10	300·200 / 8	65·130 / 10	II	32	27	146
16	350·360 / 12	350·250 / 10	80·160 / 12	1260	320·320 / 10	320·200 / 10	65·130 / 10	II	45	35	180
18	450·380 / 12	450·300 / 10	80·160 / 12	1710	360·350 / 10	360·280 / 10	65·130 / 10	III	65	45	210
20	500·400 / 15	500·300 / 10	80·160 / 12	2000	380·360 / 12	380·280 / 10	65·130 / 10	III	70	50	240
22	500·450 / 15	500·400 / 12	100·200 / 14	2250	420·420 / 12	420·320 / 12	80·160 / 12	III	102	68	310
24	530·480 / 15	530·400 / 12	100·200 / 14	2544	450·450 / 12	450·320 / 12	80·160 / 12	III	110	75	320
26	580·500 / 15	580·450 / 12	100·200 / 14	2900	470·450 / 12	470·400 / 12	80·160 / 12	IV	135	85	365
28	600·550 / 15	600·400 / 12	100·200 / 14	3300	500·470 / 12	500·400 / 12	80·160 / 12	IV	145	95	400
30	650·550 / 15	650·480 / 12	100·200 / 14	3575	520·500 / 12	520·450 / 12	80·160 / 12	IV	160	105	435

Kraftübertragung in den Stegen { durch L Eisen in gleichem Profil wie die Säulenfuß L Eisen. L Eisenlänge in mm ≦ 8 × Profinummer (ohne einzupassen).

Säulenlänge = 4,50 m.

Zwei ⌶ NP. Nr.	Abstand a_1 mm	Abstand a_2 mm	Trägheitsmoment (kleinstes) Jx cm⁴	Querschnitt F qcm	Tragfähigkeit P kg	Nietanschlüsse in den Flanschen Durchmesser mm	Anzahl n	Übertragen kg	in den Stegen Durchmesser mm	Anzahl n	Übertragen kg	Traversen Entfernung Maximum c mm	Breite h_1 mm	Stärke mm	Säulenfuß Fußplatte $\frac{l \cdot b}{\delta}$ mm	Fußbleche $\frac{l \cdot h}{s}$ mm	Fuß L mm	Fläche der Fußplatte qcm	Säulenkopf Kopfplatte $\frac{l \cdot b}{\delta}$ mm	Kopfbleche $\frac{l \cdot h}{s}$ mm	Kopf L mm	Typ. Nr.	Gewichte Fuß kg	Kopf kg	Schaft mit Traversen kg
8	28	140	212	22,0	4500	13	8	10615	—	—	—	960	150	8	120·200 / 10	—	50·100 / 8	240	120·200 / 8	—	50·100 / 8	I	6	5	87
10	42	150	412	27,0	8720	13	8	10615	—	—	—	850	150	8	160·220 / 10	—	50·100 / 8	352	160·220 / 8	—	50·100 / 8	I	7	6	107
12	55	160	728	34,0	15450	16	8	16125	—	—	—	775	150	8	180·300 / 10	—	80·120 / 10	540	180·280 / 10	—	65·130 / 10	I	10	8	137
14	68	170	1210	40,8	25620	16	12	24180	16	4	8060	725	150	8	300·350 / 12	300·200 / 10	80·120 / 10	1050	300·300 / 10	300·200 / 8	65·130 / 10	II	32	27	162
16	82	180	1850	48,8	39200	20	12	37680	20	4	12000	680	160	10	350·360 / 12	350·250 / 10	80·160 / 12	1260	320·320 / 10	320·200 / 10	65·130 / 10	II	45	35	200
18	95	190	2708	56,0	57400	20	16	50240	20	4	12560	650	180	10	450·380 / 12	450·300 / 10	80·160 / 12	1710	360·350 / 10	360·280 / 10	65·130 / 10	III	65	45	235
20	108	200	3822	64,4	77280	20	16	50240	20	10	31400	640	200	10	500·400 / 15	500·300 / 10	80·160 / 12	2000	380·360 / 12	380·280 / 10	65·130 / 10	III	70	50	275
22	120	210	5380	74,8	89760	23	16	66480	23	6	24930	685	220	12	500·450 / 15	500·400 / 12	100·200 / 14	2250	420·420 / 12	420·320 / 12	80·160 / 12	III	102	68	335
24	133	223	7196	84,6	101520	23	16	66480	23	10	41550	725	240	12	530·480 / 15	530·400 / 12	100·200 / 14	2544	450·450 / 12	450·320 / 12	80·160 / 12	III	110	75	365
26	146	240	9646	96,6	115920	23	20	83100	23	8	33240	765	260	12	580·500 / 15	580·450 / 12	100·200 / 14	2900	470·450 / 12	470·400 / 12	80·160 / 12	IV	135	85	405
28	160	261	12552	106,6	124650	23	20	83100	23	10	41550	815	280	12	600·550 / 15	600·400 / 12	100·200 / 14	3300	500·470 / 12	500·400 / 12	80·160 / 12	IV	145	95	425
30	172	280	16052	117,6	141120	26	20	106200	26	8	42480	865	300	12	650·550 / 15	650·480 / 12	100·200 / 14	3575	520·500 / 12	520·450 / 12	80·160 / 12	IV	160	105	475

(Rows 20–30: *auf reinen Druck*)

Kraftübertragung in den Stegen { durch L Eisen in gleichem Profil wie die Säulenfuß L Eisen. { L Eisenlänge in mm ≦ 8 × Profilnummer (ohne einzupassen).

Säulenlänge = 5,00 m.

Zwei ⊏ NP. Nr.	Abstand a_1 mm	Abstand a_2 mm	Trägheitsmoment (kleinstes) J_x cm⁴	Querschnitt F qcm	Tragfähigkeit P kg	Niete in den Flanschen Durchmesser mm	Anzahl n	Übertragen kg	Niete in den Stegen Durchmesser mm	Anzahl n	Übertragen kg	Traversen Entfernung Maximum c mm	Breite h_1 mm	Stärke mm	Säulenfuß Fußplatte $\frac{l \cdot b}{\delta}$ mm	Fußbleche $\frac{l \cdot h}{s}$ mm	Fuß L mm	Fläche der Fußplatte qcm	Säulenkopf Kopfplatte $\frac{l \cdot b}{\delta}$ mm	Kopfbleche $\frac{l \cdot h}{s}$ mm	Kopf L mm	Typ. Nr.	Gewichte Fuß kg	Kopf kg	Schaft mit Traversen kg
8	28	140	212	22,0	3640	13	8	10615	—	—	—	1060	150	8	120·200 / 10	—	50·100 / 8	240	120·200 / 8	—	50·100 / 8	I	6	5	96
10	42	150	412	27,0	7070	13	8	10615	—	—	—	935	150	8	160·220 / 10	—	50·100 / 8	352	160·220 / 8	—	50·100 / 8	I	7	6	119
12	55	160	728	34,0	12500	16	8	16125	—	—	—	855	150	8	180·300 / 10	—	80·120 / 10	540	180·280 / 8	—	65·130 / 10	I	19	8	148
14	68	170	1210	40,8	20800	16	8	16125	16	4	8060	800	150	8	250·320 / 12	—	80·120 / 10	750	250·280 / 10	—	65·130 / 10	I	15	12	178
16	82	180	1850	48,0	31780	20	8	25120	20	4	12000	750	160	10	250·350 / 12	—	80·160 / 12	875	250·300 / 10	—	65·130 / 10	I	25	15	215
18	95	190	2708	56,0	46500	20	12	37680	20	4	12560	720	180	10	400·380 / 12	400·250 / 10	80·160 / 12	1420	360·350 / 10	360·200 / 10	65·130 / 10	II	53	37	255
20	108	200	3822	64,4	65700	20	16	50240	20	6	18840	685	200	10	450·400 / 12	450·300 / 10	80·160 / 12	1800	380·360 / 12	380·280 / 10	65·130 / 10	III	65	50	300
22	120	210	5380	74,8	89760	23	16	66480	23	6	24930	685	220	12	500·450 / 15	500·400 / 12	100·200 / 14	2250	420·420 / 12	420·320 / 12	80·160 / 12	III	102	68	365
24	134	223	7196	84,6	101520	23	16	66480	23	10	41550	725	240	12	530·480 / 15	530·400 / 12	100·200 / 14	2544	450·450 / 12	450·320 / 12	80·160 / 12	III	110	75	400
26	146	240	9646	96,6	115920	23	20	83100	23	8	33240	765	260	12	580·500 / 15	580·450 / 12	100·200 / 14	2900	470·450 / 12	470·400 / 12	80·160 / 12	IV	135	85	460
28	160	261	12552	106,6	124650	23	20	83100	23	10	41550	815	280	12	600·550 / 15	600·400 / 12	100·200 / 14	3300	500·470 / 12	500·400 / 12	80·160 / 12	IV	145	95	490
30	172	280	16052	117,6	141120	26	20	106200	26	8	42480	865	300	12	650·550 / 15	650·480 / 12	100·200 / 14	3575	520·500 / 12	520·450 / 12	80·160 / 12	IV	160	105	545

(Rows NP 22–30: auf reinen Druck)

Kraftübertragung in den Stegen { durch L Eisen in gleichem Profil wie die Säulenfuß L Eisen. L Eisenlänge in mm $\leqq$ 8 × Profilnummer (ohne einzupassen).

Stützen aus einem ⊥-Eisen
(breitflanschiges Spezialprofil und Greyträger).

Grenzknicklänge (nach Tetmajer) $l_0 = 105 \cdot i_y$.

Profil Nr.	kleinstes Trägheits-moment J_y cm⁴	Quer-schnitt F qcm	Gewicht G kg/m	Tragfähigkeit in Tonnen bei einer zentrischen Belastung und einer Stützlänge in Meter							Trägheits-halb-messer i_y cm
				3,00	3,25	3,50	3,75	4,00	4,50	5,00	
18 B	1073	59,9	47,0	51,50	43,60	37,70	32,75	28,80	22,75	18,45	4,23
20 B	1568	70,4	55,3	74,75	63,60	54,90	47,85	42,00	33,20	26,90	4,72
22 B	2216	82,6	64,8	99,12	90,60	78,25	68,10	59,40	47,00	38,00	5,18
24 B	3043	96,8	76,0	116,16	114,00	106,00	93,00	81,75	64,60	52,35	5,61
25 B	3575	105,1	82,5	126,12	126,12	125,00	109,00	95,85	74,75	61,40	5,83
26 B	4261	115,6	90,7	138,72	138,72	138,72	130,00	109,50	90,40	73,15	6,07
27 B	4920	123,2	96,7	147,84	147,84	147,84	147,84	131,80	104,10	84,35	6,32
28 B	5671	131,8	103,4	158,16	158,16	158,16	158,16	152,00	120,00	97,25	6,56
29 B	6417	141,1	110,8	169,32	169,32	169,32	169,32	169,32	136,00	110,00	6,74
30 B	7494	152,1	119,4	182,52	182,52	182,52	182,52	182,52	158,50	127,00	7,02
32 B	7867	160,7	126,2	192,84	192,84	192,84	192,84	192,84	166,50	135,00	7,00
34 B	8097	167,4	131,4	200,88	200,88	200,88	200,88	200,88	171,50	138,75	6,95
36 B	8793	181,5	142,5	217,80	217,80	217,80	217,80	217,80	186,10	150,60	6,96
38 B	9175	191,2	150,1	229,44	229,44	229,44	229,44	229,44	194,50	157,50	6,93
40 B	9721	203,6	159,8	244,32	244,32	244,32	244,32	244,32	205,80	167,00	6,91
42½ B	10078	213,9	167,9	256,68	256,68	256,68	256,68	256,68	213,59	173,00	6,85
45 B	10668	229,3	180,0	275,16	275,16	275,16	275,16	275,16	226,10	183,14	6,82
47½ B	11142	242,0	190,0	290,40	290,40	290,40	290,40	290,40	236,14	191,27	6,79
50 B	11718	261,8	205,5	314,16	314,16	314,16	314,16	314,16	248,35	201,16	6,69

Stützen aus I-Eisen. (Deutsche Normalprofile.)

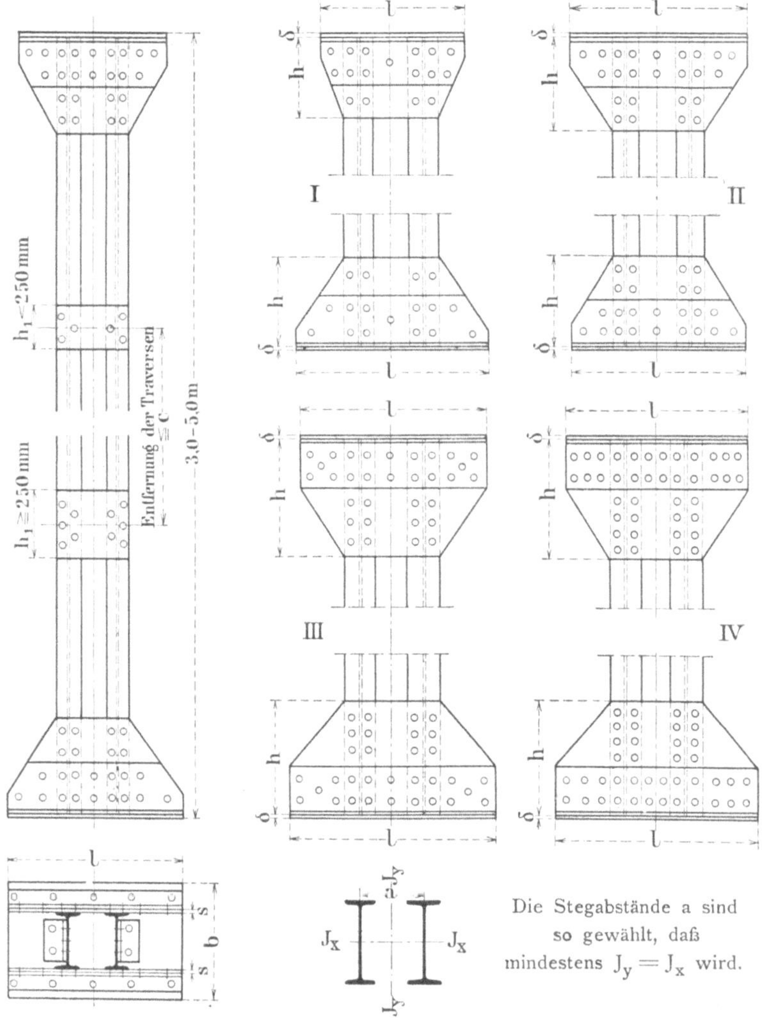

Zwei $\mathbf{I}$ NP. Nr.	kleinster Abstand a mm	Trägheitsmoment $J_x = J_y$ cm⁴	Tragfähigkeit P kg	Querschnitt F qcm	Nietanschlüsse für Fuß und Kopf						Traversen		
					Niete						Entfernung Maximum c mm	Breite h_1 mm	Stärke mm
					in den Flanschen			in den Stegen					
					Durchmesser mm	Anzahl n	Übertragen kg	Durchmesser mm	Anzahl n	Übertragen kg			
12	110	652	**34080**	28,4	10	40	31400	10	6	4710	370	120	8
13	112	872	**38640**	32,2	10	40	31400	10	10	7850	380	130	8
14	116	1146	**43920**	36,6	10	48	37680	10	8	6280	410	150	8
15	120	1470	**48960**	40,8	13	32	42465	13	6	7960	440	150	8
16	124	1870	**54760**	45,6	13	32	42465	13	10	13270	465	160	8
17	132	2332	**60480**	50,4	13	40	53080	13	8	10615	485	160	8
18	140	2892	**66960**	55,8	13	40	53080	13	12	15925	510	180	8
19	148	3526	**73440**	61,2	13	48	63695	13	10	13270	530	180	8
20	156	4284	**80400**	67,0	16	32	64340	16	10	20160	560	200	10
21	164	5126	**87360**	72,8	16	40	80425	16	6	12095	580	200	10
22	170	6120	**95040**	79,2	16	40	80425	16	10	20160	605	200	10
23	180	7214	**102480**	85,4	16	40	80425	16	12	24190	625	200	10
24	188	8492	**110640**	92,2	16	40	80425	16	16	32255	650	200	10
25	194	9932	**119280**	99,4	20	32	100480	20	6	18840	675	250	10
26	202	11488	**128160**	106,8	20	32	100480	20	10	31400	690	250	10
27	210	13252	**137280**	114,4	20	32	100480	20	12	37680	710	250	10
28	218	15174	**146640**	122,2	20	32	100480	20	16	50240	730	250	10
29	225	17272	**155760**	129,8	20	40	125600	20	10	31400	745	250	10
30	234	19600	**165840**	138,2	20	40	125600	20	16	50240	760	300	12
32	248	25020	**186720**	155,6	20	48	150720	20	12	37680	795	300	12
34	264	31390	**208320**	173,6	20	48	150720	20	20	62800	830	300	12
36	278	39210	**233040**	194,2	23	40	166200	23	16	66480	865	300	12
38	295	48024	**256800**	214,0	23	48	199440	23	16	66480	900	300	12
40	308	58426	**283200**	236,0	23	48	199440	23	22	91410	940	300	12

The leftmost column carries the bracketed label **auf reinen Druck**.

Kraftübertragung in den Stegen $\left\{\begin{array}{l}\text{durch } \llcorner\text{-Eisen}\\ \llcorner\text{-Eisen-}\end{array}\right.$

| Säulenfuß | | | Fläche der Fußplatte | Säulenkopf | | | Typ | Gewichte | | | Zwei I NP. |
| Fußplatte $\frac{l \cdot b}{\delta}$ | Fußbleche $\frac{l \cdot h}{s}$ | Fuß ⌐ | | Kopfplatte $\frac{l \cdot b}{\delta}$ | Kopfbleche $\frac{l \cdot h}{s}$ | Kopf ⌐ | | Fuß | Kopf | Schaft mit Traversen | |
mm	mm	mm	qcm	mm	mm	mm	Nr.	kg	kg	kg	Nr.
380.250 / 10	380.250 / 8		950	380.250 / 8	380.250 / 8		III	28	26	82	12
400.260 / 10	400.250 / 8	50.100 / 8	1040	400.260 / 8	400.250 / 8	50.100 / 8	III	30	28	93	13
420.280 / 10	420.280 / 8		1176	420.280 / 8	420.280 / 8		IV	34	32	104	14
400.320 / 10	400.250 / 10		1280	400.320 / 8	400.250 / 8		II	42	36	118	15
450.320 / 12	450.250 / 10		1440	400.320 / 8	400.250 / 8		II	48	36	128	16
450.350 / 12	450.300 / 10	65.130 / 10	1575	450.350 / 8	450.300 / 8		III	53	44	137	17
500.350 / 12	500.300 / 10		1750	480.350 / 8	480.300 / 8		III	59	47	152	18
550.350 / 12	550.350 / 10		1925	550.350 / 8	550.350 / 8	65.130 / 10	IV	69	57	165	19
520.400 / 12	500.280 / 10		2080	480.380 / 10	480.280 / 10		II	69	57	189	20
550.400 / 12	550.350 / 10		2200	520.380 / 10	520.350 / 10		III	75	60	197	21
600.420 / 12	600.350 / 10	80.160 / 12	2520	550.400 / 10	550.350 / 10		III	85	63	212	22
620.450 / 12	620.350 / 10		2790	550.420 / 10	550.350 / 10		III	88	65	228	23
650.450 / 12	650.350 / 10		2925	560.420 / 10	560.350 / 10		III	92	67	246	24
600.500 / 12	600.350 / 12		3000	580.450 / 10	580.350 / 10		II	106	78	270	25
650.500 / 12	650.350 / 12		3250	580.450 / 10	580.350 / 10		II	115	78	290	26
700.500 / 12	700.350 / 12		3500	580.450 / 10	580.350 / 10		II	123	78	309	27
700.520 / 15	700.350 / 12		3640	580.450 / 10	580.350 / 10		II	133	78	328	28
750.550 / 15	750.400 / 12		4125	650.480 / 10	650.400 / 10		III	153	94	335	29
750.550 / 15	750.400 / 12	100.200 / 14	4125	650.500 / 12	650.400 / 12	80.160 / 12	III	153	108	367	30
800.580 / 15	800.480 / 15		4640	750.520 / 12	750.480 / 12		IV	195	137	411	32
900.600 / 20	900.480 / 15		5490	750.550 / 12	750.480 / 12		IV	244	140	455	34
1000.600 / 20	1000.450 / 15		6000	750.550 / 12	750.450 / 12		III	265	135	507	36
1000.650 / 20	1000.550 / 15		6500	880.580 / 12	880.550 / 12		IV	295	175	554	38
1100.650 / 20	1100.550 / 15		7150	880.600 / 12	880.550 / 12		IV	338	179	582	40

in gleichem Profil wie die Säulenfuß ⌐-Eisen.
länge in mm $\leqq$ 8 × Profilnummer (ohne einzupassen).

Zwei I NP. Nr.	kleinster Abstand a	Trägheitsmoment $J_x = J_y$	Tragfähigkeit P	Querschnitt F	Nietanschlüsse für Fuß und Kopf						Traversen		
					Niete in den Flanschen			Niete in den Stegen			Entfernung Maximum c	Breite h_1	Stärke
					Durchmesser	Anzahl n	Übertragen	Durchmesser	Anzahl n	Übertragen			
Nr.	mm	cm⁴	kg	qcm	mm		kg	mm		kg	mm	mm	mm
12	110	652	**26490**	28,4	10	32	25120	10	4	3140	415	120	8
13	112	872	**35430**	32,2	10	40	31400	10	6	4710	410	130	8
14	116	1146	**43920**	36,6	10	48	37680	10	8	6280	410	150	8
15	120	1470	**48960**	40,8	13	32	42465	13	6	7960	440	150	8
16	124	1870	**54760**	45,6	13	32	42465	13	10	13270	465	160	8
17	132	2332	**60480**	50,4	13	40	53080	13	8	10615	485	160	8
18	140	2892	**66960**	55,8	13	40	53080	13	12	15925	510	180	8
19	148	3526	**73440**	61,2	13	48	63695	13	10	13270	530	180	8
20	156	4284	**80400**	67,0	16	32	64340	16	10	20160	560	200	10
21	164	5126	**87360**	72,8	16	40	80425	16	6	12095	580	200	10
22	170	6120	**95040**	79,2	16	40	80425	16	10	20160	605	200	10
23	180	7214	**102480**	85,4	16	40	80425	16	12	24190	625	200	10
24	188	8492	**110640**	92,2	16	40	80425	16	16	32255	650	200	10
25	194	9932	**119280**	99,4	20	32	100480	20	6	18840	675	250	10
26	202	11488	**128160**	106,8	20	32	100480	20	10	31400	690	250	10
27	210	13252	**137280**	114,4	20	32	100480	20	12	37680	710	250	10
28	218	15174	**146640**	122,2	20	32	100480	20	16	50240	730	250	10
29	225	17272	**155760**	129,8	20	40	125600	20	10	31400	745	250	10
30	234	19600	**165840**	138,2	20	40	125600	20	16	50240	760	300	12
32	248	25020	**186720**	155,6	20	48	150720	20	12	37680	795	300	12
34	264	31390	**208320**	173,6	20	48	150720	20	20	62800	830	300	12
36	278	39210	**233040**	194,2	23	40	166200	23	16	66480	865	300	12
38	295	48024	**256800**	214,0	23	48	199440	23	16	66480	900	300	12
40	308	58426	**283200**	236,0	23	48	199440	23	22	91410	940	300	12

(Linke Randbeschriftung: auf reinen Druck)

Kraftübertragung in den Stegen { durch L-Eisen / L-Eisen

| Säulenfuß | | | | Säulenkopf | | | | Gewichte | | | Zwei |
| Fußplatte $\frac{l \cdot b}{\delta}$ | Fußbleche $\frac{l \cdot h}{s}$ | Fuß ⌐ | Fläche der Fußplatte | Kopfplatte $\frac{l \cdot b}{\delta}$ | Kopfbleche $\frac{l \cdot h}{s}$ | Kopf ⌐ | Typ | Fuß | Kopf | Schaft mit Traversen | I NP. |
mm	mm	mm	qcm	mm	mm	mm	Nr.	kg	kg	kg	Nr.
350.250 / 10	350.200 / 8		875	350.250 / 8	350.200 / 8		II	26	24	87	12
400.260 / 10	400.250 / 8	50.100 / 8	1040	400.260 / 8	400.250 / 8	50.100 / 8	III	30	28	100	13
420.280 / 10	420.280 / 8		1176	420.280 / 8	420.280 / 8		IV	34	32	101	14
400.320 / 10	400.250 / 10		1280	400.320 / 8	400.250 / 8		II	42	36	126	15
450.320 / 12	450.250 / 10		1440	400.320 / 8	400.250 / 8		II	48	36	137	16
450.350 / 12	450.300 / 10	65.130 / 10	1575	450.350 / 8	450.350 / 8		III	53	44	147	17
500.350 / 12	500.300 / 10		1750	480.350 / 8	480.300 / 8		III	59	47	163	18
550.350 / 12	550.350 / 10		1925	550.350 / 8	550.350 / 8	65.130 / 10	IV	69	57	177	19
520.400 / 12	500.280 / 10		2080	480.380 / 10	480.280 / 10		II	69	57	202	20
550.400 / 12	550.350 / 10		2200	520.380 / 10	520.350 / 10		III	75	60	211	21
600.420 / 12	600.350 / 10	80.160 / 12	2520	550.400 / 10	550.350 / 10		III	85	63	227	22
620.450 / 12	620.350 / 10		2790	550.420 / 10	550.350 / 10		III	88	65	245	23
650.450 / 12	650.350 / 10		2925	560.420 / 10	560.350 / 10		III	92	67	264	24
650.500 / 12	650.350 / 12		3000	580.450 / 10	580.350 / 10		II	106	78	290	25
650.500 / 12	650.350 / 12		3250	580.450 / 10	580.350 / 10		II	115	78	312	26
700.500 / 12	700.350 / 12		3500	580.450 / 10	580.350 / 10		II	123	78	332	27
700.520 / 15	700.350 / 12		3640	580.450 / 10	580.350 / 10		II	133	78	352	28
750.550 / 15	750.400 / 12		4125	650.480 / 10	650.400 / 10		III	153	94	360	29
750.550 / 15	750.400 / 12	100.200 / 14	4125	650.500 / 12	650.400 / 12	80.160 / 12	III	153	108	394	30
800.580 / 15	800.480 / 15		4640	750.520 / 12	750.480 / 12		IV	195	137	441	32
900.600 / 20	900.480 / 15		5400	750.550 / 12	750.480 / 12		IV	244	140	489	34
1000.600 / 20	1000.450 / 15		6000	750.550 / 12	750.450 / 12		III	265	135	545	36
1000.650 / 20	1000.550 / 15		6500	880.580 / 12	880.550 / 12		IV	295	175	596	38
1100.650 / 20	1100.550 / 15		7150	880.600 / 12	880.550 / 12		IV	338	179	628	40

(Zwei I NP. — auf reinen Druck)

in gleichem Profil wie die Säulenfuß ⌐-Eisen.
länge in mm $\leq$ 8 × Profilnummer (ohne einzupassen).

Zwei $\mathbf{I}$ NP. Nr.	kleinster Abstand a	Trägheitsmoment $J_x=J_y$	Tragfähigkeit P	Querschnitt F	Nietanschlüsse für Fuß und Kopf						Traversen		
					Niete in den Flanschen			in den Stegen			Entfernung Maximum c	Breite h_1	Stärke
					Durchmesser	Anzahl n	Übertragen	Durchmesser	Anzahl n	Übertragen			
	mm	cm⁴	kg	qcm	mm		kg	mm		kg	mm	mm	mm
12	110	652	**22845**	28,4	10	32	25120	—	—	—	450	120	8
13	112	872	**30550**	32,2	10	40	31400	—	—	—	440	130	8
14	116	1146	**40150**	36,6	10	48	37680	10	4	3140	435	150	8
15	120	1470	**48960**	40,8	13	32	42465	13	6	7960	440	150	8
16	124	1870	**54760**	45,6	13	32	42465	13	10	13270	465	160	8
17	132	2332	**60480**	50,4	13	40	53080	13	8	10615	485	160	8
18	140	2892	**66960**	55,8	13	40	53080	13	12	15925	510	180	8
19	148	3526	**73440**	61,2	13	48	63695	13	10	13270	530	180	8
20	156	4284	**80400**	67,0	16	32	64340	16	10	20160	560	200	10
21	164	5126	**87360**	72,8	16	40	80425	16	6	12095	580	200	10
22	170	6120	**95040**	79,2	16	40	80425	16	10	20160	605	200	10
23	180	7214	**102480**	85,4	16	40	80425	16	12	24190	625	200	10
24	188	8492	**110640**	92,2	16	40	80425	16	16	32255	650	200	10
25	194	9932	**119280**	99,4	20	32	100480	20	6	18840	675	250	10
26	202	11488	**128160**	106,8	20	32	100480	20	10	31400	690	250	10
27	210	13252	**137280**	114,4	20	32	100480	20	12	37680	710	250	10
28	218	15174	**146640**	122,2	20	32	100480	20	16	50240	730	250	10
29	225	17272	**155760**	129,8	20	40	125600	20	10	31400	745	250	10
30	234	19600	**165840**	138,2	20	40	125600	20	16	50240	760	300	12
32	248	25020	**186720**	155,6	20	48	150720	20	12	37680	795	300	12
34	264	31390	**208320**	173,6	20	48	150720	20	20	62800	830	300	12
36	278	39210	**233040**	194,2	23	40	166200	23	16	66480	865	300	12
38	295	48024	**256800**	214,0	23	48	199440	23	16	66480	900	300	12
40	308	58426	**283200**	236,0	23	48	199440	23	22	91410	940	300	12

auf reinen Druck (Zeilen 15–40)

Kraftübertragung in den Stegen { durch ∟-Eisen / ∟-Eisen

| Säulenfuß | | | | Säulenkopf | | | | Gewichte | | | Zwei |
| Fußplatte $\frac{l \cdot b}{\delta}$ | Fußbleche $\frac{l \cdot h}{s}$ | Fuß ∟ | Fläche der Fußplatte | Kopfplatte $\frac{l \cdot b}{\delta}$ | Kopfbleche $\frac{l \cdot h}{s}$ | Kopf ∟ | Typ | Fuß | Kopf | Schaft mit Traversen | $\mathbf{I}$ NP. |
mm	mm	mm	qcm	mm	mm	mm	Nr.	kg	kg	kg	Nr.
$\frac{350.250}{10}$	$\frac{350.200}{8}$		875	$\frac{350.250}{8}$	$\frac{350.200}{8}$		II	26	24	93	12
$\frac{400.260}{10}$	$\frac{400.250}{8}$	$\frac{50.100}{8}$	1040	$\frac{400.260}{8}$	$\frac{400.250}{8}$	$\frac{50.100}{8}$	III	30	28	106	13
$\frac{420.280}{10}$	$\frac{420.280}{8}$		1176	$\frac{420.280}{8}$	$\frac{420.280}{8}$		IV	34	32	123	14
$\frac{400.320}{10}$	$\frac{400.250}{10}$		1280	$\frac{400.320}{8}$	$\frac{400.250}{8}$		II	42	36	138	15
$\frac{450.320}{12}$	$\frac{450.250}{10}$		1440	$\frac{400.320}{8}$	$\frac{400.250}{8}$		II	48	36	153	16
$\frac{450.350}{12}$	$\frac{450.300}{10}$	$\frac{65.130}{10}$	1575	$\frac{450.350}{8}$	$\frac{450.300}{8}$		III	53	44	162	17
$\frac{500.350}{12}$	$\frac{500.300}{10}$		1750	$\frac{480.350}{8}$	$\frac{480.300}{8}$		III	59	47	179	18
$\frac{550.350}{12}$	$\frac{550.350}{10}$		1925	$\frac{550.350}{8}$	$\frac{550.350}{8}$		IV	69	57	189	19
$\frac{520.400}{12}$	$\frac{500.280}{10}$		2080	$\frac{480.380}{10}$	$\frac{480.280}{10}$	$\frac{65.130}{10}$	II	69	57	215	20
$\frac{550.400}{12}$	$\frac{550.350}{10}$		2200	$\frac{520.380}{10}$	$\frac{520.350}{10}$		III	57	60	233	21
$\frac{600.420}{12}$	$\frac{600.350}{10}$	$\frac{80.160}{12}$	2520	$\frac{550.400}{10}$	$\frac{550.350}{10}$		III	85	63	253	22
$\frac{620.450}{12}$	$\frac{620.350}{10}$		2790	$\frac{550.420}{10}$	$\frac{550.350}{10}$		III	88	65	271	23
$\frac{650.450}{12}$	$\frac{650.350}{10}$		2925	$\frac{560.420}{10}$	$\frac{560.350}{10}$		III	92	67	292	24
$\frac{600.500}{12}$	$\frac{600.350}{12}$		3000	$\frac{580.450}{10}$	$\frac{580.350}{10}$		II	106	78	310	25
$\frac{650.500}{12}$	$\frac{650.350}{12}$		3250	$\frac{580.450}{10}$	$\frac{580.350}{10}$		II	115	78	331	26
$\frac{700.500}{12}$	$\frac{700.350}{12}$		3500	$\frac{580.450}{10}$	$\frac{580.350}{10}$		II	123	78	355	27
$\frac{700.520}{15}$	$\frac{700.350}{12}$		3640	$\frac{580.450}{10}$	$\frac{580.350}{10}$		II	133	78	376	28
$\frac{750.550}{15}$	$\frac{750.400}{12}$		4125	$\frac{650.480}{10}$	$\frac{650.400}{10}$		III	153	94	399	29
$\frac{750.550}{15}$	$\frac{750.400}{12}$	$\frac{100.200}{14}$	4125	$\frac{650.500}{12}$	$\frac{650.400}{12}$	$\frac{80.160}{12}$	III	153	108	440	30
$\frac{800.580}{15}$	$\frac{800.480}{15}$		4640	$\frac{750.520}{12}$	$\frac{750.480}{12}$		IV	195	137	493	32
$\frac{900.600}{20}$	$\frac{900.480}{15}$		5400	$\frac{750.550}{12}$	$\frac{750.480}{12}$		IV	244	140	522	34
$\frac{1000.600}{20}$	$\frac{1000.450}{15}$		6000	$\frac{750.550}{12}$	$\frac{750.450}{12}$		III	265	135	582	36
$\frac{1000.650}{20}$	$\frac{1000.550}{15}$		6500	$\frac{880.580}{12}$	$\frac{880.550}{12}$		IV	295	175	638	38
$\frac{1100.650}{20}$	$\frac{1100.550}{15}$		7150	$\frac{880.600}{12}$	$\frac{880.550}{12}$		IV	338	179	700	40

(Zwei $\mathbf{I}$ NP. Nr. 16–40: auf reinen Druck)

in gleichem Profil wie die Säulenfuß ∟-Eisen.
länge in mm $\leq 8 \times$ Profilnummer (ohne einzupassen).

Zwei I NP. Nr.	kleinster Abstand a mm	Trägheitsmoment $J_x=J_y$ cm⁴	Tragfähigkeit P kg	Querschnitt F qcm	Nietanschlüsse für Fuß und Kopf — Niete — in den Flanschen — Durchmesser mm	Anzahl n	Übertragen kg	in den Stegen — Durchmesser mm	Anzahl n	Übertragen kg	Traversen — Entfernung Maximum c mm	Breite h_1 mm	Stärke mm
12	110	652	**19900**	28,4	10	24	18840	10	4	3140	485	120	8
13	112	872	**26600**	32,2	10	32	25120	10	4	3140	470	130	8
14	116	1146	**34975**	36,6	10	40	31400	10	6	4710	450	150	8
15	120	1470	**44865**	40,8	13	32	42465	13	4	5300	460	150	8
16	124	1870	**54760**	45,6	13	32	42465	13	10	13270	465	160	8
17	132	2332	**60480**	50,4	13	40	53080	13	8	10615	485	160	8
18	140	2892	**66960**	55,8	13	40	53080	13	12	15925	510	180	8
19	148	3526	**73440**	61,2	13	48	63695	13	10	13270	530	180	8
20	156	4284	**80400**	67,0	16	32	64340	16	10	20160	560	200	10
21	164	5126	**87360**	72,8	16	40	80425	16	6	12095	580	200	10
22	170	6120	**95040**	79,2	16	40	80425	16	10	20160	605	200	10
23	180	7214	**102480**	85,4	16	40	80425	16	12	24190	625	200	10
24	188	8492	**110640**	92,2	16	40	80425	16	16	32255	650	200	10
25	194	9932	**119280**	99,4	20	32	100480	20	6	18840	675	250	10
26	202	11488	**128160**	106,8	20	32	100480	20	10	31400	690	250	10
27	210	13252	**137280**	114,4	20	32	100480	20	12	37680	710	250	10
28	218	15174	**146640**	122,2	20	32	100480	20	16	50240	730	250	10
29	225	17272	**155760**	129,2	20	40	125600	20	10	31400	745	250	10
30	234	19600	**165840**	138,2	20	40	125600	20	16	50240	760	300	12
32	248	25020	**186720**	155,6	20	48	150720	20	12	37680	795	300	12
34	264	31390	**208320**	173,6	20	48	150720	20	20	62800	830	300	12
36	278	39210	**233040**	194,2	23	40	166200	23	16	66480	865	300	12
38	295	48024	**256800**	214,0	23	48	199440	23	16	66480	900	300	12
40	308	58426	**283200**	236,0	23	48	199440	23	22	91410	940	300	12

auf reinen Druck

Kraftübertragung in den Stegen { durch L Eisen / L Eisen

| Säulenfuß | | | Fläche der Fußplatte | Säulenkopf | | | Gewichte | | | | Zwei I NP. |
| Fußplatte $\frac{l \cdot b}{\delta}$ | Fußbleche $\frac{l \cdot h}{s}$ | Fuß ∟ | | Kopfplatte $\frac{l \cdot b}{\delta}$ | Kopfbleche $\frac{l \cdot h}{s}$ | Kopf ∟ | Typ | Fuß | Kopf | Schaft mit Traversen | |
mm	s	mm	qcm	mm	mm	mm	Nr.	kg	kg	kg	Nr.
280.250 / 10	280.150 / 8	50.100 / 8	700	280.250 / 8	280.150 / 8	50.100 / 8	I	18	16	100	12
350.260 / 10	350.200 / 8		910	350.260 / 8	350.200 / 8		II	25	23	112	13
400.280 / 10	400.250 / 8		1120	400.280 / 8	400.250 / 8		III	32	30	130	14
400.320 / 10	400.250 / 10		1280	400.320 / 8	400.250 / 8		II	42	36	144	15
450.320 / 12	450.250 / 10		1440	400.320 / 8	400.250 / 8		II	48	36	165	16
450.350 / 12	450.300 / 10	65.130 / 10	1575	450.350 / 8	450.300 / 8		III	53	44	172	17
500.350 / 12	500.300 / 10		1750	480.350 / 8	480.300 / 8		III	59	47	190	18
550.350 / 12	550.350 / 10		1925	550.350 / 8	550.350 / 8	65.130 / 10	IV	69	57	207	19
520.400 / 12	500.280 / 10		2080	480.380 / 10	480.280 / 10		II	69	57	235	20
550.400 / 12	550.350 / 10		2200	520.380 / 10	520.350 / 10		III	75	60	255	21
600.420 / 12	600.350 / 10	80.160 / 12	2520	550.400 / 10	550.350 / 10		III	85	63	267	22
620.450 / 12	620.350 / 10		2790	550.420 / 10	550.350 / 10		III	88	65	288	23
650.450 / 12	650.350 / 10		2925	560.420 / 10	560.350 / 10		III	92	67	310	24
600.500 / 12	600.350 / 12		3000	580.450 / 10	580.350 / 10		II	106	78	341	25
650.500 / 12	650.350 / 12		3250	580.450 / 10	580.350 / 10		II	115	78	365	26
700.500 / 12	700.350 / 12		3500	580.450 / 10	580.350 / 10		II	123	78	389	27
700.520 / 15	700.350 / 12		3640	580.450 / 10	580.350 / 10		II	133	78	400	28
750.550 / 15	750.400 / 12		4125	650.480 / 10	650.400 / 10		III	153	94	423	29
750.550 / 15	750.400 / 12	100.200 / 14	4125	650.500 / 12	650.400 / 12	80.160 / 12	III	153	108	467	30
800.580 / 15	800.480 / 15		4640	750.520 / 12	750.480 / 12		IV	195	137	523	32
900.600 / 20	900.480 / 15		5400	750.550 / 12	750.480 / 12		IV	244	140	579	34
1000.600 / 20	1000.450 / 15		6000	750.550 / 12	750.450 / 12		III	265	135	644	36
1000.650 / 20	1000.550 / 15		6500	880.580 / 12	880.550 / 12		IV	295	175	680	38
1100.650 / 20	1100.550 / 15		7150	880.600 / 12	880.550 / 12		IV	338	179	747	40

(Spalte „Zwei I NP.": Klammer über Nr. 16–40 mit Hinweis „auf reinen Druck".)

in gleichem Profil wie die Säulenfuß ∟-Eisen.
länge in mm $\leqq$ 8 × Profilnummer (ohne einzupassen).

Zwei $\mathbf{I}$ NP. Nr.	kleinster Abstand a	Trägheitsmoment $J_x=J_y$	Tragfähigkeit P	Querschnitt F	Niete in den Flanschen Durchmesser	Anzahl n	Übertragen	Niete in den Stegen Durchmesser	Anzahl n	Übertragen	Traversen Entfernung Maximum c	Breite h_1	Stärke
	mm	cm⁴	kg	qcm	mm		kg	mm		kg	mm	mm	mm
12	110	652	**17490**	28,4	10	24	18840	—	—	—	515	120	8
13	112	872	**23390**	32,2	10	24	18840	10	6	4710	500	130	8
14	116	1146	**30740**	36,6	10	32	25120	10	8	6280	495	150	8
15	120	1470	**39450**	40,8	13	24	31850	13	6	7960	490	150	8
16	124	1870	**50160**	45,6	13	32	42465	13	6	7960	485	160	8
17	132	2332	**60480**	50,4	13	40	53080	13	8	10615	485	160	8
18	140	2892	**66960**	55,8	13	40	53080	13	12	15925	510	180	8
19	148	3526	**73440**	61,2	13	48	63695	13	10	13270	530	180	8
20	156	4284	**80400**	67,0	16	32	64340	16	10	20160	560	200	10
21	164	5126	**87360**	72,8	16	40	80425	16	6	12095	580	200	10
22	170	6120	**95040**	79,2	16	40	80425	16	10	20160	605	200	10
23	180	7214	**102480**	85,4	16	40	80425	16	12	24190	625	200	10
24	188	8492	**110640**	92,2	16	40	80425	16	16	32255	650	200	10
25	194	9932	**119280**	99,4	20	32	100480	20	6	18840	675	250	10
26	202	11488	**128160**	106,8	20	32	100480	20	10	31400	690	250	10
27	210	13252	**137280**	114,4	20	32	100480	20	12	37680	710	250	10
28	218	15174	**146640**	122,2	20	32	100480	20	16	50240	730	250	10
29	225	17272	**155760**	129,2	20	40	125600	20	10	31400	745	250	10
30	234	19600	**165840**	138,2	20	40	125600	20	16	50240	760	300	12
32	248	25020	**186720**	155,6	20	48	150720	20	12	37680	795	300	12
34	264	31390	**208320**	173,6	20	48	150720	20	20	62800	830	300	12
36	278	39210	**233040**	194,2	23	40	166200	23	16	66480	865	300	12
38	295	48024	**256800**	214,0	23	48	199440	23	16	66480	900	300	12
40	308	58426	**283200**	236,0	23	48	199440	23	22	91410	940	300	12

auf reinen Druck (left vertical label, spanning rows 17–40)

Kraftübertragung in den Stegen { durch ⌐-Eisen / ⌐-Eisen

| Säulenfuß | | | | Säulenkopf | | | | Gewichte | | | Zwei I NP. |
| Fußplatte $\frac{l \cdot b}{\delta}$ | Fußbleche $\frac{l \cdot h}{s}$ | Fuß ⌐ | Fläche der Fußplatte | Kopfplatte $\frac{l \cdot b}{\delta}$ | Kopfbleche $\frac{l \cdot h}{s}$ | Kopf ⌐ | Typ | Fuß | Kopf | Schaft mit Traversen | |
mm	mm	mm	qcm	mm	mm	mm	Nr.	kg	kg	kg	Nr.
280.250 / 10	280.150 / 8		700	280.250 / 8	280.150 / 8		I	18	12	105	12
280.260 / 10	280.150 / 8	50.100 / 8	728	280.260 / 8	280.150 / 8	50.100 / 8	I	19	17	119	13
380.280 / 10	380.200 / 8		1064	380.280 / 8	380.200 / 8		II	27	25	136	14
350.320 / 10	350.200 / 10		1120	320.320 / 8	320.200 / 8		I	33	27	150	15
420.320 / 12	420.250 / 10		1344	420.320 / 8	420.250 / 8		II	42	35	168	16
450.350 / 12	450.300 / 10	65.130 / 10	1575	450.350 / 8	450.300 / 5		III	53	44	185	17
500.350 / 12	500.300 / 10		1750	480.350 / 8	480.300 / 8		III	59	47	206	18
550.350 / 12	550.350 / 10		1925	550.350 / 8	550.350 / 8		IV	69	57	220	19
520.400 / 12	500.280 / 10		2080	480.380 / 10	480.280 / 10	65.130 / 10	II	69	57	250	20
550.400 / 12	550.350 / 10		2200	520.380 / 10	520.350 / 10		III	75	60	271	21
600.420 / 12	600.350 / 10	80.160 / 12	2520	550.400 / 10	550.350 / 10		III	85	63	283	22
620.450 / 12	620.350 / 10		2790	550.420 / 10	550.350 / 10		III	88	65	314	23
650.450 / 12	650.350 / 10		2925	560.420 / 10	560.350 / 10		III	92	67	328	24
600.500 / 12	600.350 / 12		3000	580.450 / 10	580.350 / 10		II	106	78	360	25
650.500 / 12	650.350 / 12		3250	580.450 / 10	580.350 / 10		II	115	78	386	26
700.500 / 12	700.350 / 12		3500	580.450 / 10	580.350 / 10		II	123	78	412	27
700.520 / 15	700.350 / 12		3640	580.450 / 10	580.350 / 10		II	133	78	437	28
750.550 / 15	750.400 / 12		4125	650.480 / 10	650.400 / 10		III	153	94	463	29
750.550 / 15	750.400 / 12	100.200 / 14	4125	650.500 / 12	650.400 / 12	80.160 / 12	III	153	108	514	30
800.580 / 15	800.480 / 15		4640	750.520 / 12	750.480 / 12		IV	195	137	554	32
900.600 / 20	900.480 / 15		5400	750.550 / 12	750.480 / 12		IV	244	140	612	34
1000.600 / 20	1000.450 / 15		6000	750.550 / 12	750.450 / 12		III	265	135	682	36
1000.650 / 20	1000.550 / 15		6500	880.580 / 12	880.550 / 12		IV	295	175	747	38
1100.650 / 20	1100.550 / 15		7150	880.600 / 12	880.550 / 12		IV	338	179	793	40

The column "Zwei I NP." (rows 17–40) is braced with the note **auf reinen Druck**.

in gleichem Profil wie die Säulenfuß ⌐-Eisen.
länge in mm ≦ 8 × Profilnummer (ohne einzupassen).

Zwei **I** NP. Nr.	kleinster Abstand a mm	Träg-heits-moment $J_x=J_y$ cm⁴	Trag-fähig-keit P kg	Quer-schnitt F qcm	Nietanschlüsse für Fuß und Kopf						Traversen		
					Niete						Entfernung Maximum c mm	Breite h_1 mm	Stärke mm
					in den Flanschen			in den Stegen					
					Durch-messer mm	An-zahl n	Über-tragen kg	Durch-messer mm	An-zahl n	Über-tragen kg			
12	110	652	**13830**	28,4	10	24	18840	—	—	—	575	120	8
13	112	872	**18320**	32,2	10	24	18840	—	—	—	565	130	8
14	116	1146	**24300**	36,6	10	32	25120	—	—	—	555	150	8
15	120	1470	**31180**	40,8	13	24	31850	—	—	—	550	150	8
16	124	1870	**39650**	45,6	13	24	31850	13	6	7960	545	160	8
17	132	2332	**49430**	50,4	13	32	42465	13	6	7960	535	160	8
18	140	2892	**61300**	55,8	13	40	53080	13	8	10615	530	180	8
19	148	3526	**73440**	61,2	13	48	63695	13	10	13270	530	180	8
20	156	4284	**80400**	67,0	16	32	64340	16	10	20160	560	200	10
21	164	5126	**87360**	72,8	16	40	80425	16	6	12095	580	200	10
22	170	6120	**95040**	79,2	16	40	80425	16	10	20160	605	200	10
23	180	7214	**102480**	85,4	16	40	80425	16	12	24190	625	200	10
24	188	8492	**110640**	92,2	16	40	80425	16	16	32255	650	200	10
25	194	9932	**119280**	99,4	20	32	100480	20	6	18840	675	250	10
26	202	11488	**128160**	106,8	20	32	100480	20	10	31400	690	250	10
27	210	13252	**137280**	114,4	20	32	100480	20	12	37680	710	250	10
28	218	15174	**146640**	122,2	20	32	100480	20	16	50240	730	250	10
29	225	17272	**155760**	129,8	20	40	125600	20	10	31400	745	250	10
30	234	19600	**165840**	138,2	20	40	125600	20	16	50240	760	300	12
32	248	25020	**186720**	155,6	20	48	150720	20	12	37680	795	300	12
34	264	31390	**208320**	173,6	20	48	150720	20	20	62800	830	300	12
36	278	39210	**233040**	194,2	23	40	166200	23	16	66480	865	300	12
38	295	48024	**256800**	214,0	23	48	199440	23	16	66480	900	300	12
40	308	58426	**283200**	236,0	23	48	199440	23	22	91410	940	300	12

auf reinen Druck

Kraftübertragung in den Stegen { durch ⌐-Eisen / ⌐-Eisen

| Säulenfuß | | | Fläche der Fußplatte | Säulenkopf | | | Typ | Gewichte | | | Zwei I NP. |
| Fußplatte $\frac{l \cdot b}{\delta}$ | Fußbleche $\frac{l \cdot h}{s}$ | Fuß ⌐ | | Kopfplatte $\frac{l \cdot b}{\delta}$ | Kopfbleche $\frac{l \cdot h}{s}$ | Kopf ⌐ | | Fuß | Kopf | Schaft mit Traversen | |
mm	mm	mm	qcm	mm	mm	mm	Nr.	kg	kg	kg	Nr.
280.250 / 10	280.150 / 8		700	280.250 / 8	280.150 / 8		I	18	16	118	12
280.260 / 10	280.150 / 8	50.100 / 8	728	280.260 / 8	280.150 / 8	50.100 / 8	I	19	17	134	13
380.280 / 10	380.200 / 8		1064	380.280 / 8	380.200 / 8		II	27	25	155	14
300.320 / 10	300.200 / 10		960	300.320 / 8	300.200 / 8		I	30	26	170	15
320.320 / 12	320.200 / 10		1024	320.320 / 8	320.200 / 8		I	33	28	189	16
400.350 / 12	400.250 / 10	65.130 / 10	1400	400.350 / 8	400.250 / 8		II	47	37	208	17
500.350 / 12	500.300 / 10		1750	480.350 / 8	480.300 / 8		III	59	47	232	18
550.350 / 12	550.350 / 10		1925	550.350 / 8	550.350 / 8		IV	69	57	250	19
520.400 / 12	500.280 / 10		2080	480.380 / 10	480.280 / 10	65.130 / 10	II	69	57	284	20
550.400 / 12	550.350 / 10		2200	520.380 / 10	520.350 / 10		III	75	60	307	21
600.420 / 12	600.350 / 10	80.160 / 12	2520	550.400 / 10	550.350 / 10		III	85	63	333	22
620.450 / 12	620.350 / 10		2790	550.420 / 10	550.350 / 10		III	88	65	346	23
650.450 / 12	650.350 / 10		2925	560.420 / 10	560.350 / 10		III	92	67	374	24
660.500 / 12	600.350 / 12		3000	580.450 / 10	580.350 / 10		II	115	78	411	25
650.500 / 12	650.350 / 12		3250	580.450 / 10	580.350 / 10		II	115	78	441	26
700.500 / 12	700.350 / 12		3500	580.450 / 10	580.350 / 10		II	123	78	469	27
700.520 / 15	700.350 / 12		3640	580.450 / 10	580.350 / 10		II	133	78	498	28
750.550 / 15	750.400 / 12		4125	650.480 / 10	650.400 / 10		III	153	94	514	29
750.550 / 15	750.400 / 12	100.200 / 14	4125	650.500 / 12	650.400 / 12	80.160 / 12	III	153	108	568	30
800.580 / 15	800.480 / 15		4640	750.520 / 12	750.480 / 12		IV	195	137	636	32
900.600 / 20	900.480 / 15		5400	750.550 / 12	750.480 / 12		IV	244	140	703	34
1000.600 / 20	1000.450 / 15		6000	750.550 / 12	750.450 / 12		III	265	135	782	36
1000.650 / 20	1000.550 / 15		6500	880.580 / 12	880.550 / 12		IV	295	175	831	38
1100.650 / 20	1100.550 / 15		7150	880.600 / 12	880.550 / 12		IV	338	179	912	40

(Zwei I NP. Nr. 19–40: auf reinen Druck)

in gleichem Profil wie die Säulenfuß ⌐-Eisen.
länge in mm ≦ 8 × Profilnummer (ohne einzupassen).

Zwei I NP. Nr.	kleinster Abstand *a* mm	Trägheitsmoment $J_x = J_y$ cm⁴	Tragfähigkeit P kg	Querschnitt F qcm	Nietanschlüsse für Fuß und Kopf – Niete – in den Flanschen: Durchmesser mm	in den Flanschen: Anzahl *n*	in den Flanschen: Übertragen kg	in den Stegen: Durchmesser mm	in den Stegen: Anzahl *n*	in den Stegen: Übertragen kg	Traversen: Entfernung Maximum c mm	Traversen: Breite h_1 mm	Traversen: Stärke mm
12	110	652	**11190**	28,4	10	24	18840	—	—	—	640	120	8
13	112	872	**14960**	32,2	10	24	18840	—	—	—	625	130	8
14	116	1146	**19660**	36,6	10	32	25120	—	—	—	620	150	8
15	120	1470	**25220**	40,8	13	24	31850	—	—	—	610	150	8
16	124	1870	**32080**	45,6	13	24	31850	13	4	5300	600	160	8
17	132	2332	**40010**	50,4	13	24	31850	13	8	10615	595	160	8
18	140	2892	**49650**	55,8	13	32	42465	13	6	7960	575	180	8
19	148	3526	**60500**	61,2	13	40	53080	13	6	7960	585	180	8
20	156	4284	**73500**	67,0	16	32	64510	16	6	12095	585	200	10
21	164	5126	**87360**	72,8	16	40	80425	16	6	12095	580	200	10
22	170	6120	**95040**	79,2	16	40	80425	16	10	20160	605	200	10
23	180	7214	**102480**	85,4	16	40	80425	16	12	24190	625	200	10
24	188	8492	**110640**	92,2	16	40	80425	16	16	32255	650	200	10
25	194	9932	**119280**	99,4	20	32	100480	20	6	18840	675	250	10
26	202	11488	**128160**	106,8	20	32	100480	20	10	31400	690	250	10
27	210	13252	**137280**	114,4	20	32	100480	20	12	37680	710	250	10
28	218	15174	**146640**	122,2	20	32	100480	20	16	50240	730	250	10
29	225	17272	**155760**	129,8	20	40	125600	20	10	31400	745	250	10
30	234	19600	**165840**	138,2	20	40	125600	20	16	50240	760	300	12
32	248	25020	**186720**	155,6	20	48	150720	20	12	37680	795	300	12
34	264	31390	**208320**	173,6	20	48	150720	20	20	62800	830	300	12
36	278	39210	**233040**	194,2	23	40	166200	23	16	66480	865	300	12
38	295	48024	**256800**	214,0	23	48	199440	23	16	66480	900	300	12
40	308	58426	**283200**	236,0	23	48	199440	23	22	91410	940	300	12

(Nr. 21–40: auf reinen Druck)

Kraftübertragung in den Stegen { **durch** L-Eisen / L-Eisen

| Säulenfuß | | | | Säulenkopf | | | | Gewichte | | | |
| Fußplatte $\frac{l \cdot b}{\delta}$ | Fußbleche $\frac{l \cdot h}{s}$ | Fuß ⌐ | Fläche der Fußplatte | Kopfplatte $\frac{l \cdot b}{\delta}$ | Kopfbleche $\frac{l \cdot h}{s}$ | Kopf ⌐ | Typ | Fuß | Kopf | Schaft mit Traversen | Zwei ⊥ NP. |
mm	mm	mm	qcm	mm	mm	mm	Nr.	kg	kg	kg	Nr.
280.250 / 10	280.150 / 8		700	280.250 / 8	280.150 / 8		I	18	16	130	12
280.260 / 10	280.150 / 8	50.100 / 8	728	280.260 / 8	280.150 / 8	50.100 / 8	I	19	17	147	13
380.280 / 10	380.200 / 8		1064	380.280 / 8	380.200 / 8		II	27	25	199	14
300.320 / 10	300.200 / 10		960	300.320 / 8	300.200 / 8		I	30	26	186	15
320.320 / 12	320.200 / 10		1024	320.320 / 8	320.200 / 8		I	33	28	207	16
350.350 / 12	350.200 / 10	65.130 / 10	1225	350.350 / 8	350.200 / 8		I	36	30	228	17
420.350 / 12	420.250 / 10		1470	420.350 / 8	420.250 / 8		II	47	39	254	18
500.350 / 12	500.300 / 10		1750	500.350 / 8	500.300 / 8	65.130 / 10	III	58	48	279	19
480.400 / 12	480.280 / 10		1920	480.380 / 10	480.280 / 10		II	66	57	318	20
550.400 / 12	550.350 / 10		2200	520.380 / 10	520.350 / 10		III	75	60	344	21
600.420 / 12	600.350 / 10	80.160 / 12	2520	550.400 / 10	550.350 / 10		III	85	63	364	22
620.450 / 12	620.350 / 10		2790	550.420 / 10	550.350 / 10		III	88	65	390	23
650.450 / 12	650.350 / 10		2925	560.420 / 10	560.350 / 10		III	92	67	420	24
600.500 / 12	600.350 / 12		3000	580.450 / 10	580.350 / 10		II	106	78	462	25
650.500 / 12	650.350 / 12		3250	580.450 / 10	580.350 / 10		II	115	78	495	26
700.500 / 12	700.350 / 12		3500	580.450 / 10	580.350 / 10		II	123	78	515	27
700.520 / 15	700.350 / 12		3640	580.450 / 10	580.350 / 10		II	133	78	546	28
750.550 / 15	750.400 / 12		4125	650.480 / 10	650.400 / 10		III	153	94	579	29
750.550 / 15	750.400 / 12	100.200 / 14	4125	650.500 / 12	650.400 / 12	80.160 / 12	III	153	108	643	30
800.580 / 15	800.480 / 15		4640	750.520 / 12	750.480 / 12		IV	195	137	697	32
900.600 / 20	900.480 / 15		5400	750.550 / 12	750.480 / 12		IV	244	140	771	34
1000.600 / 20	1000.450 / 15		6000	750.550 / 12	750.450 / 12		III	265	135	858	36
1000.650 / 20	1000.550 / 15		6500	880.580 / 12	880.550 / 12		IV	295	175	940	38
1100.650 / 20	1100.550 / 15		7150	880.600 / 12	880.550 / 12		IV	338	179	1004	40

(Zwei ⊥ NP., Nr. 21–40: auf reinen Druck)

in gleichem Profil wie die Säulenfuß ∟-Eisen.
länge in mm $\leq$ 8 × Profilnummer (ohne einzupassen).

Stützen aus 2 ⊏-Eisen und 1 I-Eisen.

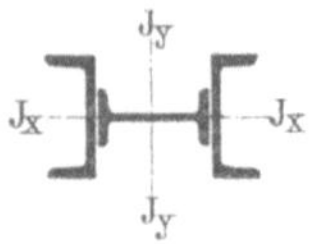

Grenzknicklänge (nach Tetmajer) $l_o = 105\,i_x$.

⊐ NP. Nr.	I NP. Nr.	J_x (min.) cm⁴	J_y cm⁴	Quer-schnitt F qcm	Ge-wicht G kg/m	3,00	3,25	3,50	3,75	4,00	4,50	5,00	i_x cm
8	12	233	1585	**36,2**	28,4	11,11	9,47	8,16	7,11	6,24	4,94	4,00	2,54
	14	247	2180	**40,3**	31,6	11,78	10,00	8,65	7,54	6,62	5,23	4,24	2,47
10	12	433	1925	**41,2**	32,3	20,65	17,59	15,17	13,21	11,61	9,17	7,43	3,24
	14	447	2605	**45,3**	35,6	21,31	18,16	15,66	13,64	11,99	9,47	7,67	3,14
12	12	750	2377	**48,2**	37,8	35,76	30,47	26,27	22,89	20,12	15,89	12,87	3,94
	14	763	3173	**52,3**	41,0	36,38	31,00	26,73	23,28	20,46	16,17	13,10	3,81
14	12	1230	2903	**55,0**	43,2	58,65	49,98	43,09	37,54	32,99	26,07	21,11	4,73
	14	1245	3820	**59,1**	46,4	59,37	50,59	43,62	37,99	33,39	26,38	21,37	4,59
	16	1265	4939	**63,6**	49,9	60,32	51,40	44,32	38,60	33,93	26,80	21,71	4,46
16	14	1885	4495	**66,3**	52,0	79,56	76,59	66,04	57,53	50,56	39,95	32,36	5,33
	16	1904	5750	**70,8**	55,6	84,96	77,36	66,70	58,11	51,07	40,35	32,98	5,19
	18	1931	7257	**75,9**	59,6	91,08	78,46	67,65	58,93	51,79	40,92	33,15	5,05
18	14	2743	5256	**74,3**	58,3	89,16	89,16	89,16	83,71	73,58	58,13	47,09	6,07
	16	2763	6672	**78,8**	61,9	94,56	94,56	94,56	84,32	74,11	58,56	47,43	5,93
	18	2789	8350	**83,9**	65,9	100,68	100,68	100,68	85,12	74,81	59,11	47,88	5,77
	20	2825	10327	**89,5**	70,3	107,40	107,40	107,40	86,22	75,78	59,87	48,50	5,62
20	14	3857	6095	**82,7**	64,9	99,24	99,24	99,24	99,24	99,24	81,74	66,21	6,84
	16	3877	7682·	**87,2**	68,5	104,64	104,64	104,64	104,64	104,64	82,17	66,55	6,66
	18	3903	9548	**92,3**	72,5	110,76	110,76	110,76	110,76	110,76	82,72	67,00	6,50
	20	3940	11725	**97,9**	76,9	117,48	117,48	117,48	117,48	117,48	83,50	67,64	6,35

[NP. Nr.	I NP. Nr.	J_x (min.) cm⁴	J_y cm⁴	F qcm	G kg/m	3,00	3,25	3,50	3,75	4,00	4,50	5,00	i_x cm
	16	5435	9018	97,6	76,6	117,12	117,12	117,12	117,12	117,12	115,19	93,30	7,46
	18	5461	11121	102,7	80,6	123,24	123,24	123,24	123,24	123,24	115,74	93,75	7,30
22	20	5497	13557	108,3	85,0	129,96	129,96	129,96	129,96	129,96	116,50	94,35	7,11
	22	5542	16364	114,4	89,8	137,28	137,28	137,28	137,28	137,28	117,46	95,15	6,95
	16	7251	10283	107,4	84,3	128,88	128,88	128,88	128,88	12,888	128,88	124,48	8,22
	18	7277	12609	112,5	88,3	135,00	135,00	135,00	135,00	135,00	135,00	124,92	8,04
24	20	7313	15289	118,1	92,7	141,72	141,72	141,72	141,72	141,72	141,72	125,54	7,86
	22	7358	18359	124,2	97,5	149,04	149,04	149,04	149,04	149,04	149,04	126,32	7,69
	24	7417	21866	130,7	102,6	156,84	156,84	156,84	156,84	156,84	156,84	127,33	7,53
	18	9727	14544	124,5	97,7	149,40	149,40	149,40	149,40	149,40	149,40	149,40	8,84
	20	9763	17531	130,1	102,1	156,12	156,12	156,12	156,12	156,12	156,12	156,12	8,65
26	22	9808	20931	136,2	106,9	163,44	163,44	163,44	163,44	163,44	163,44	163,44	8,49
	24	9867	24793	142,7	114,0	171,24	171,24	171,24	171,24	171,24	171,24	169,38	8,31
	26	9934	29160	150,0	117,8	180,00	180,00	180,00	180,00	180,00	180,00	170,53	8,14
	20	12669	19673	140,1	101,0	168,12	168,12	168,12	168,12	168,12	168,12	168,12	9,50
	22	12714	23367	146,2	114,7	175,44	175,44	175,44	175,44	175,44	175,44	175,44	9,33
28	24	12773	27542	152,7	119,9	183,24	183,24	183,24	183,24	183,24	183,24	183,24	9,14
	26	12840	32243	160,0	125,6	192,00	192,00	192,00	192,00	192,00	192,00	192,00	8,97
	28	12916	37500	167,7	131,6	201,24	201,24	201,24	201,24	201,24	201,24	201,24	8,79
	30	13003	43356	175,7	137,9	210,84	210,84	210,84	210,84	210,84	210,84	210,84	8,62
	20	16169	22097	151,1	118,6	181,32	181,32	181,32	181,32	181,32	181,32	181,32	10,32
	22	16214	26117	157,2	123,4	188,64	188,64	188,64	188,64	188,64	188,64	188,64	10,16
30	24	16273	30640	163,7	128,2	196,44	196,44	196,44	196,44	196,44	196,44	196,44	9,98
	26	16340	35712	171,0	134,2	205,20	205,20	205,20	205,20	205,20	205,20	205,20	9,78
	28	16416	41362	178,7	140,3	214,44	214,44	214,44	214,44	214,44	214,44	214,44	9,60
	30	16503	47618	186,7	146,7	224,04	224,04	224,04	224,04	224,04	224,04	224,04	9,40

Spaltenüberschrift: ⊏ NP. / I NP. — Trägheitsmoment (J_x, J_y); Querschnitt F; Gewicht G; Tragfähigkeit in Tonnen bei einer zentrischen Belastung und einer Stützlänge von Meter (3,00–5,00); Trägheitshalbmesser i_x.

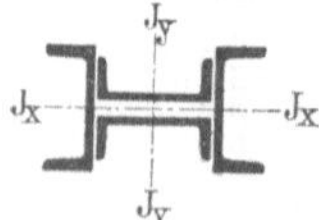

Stützen aus 4 ⊐-Eisen.

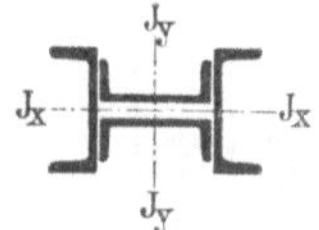

Grenzknicklänge (nach Tetmajer) $l_0 = 105 \cdot i_x$.

Der Abstand der inneren ⊐-Eisen ist einmal $= 0$ angegeben, wogegen der andere Wert den max. Abstand darstellt, bei welchem eine gute, normale und einfache Vernietung möglich ist.

Äußere ⊏⊐ NP. Nr.	Innere ⊏⊐ NP. Nr.	Abstand zwischen den inneren L-Eisen mm	Trägheitsmoment J_x cm⁴	J_y cm⁴	Querschnitt F qcm	Gewicht G kg/m	Tragfähigkeit in Tonnen bei einer zentrischen Belastung und einer Stützlänge in Meter 3,00	3,25	3,50	3,75	4,00	4,50	5,00	Trägheitshalbmesser i_x cm
10	8	0	497	1102	49,0	38,5	23,70	20,19	17,41	15,17	13,33	10,53	8,53	3,18
12	8	0	813	1365	56,0	44,0	38,77	33,03	28,48	24,81	21,80	17,23	13,95	3,81
		10	888				42,32	36,08	31,11	27,10	23,82	18,82	15,24	3,98
	10	0	851	1979	61,0	47,9	40,58	34,57	29,81	25,97	22,82	18,03	14,61	3,74
		10	900				42,90	36,57	31,53	27,46	24,14	19,07	15,45	3,84
	12	0	901	2778	68,0	53,4	42,96	36,61	31,56	27,49	24,17	19,09	15,46	3,64
14	10	0	1333	2396	67,8	53,2	63,57	54,16	46,70	40,68	35,75	28,25	22,88	4,43
		10	1382				65,87	56,15	48,42	42,18	37,07	29,29	23,72	4,52
	12	0	1383	3304	74,8	58,7	65,95	56,19	48,45	42,20	37,10	29,31	23,74	4,30
		10	1446				68,92	58,75	50,66	44,13	38,78	30,64	24,82	4,40
	14	0	1460	4459	81,6	64,0	69,12	59,32	51,15	44,56	39,16	30,94	25,06	4,25
	16	0	1543	5854	88,8	69,7	73,58	62,69	54,05	47,09	41,39	32,70	26,49	4,17
16	12	0	2023	3849	82,0	64,4	96,47	82,20	70,87	61,74	54,26	42,87	34,73	4,96
		20	2410				98,40	97,92	84,43	73,55	64,64	51,07	41,37	5,42
	14	0	2100	5132	88,8	69,7	100,14	85,33	73,57	64,09	56,33	44,50	36,05	4,87
		10	2182				104,00	88,66	76,45	66,59	58,53	46,24	37,46	4,96
	16	0	2183	6668	96,0	75,4	104,05	88,70	76,48	66,62	58,55	46,26	37,47	4,76
		10	2284				108,86	92,80	80,02	69,70	61,26	48,40	39,21	4,87
	18	0	2284	8519	104,0	81,6	108,86	92,80	80,02	69,70	61,26	48,40	39,21	4,68
18	12	0	2881	4469	90,0	70,7	108,00	108,00	100,93	87,92	77,28	51,06	49,46	5,65
		40	3235					108,00	98,73	86,77	68,56	55,53		5,99
	14	0	2958	5894	96,8	76,0	116,16	116,16	103,63	90,27	79,34	62,69	50,78	5,53
		30	3264					114,35	99,61	87,55	69,17	56,03		5,81
	16	0	3041	7589	104,0	81,6	124,80	123,57	106,54	98,81	81,57	64,45	52,20	5,40
		30	3414					124,80	119,61	104,19	91,57	72,35	58,61	5,73
	18	0	3142	9614	112,0	88,0	134,40	127,67	110,08	95,89	84,28	66,59	53,94	5,29
		20	3413					134,40	119,57	104,16	91,55	72,33	58,59	5,51
	20	0	3264	12007	120,4	94,5	144,48	132,62	114,35	99,61	87,55	69,18	56,03	5,20
		10	3410					138,55	119,47	104,07	91,47	72,27	58,54	5,31
	22	0	3445	14956	130,8	102,7	156,96	139,98	120,69	105,14	92,41	73,01	59,14	5,12
		10	3614					146,84	126,61	110,29	96,94	76,59	62,04	5,25
	24	0	3625	18275	140,6	110,4	168,72	147,29	127,00	110,63	97,23	76,83	62,23	5,07

Äußere ⊥ NP. Nr.	Innere ⊐⊏ NP. Nr.	Abstand zwischen den inneren ⊏-Eisen mm	Trägheitsmoment J_x cm⁴	J_y cm⁴	Querschnitt F qcm	Gewicht G kg/m	3,00	3,25	3,50	3,75	4,00	4,50	5,00	Trägheitshalbmesser i_x cm
20	14	0 40	4072 4521	6734	**105,2**	82,6	126,24	126,24	126,24	124,27 126,24	109,22 121,27	86,30 95,82	69,90 77,61	6,24 6,56
	16	0 40	4155 4701	8599	**112,4**	88,2	134,88	134,88	134,88	126,81 134,48	111,45 126,00	88,06 99,63	71,33 80,70	6,08 6,46
	18	0 30	4256 4705	10811	**120,4**	94,5	144,48	144,48	144,48	129,89 143,59	114,16 126,20	90,20 99,71	73,06 80,86	5,95 6,25
	20	0 20	4378 4702	13407	**128,8**	101,1	154,56	154,56	153,38 154,56	133,61 143,50	117,43 126,12	92,78 99,65	75,16 80,72	5,83 6,05
	22	0 20	4559 4935	16576	**139,2**	109,3	167,04	167,04	159,72 167,04	139,14 150,61	122,29 132,37	96,62 104,59	78,26 84,72	5,72 5,95
	24	0 20	4739 5200	20132	**149,0**	117,0	178,80	178,80	166,03 178,80	146,63 158,70	127,12 139,48	100,40 110,21	81,35 89,27	5,64 5,91
	26	0 10	4994 5246	24451	**161,0**	126,4	193,20	182,60 193,20	178,96 183,79	137,15 160,10	133,95 140,72	105,84 111,18	85,73 90,06	5,56 5,70
22	14	0 50	5630 6242	7853	**115,6**	90,8	138,72	138,72	138,72	138,72	138,72	119,32 132,29	96,65 107,16	7,00 7,36
	16	0 50	5713 6455	9935	**122,8**	96,4	147,36	147,36	147,36	147,36	147,36	121,08 136,80	98,08 110,81	6,83 7,25
	18	0 40	5814 6468	12385	**130,8**	102,7	156,96	156,96	156,96	156,96	155,95 156,96	123,22 137,08	99,81 111,03	6,68 7,03
	20	0 30	5936 6470	15240	**139,2**	109,3	167,04	167,04	167,04	167,04	159,22 167,04	125,80 137,12	101,90 111,07	6,31 6,82
	22	0 30	6117 6765	18689	**149,6**	117,4	179,52	179,52	179,52	179,52	164,08 179,52	129,64 143,38	105,01 116,13	6,41 6,74
	24	0 30	6297 7053	22545	**159,4**	125,1	191,28	191,28	191,28	191,28	168,91 189,19	133,46 149,48	108,10 121,08	6,28 6,65
	26	0 20	6552 7305	27186	**171,4**	134,6	205,68	205,68	205,68	199,96 205,68	175,75 195,95	138,86 154,82	112,48 125,40	6,19 6,54
	28	0 20	6860 7506	32431	**181,4**	142,4	217,68	217,68	217,68	209,36 217,68	184,01 201,34	145,39 159,08	117,77 129,78	6,15 6,44
24	14	0 70	7446 8446	8914	**125,4**	98,5	150,48	150,48	150,48	150,48	150,48	150,48	127,83 144,99	7,72 8,22
	16	0 70	7529 8735	11200	**132,6**	104,1	159,12	159,12	159,12	159,12	159,12	159,12	129,25 149,95	7,53 8,11
	18	0 60	7630 8780	13873	**140,6**	110,4	168,72	168,72	168,72	168,72	168,72	161,71 168,72	130,98 150,73	7,38 7,90
	20	0 50	7752 8802	16972	**149,0**	117,0	178,80	178,80	178,80	178,80	178,80	164,29 178,80	133,08 151,10	7,21 7,70
	22	0 50	7933 9200	20684	**159,4**	125,1	191,28	191,28	191,28	191,28	191,28	168,13 191,28	136,19 157,94	7,06 7,60
	24	0 50	8113 9584	24823	**169,2**	132,8	203,04	203,04	203,04	203,04	203,04	171,95 203,04	139,28 164,53	6,94 7,52
	26	0 40	8368 9666	29765	**181,2**	142,3	217,44	217,44	217,44	217,44	217,44	177,35 204,86	143,65 165,94	6,80 7,30
	28	0 40	8676 10182	35333	**191,2**	150,1	229,44	229,44	229,44	229,44	229,44	183,88 215,80	148,94 174,79	6,74 7,29
	30	0 20	9043 9796	41663	**202,2**	158,7	242,64	242,64	242,64	242,64	242,57 242,64	191,66 207,62	154,24 168,17	6,70 6,96

Tragfähigkeit in Tonnen bei einer zentrischen Belastung und einer Stützlänge in Meter

Äußere ⌶ NP. Nr.	Innere ⌶ NP. Nr.	Abstand zwischen den inneren ⌶-Eisen mm	Trägheitsmoment J_x cm⁴	J_y cm⁴	Querschnitt F qcm	Gewicht G kg m	Tragfähigkeit in Tonnen bei einer zentrischen Belastung und einer Stützlänge in Meter 3,00	3,25	3,50	3,75	4,00	4,50	5,00	Trägheitshalbmesser i_x cm
26	16	0 80	9979 11454	12952	**144,6**	113,5	173,52	173,52	173,52	173,52	173,52	173,52	171,31 173,52	8,29 8,90
	18	0 70	10080 11519	15808	**152,6**	119,8	183,12	183,12	183,12	183,12	183,12	183,12	183,12	8,13 8,68
	20	0 60	10202 11558	19213	**161,0**	126,4	193,20	193,20	193,20	193,20	193,20	193,20	175,14 193,20	7,96 8,45
	22	0 60	10382 12016	23256	**171,4**	134,6	205,68	205,68	205,68	205,68	205,68	205,68	178,23 205,68	7,77 8,38
	24	0 60	10536 12456	27750	**181,2**	142,3	217,44	217,44	217,44	217,44	217,44	217,44	180,87 213,83	7,62 8,30
	26	0 50	10818 12562	33071	**193,2**	151,7	231,84	231,84	231,84	231,84	231,84	229,28 231,84	185,71 215,65	7,49 8,05
	28	0 40	11126 12632	39041	**203,2**	159,5	243,84	243,84	243,84	243,84	243,84	235,80 243,84	191,00 216,85	7,40 7,88
	30	0 40	11493 13234	45798	**214,2**	168,2	257,04	257,04	257,04	257,04	257,04	243,58 257,04	197,30 227,19	7,33 7,87
28	16	0 100	12885 14968	14468	**154,6**	120,4	185,52	185,52	185,52	185,52	185,52	185,52	185,52	*9,12 *9,67
	18	0 90	13006 15088	17678	**162,6**	127,7	195,24	195,24	195,24	195,24	195,24	195,24	195,24	8,95 9,13
	20	0 80	13108 15174	21356	**171,0**	134,3	205,20	205,20	205,20	205,20	205,20	205,20	205,20	8,75 9,41
	22	0 80	13288 15766	25692	**181,4**	142,4	217,68	217,68	217,68	217,68	217,68	217,68	217,68	8,56 9,31
	24	0 80	13458 16330	30500	**191,2**	150,1	229,44	229,44	229,44	229,44	229,44	229,44	229,44	8,40 9,24
	26	0 70	13724 16506	36154	**203,2**	159,5	243,84	243,84	243,84	243,84	243,84	243,84	235,60 243,84	8,22 9,01
	28	0 70	14032 17226	42477	**213,2**	167,4	255,84	255,84	255,84	255,84	255,84	255,84	240,89 255,84	8,13 9,00
	30	0 60	14399 17362	49608	**224,2**	176,0	269,04	269,04	269,04	269,04	269,04	269,04	247,19 269,04	8,02 8,80
30	16	0 110	13659 18783	16304	**165,6**	130,0	198,72	198,72	198,72	198,72	198,72	198,72	198,72	*9,94
	18	0 100	16480 18936	19796	**173,6**	136,3	208,32	208,32	208,32	208,32	208,32	208,32	208,32	9,75 10,42
	20	0 90	16582 19050	23780	**182,0**	142,9	218,40	218,40	218,40	218,40	218,40	218,40	218,40	9,54 10,22
	22	0 90	16792 19714	28442	**192,4**	151,1	230,88	230,88	230,88	230,88	230,88	230,88	230,88	9,33 10,11
	24	0 90	16968 20470	33598	**202,2**	158,8	242,64	242,64	242,64	242,64	242,64	242,64	242,64	9,15 10,04
	26	0 80	17224 20594	39644	**214,2**	168,2	257,04	257,04	257,04	257,04	257,04	257,04	257,04	8,97 9,82
	28	0 80	17532 21396	46240	**224,2**	176,0	269,04	269,04	269,04	269,04	269,04	269,04	269,04	8,84 9,77
	30	0 70	17899 21562	53885	**235,2**	184,6	282,24	282,24	282,24	282,24	282,24	282,24	282,24	8,71 9,55

*) Trägheitshalbmesser i_y.

Stützen aus zwei oder drei ⊏-Eisen mit aufgenieteten Lamellen

i_x und $i_y =$ Trägheitshalbmesser nach den Hauptachsen x—x und y—y.
Grenzknicklänge (nach Tetmajer) $l_0 = 105\ i_{min}$.
a = lichte Weite zwischen den ⊐-Eisen.
c = Lamellenüberstand. (Bei allen Stützen konstant = 5 mm gewählt).

Stützenanordnung.

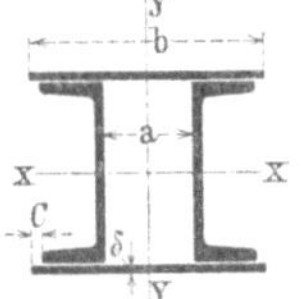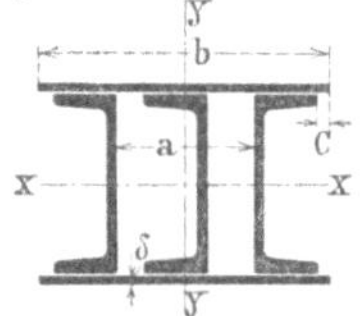

Profil Lamellen mm	Abstand a mm	Querschnitt F qcm	Gewicht G kg/m	Trägheitsmoment J_x cm⁴	Trägheitsmoment J_y cm⁴	Trägheitshalbmesser i_x cm	Trägheitshalbmesser i_y cm	3,00	3,25	3,50	3,75	4,00	4,50	5,00
120.8	20	**41,2**	32,4	585	401	3,77	3,12	19,12	16,29	14,05	12,23	10,75	8,49	6,88
120.10	20	**46,0**	36,2	700	459	3,90	3,16	21,89	18,65	16,08	14,00	12,31	9,72	7,88
140.8	40	**44,4**	34,9	647	667	3,82	3,88	30,85	22,22	22,67	19,74	17,36	13,71	11,11
140.10	40	**50,0**	39,3	781	758	3,95	3,89	36,15	30,79	26,55	23,13	20,33	16,06	13,01
150.8	50	**48,0**	36,2	678	832	3,76	4,16	32,33	27,55	23,75	20,69	18,19	14,37	11,64
150.10	50	**52,0**	40,9	820	944	3,97	4,26	39,10	33,32	28,73	25,02	21,99	17,37	14,07
160.8	60	**47,6**	37,4	709	1021	3,86	4,63	33,81	28,80	24,84	21,64	19,02	15,02	12,17
160.10	60	**54,0**	42,4	863	1157	4,00	4,62	41,15	35,06	30,23	26,34	23,15	18,29	14,82
180.8	80	**50,8**	39,9	771	1470	3,90	5,34	36,77	31,32	27,01	23,53	20,68	16,34	13,24
180.10	80	**58,0**	45,6	944	1664	4,03	5,35	45,02	38,35	33,07	28,81	25,32	20,00	16,20
200.8	100	**54,0**	42,4	833	2021	3,92	6,11	39,72	33,84	29,18	25,24	22,34	17,65	14,30
200.10	100	**62,0**	48,9	1025	2287	4,06	6,07	48,88	41,65	35,91	31,28	27,49	21,72	17,60
180.8	80	**61,8**	48,5	877	1489	3,76	4,90	41,82	35,63	30,72	26,76	23,52	18,58	15,05
180.10	80	**69,0**	54,2	1050	1684	3,90	4,94	50,07	42,66	36,78	32,04	28,16	22,25	18,02
200.8	100	**65,0**	51,1	939	2040	3,80	5,60	44,77	38,15	32,89	28,65	25,18	19,90	16,12
200.10	100	**73,0**	57,3	1131	2307	3,94	5,61	53,93	45,95	39,62	34,51	30,33	23,97	19,41
220.8	120	**68,2**	53,6	1002	2699	3,84	6,28	47,78	40,71	35,10	30,58	26,87	21,23	17,20
220.10	120	**77,0**	60,5	1212	3024	3,96	6,26	57,79	49,24	42,46	36,99	32,51	25,68	20,80
250.8	150	**73,0**	57,4	1095	3983	3,87	7,39	52,21	44,49	38,36	33,41	29,37	23,20	18,79
250.10	150	**83,0**	65,2	1327	4424	4,00	7,30	63,28	53,92	46,49	40,49	35,59	28,12	22,78
280.8	180	**77,8**	61,1	1188	5388	3,91	8,31	56,65	48,27	41,62	36,25	31,86	25,17	20,39
280.10	180	**89,0**	69,9	1457	6119	4,05	8,30	69,48	59,20	51,04	44,46	39,08	30,88	25,01
300.8	200	**81,0**	63,6	1250	6542	3,93	9,00	59,60	50,79	43,79	38,14	33,53	26,49	21,45
300.10	200	**93,0**	73,0	1538	7442	4,07	8,95	73,34	62,49	53,88	46,93	41,25	32,59	26,40
350.8	250	**89,0**	69,9	1405	11055	3,97	10,65	67,00	57,08	49,23	42,88	37,69	29,77	24,12
350.10	250	**103,0**	80,9	1741	12484	4,11	11,00	83,02	70,74	60,99	53,13	46,70	36,89	29,88
400.8	300	**97,0**	76,2	1560	14544	4,00	12,21	74,39	63,38	54,65	47,61	41,84	33,06	26,78
400.10	300	**113,0**	88,7	1944	16677	4,15	12,14	92,70	78,90	68,10	59,33	52,14	41,20	33,37
450.8	350	**105,0**	82,5	1716	20188	4,04	13,85	81,83	69,72	60,12	52,37	46,03	36,36	29,45
450.10	350	**123,0**	96,6	2148	23145	4,17	13,70	102,43	87,27	75,25	65,55	57,61	45,52	36,87
500.8	400	**113,0**	88,7	1871	26846	4,06	15,40	89,22	76,02	65,55	57,10	50,18	39,65	32,12
500.10	400	**133,0**	104,4	2351	31013	4,20	15,28	112,11	95,52	82,37	71,75	63,06	49,82	40,36
600.8	500	**129,0**	101,3	2183	44249	4,11	18,50	104,10	88,70	76,48	66,62	58,55	46,26	37,47
600.10	500	**153,0**	120,2	2758	51449	4,25	18,30	131,52	112,06	96,62	84,17	73,98	58,45	47,34

(Spaltengruppe "Tragfähigkeit in Tonnen bei einer zentrischen Belastung und Stützlänge von Meter"; Zeilengruppen links: 2 NP.8 und 3 NP.8.)

Profil	Lamellen mm	a mm	F qcm	G kg/m	J_x cm⁴	J_y cm⁴	i_x cm	i_y cm	3,00	3,25	3,50	3,75	4,00	4,50	5,00
2NP.10	140.8	30	**49,4**	38,8	1066	676	4,64	3,70	32,24	27,46	23,68	20,63	18,13	14,32	11,61
	140.10	30	**55,0**	43,2	1261	767	4,78	3,73	36,58	31,16	26,87	23,40	20,57	16,25	13,17
	150.8	40	**51,0**	40,0	1113	849	4,67	4,07	40,48	34,49	29,74	25,91	22,77	17,99	14,57
	150.10	40	**57,0**	44,7	1322	961	4,82	3,99	45,82	39,04	33,66	29,32	25,77	20,36	16,49
	160.8	50	**52,6**	41,3	1160	1048	4,70	4,47	49,98	42,58	36,71	31,98	28,11	22,21	17,99
	160.10	50	**59,0**	46,3	1383	1184	4,84	4,48	56,46	48,10	41,48	36,13	31,76	25,09	20,33
	180.8	70	**55,8**	43,8	1253	1525	4,73	5,22	59,75	50,91	43,89	38,24	33,61	26,55	21,51
	180.10	70	**63,0**	49,5	1504	1719	4,88	5,22	71,72	61,11	52,69	45,90	40,34	31,87	25,82
	200.8	90	**59,0**	46,3	1347	2114	4,77	5,98	64,23	54,73	47,19	41,11	36,13	28,54	23,12
	200.10	90	**67,0**	52,6	1625	2380	4,92	5,96	77,49	66,02	56,93	49,59	43,59	34,44	27,90
	220.8	110	**62,2**	48,8	1441	2820	4,81	6,73	68,71	58,55	50,48	43,97	38,69	30,54	24,73
	220.10	110	**71,0**	55,8	1698	3175	4,89	6,70	80,97	68,99	59,49	51,82	45,54	35,98	29,15
	250.8	140	**67,0**	52,6	1581	4116	4,86	7,84	75,39	64,24	55,39	48,25	42,40	33,50	27,14
	250.10	140	**77,0**	60,4	1929	4637	5,01	7,76	91,98	78,38	67,58	58,87	51,74	40,88	33,11
	280.8	170	**71,8**	56,4	1721	5713	4,90	8,92	82,07	69,92	60,29	52,52	46,16	36,47	29,55
	280.10	170	**83,0**	65,2	2111	6444	5,05	8,80	99,60	85,77	73,95	64,42	56,63	44,74	36,24
3NP.10	220.8	110	**75,7**	59,5	1646	2850	4,66	6,13	78,49	66,88	57,66	50,23	44,15	34,88	28,25
	220.10	110	**84,5**	66,4	1953	3205	4,80	6,15	93,13	79,35	68,42	59,60	52,39	41,39	33,53
	250.8	140	**80,5**	63,2	1787	4145	4,72	7,18	85,21	72,61	62,60	54,53	47,93	37,87	30,67
	250.10	140	**90,5**	71,1	2135	4666	4,86	7,17	101,81	86,75	74,80	65,15	57,27	45,24	36,65
	280.8	170	**85,3**	67,0	1927	5742	4,75	8,20	91,89	78,29	67,51	58,18	51,69	40,48	33,08
	280.10	170	**96,5**	75,8	2317	6474	4,90	8,18	110,49	94,14	81,17	70,71	62,15	49,10	39,78
	300.8	190	**88,5**	69,5	2020	6985	4,77	8,87	96,33	82,07	70,77	61,64	54,18	42,81	34,68
	300.10	190	**100,5**	78,9	2438	7885	4,92	8,85	116,26	99,06	85,41	75,78	65,40	51,68	41,85
	350.8	240	**96,5**	75,8	2254	10762	4,83	10,54	107,48	91,58	78,96	68,79	60,46	47,77	38,69
	350.10	240	**110,5**	86,8	2741	12191	4,98	10,50	130,71	111,37	96,31	83,65	73,52	58,09	47,06
	400.8	290	**104,5**	82,1	2488	15577	4,88	12,20	118,65	101,09	87,16	75,93	66,74	52,73	42,71
	400.10	290	**120,5**	94,6	3045	17710	5,03	12,12	144,60	123,72	106,68	92,93	81,68	64,53	52,27
	450.8	340	**112,5**	88,3	2722	21529	4,91	13,86	129,80	110,60	95,36	83,07	73,01	57,69	46,72
	450.10	340	**130,5**	102,5	3348	24566	5,07	13,75	156,60	136,03	117,29	102,18	89,90	70,95	57,47
	500.8	390	**120,5**	94,6	2955	28718	4,95	15,42	140,91	120,07	103,52	90,18	79,26	62,62	50,72
	500.10	390	**140,5**	110,3	3651	32885	5,60	15,25	168,60	148,35	127,91	111,42	97,93	77,38	62,67
	600.8	490	**136,5**	107,2	3422	47210	5,18	18,60	163,18	139,04	119,89	104,43	91,79	72,52	58,74
	600.10	490	**160,5**	126,0	4258	54410	5,15	18,40	192,60	173,01	149,18	129,95	114,21	90,24	73,09
2NP.12	180.8	60	**62,8**	49,3	1909	1583	5,52	5,02	75,36	64,32	55,46	48,31	42,46	33,55	27,17
	180.10	60	**70,0**	55,0	2252	1778	5,67	5,04	84,00	72,24	62,29	54,26	47,69	37,68	30,52
	200.8	80	**66,0**	51,8	2040	2219	5,55	5,79	79,20	79,20	71,50	62,26	54,72	43,23	35,02
	200.10	80	**74,0**	58,1	2421	2486	5,71	5,79	88,80	88,80	84,82	73,88	64,94	51,31	41,56
	220.8	100	**69,2**	54,4	2172	2987	5,60	6,56	83,04	83,04	76,09	66,28	58,26	46,03	37,28
	220.10	100	**78,0**	61,2	2591	3342	5,76	6,54	93,60	93,60	90,77	79,07	69,50	54,91	44,48
	250.8	130	**74,0**	58,1	2369	4400	5,66	7,71	88,80	88,80	82,99	72,30	63,54	50,20	40,66
	250.10	130	**84,0**	65,9	2845	4921	5,82	7,66	100,80	100,80	99,67	86,82	76,31	60,29	48,84
	280.8	160	**78,8**	61,9	2565	6147	5,70	8,82	94,56	95,56	89,86	78,28	68,80	54,36	44,03
	280.10	160	**90,0**	70,7	3099	6878	5,86	8,73	108,00	108,00	108,00	94,58	83,12	65,38	53,20
	300.8	180	**82,0**	64,4	2697	7507	5,73	9,56	98,40	98,40	94,49	82,31	72,34	57,16	46,30
	300.10	180	**94,0**	73,8	3268	8407	5,90	9,45	112,80	112,80	112,80	99,73	87,66	69,26	56,10
	320.8	200	**85,2**	66,9	2828	9030	5,76	10,30	102,24	102,24	99,08	86,30	75,85	59,93	48,54
	320.10	200	**98,0**	76,9	3437	10123	5,92	10,17	117,60	117,60	117,60	104,89	92,19	72,84	59,00

Tragfähigkeit in Tonnen bei einer zentrischen Belastung und Stützlänge von Meter

Profil		Abstand	Querschnitt	Gewicht	Trägheitsmoment		Trägheitshalbmesser		Tragfähigkeit in Tonnen bei einer zentrischen Belastung und Stützlänge von Meter						
Γ	Lamellen mm	a mm	F qcm	G kg/m	J_x cm⁴	J_y cm⁴	i_x cm	i_y cm	3,00	3,25	3,50	3,75	4,00	4,50	5,00
3 NP. 12	250.8	120	**91,4**	71,5	2732	4176	5,47	6,76	109,68	109,68	95,71	83,38	73,28	57,90	47,24
	250.10	120	**101,0**	79,3	3209	4697	5,64	6,82	121,20	121,20	112,42	97,93	86,07	68,01	55,09
	280.8	160	**95,8**	75,2	2929	6190	5,53	8,03	114,96	114,96	102,61	89,39	78,56	62,07	50,28
	280.10	160	**107,0**	84,0	3463	6922	5,68	8,04	128,40	128,40	121,32	105,69	92,89	73,39	59,45
	300.8	180	**99,0**	77,7	3061	7550	5,56	8,72	118,80	118,80	107,24	93,42	82,10	64,87	52,54
	300.10	180	**111,0**	87,2	3632	8450	5,72	8,71	133,20	133,20	127,24	110,84	97,42	76,97	62,35
	320.8	210	**102,2**	80,3	3192	9205	5,58	9,50	122,64	122,64	111,83	97,41	85,62	67,65	54,79
	320.10	210	**115,0**	90,3	3801	10567	5,75	9,55	138,00	138,00	133,16	116,00	101,35	80,55	65,25
	350.8	230	**107,0**	84,0	3389	11680	5,63	10,41	128,40	128,40	118,73	103,43	90,90	71,82	58,18
	350.10	230	**121,0**	95,0	4055	13108	5,79	10,38	145,20	145,20	142,06	123,75	108,77	85,94	69,61
	380.8	260	**111,8**	87,8	3586	14693	5,66	11,48	134,16	134,16	125,63	109,48	96,19	76,00	61,56
	380.10	260	**127,0**	99,7	4309	16522	5,82	11,40	152,40	152,40	150,96	131,50	115,58	91,32	73,97
	400.8	280	**115,0**	90,3	3717	16937	5,70	12,10	138,00	138,00	130,22	113,44	99,70	78,77	63,81
	400.10	280	**131,0**	102,9	4479	19070	5,86	12,05	157,20	157,20	156,92	136,69	120,14	94,92	76,89
	450.8	330	**123,0**	96,6	4045	23418	6,02	13,77	147,60	147,60	141,71	123,45	108,50	85,73	69,44
	450.10	330	**141,0**	110,7	4902	26456	5,91	13,68	169,20	169,20	169,20	149,60	131,49	103,89	84,15
	500.8	380	**131,0**	102,9	4373	31224	5,77	15,44	157,20	157,20	153,20	133,46	117,30	92,68	75,07
	500.10	380	**151,0**	118,6	5325	35392	5,94	15,30	181,20	181,20	181,20	162,51	142,83	112,85	91,41
	600.8	480	**147,0**	115,4	5029	51212	5,85	18,65	176,40	176,40	176,19	153,48	134,89	106,58	86,33
	600.10	480	**171,0**	134,2	6172	58412	6,01	18,46	205,20	205,20	205,20	188,36	165,55	130,81	105,95
2 NP. 14	220.8	90	**76,0**	59,7	3139	3139	6,41	6,41	91,20	91,20	91,20	91,20	84,20	66,52	53,88
	220.10	90	**84,8**	66,6	3689	3494	6,59	6,41	101,76	101,76	101,76	101,76	93,72	74,05	59,98
	250.8	120	**80,8**	63,4	3403	4659	6,50	7,60	96,96	96,96	96,96	96,96	91,28	72,12	58,42
	250.10	120	**90,8**	71,3	4027	5180	6,65	7,55	108,96	108,96	108,96	108,96	108,02	85,34	69,13
	280.8	150	**85,6**	67,2	3666	6543	6,54	8,73	102,72	102,72	102,72	102,72	98,33	77,69	62,93
	280.10	150	**96,8**	76,0	4365	7275	6,71	8,66	116,16	116,16	116,16	116,16	116,16	92,51	74,93
	300.8	170	**88,8**	69,7	3841	8012	6,57	9,50	106,56	106,56	106,56	106,56	103,03	81,40	65,93
	300.10	170	**100,8**	79,1	4590	8912	6,73	9,39	120,96	120,96	120,96	120,96	120,96	97,28	78,79
	320.8	190	**92,0**	72,2	4016	9658	6,60	10,22	110,40	110,40	110,40	110,40	107,72	85,11	68,94
	320.10	190	**104,8**	82,3	4816	10450	6,76	9,99	125,76	125,76	125,76	125,76	125,76	102,07	82,67
	350.8	220	**96,8**	76,0	4289	11875	6,65	11,18	116,16	116,16	116,16	116,16	114,80	90,71	73,47
	350.10	220	**110,8**	87,0	5155	13904	6,81	11,20	132,96	132,96	132,96	132,96	132,96	109,25	89,49
	380.8	250	**101,6**	79,8	4543	15726	6,69	12,45	121,92	121,92	121,92	121,92	121,92	96,28	77,99
	380.10	250	**116,8**	91,7	5491	17556	6,85	12,26	140,16	140,16	140,16	140,16	140,16	116,37	94,26
	400.8	270	**104,8**	82,3	4718	18147	6,70	13,15	125,76	125,76	125,76	125,76	125,76	99,99	80,99
	400.10	270	**120,8**	94,8	5717	20281	6,88	12,95	144,96	144,96	144,96	144,96	144,96	121,16	98,14
3 NP. 14	300.8	170	**109,2**	85,7	4446	8075	6,38	8,60	131,04	131,04	131,04	131,04	119,52	94,23	76,32
	300.10	170	**121,2**	95,1	5195	8975	6,55	8,60	145,44	145,44	145,44	145,44	139,35	110,10	89,18
	320.8	190	**112,4**	88,2	4621	9721	6,46	9,30	134,64	134,64	134,64	134,64	123,95	97,93	79,33
	320.10	190	**125,2**	98,3	5421	10513	6,88	9,55	150,24	150,24	150,24	150,24	145,41	114,89	93,06
	350.8	220	**117,2**	92,0	4885	11938	6,46	10,05	140,64	140,64	140,64	140,64	131,03	103,54	83,86
	350.10	220	**131,2**	103,0	5760	13967	6,65	10,30	157,44	157,44	157,44	157,44	154,50	122,07	98,88
	380.8	250	**122,0**	95,8	5148	15789	6,50	11,37	146,40	146,40	146,40	146,40	138,09	109,10	88,37
	380.10	250	**137,2**	107,7	6096	17618	6,66	11,35	164,64	164,64	164,64	164,64	163,51	129,20	104,65
	400.8	270	**125,2**	98,3	5323	18210	6,81	12,55	150,24	150,24	150,24	150,24	142,78	112,81	91,38
	400.10	270	**141,2**	110,8	6323	20344	6,67	12,00	169,44	169,44	169,44	169,44	169,44	134,00	108,54
	450.8	320	**133,2**	104,6	5762	28230	6,58	14,51	159,84	159,84	159,84	159,84	154,56	122,12	98,91
	450.10	320	**151,2**	118,7	6866	35761	6,75	15,36	181,44	181,44	181,44	181,44	181,44	145,52	117,87
	500.8	370	**141,2**	110,8	6200	33585	6,62	15,44	169,44	169,44	169,44	169,44	166,30	131,40	106,43
	500.10	370	**161,2**	126,5	7448	37753	6,80	15,31	193,44	193,44	193,44	193,44	193,44	157,85	127,86
	600.8	470	**157,2**	123,4	7077	55001	6,71	18,70	188,64	188,64	188,64	188,64	188,64	149,99	121,49
	600.10	470	**181,2**	142,2	8575	62201	6,89	18,50	217,44	217,44	217,44	217,44	217,44	181,74	147,21

Profil	Lamellen mm	a mm	F qcm	G kg/m	Jx cm⁴	Jy cm⁴	ix cm	iy cm	3,00	3,25	3,50	3,75	4,00	4,50	5,00
2NP.16	250.8	110	**88,0**	69,1	4675	4840	7,28	7,41	105,60	105,60	105,60	105,60	105,06	99,08	80,25
	250.10	110	**98,0**	76,9	5467	5361	7,46	7,39	117,60	117,60	117,60	117,60	117,60	113,62	92,03
	280.8	140	**92,8**	72,9	5014	6849	7,35	8,60	111,36	111,36	111,36	111,36	111,36	106,26	86,07
	280.10	140	**104,0**	81,6	5902	7580	7,54	8,54	124,80	124,80	124,80	124,80	124,80	124,80	101,32
	300.8	160	**96,0**	75,4	5240	8418	7,39	9,37	115,20	115,20	115,20	115,20	115,20	111,05	89,95
	300.10	160	**108,0**	84,8	6190	9318	7,57	9,30	129,60	129,60	129,60	129,60	129,60	129,60	106,26
	320.8	180	**99,2**	77,9	5465	10180	7,41	10,13	119,04	119,04	119,04	119,04	119,04	115,82	93,81
	320.10	180	**112,0**	87,9	6479	11272	7,60	10,04	134,40	134,40	134,40	134,40	134,40	134,40	111,22
	350.8	210	**104,0**	81,6	5804	13196	7,47	11,25	124,80	124,80	124,80	124,80	124,80	123,01	99,63
	350.10	210	**118,0**	92,6	6913	14625	7,65	11,14	141,60	141,60	141,60	141,60	141,60	141,60	118,67
	380.8	240	**108,8**	85,4	6144	16681	7,52	12,38	130,56	130,56	130,56	130,56	130,56	130,21	105,47
	380.10	240	**124,0**	97,4	7341	18510	7,70	12,20	148,80	148,80	148,80	148,80	148,80	148,80	126,02
	400.8	260	**112,0**	87,9	6369	19275	7,53	13,11	134,40	134,40	134,40	134,40	134,40	134,40	109,33
	400.10	260	**128,0**	100,5	7637	21408	7,72	12,92	153,60	153,60	153,60	153,60	153,60	153,60	131,10
3NP.16	300.10	160	**132,0**	103,6	7116	9403	7,36	8,45	158,40	158,40	158,40	158,40	158,40	150,81	122,16
	320.10	180	**136,0**	106,8	7404	11357	7,38	9,13	163,20	163,20	163,20	163,20	163,20	156,92	127,10
	350.10	210	**142,0**	111,5	7838	14711	7,42	10,19	170,40	170,40	170,40	170,40	170,40	166,12	134,55
	380.10	240	**148,0**	116,2	8266	18595	7,47	11,20	177,60	177,60	177,60	177,60	177,60	175,19	141,90
	400.10	260	**152,0**	119,3	8562	21494	7,50	11,88	182,40	182,40	182,40	182,40	182,40	181,46	146,98
	450.10	310	**162,0**	127,2	9285	29875	7,56	13,58	194,40	194,40	194,40	194,40	194,40	194,40	159,39
	500.10	360	**172,0**	135,1	10008	39984	7,63	15,24	206,40	206,40	206,40	206,40	206,40	206,40	171,81
	550.10	410	**182,0**	142,9	10732	51941	7,68	16,89	218,40	218,40	218,40	218,40	218,40	218,40	184,24
	600.10	460	**192,0**	150,7	11455	65873	7,72	19,00	230,40	230,40	230,40	230,40	230,40	230,40	196,65
2NP.18	250.10	100	**106,0**	83,2	7225	5513	8,25	7,22	127,20	127,20	127,20	127,20	127,20	116,84	94,64
	280.10	130	**112,0**	87,9	7767	7857	8,32	8,38	134,40	134,40	134,40	134,40	134,40	134,40	133,33
	300.10	150	**116,0**	91,1	8128	9697	8,38	9,13	139,20	139,20	139,20	139,20	139,20	139,20	139,20
	320.10	170	**120,0**	94,2	8489	11769	8,40	9,90	144,00	144,00	144,00	144,00	144,00	144,00	144,00
	350.10	200	**126,0**	98,9	9031	15320	8,46	11,01	151,20	151,20	151,20	151,20	151,20	151,20	151,20
	380.10	230	**132,0**	103,6	9573	19459	8,51	12,15	158,40	158,40	158,40	158,40	158,40	158,40	158,40
	400.10	250	**136,0**	106,8	9935	22539	8,53	12,89	163,20	163,20	163,20	163,20	163,20	163,20	163,20
	450.10	300	**146,0**	114,6	10838	31448	8,61	14,66	175,20	175,20	175,20	175,20	175,20	175,20	175,20
3NP.18	300.10	150	**144,0**	113,1	9482	9811	8,11	8,26	172,80	172,80	172,80	172,80	172,80	172,80	162,78
	320.10	170	**148,0**	116,2	9843	11883	8,15	8,96	177,60	177,60	177,60	177,60	177,60	177,60	168,97
	350.10	200	**154,0**	120,9	10385	15444	8,20	10,01	184,80	184,80	184,80	184,80	184,80	184,80	178,28
	380.10	230	**160,0**	125,6	10927	19573	8,26	11,05	192,00	192,00	192,00	192,00	192,00	192,00	187,58
	400.10	250	**164,0**	128,7	11289	22653	8,30	11,75	196,80	196,80	196,80	196,80	196,80	196,80	193,79
	450.10	300	**174,0**	136,6	12192	31562	8,36	13,47	208,80	208,80	208,80	208,80	208,80	208,80	208,80
	500.10	350	**184,0**	144,4	13095	42295	8,43	15,60	220,80	220,80	220,80	220,80	220,80	220,80	220,80
	550.10	400	**194,0**	152,3	13999	54979	8,50	17,76	232,80	232,80	232,80	232,80	232,80	232,80	232,80
	600.10	450	**204,0**	160,2	14902	69736	8,55	20,01	244,80	244,80	244,80	244,80	244,80	244,80	244,80
2NP.20	250.10	90	**114,4**	89,8	9339	5629	9,02	7,00	137,28	137,28	137,28	137,28	137,28	119,80	96,63
	280.10	120	**120,4**	94,5	10000	7996	9,10	8,14	144,48	144,48	144,48	144,48	144,48	144,48	137,27
	300.10	140	**124,4**	97,7	10442	10024	9,18	8,99	149,28	149,28	149,28	149,28	149,28	149,28	149,28
	320.10	160	**128,4**	100,8	10883	12210	9,20	9,75	154,08	154,08	154,08	154,08	154,08	154,08	154,08
	350.10	190	**134,4**	105,5	11545	15974	9,25	10,90	161,28	161,28	161,28	161,28	161,28	161,28	161,28
	380.10	220	**140,4**	110,2	12207	19045	9,34	11,65	168,48	168,48	168,48	168,48	168,48	168,48	168,48
	400.10	240	**144,4**	113,4	12649	23603	9,35	12,79	173,28	173,28	173,28	173,28	173,28	173,28	173,28
	450.10	290	**154,4**	121,2	13752	33038	9,42	14,63	185,28	185,28	185,28	185,28	185,28	185,28	185,28

Column headers as printed: **Profil** (⊏ Lamellen, mm) · **Abstand** (a, mm) · **Querschnitt** (F, qcm) · **Gewicht** (G, kg/m) · **Trägheitsmoment** (Jx cm⁴, Jy cm⁴) · **Trägheitshalbmesser** (ix cm, iy cm) · **Tragfähigkeit in Tonnen bei einer zentrischen Belastung und Stützlänge von Meter** (3,00 · 3,25 · 3,50 · 3,75 · 4,00 · 4,50 · 5,00).

Profil Lamellen mm	a mm	F qcm	G kg/m	J_x cm⁴	J_y cm⁴	i_x cm	i_y cm	3,00	3,25	3,50	3,75	4,00	4,50	5,00
3NP.20														
300.10	140	**156,6**	123,0	12353	10172	8,85	8,04	187,92	187,92	187,92	187,92	187,92	187,92	174,62
320.10	160	**160,6**	126,1	12794	12358	8,91	8,77	192,72	192,72	192,72	192,72	192,72	192,72	192,72
350.10	190	**166,6**	130,8	13456	16122	8,98	9,82	199,92	199,92	199,92	199,92	199,92	199,92	199,92
380.10	220	**172,6**	135,3	14118	19193	9,00	10,50	207,12	207,12	207,12	207,12	207,12	207,12	207,12
400.10	240	**176,6**	138,7	14560	23751	9,07	11,60	211,92	211,92	211,92	211,92	211,92	211,92	211,92
450.10	290	**186,6**	146,5	15663	33186	9,15	13,33	223,92	223,92	223,92	223,92	223,92	223,92	223,92
500.10	340	**196,6**	154,3	16766	44551	9,22	15,07	235,92	235,92	235,92	235,92	235,92	235,92	235,92
550.10	390	**206,6**	162,2	17870	57971	9,30	16,76	247,92	247,92	247,92	247,92	247,92	247,92	247,92
600.10	440	**216,6**	170,1	18973	73569	9,35	18,90	259,92	259,92	259,92	259,92	259,92	259,92	259,92
2NP.22														
250.10	80	**124,8**	98,0	11997	5817	9,79	6,82	149,76	149,76	149,76	149,76	149,76	123,28	99,85
280.10	110	**130,8**	102,8	12791	8419	9,89	8,02	156,96	156,96	156,96	156,96	156,96	156,96	144,53
300.10	130	**134,8**	105,9	13320	10428	9,93	8,80	161,76	161,76	161,76	161,76	161,76	161,76	161,76
320.10	150	**138,8**	109,0	13849	12805	9,97	9,59	166,56	166,56	166,56	166,56	166,56	166,56	166,56
350.10	180	**144,8**	113,7	14643	16822	10,06	10,79	173,76	173,76	173,76	173,76	173,76	173,76	173,76
380.10	210	**150,8**	118,5	15437	21490	10,10	11,92	180,96	180,96	180,96	180,96	180,96	180,96	180,96
400.10	230	**154,8**	121,5	15967	24977	10,15	12,70	185,76	185,76	185,76	185,76	185,76	185,76	185,76
450.10	280	**164,8**	129,4	17290	35067	10,25	14,60	197,76	197,76	197,76	197,76	197,76	197,76	197,76
3NP.22														
300.10	130	**172,2**	135,3	16010	10625	9,65	7,85	206,64	206,64	206,64	206,64	206,64	206,64	206,64
320.10	150	**176,2**	138,3	16539	13002	9,68	8,59	211,44	211,44	211,44	211,44	211,44	211,44	211,44
350.10	180	**182,2**	143,1	17333	17019	9,73	9,65	218,64	218,64	218,64	218,64	218,64	218,64	218,64
350.12	180	**196,2**	154,1	19377	18439	9,93	9,70	235,44	235,44	235,44	235,44	235,44	235,44	235,44
380.10	210	**188,2**	147,9	18127	21687	9,80	10,72	225,84	225,84	225,84	225,84	225,84	225,84	225,84
400.10	230	**192,2**	150,9	18657	25174	9,84	11,45	230,64	230,64	230,64	230,64	230,64	230,64	230,64
400.12	230	**208,2**	163,6	20993	27308	10,05	11,45	249,84	249,84	249,84	249,84	249,84	249,84	249,84
450.10	280	**202,2**	158,7	19980	35264	9,92	13,20	242,64	242,64	242,64	242,64	242,64	242,64	242,64
450.12	280	**220,2**	173,0	22608	38300	10,02	13,13	264,24	264,24	264,24	264,24	264,24	264,24	264,24
500.10	330	**212,2**	166,6	21303	47414	10,00	14,94	254,64	254,64	254,64	254,64	254,64	254,64	254,64
500.12	330	**232,2**	182,4	24223	51580	10,02	14,87	278,64	278,64	278,64	278,64	278,64	278,64	278,64
550.10	380	**222,2**	174,4	22627	61748	10,10	16,67	266,64	266,64	266,64	266,64	266,64	266,64	266,64
550.12	380	**244,2**	191,8	25839	67292	10,26	16,60	293,04	293,04	293,04	293,04	293,04	293,04	293,04
600.10	430	**232,2**	182,4	23950	78392	10,15	18,36	278,64	278,64	278,64	278,64	278,64	278,64	278,64
600.12	430	**256,2**	201,1	27454	85592	10,32	18,30	307,44	307,44	307,44	307,44	307,44	307,44	307,44
2NP.24														
250.10	70	**134,6**	105,7	15013	5877	10,57	6,61	161,52	161,52	161,52	161,52	157,37	124,55	100,89
280.10	100	**140,6**	110,4	15951	8577	10,65	7,80	168,72	168,72	168,72	168,72	168,72	168,72	147,24
300.10	120	**144,6**	113,5	16577	10726	10,69	8,60	173,52	173,52	173,52	173,52	173,52	273,52	173,52
300.12	120	**156,6**	122,9	18635	11626	10,58	8,62	187,92	187,92	187,92	187,92	187,92	187,92	187,92
320.10	140	**148,6**	116,7	17201	13164	10,77	9,41	178,32	178,32	178,32	178,32	178,32	178,32	178,32
350.10	170	**154,6**	121,4	18139	17382	10,83	10,60	185,52	185,52	185,52	185,52	185,52	185,52	185,52
350.12	170	**168,6**	132,4	20536	18795	11,03	10,52	202,32	202,32	202,32	202,32	202,32	202,32	202,32
380.10	200	**160,6**	126,1	19078	22295	10,88	11,92	192,72	192,72	192,72	192,72	192,72	192,72	192,72
400.10	220	**164,6**	129,2	19703	25970	10,95	12,56	197,52	197,52	197,52	197,52	197,52	197,52	197,52
400.12	220	**180,6**	141,8	22448	28104	11,13	12,45	216,72	216,72	216,72	216,72	216,72	216,72	216,72
450.10	270	**174,6**	137,1	21266	36617	11,05	14,49	209,52	209,52	209,52	209,52	209,52	209,52	209,52
450.12	270	**192,6**	151,2	24348	39653	11,21	14,32	231,12	231,12	231,12	231,12	231,12	231,12	231,12

Profil	La-mellen mm	a mm	F qcm	G kg/m	J_x cm⁴	J_y cm⁴	i_x cm	i_y cm	3,00	3,25	3,50	3,75	4,00	4,50	5,00
3 NP . 24	300.10	120	**186,9**	146,7	20175	10974	10,38	7,65	224,28	224,28	224,28	224,28	224,28	224,28	188,40
	320.10	140	**190,9**	149,9	20799	13412	10,45	8,38	229,08	229,08	229,08	229,08	229,08	229,08	229,08
	350.10	170	**196,9**	154,6	21737	17630	10,50	9,46	236,28	236,28	236,28	236,28	236,28	236,28	236,28
	350.12	170	**210,9**	165,6	24134	19043	10,68	9,50	253,08	253,08	253,08	253,08	253,08	253,08	253,08
	380.10	200	**202,9**	159,3	22676	22543	10,59	10,54	243,48	243,48	243,48	243,48	243,48	243,48	243,48
	400.10	220	**206,9**	162,4	23301	26218	10,62	11,26	248,28	248,28	248,28	248,28	248,28	248,28	248,28
	400.12	220	**222,9**	175,0	26046	28352	10,80	11,50	267,48	267,48	267,48	267,48	267,48	267,48	267,48
	450.10	270	**216,9**	170,3	24864	36865	10,71	13,05	260,28	260,28	260,28	260,28	260,28	260,28	260,28
	450.12	270	**234,9**	184,4	27946	39901	10,91	13,00	281,88	281,88	281,88	281,88	281,88	281,88	281,88
	500.10	320	**226,9**	178,1	26427	49693	10,80	14,80	272,28	272,28	272,28	272,28	272,28	272,28	272,28
	500.12	320	**246,9**	193,8	30859	53860	11,16	14,72	296,28	296,28	296,28	296,28	296,28	296,28	296,28
	550.10	370	**236,9**	186,0	27991	64829	10,87	16,53	284,28	284,28	284,28	284,28	284,28	284,28	284,28
	550.12	370	**258,9**	203,3	32765	70366	11,50	16,48	310,68	310,68	310,68	310,68	310,68	310,68	310,68
	600.10	420	**246,9**	193,8	29554	82397	10,95	18,28	296,28	296,28	296,28	296,28	296,28	296,28	296,28
	600.12	420	**270,9**	212,7	33673	89597	11,13	18,15	325,08	325,08	325,08	325,08	325,08	325,08	325,08
2 NP . 26	250.10	60	**146,6**	115,1	18763	6012	11,31	6,40	175,92	175,92	175,92	175,92	161,26	127,42	103,21
	280.10	90	**152,6**	119,8	19855	8838	11,40	7,60	183,12	183,12	183,12	183,12	183,12	183,12	151,72
	300.10	110	**156,6**	123,0	20584	11102	11,45	8,42	187,92	187,92	187,92	187,92	187,92	187,92	187,92
	300.12	110	**168,6**	132,4	22972	12002	11,65	8,44	202,32	202,32	202,32	202,32	202,32	202,32	202,32
	320.10	130	**160,6**	126,1	21315	13677	11,54	9,16	192,27	192,27	192,27	192,27	192,27	192,27	192,27
	350.10	160	**166,6**	130,8	22409	18147	11,60	10,45	199,92	199,92	199,92	199,92	199,92	199,92	199,92
	350.12	160	**180,6**	141,8	25193	19577	11,80	10,38	216,72	216,72	216,72	216,72	216,72	216,72	216,72
	380.10	190	**172,6**	135,5	23501	23367	11,68	11,61	207,12	207,12	207,12	207,12	207,12	207,12	207,12
	400.10	210	**176,6**	138,6	24233	27276	11,72	12,43	211,92	211,92	211,92	211,92	211,92	211,92	211,92
	400.12	210	**192,6**	151,2	27414	29410	11,91	12,35	231,12	231,12	231,12	231,12	231,12	231,12	231,12
	450.10	260	**186,6**	146,5	26056	38612	11,83	14,40	293,92	293,92	293,92	293,92	293,92	293,92	293,92
	450.12	260	**204,6**	160,6	29635	41651	12,00	14,28	245,52	245,52	245,52	245,52	245,52	245,52	245,52
3 NP . 26	300.10	110	**204,9**	161,0	25407	11419	11,13	7,49	245,88	245,88	245,88	245,88	245,88	242,02	196,03
	320.10	130	**208,9**	164,0	26138	13994	11,19	8,17	250,68	250,68	250,68	250,68	250,68	250,68	240,24
	350.10	160	**214,9**	168,7	27232	18464	11,26	9,27	257,88	257,88	257,88	257,88	257,88	257,88	257,88
	350.12	160	**228,9**	179,7	30016	19894	11,48	9,32	274,68	274,68	274,68	274,68	274,68	274,68	274,68
	380.10	190	**220,9**	173,4	28324	23684	11,30	11,32	265,08	265,08	265,08	265,08	265,08	265,08	265,08
	400.10	210	**224,9**	176,6	29056	27593	11,38	11,10	269,88	269,88	269,88	269,88	269,88	269,88	269,88
	400.12	210	**240,9**	189,1	32237	29727	11,53	11,10	289,08	289,08	289,08	289,08	289,08	289,08	289,08
	450.10	260	**234,9**	184,4	30879	38929	11,48	13,03	281,88	281,88	281,88	281,88	281,88	281,88	281,88
	450.12	260	**252,9**	198,5	34458	41968	11,66	12,86	303,48	303,48	303,48	303,48	303,48	303,48	303,48
	500.10	310	**244,9**	192,3	32702	52598	11,56	14,67	293,88	293,88	293,88	293,88	293,88	293,88	293,88
	500.12	310	**264,9**	208,0	36679	56765	11,78	14,62	317,88	317,88	317,88	317,88	317,88	317,88	317,88
	550.10	360	**254,9**	200,1	34526	68724	11,65	16,43	305,88	305,88	305,88	305,88	305,88	305,88	305,88
	550.12	360	**276,9**	217,4	38900	74111	11,82	16,35	332,28	332,28	332,28	332,28	332,28	332,28	332,28
	600.10	410	**264,9**	208,0	36349	87431	11,71	18,17	317,88	317,88	317,88	317,88	317,88	317,88	317,88
	600.12	410	**288,9**	226,8	41122	94632	11,93	18,10	346,68	346,68	346,68	346,68	346,68	346,68	346,68

The columns 3,00–5,00 give **Tragfähigkeit in Tonnen bei einer zentrischen Belastung und Stützlänge von Meter**. The header groups are **Trägheitsmoment** (J_x, J_y) and **Trägheitshalbmesser** (i_x, i_y).

Profil		Abstand	Quer-schnitt	Gewicht	Trägheits-moment		Trägheits-halbmesser		Tragfähigkeit in Tonnen bei einer zentrischen Belastung und Stützlänge von Meter						
⌶	La-mellen mm	a mm	F qcm	G kg|m	J_x cm⁴	J_y cm⁴	i_x cm	i_y cm	3,00	3,25	3,50	3,75	4,00	4,50	5,00
2 NP . 28	280.10	80	**162,6**	127,7	24332	9002	12,21	7,44	195,12	195,12	195,12	195,12	195,12	190,79	154,54
	300.10	100	**166,6**	130,8	25173	11342	12,25	8,24	199,92	199,92	199,92	199,92	199,92	199,92	194,71
	300.12	100	**178,6**	140,2	27908	12242	12,50	8,28	214,32	214,32	214,32	214,32	214,32	214,32	210,16
	350.10	150	**176,6**	138,6	27275	18668	12,44	10,30	211,92	211,92	211,92	211,92	211,92	211,92	211,92
	350.12	150	**190,6**	149,6	30468	21097	12,61	10,50	228,72	228,72	228,72	228,72	228,72	228,72	228,72
	400.10	200	**186,6**	146,5	29379	28201	12,55	12,30	223,92	223,92	223,92	223,92	223,92	223,92	223,92
	400.12	200	**202,6**	159,0	33027	30334	12,76	12,20	243,12	243,12	243,12	243,12	243,12	243,12	243,12
	450.10	250	**196,6**	154,3	31482	40067	12,65	14,28	235,92	235,92	235,92	235,92	235,92	235,92	235,92
	450.12	250	**214,6**	168,5	35587	43103	12,88	14,17	257,52	257,52	257,52	257,52	257,52	257,52	257,52
3 NP . 28	350.10	150	**229,9**	180,5	33551	19067	12,09	9,10	275,88	275,88	275,88	275,88	275,88	275,88	275,88
	350.12	150	**243,9**	191,5	36744	21496	12,28	9,38	292,68	292,68	292,68	292,68	292,68	292,68	292,68
	400.10	200	**239,9**	188,3	35655	28600	12,20	10,92	287,88	287,88	287,88	287,88	287,88	287,88	287,88
	400.12	200	**255,9**	200,9	39303	30733	12,38	10,95	307,08	307,08	307,08	307,08	307,08	307,08	307,08
	450.10	250	**249,9**	196,2	37758	40466	12,30	12,72	299,88	299,88	299,88	299,88	299,88	299,88	299,88
	450.12	250	**267,9**	210,3	41863	43502	12,50	12,74	321,48	321,48	321,48	321,48	321,48	321,48	321,48
	500.10	300	**259,9**	204,0	39861	54789	12,40	14,51	311,88	311,88	311,88	311,88	311,88	311,88	311,88
	500.12	300	**279,9**	219,7	44424	58955	12,60	14,50	335,88	335,88	335,88	335,88	335,88	335,88	335,88
	550.10	350	**269,9**	211,9	41965	71695	12,48	16,30	323,88	233,88	323,88	323,88	323,88	323,88	323,88
	550.12	350	**291,9**	229,2	46983	77239	12,68	16,25	350,28	350,28	350,28	350,28	350,28	350,28	350,28
	600.10	400	**279,9**	219,7	44068	91307	12,55	18,06	335,88	335,88	335,88	335,88	335,88	335,88	335,88
	600.12	400	**303,9**	238,6	49540	98507	12,76	18,00	364,68	364,68	364,68	364,68	364,68	364,68	364,68
2 NP . 30	280.10	70	**173,6**	136,3	29511	9168	13,05	7,28	208,32	208,32	208,32	208,32	208,32	194,30	157,39
	300.10	90	**177,6**	139,5	30473	11586	13,10	8,06	213,12	213,12	213,12	213,12	213,12	213,12	198,90
	300.12	90	**189,6**	148,8	33583	12486	13,30	8,13	227,52	227,52	227,52	227,52	227,52	227,52	214,35
	350.10	140	**187,6**	147,3	32875	19201	13,23	10,07	225,12	225,12	225,12	225,12	225,12	225,12	225,12
	350.12	140	**201,6**	158,3	36506	20692	13,43	10,12	241,92	241,92	241,92	241,92	241,92	241,92	241,92
	400.10	190	**197,6**	155,1	35279	29160	13,37	12,15	237,12	237,12	237,12	237,12	237,12	237,12	237,12
	400.12	190	**213,6**	167,7	39426	31294	13,55	12,10	256,32	256,32	256,32	256,32	256,32	256,32	256,32
	450.10	240	**207,6**	163,0	37682	41590	13,47	14,15	249,12	249,12	249,12	249,12	249,12	249,12	249,12
	450.12	240	**225,6**	177,1	42350	44627	13,78	14,05	270,72	270,72	270,72	270,72	270,72	270,72	270,72
3 NP . 30	350.10	140	**246,4**	193,4	40901	19696	12,88	8,93	295,68	295,68	295,68	295,68	295,68	295,68	295,68
	350.12	140	**260,4**	204,4	44534	21187	13,05	9,00	312,48	312,48	312,48	312,48	312,48	312,48	312,48
	400.10	190	**256,4**	201,3	43305	29655	13,00	10,76	307,68	307,68	307,68	307,68	307,68	307,68	307,68
	400.12	190	**272,4**	213,9	47452	31789	13,18	10,80	326,88	326,88	326,88	326,88	326,88	326,88	326,88
	450.10	240	**266,4**	209,2	45708	42085	13,10	12,58	319,68	319,68	319,68	319,68	319,68	319,68	319,68
	450.12	240	**284,4**	223,3	50376	45122	13,30	12,60	341,28	341,28	341,28	341,28	341,28	341,28	341,28
	500.10	290	**276,4**	217,0	48111	57110	13,20	14,39	331,68	331,68	331,68	331,68	331,68	331,68	331,68
	500.12	290	**296,4**	232,7	53298	61275	13,40	14,35	355,68	355,68	355,68	355,68	355,68	355,68	355,68
	550.10	340	**286,4**	224,8	50515	74854	13,29	16,16	343,68	343,68	343,68	343,68	343,68	343,68	343,68
	550.12	340	**308,4**	242,1	56220	80399	13,50	16,15	370,08	370,08	370,08	370,08	370,08	370,08	370,08
	600.10	390	**296,4**	232,7	52918	95443	13,36	17,95	355,68	355,68	355,68	355,68	355,68	355,68	355,68
	600.12	390	**320,4**	251,5	59139	102643	13,58	17,88	384,48	384,48	384,48	384,48	384,48	384,48	384,48

Stützen aus vier gleichschenkligen ⌐-Eisen.

Stützenanordnung.

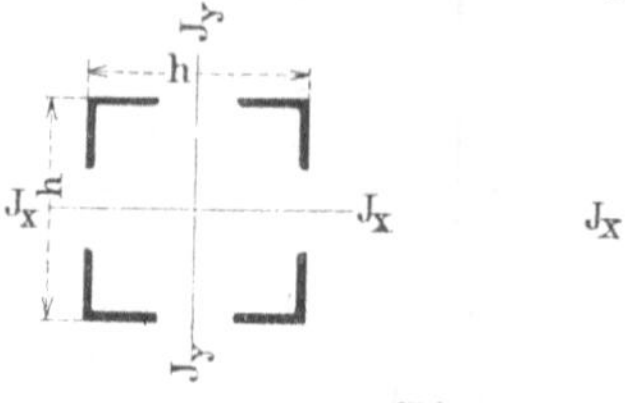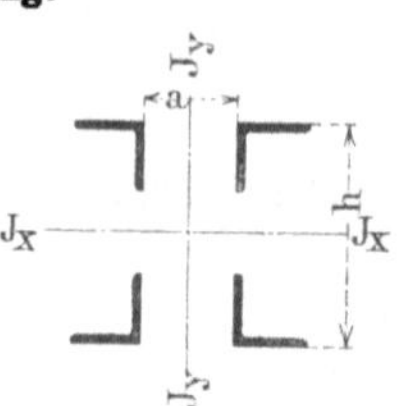

Bindung

| durch Traversen | | durch Gitterstäbe |

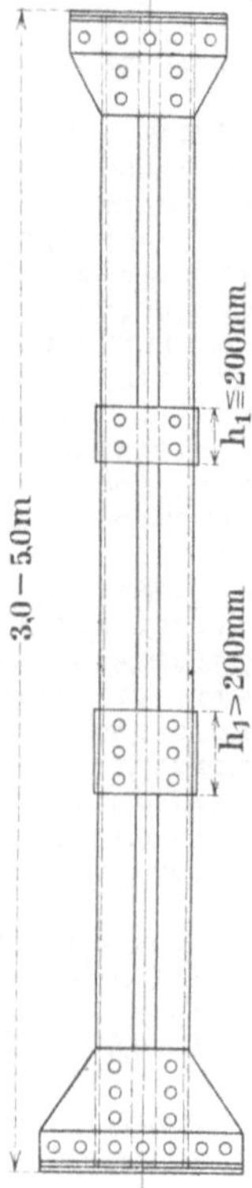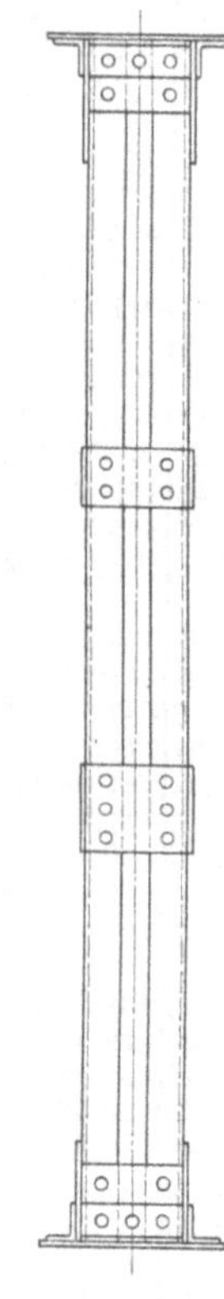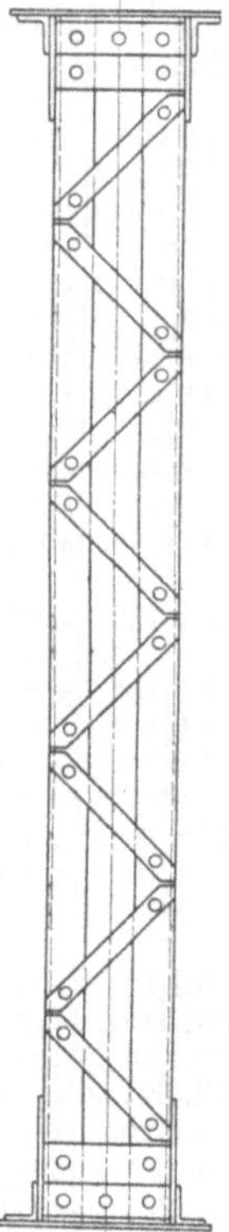

a = lichter Abstand der ⌐-Eisen für welchen mindestens $J_y = J_x$ wird.

i = Trägheitshalbmesser für die Haupt-

achsen x—x und y—y $= \sqrt{\dfrac{J_x}{F}}$

l_0 = Grenzknicklänge (nach Tetmajer)
$= 105\ i.$

The column headers, repeated for both halves of the page, are:

| | | | | | Tragfähigkeit in Tonnen bei zentrischer Belastung und einer Stützlänge von | | |

with sub-columns **3,00 m**, **4,00 m**, **5,00 m**. Units: h (mm), a (mm), i (cm), J_x (cm^4), W_x (cm^3).

4 L 60 × 60 × 6
F = 27,64 qcm; G = 21,68 kg/lfdm.

h	a	i	J_x	W_x	3,00 m	4,00 m	5,00 m
140	75	5,61	870	124		23,33	14,92
150	85	6,09	1023	137		27,44	17,56
160	95	6,57	1190	149		31,92	20,42
170	105	7,05	1373	162			23,57
180	115	7,54	1568	174			26,91
190	125	8,02	1777	187	33,12		30,50
200	135	8,51	2000	200			
250	185	10,96	3316	265		33,12	
300	235	13,43	4981	332			33,12
350	285	15,91	6990	399			
400	335	18,39	9344	467			

4 L 60 × 60 × 8
F = 36,12 qcm; G = 28,36 kg/lfdm.

a	i	J_x	W_x	3,00 m	4,00 m	5,00 m
70	5,53	1104	158		29,61	18,95
80	6,00	1302	174		34,92	22,35
90	6,48	1518	190		40,71	26,06
100	6,97	1753	206			30,09
110	7,45	2005	223			34,42
120	7,94	2275	239	43,34		39,05
130	8,42	2563	256			
180	10,88	4275	342		43,34	
230	13,35	6439	429			43,34
280	15,83	9053	517			
330	18,31	12120	606			

4 L 65 × 65 × 7
F = 34,8 qcm; G = 27,32 kg/lfdm.

h	a	i	J_x	W_x	3,00 m	4,00 m	5,00 m
140	70	5,51	1056	151		28,32	18,12
150	80	5,98	1244	166		33,36	21,35
160	90	6,45	1450	181		38,89	24,89
170	100	6,93	1672	197			28,70
180	110	7,41	1913	213			32,84
190	120	7,89	2170	228	41,76		37,25
200	130	8,38	2445	244			
250	180	10,82	4081	326		41,76	
300	230	13,30	6151	410			41,76
350	280	15,77	8657	495			
400	330	18,25	11597	580			

4 L 65 × 65 × 9
F = 43,92 qcm; G = 34,48 kg/lfdm.

a	i	J_x	W_x	3,00 m	4,00 m	5,00 m
65	5,43	1294	185		34,70	22,21
75	5,90	1528	204		40,98	26,23
85	6,37	1783	223		47,82	30,60
95	6,85	2061	242			35,38
105	7,34	2365	263			40,60
115	7,82	2687	283	52,70		46,12
125	8,31	3031	303			52,03
175	10,76	5081	406		52,70	
225	13,21	7668	511			
275	15,70	10812	618			52,70
325	18,17	14506	725			

4 L 70 × 70 × 7
F = 37,6 qcm; G = 29,52 kg/lfdm.

h	a	i	J_x	W_x	3,00 m	4,00 m	5,00 m
160	85	6,39	1537	192		41,22	26,38
170	95	6,86	1772	208			30,42
180	105	7,35	2028	225			34,81
190	115	7,82	2301	242			39,50
200	125	8,30	2594	259	45,12		44,53
250	175	10,74	4338	347		45,12	
300	225	13,20	6553	437			
350	275	15,68	9238	528			45,12
400	325	18,15	12393	620			

4 L 70 × 70 × 9
F = 47,6 qcm; G = 37,36 kg/lfdm.

a	i	J_x	W_x	3,00 m	4,00 m	5,00 m
80	6,31	1895	236		50,83	32,53
90	6,78	2190	258			37,60
100	7,26	2509	279			43,07
110	7,74	2852	300			48,96
120	8,22	3219	322	57,12		55,24
170	10,67	5408	433		57,12	
220	13,12	8193	546			
270	15,60	11573	661			57,12
320	18,08	15547	777			

4 L 80 × 80 × 8
F = 49,2 qcm; G = 38,64 kg/lfdm.

h	a	i	J_x	W_x	3,00 m	4,00 m	5,00 m
180	90	7,16	2524	280			43,33
190	100	7,63	2868	302			49,23
200	110	8,11	3236	324			55,55
220	130	9,07	4047	368			
240	150	10,04	4956	413			
260	170	11,01	5964	459			
280	190	12,00	7070	505	59,04	59,04	
300	210	12,97	8274	552			59,04
350	260	15,44	11716	669			
400	310	17,90	15772	787			
450	360	20,39	20443	909			
500	410	22,87	25731	1029			

4 L 80 × 80 × 10
F = 60,4 qcm; G = 47,44 kg/lfdm.

a	i	J_x	W_x	3,00 m	4,00 m	5,00 m
90	7,08	3029	337			52,00
100	7,55	3446	363			59,15
110	8,03	3894	389			66,84
130	8,99	4880	444			
150	9,95	5986	499			
170	10,93	7214	555			
190	11,90	8562	612	72,48	72,48	
210	12,88	10031	669			72,48
260	15,35	14231	813			
310	17,82	19187	959			
360	20,30	24898	1107			
410	22,79	31364	1255			

h	a	i	J_x	W_x	Tragfähigkeit in Tonnen bei zentrischer Belastung und einer Stützlänge von 3,00	4,00	5,00	a	i	J_x	W_x	Tragfähigkeit in Tonnen bei zentrischer Belastung und einer Stützlänge von 3,00	4,00	5,00
mm	mm	cm	cm^4	cm^3	m	m	m	mm	cm	cm^4	cm^3	m	m	m

4 ∟ 90×90×9 F = 62,0 qcm; G = 48,68 kg/lfdm.   **4 ∟ 90×90×11** F = 74,8 qcm; G = 58,72 kg/lfdm.

h	a	i	J_x	W_x	3,00	4,00	5,00	a	i	J_x	W_x	3,00	4,00	5,00
200	100	7,94	3914	391			67,19	100	7,86	4626	463			79,40
220	120	8,89	4901	446				120	8,81	5804	528			
240	140	9,85	6012	501				140	9,76	7133	594			
260	160	10,81	7247	557				160	10,73	8611	662			
280	180	11,79	8606	614	74,40	74,40		180	11,70	10239	731	89,76	89,76	
300	200	12,76	10090	673				200	12,68	12016	801			
350	250	15,20	14340	819			74,40	250	15,13	17113	978			89,76
400	300	17,67	19365	968				300	17,60	23146	1157			
450	350	20,15	25164	1118				350	20,07	30114	1338			
500	400	22,62	31740	1270				400	22,54	38016	1521			

4 ∟ 100×100×10 F = 76,8 qcm; G = 60,28 kg/lfdm.   **4 ∟ 100×100×12** F = 90,8 qcm; G = 71,28 kg/lfdm.

h	a	i	J_x	W_x	3,00	4,00	5,00	a	i	J_x	W_x	3,00	4,00	5,00
220	110	8,72	5847	532				105	8,64	6785	617			
240	130	9,67	7180	598				125	9,59	8347	696			
260	150	10,63	8667	667				145	10,54	10091	776			
280	170	11,59	10307	736				165	11,50	12015	858			
300	190	12,56	12101	807				185	12,46	14122	941			
320	210	13,53	14049	878				205	13,44	16410	1026			
340	230	14,51	16150	950	92,16	92,16	92,16	225	14,41	18880	1111	108,96	108,96	108,96
360	250	15,48	18405	1023				245	15,40	21531	1196			
380	270	16,47	20813	1095				265	16,38	24364	1282			
400	290	17,44	23376	1169				285	17,36	27378	1369			
450	340	19,91	30453	1353				335	19,83	35710	1587			
500	390	22,39	38490	1540				385	22,30	45176	1807			
550	440	24,86	47487	1727				435	24,78	55777	2028			
600	490	27,35	57444	1915				485	27,27	67512	2250			

4 ∟ 110×110×10 F = 84,8 qcm; G = 66,56 kg/lfdm.   **4 ∟ 110×110×12** F = 100,4 qcm; G = 78,80 kg/lfdm.

h	a	i	J_x	W_x	3,00	4,00	5,00	a	i	J_x	W_x	3,00	4,00	5,00
240	120	9,54	7718	643				115	9,46	8983	749			
260	140	10,48	9317	717				135	10,40	10861	835			
280	160	11,43	11086	792				155	11,35	12939	924			
300	180	12,40	13025	868				175	12,30	15218	1015			
320	200	13,37	15133	946				195	13,27	17698	1106			
340	220	14,33	17411	1024				215	14,25	20379	1199			
360	240	15,31	19858	1103	101,76	101,76	101,76	235	15,22	23260	1292	120,48	120,48	120,48
380	260	16,28	22475	1183				255	16,20	26342	1386			
400	280	17,26	25261	1263				275	17,18	29626	1481			
450	330	19,72	32970	1465				325	19,63	38712	1721			
500	380	22,19	41738	1670				375	22,10	49053	1961			
550	430	24,66	51566	1875				425	24,58	60649	2205			
600	480	27,14	62455	2082				475	27,06	73500	2450			

4 ∟ 120×120×11 F = 101,6 qcm; G = 79,76 kg/lfdm.   **4 ∟ 120×120×13** F = 118,8 qcm; G = 93,24 kg/lfdm.

h	a	i	J_x	W_x	3,00	4,00	5,00	a	i	J_x	W_x	3,00	4,00	5,00
260	130	10,34	10805	831				125	10,23	12433	956			
280	150	11,26	12865	919				145	11,17	14823	1059			
300	170	12,20	15129	1009	121,92	121,92	121,92	165	12,12	17451	1163	142,56	142,56	142,56
320	190	13,17	17596	1100				185	13,08	20317	1270			
340	210	14,13	20266	1192				205	14,04	23420	1378			

4 L 120×120×11
F = 101,6 qcm; G = 79,76 kg/lfdm.

h	a	i	J_x	W_x	3,00 m	4,00 m	5,00 m
mm	mm	cm	cm⁴	cm³			
360	230	15,10	23139	1286			
380	250	16,07	26215	1380			
400	270	17,03	29495	1475			
420	290	18,01	32978	1570			
440	310	19,00	36664	1667			
460	330	19,98	40553	1763			
480	350	20,96	44646	1860	121,92	121,92	121,92
500	370	21,95	48941	1958			
550	420	24,42	60569	2203			
600	470	26,89	73467	2449			
650	520	29,37	87636	2696			
700	570	31,85	103074	2945			
750	620	34,34	119782	3194			
800	670	36,82	137760	3444			

4 L 120×120×13
F = 118,8 qcm; G = 93,24 kg/lfdm.

a	i	J_x	W_x	3,00 m	4,00 m	5,00 m
mm	cm	cm⁴	cm³			
225	15,01	26760	1487			
245	15,98	30338	1597			
265	16,96	34155	1708			
285	17,93	38208	1819			
305	18,91	42499	1932			
325	19,90	47028	2045			
345	20,88	51794	2158	142,56	142,56	142,56
365	21,87	56798	2272			
415	24,31	70347	2558			
465	26,80	85381	2846			
515	29,29	101900	3135			
565	31,77	119904	3426			
615	34,25	139394	3717			
665	36,74	160368	4009			

4 L 130×130×12
F = 120,0 qcm; G = 94,20 kg/lfdm.

h	a	i	J_x	W_x	3,00 m	4,00 m	5,00 m
mm	mm	cm	cm⁴	cm³			
280	135	11,09	14766	1055			
300	155	12,03	17373	1158			
320	175	12,98	20220	1264			
340	195	13,93	23307	1371			
360	215	14,90	26633	1480			
380	235	15,87	30200	1589			
400	255	16,84	34006	1700			
420	275	17,81	38052	1812			
440	295	18,79	42339	1924			
460	315	19,77	46865	2038	144,00	144,00	144,00
480	335	20,74	51632	2151			
500	355	21,72	56638	2266			
550	405	24,19	70204	2553			
600	455	26,65	85270	2842			
650	505	29,13	101836	3133			
700	555	31,61	119901	3426			
750	605	34,09	139467	3719			
800	655	36,58	160533	4013			

4 L 130×130×14
F = 138,8 qcm; G = 108,96 kg/lfdm.

a	i	J_x	W_x	3,00 m	4,00 m	5,00 m
mm	cm	cm⁴	cm³			
135	11,01	16827	1202			
155	11,95	19820	1321			
175	12,90	23090	1443			
195	13,86	26638	1567			
215	14,81	30463	1692			
235	15,78	34566	1819			
255	16,75	38946	1947			
275	17,72	43604	2076			
295	18,70	48540	2206			
315	19,68	53753	2337	166,56	166,56	166,56
335	20,66	59244	2469			
355	21,64	65013	2601			
405	24,11	80649	2933			
455	26,58	98019	3267			
505	29,05	117125	3604			
555	31,53	137966	3942			
605	34,01	160542	4281			
655	36,49	184853	4621			

4 L 140×140×13
F = 140,0 qcm; G = 109,92 kg/lfdm.

h	a	i	J_x	W_x	3,00 m	4,00 m	5,00 m
mm	mm	cm	cm⁴	cm³			
300	145	11,88	19740	1316			
320	165	12,81	22981	1436			
340	185	13,76	26504	1559			
360	205	14,72	30306	1683			
380	225	15,68	34389	1810			
400	245	16,64	38751	1937			
420	265	17,61	43394	2066			
440	285	18,58	48316	2196	168,00	168,00	168,00
460	305	19,56	53518	2327			
480	325	20,53	59001	2458			
500	345	21,51	64763	2591			
550	395	23,97	80394	2922			
600	445	26,43	97775	3259			
650	495	28,89	116906	3597			

4 L 140×140×15
F = 160,0 qcm; G = 125,6 kg/lfdm.

a	i	J_x	W_x	3,00 m	4,00 m	5,00 m
mm	cm	cm⁴	cm³			
140	11,80	22252	1483			
160	12,73	25932	1621			
180	13,68	29932	1760			
200	14,63	34252	1903			
220	15,60	38892	2047			
240	16,56	43852	2193			
260	17,52	49132	2340			
280	18,50	54732	2488	192,00	192,00	192,00
300	19,47	60652	2637			
320	20,45	66892	2787			
340	21,42	73452	2938			
390	23,88	91252	3318			
440	26,35	111052	3702			
490	28,82	132852	4088			

| h | a | i | J_x | W_x | Tragfähigkeit in Tonnen bei zentrischer Belastung und einer Stützlänge von | | | a | i | J_x | W_x | Tragfähigkeit in Tonnen bei zentrischer Belastung und einer Stützlänge von | | |
| | | | | | 3,00 | 4,00 | 5,00 | | | | | 3,00 | 4,00 | 5,00 |
mm	mm	cm	cm⁴	cm³	m	m	m	mm	cm	cm⁴	cm³	m	m	m
4 L 140×140×13 F = 140,0 qcm; G = 109,92 kg/lfdm.								4 L 140×140×15 F = 160,0 qcm; G = 125,6 kg/lfdm.						
700	545	31,37	137787	3937	168,00	168,00	168,00	540	31,30	156652	4476	192,00	192,00	192,00
750	595	33,85	160417	4278				590	33,77	182452	4865			
800	645	36,33	184796	4620				640	36,25	210252	5256			
850	695	38,82	210929	4963				690	38,73	240052	5648			
900	745	41,30	238810	5307				740	41,22	271852	6041			
4 L 150×150×14 F = 161,2 qcm; G = 126,56 kg/lfdm.								4 L 150×150×16 F = 182,8 qcm; G = 143,48 kg lfdm.						
320	155	12,66	25825	1614	193,44	193,44	193,44	150	12,55	28819	1801	219,36	219,36	219,36
340	175	13,60	29791	1752				170	13,50	33280	1958			
360	195	14,54	34079	1893				190	14,44	38106	2117			
380	215	15,50	38689	2036				210	15,40	43297	2279			
400	235	16,45	43622	2181				230	16,35	48854	2443			
420	255	17,41	48877	2327				250	17,31	54777	2608			
440	275	18,38	54455	2475				270	18,28	61065	2776			
460	295	19,35	60355	2624				290	19,25	67719	2944			
480	315	20,32	66577	2774				310	20,22	74739	3114			
500	335	21,30	73122	2925				330	21,20	82124	3285			
550	385	23,75	90894	3305				380	23,64	102186	3716			
600	435	26,20	110681	3689				430	26,10	124534	4151			
650	485	28,67	132483	4076				480	28,57	149166	4590			
700	535	31,14	156301	4466				530	31,04	176083	5031			
750	585	33,61	182133	4857				580	33,51	205285	5474			
800	635	36,09	209980	5250				630	35,99	236773	5919			
850	685	38,58	239843	5643				680	38,47	270545	6366			
900	735	41,06	271720	6038				730	40,95	306602	6813			
4 L 160×160×15 F = 184,4 qcm; G = 144,76 kg/lfdm.								4 L 160×160×17 F = 207,2 qcm; G = 162,64 kg/lfdm.						
340	160	13,42	33209	1953	221,28	221,28	221,28	160	13,32	36763	2163	248,64	248,64	248,64
360	180	14,36	38003	2111				180	14,26	42109	2339			
380	200	15,30	43166	2272				200	15,20	47869	2519			
400	220	16,25	48698	2435				220	16,15	54044	2703			
420	240	17,20	54599	2600				240	17,11	60633	2887			
440	260	18,16	60869	2767				260	18,07	67636	3074			
460	280	19,13	67507	2935				280	19,03	75054	3263			
480	300	20,10	74514	3105				300	20,00	82886	3453			
500	320	21,07	81890	3276				320	20,97	91132	3645			
550	370	23,51	101944	3707				370	23,41	113562	4130			
600	420	25,96	124302	4143				420	25,86	138581	4619			
650	470	28,42	148966	4584				470	28,32	166191	5114			
700	520	30,89	175934	5027				520	30,79	196390	5611			
750	570	33,36	205208	5472				570	33,26	229179	6111			
800	620	35,83	236786	5920				620	35,73	264559	6614			
850	670	38,31	270670	6369				670	38,21	302528	7118			
900	720	40,79	306858	6819				720	40,70	343088	7624			
950	770	43,27	345352	7271				770	43,18	386237	8131			
1000	820	45,76	386150	7723				820	45,66	431976	8640			

II. Blechträger.

Berechnung der Trägheits- und Widerstandsmomente.

Werden mehrere Profile so zusammengesetzt, daß sie als Glieder einer verbundenen Konstruktion wirken, so muß die gesamte Tragfähigkeit auf Grund der neu zu bestimmenden Hauptachsen ermittelt werden. Das Trägheitsmoment des zusammengesetzten Querschnitts ist gleich der Summe der Trägheitsmomente der Einzelquerschnitte, bezogen auf die Schwerlinie des Gesamtquerschnittes. Das Trägheitsmoment des Einzelquerschnittes bezogen auf diese Gesamtschwerachse ist allgemein

$$J = J' + F \cdot x^2.$$

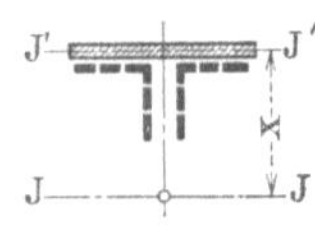

$J' =$ Trägheitsmoment des Einzelquerschnittes auf die eigene Schwerachse in cm⁴,

$F =$ Querschnitt des Einzelquerschnittes in qcm,

$x =$ Schwerpunktsabstand des Einzelquerschnittes von der Gesamtschwerachse.

Beispiel.

Berechnung des Widerstandsmomentes eines Blechträgers.

1. **Unter Benutzung der Profiltabellen.** Das J der Lamellen auf ihre eigene Schwerachse ist vernachlässigt worden.

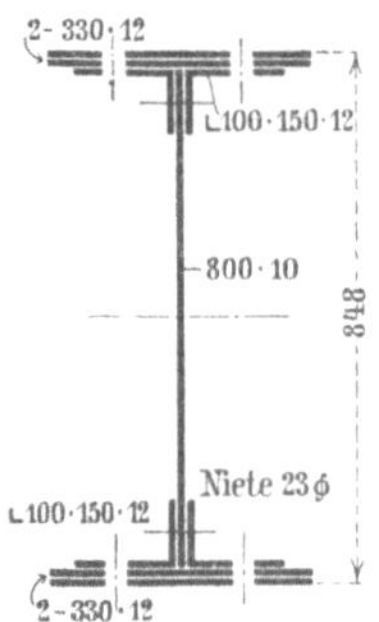

$$J_{\text{Stehblech}} = \frac{1,0 \cdot 80,0^3}{12} \qquad\qquad = 42866 \text{ cm}^4$$

$$J_{\text{⌐⌐-Eisen}} = 4\left[232 + 28,7\left(\frac{80,0}{2} - 2,42\right)^2\right] \qquad = 163055 \text{ ,,}$$

$$J_{\text{Lamelle}} = 4 \cdot 33,0 \cdot 1,2 \cdot \left(\frac{80,0}{2} + 1,2\right)^2 \qquad = 268874 \text{ ,,}$$

$$\overline{J = 474595 \text{ cm}^4}$$

$$\text{Abzug } J_{\text{Nietlöcher}} = 4\left[2,3 \cdot \frac{3,6^3}{12} + 2,3 \cdot 3,6 \cdot \left(\frac{84,8}{2} - \frac{3,6}{2}\right)^2\right] = 54592 \text{ ,,}$$

Trägheitsmoment obenstehenden Blechträgers $J = 420003$ cm⁴ damit bestimmt sich

$$W = \frac{2J}{h} = \frac{2 \cdot 420003}{84,8} = \qquad\qquad \backsim 9905 \text{ cm}^3.$$

2. **Berechnung mittels Rechtecken.** Der Querschnitt des Blechträgers ist als Differenz einzelner Rechtecke anzusehen und danach das Trägheitsmoment zu bestimmen.

$$J = (33 - 2 \cdot 2{,}3)\,\frac{84{,}8^3}{12} - (33 - 2 \cdot 15 - 1{,}0) \cdot \frac{80^3}{12} - \left[2 \cdot (15{,}0 - 1{,}2) - 2 \cdot 2{,}3\right]$$

$$\frac{(80 - 2{,}4)^3}{12} - 2 \cdot 1{,}2 \cdot \frac{(80 - 20)^3}{12}$$

$$= 1443193{,}38 - \quad 85333{,}30$$
$$895636{,}13$$
$$\underline{43200{,}00}$$
$$= 1443193{,}38 - 1024169{,}43$$
$$= \quad 419023{,}95 \ \mathrm{cm}^4;$$

damit bestimmt sich

$$W = \frac{419023{,}95}{42{,}4} = 9882{,}64 \ \mathrm{cm}^3.$$

Die zweite Berechnungsart liefert demnach ein um 0,23 % geringeres Widerstandsmoment als die erste Berechnungsart, indem die L Abrundungen unberücksichtigt geblieben sind.

Nietteilungen:

Nietteilung der **Gurtwinkel** in cm: $t \gtrless \dfrac{d\,\delta\,\sigma_l}{Q} \cdot \dfrac{J}{S}$ (Lochleibung)

und gleichzeitig $t \gtrless \dfrac{2 \cdot \frac{1}{4}\,\pi\,d^2\,\sigma_s}{Q} \cdot \dfrac{J}{S}$ (Abscheren)

Nietteilung der **Gurtplatten** in cm: $t \gtrless \dfrac{2 \cdot \frac{1}{4}\,\pi\,d_1^2\,\sigma_s}{Q} \cdot \dfrac{J}{S_1}$

Es bezeichnet hierin:

J = Trägheitsmoment des Trägerquerschnittes in cm^4.

S = Statisches Moment eines Gurtquerschnittes (anzuschließende Platten und Winkel) in cm^3.

S_1 = Statisches Moment des Nettoplattenquerschnittes.

J, S und S_1 bezogen auf die Nullinie (wagerechte Schwerachse) des Trägerquerschnittes.

δ = Stegdicke in cm.

d = Nietdurchmesser im vertikalen Gurt L-Flansch.

$d_1 =$,,   ,, horizontalen ,, L-Flansch.

σ_s = zulässige Schubspannung der Niete in $\mathrm{kg/cm}^2$.

$\sigma_l = 2\,\sigma_s$ = zulässiger Leibungsdruck im Nietloche in $\mathrm{kg/cm}^2$.

Für die Praxis genügend genaue Werte liefert die vereinfachte Formel

$$t = \frac{N \cdot h'}{Q}, \text{ wobei}$$

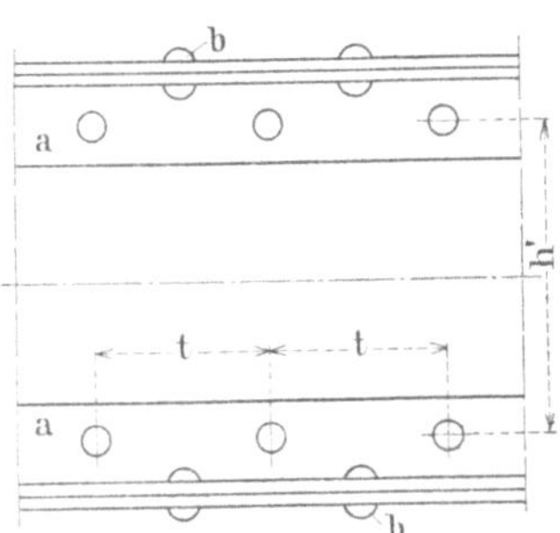

$N =$ Tragfähigkeit eines Nietes auf Lochleibung bezw. Abscheren in kg,

$h' =$ Abstand der Nietreihen in cm,

$Q =$ Querkraft in kg, ist.

Mit der Berechnung der Nietteilung ·t beginnt man am Auflager, da hier die größte Querkraft vorhanden ist. Mit abnehmendem Q vergrössert sich t. Ergibt sich ein Wert $t > 8$ d, so wähle man die Nietteilung $t \leqq 8$ d. (Meist gebräuchlich 5—6 d.)

Die Nieten b in den Gurtplatten werden, um den Querschnitt auszunutzen, gegenüber den wagerechten Nieten a versetzt.

Stoßverbindungen.

$J_{\text{Laschen}} = J_{\text{Stehblech}}.$ Daraus ergibt sich die Stärke δ_1 der Stoßlaschen

$$= \frac{\delta}{2} \cdot \left(\frac{h}{h_1}\right)^3 \geqq 0{,}8 \text{ cm.}$$

Nietenanzahl bei 2 Nietreihen.

$$\left. \begin{array}{l} \text{Auf Lochleibungsdruck } n_l = \dfrac{2\,h}{5\,d} \\[2mm] \text{Auf Abscheren } \quad \cdot \cdot \cdot \; n_a = \dfrac{2\,h\,\delta}{d^2\,\pi + d\cdot\delta} \end{array} \right\} \; \sigma_l = 2\,\sigma_s.$$

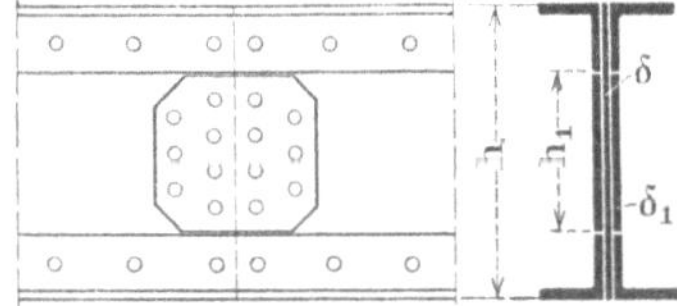

Gurtwinkel. Nutzquerschnitt des Stoßwinkels = Nutzquerschnitt des gestoßenen Winkels.

Gurtplatten. Überstand a über den Gurtwinkeln = 1 cm $\div$ 3 δ.
Stoß der Gurtplatte durch eine Platte gleichen Querschnittes.
Allgemein sind Stoßnieten zu ermitteln nach der Formel

$$F_n = \frac{F_p \cdot \sigma_{z'}}{\sigma}$$

wobei $F_n =$ erforderl. Niet- bezw. Nietlochquerschnitt auf jeder Stoßseite

$$= n\,\frac{d^2\,\pi}{4} \text{ bezw. } n\cdot d\cdot \delta,$$

$F_p =$ nutzbarer Querschnitt des Profils,

$\sigma_z =$ zulässige Beanspruchung des Profilquerschnittes,

$\sigma =$ zulässige Beanspruchung auf Lochleibung (σ_l) bezw. Abscheren (σ_s) ist.

Nietteilung t beim Stoß $= 3 - 4$ d.

Tabelle über Gewichte und Widerstandsmomente von Blechträgern.

$$\text{Trägheitsmoment } J_0 = \frac{h_0 \cdot W_0}{2} \ldots \text{cm}^4,$$

$$\text{,,} \qquad J_1 = \frac{h_1 \cdot W_1}{2} \ldots \text{cm}^4,$$

$$\text{,,} \qquad J_2 = \frac{h_2 \cdot W_2}{2} \ldots \text{cm}^4,$$

$$W_0 \qquad W_1 \qquad W_2$$

Stehblechhöhe h_0	$75 \times 75 \times 8$ mm Stehblech 10 mm st. Niete 20 mm Durchm.				$75 \times 75 \times 10$ mm Stehblech 10 mm st. Niete 20 mm Durchm.				$80 \times 80 \times 10$ mm Stehblech 10 mm st. Niete 20 mm Durchm.				$80 \times 80 \times 12$ mm Stehblech 10 mm st. Niete 23 mm Durchm.				Stehblechhöhe h_0
	ohneGurtplatten		1 Gurtplatte 180×10	2 Gurtplatten 180×10	ohneGurtplatten		1 Gurtplatte 180×12	2 Gurtplatten 180×12	ohneGurtplatten		1 Gurtplatte 200×10	2 Gurtplatten 200×10	ohneGurtplatten		1 Gurtplatte 200×12	2 Gurtplatten 200×12	
cm	G_0 kg/m	W_0 cm³	W_1 cm³	W_2 cm³	G_0 kg/m	W_0 cm³	W_1 cm³	W_2 cm³	G_0 kg/m	W_0 cm³	W_1 cm³	W_2 cm³	G_0 kg/m	W_0 cm³	W_1 cm³	W_2 cm³	cm
30	59,7	590	967	1360	67,8	687	1127	1597	71,0	731	1143	1588	79,8	819	1279	1790	30
32	61,2	645	1053	1471	69,4	750	1226	1726	72,5	798	1244	1719	81,3	893	1391	1937	32
35	63,6	730	1183	1641	71,8	849	1378	1923	74,9	902	1393	1914	83,7	1008	1564	2162	35
38	66,0	819	1317	1815	74,1	950	1531	2128	77,3	1009	1556	2122	86,1	1126	1740	2390	38
40	67,5	880	1408	1933	75,7	1019	1637	2261	78,8	1082	1663	2260	87,6	1207	1860	2545	40
42	69,1	942	1501	2053	77,3	1090	1743	2400	80,4	1157	1772	2400	89,2	1289	1981	2701	42
45	71,5	1038	1643	2235	79,6	1200	1906	2611	82,8	1271	1939	2612	91,5	1415	2166	2978	45
48	73,8	1137	1788	2420	82,0	1312	2071	2826	85,1	1389	2108	2827	93,9	1541	2354	3179	48
50	75,4	1205	1887	2546	83,5	1388	2184	2970	86,7	1469	2223	2973	95,5	1632	2482	3342	50
55	79,3	1381	2139	2865	87,5	1585	2472	3337	90,6	1676	2516	3343	99,4	1857	2806	3755	55
60	83,2	1565	2400	3194	91,4	1791	2768	3714	94,5	1892	2818	3723	103,3	2091	3140	4178	60
65	87,1	1757	2670	3531	95,3	2005	3073	4100	98,5	2116	3129	4111	107,2	2334	3483	4609	65
70	91,1	1958	2949	3904	99,2	2227	3386	4494	102,4	2348	3449	4508	111,2	2585	3835	5050	70
75	95,0	2167	3236	4232	103,2	2459	3708	4897	106,3	2589	3785	4922	115,1	2845	4195	5500	75
80	98,9	2385	3531	4595	107,1	2698	4039	5309	110,2	2839	4114	5329	119,0	3113	4564	5958	80
85	102,8	2611	3835	4967	111,0	2946	4379	5730	114,2	3097	4460	5752	122,9	3390	4941	6425	85
90	106,8	2844	4147	5347	114,9	3202	4726	6159	118,1	3363	4814	6183	126,9	3675	5327	6900	90
95	110,7	3087	4468	5736	118,9	3467	5082	6597	122,0	3637	5176	6622	130,8	3968	5721	7384	95
100	114,6	3340	4799	6135	122,8	3740	5446	7042	125,9	3920	5547	7072	134,7	4270	6125	7877	100
110	122,5	3867	5480	6953	130,6	4312	6201	7961	133,8	4512	6314	7995	142,6	4899	6956	8888	110
120	130,3	4428	6197	7806	138,5	4916	6989	8911	141,6	5137	7114	8952	150,4	5562	7821	9933	120
125	134,2	4721	6568	8245	142,4	5231	7395	9568	145,6	5462	7527	9443	154,4	5905	8266	10468	125
130	138,2	5022	6947	8693	146,4	5554	7810	9897	149,5	5795	7948	9942	158,3	6257	8720	11012	130
140	146,0	5650	7732	9613	154,2	6227	8665	10915	157,3	6486	8816	10966	166,1	6987	9652	12124	140
150	153,8	6311	8549	10567	162,1	6931	9553	11967	165,1	7211	9717	12023	173,9	7749	10618	13270	150

	$G_1 = G_0 + 28,3$ kg				$G_1 = G_0 + 33,9$ kg				$G_1 = G_0 + 31,4$ kg				$G_1 = G_0 + 37,7$ kg				
	$G_2 = G_0 + 56,6$ kg				$G_2 = G_0 + 67,8$ kg				$G_2 = G_0 + 62,8$ kg				$G_2 = G_0 + 75,4$ kg				

Obige Gewichte sind theoretische Gewichte für einen laufenden Meter. Um die Ausführungsgewichte zu erhalten sind folgende Gewichtszuschläge zu machen:

 1. für Nietköpfe ca. 3 %,

 2. für die Aussteifungen ca. 7 bis 20 %.

Diese Aussteifungen bestehen aus 2 L-Eisen mit Futter, in Abständen von ca. 1,50 m.

Proportional der Trägerhöhe steigt der Gewichtszuschlag für die Aussteifungen.

Tabelle über Gewichte und Widerstandsmomente von Blechträgern.

$$\text{Trägheitsmoment } J_0 = \frac{h_0 \cdot W_0}{2} \ldots \text{cm}^4,$$

$$J_1 = \frac{h_1 \cdot W_1}{2} \ldots \text{cm}^4,$$

$$J_2 = \frac{h_2 \cdot W_2}{2} \ldots \text{cm}^4,$$

$W_0 \qquad W_1 \qquad W_2$

Stehblechhöhe h_0 cm	100×65×9 mm / Stehblech 10 mm st. / Niete 20 mm Durchm. — ohne Gurtplatten G_0 kg/m	W_0 cm³	1 Gurtplatte 220×10 W_1 cm³	2 Gurtplatten 220×10 W_2 cm³	100×65×11 mm — ohne Gurtplatten G_0 kg/m	W_0 cm³	1 Gurtplatte 220×10 W_1 cm³	2 Gurtplatten 220×10 W_2 cm³	65×130×10 mm — ohne Gurtplatten G_0 kg/m	W_0 cm³	1 Gurtplatte 300×10 W_1 cm³	2 Gurtplatten 300×10 W_2 cm³	65×130×12 mm — ohne Gurtplatten G_0 kg/m	W_0 cm³	1 Gurtplatte 300×12 W_1 cm³	2 Gurtplatten 300×12 W_2 cm³	Stehblechhöhe h_0 cm
30	68,1	738	1261	1763	77,3	858	1339	1837	82,0	960	1684	2417	93,0	1105	1959	2837	30
32	69,7	803	1338	1877	78,8	933	1439	1977	83,6	1051	1820	2603	94,6	1210	2116	3051	32
35	72,0	910	1497	2087	81,2	1070	1625	2208	85,9	1177	2026	2885	96,9	1346	2362	3363	35
38	74,5	1006	1656	2300	83,5	1165	1812	2445	88,3	1296	2237	3170	99,2	1501	2601	3693	38
40	76,1	1076	1768	2444	85,1	1246	1920	2589	90,0	1384	2379	3363	101,0	1626	2795	3918	40
42	77,6	1158	1880	2591	86,7	1327	2041	2741	91,4	1483	2523	3558	102,4	1703	2930	4166	42
45	80,2	1269	2049	2810	89,0	1460	2225	2981	93,9	1619	2740	3851	104,9	1858	3209	4493	45
48	82,8	1372	2222	3043	91,4	1581	2412	3220	96,1	1759	2948	4148	107,1	2015	3437	4946	48
50	83,9	1449	2338	3188	92,9	1668	2568	3370	97,8	1823	3082	4321	108,8	2121	3607	5085	50
55	87,8	1662	2639	3573	96,9	1903	2861	3791	101,6	2096	3491	4855	112,6	2406	4053	5609	55
60	91,7	1856	2950	3993	100,8	2125	3192	4207	105,5	2344	3840	5368	116,5	2676	4488	6328	60
65	95,7	2089	3258	4370	104,7	2380	3536	4636	109,5	2607	4269	5888	120,5	2960	4930	6887	65
70	99,6	2293	3582	4781	108,6	2609	3881	5049	113,4	2876	4676	6422	124,4	3267	5403	7489	70
75	103,5	2550	3913	5201	112,6	2890	4237	5517	117,3	3151	5106	6961	128,3	3574	5873	8112	75
80	107,4	2787	4253	5638	116,5	3132	4603	5970	121,2	3436	5518	7519	132,2	3890	6351	8743	80
85	111,4	3044	4603	6086	120,4	3434	4977	6431	125,2	3729	5949	8078	136,2	4214	6839	9384	85
90	115,3	3303	4961	6511	124,4	3718	5359	6901	129,1	4031	6389	8645	140,1	4547	7335	10032	90
95	119,2	3590	5325	6964	128,3	4011	5750	7380	133,0	4341	6836	9220	144,0	4879	7850	10682	95
100	123,1	3848	5701	7428	132,2	4312	6149	7867	136,9	4659	7285	9797	147,9	5237	8351	11356	100
110	131,0	4425	6475	8377	140,1	4902	7044	8866	144,8	5343	8230	10998	155,8	5985	9402	12713	110
120	138,9	5035	7282	9361	147,0	5601	7829	9900	152,6	6027	9205	12231	163,6	6717	10486	14103	120
125	142,7	5354	7698	9865	151,8	5944	8271	10429	156,6	6398	9695	12847	167,6	7132	11039	14810	125
130	146,7	5681	8124	10379	155,8	6295	8720	10966	160,5	6743	10205	13485	171,5	7498	11603	15528	130
140	154,5	6319	8996	11428	163,6	6977	9644	12106	168,3	7528	11243	14820	179,3	8331	12754	16986	140
150	162,3	7070	9977	12585	171,4	7785	10718	13315	176,1	8323	12315	16225	187,1	9147	13898	18438	150

$G_1 = G_0 + 34{,}6$ kg	$G_1 = G_0 + 34{,}6$ kg	$G_1 = G_0 + 46{,}1$ kg	$G_1 = G_0 + 56{,}5$ kg
$G_2 = G_0 + 69{,}2$ kg	$G_2 = G_0 + 69{,}2$ kg	$G_2 = G_0 + 92{,}2$ kg	$G_2 = G_0 + 103{,}0$ kg

Obige Gewichte sind theoretische Gewichte für einen laufenden Meter. Um die Ausführungsgewichte zu erhalten sind folgende Gewichtszuschläge zu machen:

1. für Nietköpfe ca. 3%,
2. für die Aussteifungen ca. 7 bis 20%.

Diese Aussteifungen bestehen aus 2 L-Eisen mit Futter, in Abständen von ca. 1,50 m.

Proportional der Trägerhöhe steigt der Gewichtszuschlag für die Aussteifungen.

Tabelle über Gewichte und Widerstandsmomente von Blechträgern.

$$\text{Trägheitsmoment } J_0 = \frac{h_0 \cdot W_0}{2} \ \dots \ \text{cm}^4,$$

$$\text{,,} \qquad J_1 = \frac{h_1 \cdot W_1}{2} \ \dots \ \text{cm}^4,$$

$$\text{,,} \qquad J_2 = \frac{h_2 \cdot W_2}{2} \ \dots \ \text{cm}^4,$$

$$W_0 \qquad W_1 \qquad W_2$$

Stehblechhöhe h_0	$\llcorner$ 90 × 90 × 11 mm Stehblech 10 mm st. Niete 20 mm Durchm.				$\llcorner$ 90 × 90 × 13 mm Stehblech 10 mm st. Niete 23 mm Durchm.				$\llcorner$ 100 × 100 × 10 mm Stehblech 10 mm st. Niete 20 mm Durchm.				$\llcorner$ 100 × 100 × 12 mm Stehblech 10 mm st. Niete 23 mm Durchm.				Stehblechhöhe h_0
	ohne Gurtplatten		1 Gurtplatte 220 × 10	2 Gurtplatten 220 × 10	ohne Gurtplatten		1 Gurtplatte 220 × 12	2 Gurtplatten 220 × 12	ohne Gurtplatten		1 Gurtplatte 250 × 10	2 Gurtplatten 250 × 10	ohne Gurtplatten		1 Gurtplatte 250 × 12	2 Gurtplatten 250 × 12	
	G_0	W_0	W_1	W_2	G_0	W_0	W_1	W_2	G_0	W_0	W_1	W_2	G_0	W_0	W_1	W_2	
cm	kg/m	cm³	cm³	cm³	kg/m	cm³	cm³	cm³	kg/m	cm³	cm³	cm³	kg/m	cm³	cm³	cm³	cm
30	82,3	866	1317	1817	96,7	985	1496	2070	83,8	885	1423	2012	94,8	997	1605	2289	30
32	83,8	945	1434	1967	98,6	1076	1630	2243	85,4	966	1547	2176	96,4	1089	1746	2475	32
35	86,2	1068	1611	2196	101,4	1216	1836	2506	87,8	1092	1737	2425	98,8	1229	1960	2758	35
38	88,6	1194	1795	2430	104,2	1361	2045	2775	90,1	1221	1931	2680	101,1	1373	2179	3047	38
40	90,1	1280	1918	2588	106,1	1460	2188	2958	91,7	1309	2063	2852	102,7	1471	2327	3242	40
42	91,7	1367	2043	2747	108,0	1560	2333	3141	93,2	1399	2196	3026	104,3	1571	2478	3438	42
45	94,1	1502	2235	2990	110,8	1715	2554	3421	95,6	1537	2400	3294	106,6	1724	2706	3786	45
48	96,4	1639	2429	3236	113,7	1873	2779	3705	98,0	1678	2607	3557	109,0	1880	2939	4040	48
50	98,0	1733	2561	3403	115,5	1979	2928	3895	99,5	1774	2747	3738	110,5	1986	3096	4244	50
55	101,9	1972	2897	3825	120,3	2256	3319	4385	103,5	2020	3104	4196	114,5	2257	3495	4761	55
60	105,8	2221	3241	4257	125,0	2543	3720	4885	107,4	2275	3470	4664	118,4	2537	3904	5288	60
65	109,8	2478	3595	4698	129,7	2840	4131	5397	111,3	2539	3845	5141	122,3	2826	4323	5825	65
70	113,7	2744	3958	5147	134,4	3148	4551	5920	115,2	2811	4229	5627	126,2	3125	4751	6371	70
75	117,6	3018	4330	5606	139,1	3466	4982	6452	119,2	3092	4622	6122	130,1	3432	5188	6926	75
80	121,5	3301	4710	6074	143,8	3794	5424	6994	123,1	3381	5023	6626	134,1	3746	5632	7490	80
85	125,4	3593	5098	6550	148,5	4132	5877	7546	127,0	3679	5433	7139	138,0	4070	6086	8063	85
90	129,4	3893	5495	7035	153,2	4480	6340	8109	130,9	3986	5852	7660	141,9	4402	6549	8646	90
95	133,3	4201	5901	7528	157,9	4838	6813	8683	134,9	4302	6280	8190	145,9	4743	7020	9237	95
100	137,2	4518	6316	8030	162,6	5206	7296	9267	138,8	4625	6716	8729	149,8	5092	7500	9836	100
110	145,1	5176	7171	9060	172,0	5972	8293	10466	146,6	5297	7613	9832	157,6	5816	8486	11061	110
120	152,9	5868	8057	10124	181,4	6780	9330	11707	154,5	6003	8545	10969	165,5	6574	9505	12319	120
125	156,8	6228	8513	10669	186,1	7248	9863	12342	158,4	6368	9023	11550	169,4	6966	10028	12961	125
130	160,8	6593	8978	11220	190,9	7627	10407	12987	162,4	6742	9510	12140	173,4	7365	10559	13612	130
140	168,6	7353	9934	12352	200,3	8515	11525	14308	170,2	7515	10508	13345	181,2	8189	11646	14939	140
150	176,4	8146	10921	13517	209,7	9444	12684	15670	178,0	8322	11541	14583	189,1	9047	12767	16429	150

$G_1 = G_0 + 34{,}5$ kg	$G_1 = G_0 + 41{,}5$ kg	$G_1 = G_0 + 39{,}3$ kg	$G_1 = G_0 + 47{,}1$ kg
$G_2 = G_0 + 69{,}0$ kg	$G_2 = G_0 + 83{,}0$ kg	$G_2 = G_0 + 78{,}6$ kg	$G_2 = G_0 + 94{,}2$ kg

Obige Gewichte sind theoretische Gewichte für einen laufenden Meter. Um die Ausführungsgewichte zu erhalten sind folgende Gewichtszuschläge zu machen:

1. für Nietköpfe ca. 3 %,
2. für die Aussteifungen ca. 7 bis 20 %.

Diese Aussteifungen bestehen aus 2 $\llcorner$-Eisen mit Futter, in Abständen von ca. 1,50 m.

Proportional der Trägerhöhe steigt der Gewichtszuschlag für die Aussteifungen.

Tabelle über Gewichte und Widerstandsmomente von Blechträgern.

$$\text{Trägheitsmoment } J_0 = \frac{h_0 \cdot W_0}{2} \ldots \text{cm}^4,$$

$$,, \qquad J_1 = \frac{h_1 \cdot W_1}{2} \ldots \text{cm}^4,$$

$$,, \qquad J_2 = \frac{h_2 \cdot W_2}{2} \ldots \text{cm}^4.$$

$W_0 \qquad W_1 \qquad W_2$

Stehblechhöhe h_0	⌐110×110×10 mm, Stehblech 10 mm st., Niete 20 mm Durchm.				⌐110×110×12 mm, Stehblech 10 mm st., Niete 23 mm Durchm.				⌐120×120×11 mm, Stehblech 10 mm st., Niete 23 mm Durchm.				⌐120×120×13 mm, Stehblech 12 mm st., Niete 23 mm Durchm.				Stehblechhöhe h_0
	ohne Gurtplatten		1 Gurtplatte 280×10	2 Gurtplatten 280×10	ohne Gurtplatten		1 Gurtplatte 280×12	2 Gurtplatten 280×12	ohne Gurtplatten		1 Gurtplatte 300×10	2 Gurtplatten 300×10	ohne Gurtplatten		1 Gurtplatte 300×12	2 Gurtplatten 300×12	
	G_0	W_0	W_1	W_2	G_0	W_0	W_1	W_2	G_0	W_0	W_1	W_2	G_0	W_0	W_1	W_2	
cm	kg/m	cm³	cm³	cm³	kg/m	cm³	cm³	cm³	kg/m	cm³	cm³	cm³	kg/m	cm³	cm³	cm³	cm
30	90,1	954	1570	2246	102,3	1080	1781	2570	103,3	1088	1717	2430	121,5	1259	2007	2858	30
32	91,7	1041	1707	2429	103,9	1179	1936	2777	104,9	1187	1867	2629	123,4	1376	2185	3093	32
35	94,0	1177	1915	2706	106,3	1331	2172	3093	107,2	1341	2097	2931	126,2	1556	2456	3449	35
38	96,4	1317	2128	2988	108,6	1488	2414	3414	109,6	1499	2333	3239	129,0	1742	2734	3813	38
40	98,0	1413	2273	3178	110,2	1595	2578	3632	111,2	1607	2493	3447	130,9	1868	2922	4059	40
42	99,5	1509	2420	3370	111,8	1703	2743	3851	112,7	1717	2655	3658	132,8	1997	3113	4308	42
45	101,9	1658	2642	3663	114,1	1869	2995	4190	115,1	1885	2900	3977	135,6	2194	3404	4686	45
48	104,2	1810	2869	3959	116,5	2038	3251	4520	117,4	2056	3151	4301	138,5	2396	3700	5069	48
50	105,8	1913	3022	4158	118,1	2153	3424	4746	119,0	2173	3321	4519	140,3	2533	3900	5327	50
55	109,7	2178	3412	4665	122,0	2447	3864	5321	122,9	2470	3752	5072	145,1	2883	4408	5982	55
60	113,7	2451	3811	5181	125,9	2750	4312	5906	126,9	2778	4189	5633	149,8	3244	4929	6649	60
65	117,6	2734	4220	5707	129,8	3062	4771	6501	130,8	3095	4640	6207	154,5	3616	5461	7328	65
70	121,5	3026	4638	6242	133,8	3383	5240	7105	134,7	3420	5102	6793	159,2	4000	6005	8020	70
75	125,4	3326	5065	6786	137,7	3713	5718	7719	138,6	3754	5572	7387	163,9	4394	6560	8723	75
80	129,4	3635	5501	7339	141,6	4051	6203	8342	142,6	4098	6048	7988	168,6	4799	7125	9435	80
85	133,3	3952	5945	7901	145,5	4398	6698	8976	146,5	4450	6534	8598	173,3	5214	7701	10160	85
90	137,2	4277	6398	8471	149,5	4754	7202	9615	150,4	4810	7020	9218	178,0	5630	8280	10896	90
95	141,1	4610	6860	9050	153,4	5220	7715	10265	154,3	5179	7533	9847	182,7	6075	8886	11642	95
100	145,1	4956	7330	9638	157,3	5491	8236	10923	158,3	5557	8046	10486	187,4	6521	9493	12398	100
110	152,9	5668	8297	10840	165,2	6264	9306	12268	166,1	6338	9102	11787	196,8	7443	10741	13942	110
120	160,8	6413	9299	12077	173,0	7067	10407	13644	174,0	7153	10190	13123	206,2	8406	12029	15529	120
125	164,7	6799	9812	12708	176,9	7482	10971	14345	177,9	7573	10746	13804	210,9	8903	12688	16337	125
130	168,7	7193	10333	13347	180,9	7905	11543	15055	181,9	8001	11309	14493	215,7	9410	13358	17156	130
140	176,5	8005	11401	14651	188,7	8777	12714	16502	189,7	8884	12463	15898	225,1	10454	14727	18825	140
150	184,3	8851	12492	15988	196,5	9683	13918	17995	197,5	9800	13652	17336	234,5	11539	16139	20521	150

$$G_1 = G_0 + 44{,}0 \text{ kg} \qquad G_1 = G_0 + 52{,}8 \text{ kg} \qquad G_1 = G_0 + 47{,}1 \text{ kg} \qquad G_1 = G_0 + 56{,}5 \text{ kg}$$

$$G_2 = G_0 + 88{,}0 \text{ kg} \qquad G_2 = G_0 + 105{,}6 \text{ kg} \qquad G_2 = G_0 + 94{,}2 \text{ kg} \qquad G_2 = G_0 + 113{,}0 \text{ kg}$$

Obige Gewichte sind theoretische Gewichte für einen laufenden Meter. Um die Ausführungsgewichte zu erhalten sind folgende Gewichtszuschläge zu machen:

1. für Nietköpfe ca. 3 %,
2. für die Aussteifungen ca. 7 bis 20 %.

Diese Aussteifungen bestehen aus 2 ∟-Eisen mit Futter, in Abständen von ca. 1,50 m.

Proportional der Trägerhöhe steigt der Gewichtszuschlag für die Aussteifungen.

Tabelle über Gewichte und Widerstandsmomente von Blechträgern.

$$\text{Trägheitsmoment } J_0 = \frac{h_0 \cdot W_0}{2} \ \ldots \ cm^4,$$

$$\text{,,} \qquad J_1 = \frac{h_1 \cdot W_1}{2} \ \ldots \ cm^4,$$

$$\text{,,} \qquad J_2 = \frac{h_2 \cdot W_2}{2} \ \ldots \ cm^4.$$

Stehblechhöhe h_0	⌐ 80×120×10 mm Stehblech 10 mm st. Niete 20 mm Durchm.				⌐ 80×120×12 mm Stehblech 12 mm st. Niete 23 mm Durchm.				⌐ 130×130×12 mm Stehblech 12 mm st. Niete 23 mm Durchm.				⌐ 130×130×14 mm Stehblech 12 mm st. Niete 26 mm Durchm.				Stehblechhöhe h_0
	ohne Gurtplatten		1 Gurtplatte 280×10	2 Gurtplatten 280×10	ohne Gurtplatten		1 Gurtplatte 280×12	2 Gurtplatten 280×12	ohne Gurtplatten		1 Gurtplatte 300×10	2 Gurtplatten 300×10	ohne Gurtplatten		1 Gurtplatte 300×12	2 Gurtplatten 300×12	
	G_0	W_0	W_1	W_2	G_0	W_0	W_1	W_2	G_0	W_0	W_1	W_2	G_0	W_0	W_1	W_2	
cm	kg/m	cm³	cm³	cm³	kg/m	cm³	cm³	cm³	kg/m	cm³	cm³	cm³	kg/m	cm³	cm³	cm³	cm
30	83,5	955	1594	2269	99,5	1110	1842	2627	122,5	1260	1867	2571	137,2	1413	2101	2922	30
32	85,1	1038	1727	2448	101,4	1206	1997	2834	124,3	1391	2048	2799	139,1	1543	2289	3165	32
35	87,4	1166	1929	2719	104,3	1355	2233	3150	127,2	1565	2299	3122	141,9	1743	2578	3537	35
38	89,8	1297	2135	2994	107,1	1507	2474	3471	130,0	1752	2563	3458	144,8	1950	2874	3916	38
40	91,4	1387	2274	3179	109,0	1612	2637	3688	131,9	1880	2743	3686	146,6	2092	3075	4173	40
42	92,9	1477	2415	3366	110,8	1718	2801	3906	133,8	2010	2925	3916	148,5	2235	3279	4433	42
45	95,3	1616	2629	3650	113,7	1880	3052	4294	136,6	2209	3202	4266	151,4	2455	3590	4828	45
48	97,6	1758	2846	3937	116,5	2045	3307	4573	139,4	2412	3485	4622	154,2	2679	3910	5233	48
50	99,2	1854	2993	4130	118,4	2158	3479	4799	141,3	2551	3677	4862	156,1	2829	4120	5500	50
55	103,1	2101	3366	4621	123,1	2447	3917	5372	146,0	2905	4164	5471	160,8	3220	4663	6185	55
60	107,1	2357	3748	5120	127,8	2746	4365	5957	150,7	3270	4664	6093	165,5	3620	5220	6884	60
65	111,0	2621	4139	5628	132,5	3055	4824	6552	155,4	3647	5176	6728	170,2	4033	5789	7596	65
70	114,9	2893	4539	6145	137,2	3375	5294	7158	160,1	4034	5699	7374	174,9	4456	6370	8320	70
75	118,8	3174	4955	6678	141,9	3704	5774	7774	164,9	4433	6233	8032	179,6	4890	6962	9056	75
80	122,8	3464	5364	7205	146,6	4044	6264	8401	169,6	4842	6778	8700	184,3	5335	7565	9804	80
85	126,7	3762	5789	7748	151,4	4394	6764	9039	174,3	5262	7335	9380	189,0	5791	8180	10563	85
90	130,6	4068	6223	8299	156,1	4754	7275	9686	179,0	5692	7901	10070	193,7	6257	8805	11332	90
95	134,5	4382	6666	8859	160,8	5124	7796	10344	183,7	6133	8479	10770	198,5	6733	9441	12113	95
100	138,5	4705	7116	9428	165,5	5505	8328	11013	188,4	6583	9067	11483	203,2	7219	10087	12904	100
110	146,3	5377	8043	10590	174,9	6294	9419	12379	197,8	7516	10274	12938	212,6	8224	11413	14520	110
120	154,2	6081	9004	11787	184,3	7126	10552	13787	207,2	8489	11522	14435	222,0	9269	12778	16175	120
125	158,1	6446	9490	12398	189,0	7556	11133	14506	211,9	8991	12161	15199	226,7	9786	13455	17019	125
130	162,1	6819	9998	13017	193,8	7995	11725	15234	216,7	9503	12811	15973	231,5	10356	14185	17873	130
140	169,9	7591	11025	14280	203,2	8906	12939	16723	226,1	10557	14141	17552	240,9	11482	15633	19612	140
150	177,7	8396	12086	15577	222,6	9857	14192	18252	235,5	11651	15512	19172	250,3	12649	17122	21392	150

$G_1 = G_0 + 44{,}0 \ kg$	$G_1 = G_0 + 52{,}8 \ kg$	$G_1 = G_0 + 47{,}1 \ kg$	$G_1 = G_0 + 56{,}5 \ kg$
$G_2 = G_0 + 88{,}0 \ kg$	$G_2 = G_0 + 105{,}6 \ kg$	$G_2 = G_0 + 94{,}2 \ kg$	$G_2 = G_0 + 113{,}0 \ kg$

Obige Gewichte sind theoretische Gewichte für einen laufenden Meter. Um die Ausführungsgewichte zu erhalten sind folgende Gewichtszuschläge zu machen:

1. für Nietköpfe ca. 3%,
2. für die Aussteifungen ca. 7 bis 20%.

Diese Aussteifungen bestehen aus 2 L-Eisen mit Futter, in Abständen von ca. 1,50 m.

Proportional der Trägerhöhe steigt der Gewichtszuschlag für die Aussteifungen.

Tabelle über Gewichte und Widerstandsmomente von Blechträgern.

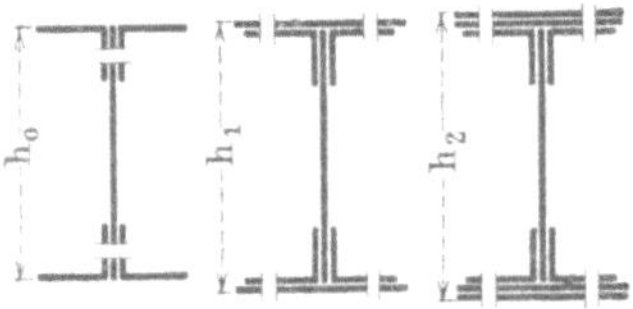

$$\text{Trägheitsmoment } J_0 = \frac{h_0 \cdot W_0}{2} \ldots \text{cm}^4,$$

$$\text{,,} \qquad J_1 = \frac{h_1 \cdot W_1}{2} \ldots \text{cm}^4,$$

$$\text{,,} \qquad J_2 = \frac{h_2 \cdot W_2}{2} \ldots \text{cm}^4.$$

$W_0 \qquad W_1 \qquad W_2$

Stehblechhöhe h_0 cm	$100 \times 150 \times 12$ mm Stehblech 12 mm st. Niete 23 mm Durchm.				$100 \times 150 \times 14$ mm Stehblech 12 mm st. Niete 26 mm Durchm.				$80 \times 160 \times 12$ mm Stehblech 12 mm st. Niete 23 mm Durchm.				$80 \times 160 \times 14$ mm Stehblech 12 mm st. Niete 26 mm Durchm.				Stehblechhöhe h_0 cm
	ohne Gurtplatten		1 Gurtplatte 320×10	2 Gurtplatten 320×10	ohne Gurtplatten		1 Gurtplatte 320×12	2 Gurtplatten 320×12	ohne Gurtplatten		1 Gurtplatte 350×10	2 Gurtplatten 350×10	ohne Gurtplatten		1 Gurtplatte 350×12	2 Gurtplatten 350×12	
	G_0 kg/m	W_0 cm³	W_1 cm³	W_2 cm³	G_0 kg/m	W_0 cm³	W_1 cm³	W_2 cm³	G_0 kg/m	W_0 cm³	W_1 cm³	W_2 cm³	G_0 kg/m	W_0 cm³	W_1 cm³	W_2 cm³	
30	118,4	1353	2042	2800	132,5	1508	2295	3181	114,6	1374	2173	3019	128,1	1531	2450	3442	30
32	120,3	1472	2217	3026	134,4	1640	2492	3437	116,5	1491	2352	3256	130,0	1659	2652	3711	32
35	123,1	1654	2483	3370	137,2	1841	2791	3827	119,3	1668	2624	3615	132,8	1856	2959	4119	35
38	125,9	1840	2754	3720	140,0	2048	3096	4223	122,2	1850	2901	3980	135,6	2057	3270	4533	38
40	127,8	1966	2937	3956	141,9	2182	3302	4490	124,0	1973	3088	4225	137,5	2193	3481	4812	40
42	129,7	2095	3119	4194	143,8	2329	3510	4759	125,9	2098	3277	4473	139,4	2331	3693	5093	42
45	132,5	2291	3383	4555	146,6	2545	3826	5168	128,8	2289	3564	4848	142,2	2539	4015	5518	45
48	135,3	2491	3692	4921	149,5	2766	4152	5585	131,6	2483	3854	5227	145,1	2755	4346	5952	48
50	137,2	2626	3886	5167	151,3	2915	4364	5860	133,5	2616	4051	5482	146,9	2899	4561	6237	50
55	141,9	2973	4377	5791	156,1	3295	4914	6564	138,2	2952	4549	6128	151,7	3268	5119	6967	55
60	146,6	3330	4880	6427	160,8	3687	5475	7280	142,9	3299	5057	6785	156,4	3648	5687	7709	60
65	151,4	3697	5394	7074	165,5	4089	6047	8008	147,6	3656	5575	7452	161,1	4038	6265	8462	65
70	156,1	4076	5919	7732	170,2	4501	6630	8747	152,3	4024	6106	8130	165,8	4437	6855	9225	70
75	160,8	4465	6454	8401	174,9	4923	7224	9497	157,0	4402	6646	8819	170,5	4848	7455	9999	75
80	165,5	4864	7000	9081	179,6	5356	7829	10258	161,7	4790	7196	9518	175,2	5268	8067	10784	80
85	170,2	5274	7556	9771	184,3	5799	8444	11030	166,4	5188	7757	10228	179,9	5698	8687	11579	85
90	174,9	5692	8123	10471	189,0	6253	9069	11812	171,1	5595	8328	10948	184,6	6137	9317	12386	90
95	179,6	6121	8700	11182	193,7	6717	9705	12605	175,9	6014	8909	11678	189,3	6588	9957	13223	95
100	184,3	6560	9287	11904	198,4	7190	10351	13408	180,6	6442	9500	12418	194,0	7048	10609	14029	100
110	193,7	7470	10492	13377	207,8	8168	11676	15047	190,0	7328	10712	13929	203,4	7999	11944	15714	110
120	203,1	8419	11737	14891	217,2	9186	13038	16724	199,4	8256	11965	15481	212,8	8990	13316	17437	120
125	207,8	8909	12375	15663	221,9	9710	13735	17579	204,1	8733	12606	16272	217,5	9500	14018	18315	125
130	212,6	9409	13023	16446	226,7	10244	14443	18444	208,9	9221	13258	17073	222,3	10021	14730	19203	130
140	222,0	10439	14350	18041	236,1	11343	15888	20204	218,3	10227	14592	18706	231,7	11093	16184	21008	140
150	231,4	11509	15716	19547	245,5	12482	17373	22005	227,7	11274	15952	20379	241,1	12204	17678	22854	150

$$G_1 = G_0 + 50,2 \text{ kg} \qquad G_1 = G_0 + 60,3 \text{ kg} \qquad G_1 = G_0 + 55,0 \text{ kg} \qquad G_1 = G_0 + 65,9 \text{ kg}$$
$$G_2 = G_0 + 100,4 \text{ kg} \qquad G_2 = G_0 + 120,6 \text{ kg} \qquad G_2 = G_0 + 110,0 \text{ kg} \qquad G_2 = G_0 + 131,8 \text{ kg}$$

Obige Gewichte sind theoretische Gewichte für einen laufenden Meter. Um die Ausführungsgewichte zu erhalten sind folgende Gewichtszuschläge zu machen:

1. für Nietköpfe ca. 3%,
2. für die Aussteifungen ca. 7 bis 20%.

Diese Aussteifungen bestehen aus 2 L-Eisen mit Futter, in Abständen von ca. 1,50 m.

Proportional der Trägerhöhe steigt der Gewichtszuschlag für die Aussteifungen.

Tabelle über Gewichte und Widerstandsmomente von Blechträgern.

$$\text{Trägheitsmoment} \quad J_0 = \frac{h_0 \cdot W_0}{2} \ \dots \ cm^4,$$

$$\text{,,} \qquad J_1 = \frac{h_1 \cdot W_1}{2} \ \dots \ cm^4,$$

$$\text{,,} \qquad J_2 = \frac{h_2 \cdot W_2}{2} \ \dots \ cm^4.$$

$W_0 \qquad W_1 \qquad W_2$

Stehblechhöhe h_0 cm	⌐140×140×13 mm — Stehblech 12 mm st. — Niete 23 mm Durchm.				⌐140×140×15 mm — Stehblech 15 mm st. — Niete 26 mm Durchm.				⌐150×150×14 mm — Stehblech 15 mm st. — Niete 26 mm Durchm.				⌐150×150×16 mm — Stehblech 15 mm st. — Niete 26 mm Durchm.				Stehblechhöhe h_0 cm
	ohne Gurtplatten G_0 kg/m	ohne Gurtplatten W_0 cm³	1 Gurtplatte 320×10 W_1 cm³	2 Gurtplatten 320×10 W_2 cm³	ohne Gurtplatten G_0 kg/m	ohne Gurtplatten W_0 cm³	1 Gurtplatte 320×12 W_1 cm³	2 Gurtplatten 320×12 W_2 cm³	ohne Gurtplatten G_0 kg/m	ohne Gurtplatten W_0 cm³	1 Gurtplatte 350×12 W_1 cm³	2 Gurtplatten 350×12 W_2 cm³	ohne Gurtplatten G_0 kg/m	ohne Gurtplatten W_0 cm³	1 Gurtplatte 350×15 W_1 cm³	1 Gurtplatte 350×15 + 1 Gurtplatte 350×12 W_2 cm³	
30	138,2	1439	2071	2828	160,9	1632	2353	3235	—	—	—	—	—	—	—	—	30
32	140,1	1571	2257	3064	163,3	1783	2566	3506	—	—	—	—	—	—	—	—	32
35	142,9	1776	2542	3426	166,8	2017	2894	3924	167,8	2015	3045	4188	184,7	2217	3482	4636	35
38	145,7	1987	2835	3797	170,3	2259	3232	4351	171,3	2255	3373	4630	188,2	2484	3880	5133	38
40	147,6	2132	3033	4048	172,7	2424	3461	4640	173,7	2420	3612	4936	190,6	2667	4150	5470	40
42	149,5	2278	3232	4302	175,1	2592	3694	4934	176,1	2589	3852	5243	192,9	2854	4425	5811	42
45	152,3	2503	3541	4688	178,6	2850	4049	5380	179,6	2851	4220	5713	196,5	3133	4844	6354	45
48	155,1	2733	3857	5080	182,1	3114	4413	5834	183,1	3111	4600	6194	200,0	3429	5270	6858	48
50	157,0	2888	4070	5344	184,5	3293	4658	6142	185,5	3293	4848	6511	202,4	3627	5559	7214	50
55	161,7	3287	4609	6015	190,4	3751	5285	6920	191,4	3753	5496	7329	208,2	4134	6293	8118	55
60	166,4	3697	5163	6701	196,3	4224	5928	7716	197,3	4229	6160	8164	214,1	4657	7044	9040	60
65	171,2	4119	5729	7399	202,1	4711	6586	8528	203,1	4720	6839	9015	220,0	5195	7812	9979	65
70	175,9	4553	6307	8110	208,0	5213	7258	9355	209,0	5224	7533	9881	225,9	5747	8596	10934	70
75	180,6	4998	6896	8832	213,9	5728	7944	10197	214,9	5744	8242	10763	231,8	6314	9395	11905	75
80	185,3	5452	7497	9566	219,8	6257	8649	11053	220,8	6277	8967	11660	237,7	6894	10209	12891	80
85	190 0	5918	8109	10311	225,7	6799	9363	11924	226,7	6823	9705	12571	243,6	7488	11037	13892	85
90	191,7	6395	8732	11066	231,6	7354	10090	12809	232,6	7382	10456	13496	249,5	8095	11879	14908	90
95	199,4	6883	9365	11833	237,5	7922	10832	13707	238,5	7955	11220	14434	255,4	8715	12734	15937	95
100	204,1	7380	10009	12613	243,3	8503	11589	14618	244,3	8542	11998	15385	261,2	9349	13603	16978	100
110	213,5	8406	11329	14199	255,1	9704	13138	16478	256,1	9753	13595	17328	273,0	10656	15381	19103	110
120	222,9	9473	12692	15830	266,9	10956	14743	18396	267,9	11014	15242	19326	284,8	12014	17272	21282	120
125	227,6	10022	13389	16661	272,8	11601	15565	19373	273,8	11664	16085	20344	290,7	12713	18147	22391	125
130	232,4	10581	14093	17501	278,7	12259	16397	20364	279,7	12326	16941	21374	296,6	13424	19096	23514	130
140	241,8	11730	15537	19212	290,5	13613	18100	22380	291,5	13691	18693	23475	308,4	14885	21030	25798	140
150	251,2	12919	17022	20837	302,2	15017	19855	24433	303,2	15104	20493	25626	320,1	16396	23017	28133	150

$$G_1 = G_0 + 50{,}2 \ kg \qquad G_1 = G_0 + 60{,}3 \ kg \qquad G_1 = G_0 + 65{,}9 \ kg \qquad G_1 = G_0 + 82{,}4 \ kg$$

$$G_2 = G_0 + 100{,}4 \ kg \qquad G_2 = G_0 + 120{,}6 \ kg \qquad G_2 = G_0 + 131{,}8 \ kg \qquad G_2 = G_0 + 148{,}4 \ kg$$

Obige Gewichte sind theoretische Gewichte für einen laufenden Meter. Um die Ausführungsgewichte zu erhalten sind folgende Gewichtszuschläge zu machen:

1. für Nietköpfe ca. 3%,
2. für die Aussteifungen ca. 7 bis 20%.

Diese Aussteifungen bestehen aus 2 ∟-Eisen mit Futter, in Abständen von ca. 1,50 m. Proportional der Trägerhöhe steigt der Gewichtszuschlag für die Aussteifungen.

Tabelle über Gewichte und Widerstandsmomente von Blechträgern.

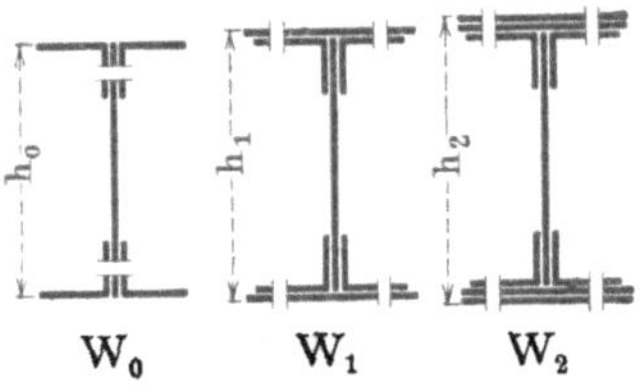

Trägheitsmoment $J_0 = \dfrac{h_0 \cdot W_0}{2} \ldots$ cm⁴,

„ $\quad J_1 = \dfrac{h_1 \cdot W_1}{2} \ldots$ cm⁴,

„ $\quad J_2 = \dfrac{h_2 \cdot W_2}{2} \ldots$ cm⁴.

$W_0 \qquad W_1 \qquad W_2$

Stehblechhöhe h_0 cm	160×160×15 mm, Stehblech 15 mm st., Niete 26 mm Durchm. — ohne Gurtplatten G₀ kg/m	W₀ cm³	1 Gurtplatte 350×12 W₁ cm³	2 Gurtplatten 350×12 W₂ cm³	160×160×17 mm, Stehblech 15 mm st., Niete 26 mm Durchm. — ohne Gurtplatten G₀ kg/m	W₀ cm³	1 Gurtplatte 380×12 W₁ cm³	2 Gurtplatten 380×12 W₂ cm³	100×200×14 mm, Stehblech 15 mm st., Niete 26 mm Durchm. — ohne Gurtplatten G₀ kg/m	W₀ cm³	1 Gurtplatte 450×10 W₁ cm³	2 Gurtplatten 450×10 W₂ cm³	100×200×16 mm, Stehblech 15 mm st., Niete 26 mm Durchm. — ohne Gurtplatten G₀ kg/m	W₀ cm³	1 Gurtplatte 450×12 W₁ cm³	2 Gurtplatten 450×12 W₂ cm³	Stehblechhöhe h_0 cm
30	—	—	—	—	—	—	—	—	161,9	1932	2947	4049	178,8	2140	3346	4665	30
32	—	—	—	—	—	—	—	—	164,2	2097	3193	4370	181,2	2323	3625	5034	32
35	—	—	—	—	—	—	—	—	167,8	2349	3568	4859	184,7	2603	4050	5595	35
38	—	—	—	—	—	—	—	—	171,3	2606	3950	5355	188,2	2889	4482	6162	38
40	191,9	2693	3834	5146	209,7	2948	4135	5522	173,7	2781	4207	5689	190,6	3083	4774	6545	40
42	194,2	2880	4092	5471	212,1	3138	4480	5999	176,0	2958	4468	6026	192,9	3278	5068	6930	42
45	197,7	3167	4486	5966	215,6	3468	4912	6542	179,5	3227	4863	6536	196,5	3577	5514	7514	45
48	201,3	3461	4889	6470	219,2	3790	5352	7095	183,1	3502	5267	7056	200,0	3880	5966	8104	48
50	203,6	3661	5161	6810	221,5	4009	5656	7467	185,4	3688	5533	7399	202,4	4085	6270	8500	50
55	209,5	4172	5856	7675	227,4	4568	6410	8413	191,3	4162	6218	8277	208,2	4607	7041	9502	55
60	215,4	4699	6568	8558	233,3	5144	7188	9379	197,2	4649	6918	9170	214,1	5142	7827	10518	60
65	221,3	5241	7297	9458	239,2	5736	7983	10363	203,1	5149	7631	10077	220,0	5690	8626	11549	65
70	227,2	5800	8043	10375	245,1	6343	8796	11365	209,0	5662	8356	10997	225,9	6252	9439	12595	70
75	233,1	6373	8803	11307	251,0	6965	9624	12382	214,9	6188	9005	11931	231,8	6826	10265	13654	75
80	239,0	6957	9579	12255	256,8	7601	10467	13415	220,8	6727	9848	12878	237,7	7413	11105	14727	80
85	244,9	7557	10369	13217	262,7	8251	11324	14463	226,7	7279	10613	13838	243,6	8013	11957	15813	85
90	250,8	8170	11172	14194	268,6	8915	12196	15525	232,6	7843	11392	14812	249,5	8626	12823	16913	90
95	256,7	8796	11989	15185	274,5	9692	13082	16601	238,5	8420	12183	15799	255,4	9252	13702	18026	95
100	262,5	9436	12821	16190	280,3	10282	13981	17692	244,3	9009	12988	16798	261,2	9890	14593	19151	100
110	274,3	10755	14524	18240	292,1	11702	15820	19915	256,1	10226	14636	18837	273,0	11204	16415	21441	110
120	286,1	12125	16279	20344	303,9	13175	17714	22191	267,9	11494	16331	20924	284,8	12568	18287	23782	120
125	292,0	12830	17176	21416	309,8	13931	18680	23349	273,8	12146	17198	21987	290,7	13269	19242	24972	125
130	297,9	13547	18087	22500	315,7	14700	19659	24521	279,7	12811	18079	23063	296,6	13983	20210	26175	130
140	309,7	15021	19947	24709	327,5	16275	21657	26903	291,5	14179	19877	25253	308,4	15449	22184	28618	140
150	321,4	16545	21858	26969	339,2	17887	23690	29318	303,2	15597	21726	27494	320,1	16964	24208	31112	150

$$G_1 = G_0 + 65{,}9 \text{ kg} \qquad G_1 = G_0 + 71{,}6 \text{ kg} \qquad G_1 = G_0 + 70{,}7 \text{ kg} \qquad G_1 = G_0 + 84{,}8 \text{ kg}$$

$$G_2 = G_0 + 131{,}8 \text{ kg} \qquad G_2 = G_0 + 143{,}2 \text{ kg} \qquad G_2 = G_0 + 141{,}4 \text{ kg} \qquad G_2 = G_0 + 169{,}6 \text{ kg}$$

Obige Gewichte sind theoretische Gewichte für einen laufenden Meter. Um die Ausführungsgewichte zu erhalten sind folgende Gewichtszuschläge zu machen:

1. für Nietköpfe ca. 3%,
2. für die Aussteifungen ca. 7 bis 20%.

Diese Aussteifungen bestehen aus 2 ∣ -Eisen mit Futter, in Abständen von ca. 1,50 m.

Proportional der Trägerhöhe steigt der Gewichtszuschlag für die Aussteifungen.

Tabelle über Gewichte und Widerstandsmomente von Kastenträgern.

$$\text{Trägheitsmoment } J_1 = \frac{W_1 \cdot h_1}{2}, \qquad J_2 = \frac{W_2 \cdot h_2}{2}, \qquad J_3 = \frac{W_3 \cdot h_3}{2}.$$

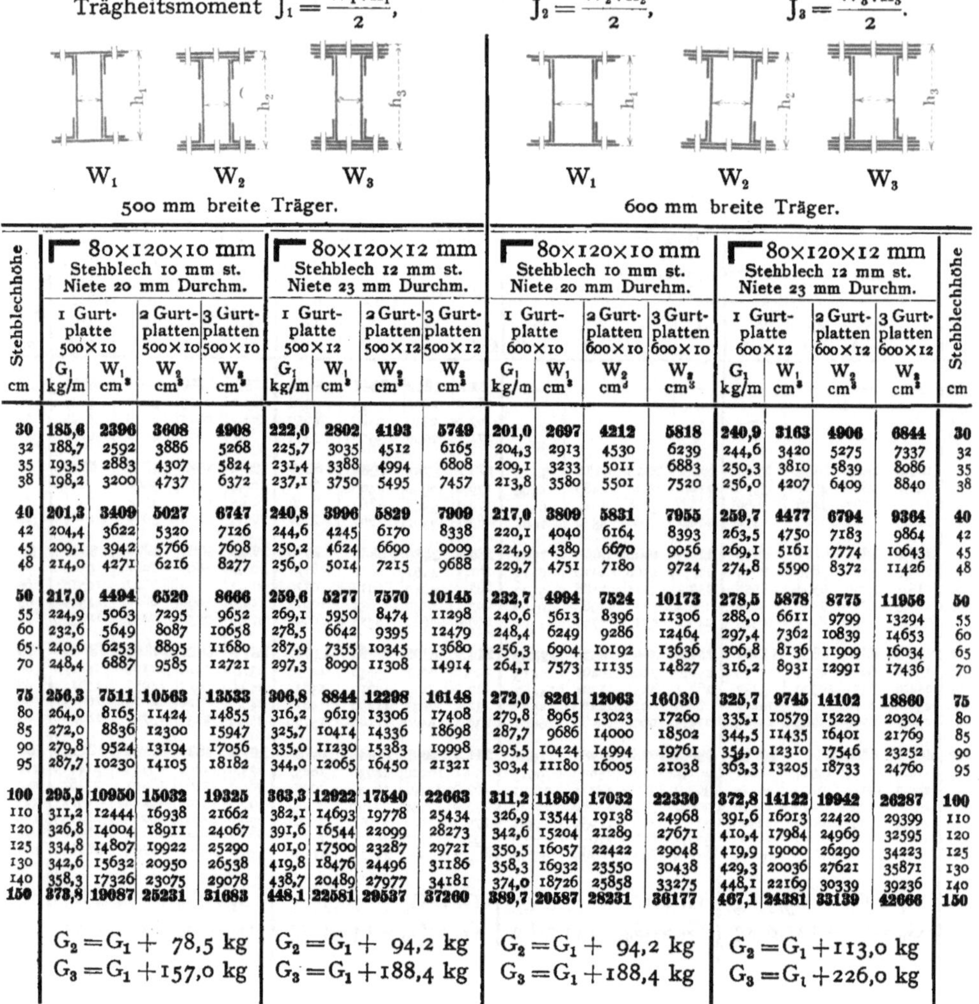

Stehblechhöhe cm	⌐ 80×120×10 mm, Stehblech 10 mm st., Niete 20 mm Durchm. 1 Gurtplatte 500×10 G₁ kg/m	W₁ cm³	2 Gurtplatten 500×10 W₂ cm³	3 Gurtplatten 500×10 W₃ cm³	⌐ 80×120×12 mm, Stehblech 12 mm st., Niete 23 mm Durchm. 1 Gurtplatte 500×12 G₁ kg/m	W₁ cm³	2 Gurtplatten 500×12 W₂ cm³	3 Gurtplatten 500×12 W₃ cm³	⌐ 80×120×10 mm, Stehblech 10 mm st., Niete 20 mm Durchm. 1 Gurtplatte 600×10 G₁ kg/m	W₁ cm³	2 Gurtplatten 600×10 W₂ cm³	3 Gurtplatten 600×10 W₃ cm³	⌐ 80×120×12 mm, Stehblech 12 mm st., Niete 23 mm Durchm. 1 Gurtplatte 600×12 G₁ kg/m	W₁ cm³	2 Gurtplatten 600×12 W₂ cm³	3 Gurtplatten 600×12 W₃ cm³	Stehblechhöhe cm
30	185,6	2396	3608	4908	222,0	2802	4193	5749	201,0	2697	4212	5818	240,9	3163	4906	6844	30
32	188,7	2592	3886	5268	225,7	3035	4512	6165	204,3	2913	4530	6239	244,6	3420	5275	7337	32
35	193,5	2883	4307	5824	231,4	3388	4994	6808	209,1	3233	5011	6883	250,3	3810	5839	8086	35
38	198,2	3200	4737	6372	237,1	3750	5495	7457	213,8	3580	5501	7520	256,0	4207	6409	8840	38
40	201,3	3409	5027	6747	240,8	3996	5829	7909	217,0	3809	5831	7955	259,7	4477	6794	9364	40
42	204,4	3622	5320	7126	244,6	4245	6170	8338	220,1	4040	6164	8393	263,5	4750	7183	9864	42
45	209,1	3942	5766	7698	250,2	4624	6690	9009	224,9	4389	6670	9056	269,1	5161	7774	10643	45
48	214,0	4271	6216	8277	256,0	5014	7215	9688	229,7	4751	7180	9724	274,8	5590	8372	11426	48
50	217,0	4494	6520	8666	259,6	5277	7570	10145	232,7	4994	7524	10173	278,5	5878	8775	11956	50
55	224,9	5063	7295	9652	269,1	5950	8474	11298	240,6	5613	8396	11306	288,0	6611	9799	13294	55
60	232,6	5649	8087	10658	278,5	6642	9395	12479	248,4	6249	9286	12464	297,4	7362	10839	14653	60
65	240,6	6253	8895	11680	287,9	7355	10345	13680	256,3	6904	10192	13636	306,8	8136	11909	16034	65
70	248,4	6887	9585	12721	297,3	8090	11308	14914	264,1	7573	11135	14827	316,2	8931	12991	17436	70
75	256,3	7511	10563	13533	306,8	8844	12298	16148	272,0	8261	12063	16030	325,7	9745	14102	18860	75
80	264,0	8165	11424	14855	316,2	9619	13306	17408	279,8	8965	13023	17260	335,1	10579	15229	20304	80
85	272,0	8836	12300	15947	325,7	10414	14336	18698	287,7	9686	14000	18502	344,5	11435	16401	21769	85
90	279,8	9524	13194	17056	335,0	11230	15383	19998	295,5	10424	14994	19761	354,0	12310	17546	23252	90
95	287,7	10230	14105	18182	344,0	12065	16450	21321	303,4	11180	16005	21038	363,3	13205	18733	24760	95
100	295,5	10950	15032	19325	363,3	12922	17540	22663	311,2	11950	17032	22330	372,8	14122	19942	26287	100
110	311,2	12444	16938	21662	382,1	14693	19778	25434	326,9	13544	19138	24968	391,6	16013	22420	29399	110
120	326,8	14004	18911	24067	391,6	16544	22099	28273	342,6	15204	21289	27671	410,4	17984	24969	32595	120
125	334,8	14807	19922	25290	401,0	17500	23287	29721	350,5	16057	22422	29048	419,9	19000	26290	34223	125
130	342,6	15632	20950	26538	419,8	18476	24496	31186	358,3	16932	23550	30438	429,3	20036	27621	35871	130
140	358,3	17326	23075	29078	438,7	20489	27977	34181	374,0	18726	25858	33275	448,1	22169	30339	39236	140
150	378,8	19087	25231	31683	448,1	22581	29537	37260	389,7	20587	28231	36177	467,1	24381	33139	42666	150

$$G_2 = G_1 + 78,5 \text{ kg} \qquad G_2 = G_1 + 94,2 \text{ kg} \qquad G_2 = G_1 + 94,2 \text{ kg} \qquad G_2 = G_1 + 113,0 \text{ kg}$$
$$G_3 = G_1 + 157,0 \text{ kg} \qquad G_3 = G_1 + 188,4 \text{ kg} \qquad G_3 = G_1 + 188,4 \text{ kg} \qquad G_3 = G_1 + 226,0 \text{ kg}$$

Obige Gewichte sind theoretische Gewichte für einen laufenden Meter.

Für die Aussteifung (durch ⌐- oder ∟-Eisen) sind entsprechende Zuschläge zu machen.

Für Nietköpfe rechnet man ca. 3 % Gewichtszuschlag.

Angaben über gußeiserne Hohlstützen.

Gußeiserne Stützen werden in jeder Form und Größe ausgeführt. Am häufigsten kommen runde Hohlstützen zur Verwendung, deren äußerer Durchmesser 100 bis 400 mm beträgt und deren Wandstärke zwischen 10 und 40 mm schwankt. Praktisch verwendbar ist $d = 0,1$ D. Die größte Säulenlänge für gewöhnliche Bauzwecke ist 6 bis 7 m. Der Guß der Säulen erfolgt am besten stehend.

Tragfähigkeit runder gußeiserner Stützen bei 500 kg/cm² zulässiger Druckbeanspruchung und einer $n = 8$ fachen Sicherheit gegen Ausknicken (nach Euler).

erf. Trägheitsmoment: $$J = \frac{8\,P\,l^2}{1000} = \frac{P\,l^2}{125}$$ (P in kg; l in Meter).

Grenzknicklänge (nach Tetmajer) $l_0 = 80 \cdot i$.

äußerer Durchmesser	Wandstärke	Querschnitt F	Gewicht G	Trägheitsmoment J	Trägheitshalbmesser i	Tragfähigkeit in Kilogramm bei einer zentrischen Belastung und einer Stützlänge in Meter von							
mm	mm	qcm	kg/m	cm⁴	cm	3,00	3,25	3,50	3,75	4,00	4,50	5,00	5,50
100	14	37,8	27,4	359	3,08	4990	4250	3680	3190	2810	2210	1795	1480
	16	42,2	30,6	385	3,02	5130	4330	3940	3440	3020	2380	1930	1595
	18	46,4	33,6	409	2,97	5450	4600	4160	3630	3190	2520	2040	1685
120	16	52,3	37,9	724	3,72	9650	8150	7380	6430	5650	4460	3615	2990
	18	57,7	41,8	773	3,66	10300	8700	7890	6880	6040	4770	3865	3190
	20	62,8	45,5	817	3,61	10890	9190	8340	7270	6390	5040	4085	3375
140	16	62,3	45,2	1218	4,42	16220	13700	12320	10750	9450	7470	6050	5000
	18	68,9	50	1311	4,36	17490	14760	13390	11680	10240	8100	6560	5420
	20	75,4	54,7	1395	4,30	18600	15700	14220	12410	10900	8610	6970	5770
160	16	72,4	52,5	1899	5,11	25300	21380	19380	16890	14820	11710	9490	7840
	18	80,3	58,2	2056	5,06	27400	23140	20920	18240	16020	12650	10240	8470
	20	88,0	63,8	2200	5,00	29340	24770	22420	19560	17180	13560	10990	9080
	22	95,4	69,2	2329	4,95	31040	26800	23790	20710	18200	14380	11640	9620
	24	103	74,3	2445	4,87	32730	27500	24960	21770	19100	15090	12220	10110
180	16	82,4	59,7	2798	5,82	37300	31470	28540	24850	21820	17260	13980	11550
	18	91,6	66,4	3042	5,76	40600	34260	31030	27080	23780	18780	15210	12570
	20	101	72,9	3268	5,69	43600	36800	33350	29040	25520	20180	16340	13500
	22	109	79,2	3475	5,65	46300	39120	35420	30890	27120	21410	17360	14330
	24	118	85,3	3663	5,57	48800	41220	37400	32600	28600	22600	18300	15110
200	16	92,5	67,1	3944	6,52	46250	44400	40250	35100	30800	24350	19700	16290
	18	103	74,6	4303	6,46	51500	48500	43900	38300	33620	26580	21500	17780
	20	113	82,0	4638	6,40	56500	52100	47250	41200	36200	28600	23180	19140
	22	123	89,2	4948	6,33	61500	55700	50500	44000	38620	30520	24710	20420
	24	133	96,2	5234	6,27	66500	59000	54500	47500	41650	32930	26660	22020
	26	142	103,0	5499	6,21	71000	61800	56050	48900	42950	33920	27480	22700
	28	151	109,7	5743	6,16	75500	64600	58600	51050	44850	35420	28700	23700

äußerer Durchmesser mm	Wandstärke mm	Querschnitt F qcm	Gewicht G kg/m	Trägheitsmoment J cm⁴	Trägheitshalbmesser i cm	Tragfähigkeit in Kilogramm bei einer zentrischen Belastung und einer Stützlänge in Meter von							
						3,00	3,25	3,50	3,75	4,00	4,50	5,00	5,50
	18	114	82,8	5873	7,17	57000	57000	57000	52250	45900	36250	29360	24250
	20	126	91,1	6346	7,10	63000	63000	63000	56400	49500	39150	31700	26200
	22	137	99,2	6839	7,06	68500	68500	68500	60730	53300	42100	34150	28200
220	24	148	107,2	7203	6,98	74000	74000	73500	64050	56260	44500	36030	29780
	26	158	114,9	7589	6,92	79000	79000	77400	67500	59250	46750	37920	31300
	28	169	122,5	7949	6,86	84500	84500	81020	70650	62050	49000	39740	32800
	30	179	129,8	8282	6,80	89500	89500	84500	73750	64750	51150	41450	34260
	20	138	100,2	8434	7,81	69000	69000	69000	69000	65900	52150	42200	34900
	22	151	109,3	9042	7,74	75500	75500	75500	75500	70700	55900	45250	37400
240	24	163	118,1	9546	7,65	81500	81500	81500	81500	74600	59000	47750	39500
	26	175	126,7	10154	7,61	87500	87500	87500	87500	79400	62750	50800	42000
	28	186	135,2	10659	7,57	93000	93000	93000	93000	83250	65800	53300	44000
	30	198	143,5	11133	7,50	99000	99000	99000	99000	87000	68750	55700	46000
	20	151	109,2	10927	8,51	75360	75360	75360	75360	75360	67500	54720	45200
	22	164	119,3	11746	8,47	82000	82000	82000	82000	82000	72600	58800	48500
260	26	191	138,5	13243	8,33	95500	95500	95500	95500	95500	81900	66250	54760
	30	217	157,2	14577	8,20	108500	108500	108500	108500	108500	89900	72850	60200
	34	241	175,0	15691	8,07	120500	120500	120500	120500	120500	96770	78400	64800
	20	163	108,3	13879	9,23	81640	81640	81640	81640	81640	81640	69450	57350
	22	178	129,3	14947	9,17	89000	89000	89000	89000	89000	89000	74750	61800
280	26	207	150,4	16909	9,05	103500	103500	103500	103500	103500	103500	84500	69900
	30	236	170,8	18674	8,89	118000	118000	118000	118000	118000	115100	93400	77150
	34	263	190,5	20257	8,77	131500	131500	131500	131500	131500	125000	101200	83700
	20	176	127,5	17330	9,92	88000	88000	88000	88000	88000	88000	86700	71550
	25	216	153,0	20586	9,76	108000	108000	108000	108000	108000	108000	102900	85000
300	30	254	184,3	23472	9,61	127000	127000	127000	127000	127000	127000	117300	97000
	35	291	213,5	26021	9,45	145500	145500	145500	145500	145500	145500	130100	107600
	40	327	236,9	28262	9,30	163500	163500	163500	163500	163500	163500	141200	116800
	20	207	151,0	28325	11,71	103500	103500	103500	103500	103500	103500	103500	103500
	25	255	185,0	33896	11,52	127500	127500	127500	127500	127500	127500	127500	125700
350	30	302	220,0	38938	11,35	151700	151700	151700	151700	151700	151700	151700	151700
	35	346	251,4	43484	11,20	173090	173090	173090	173090	173090	173090	173090	173090
	40	389	282,0	47551	11,05	194700	194700	194700	194700	194700	194700	194700	193100
	25	294	214,0	51995	13,29	147200	147200	147200	147200	147200	147200	147200	147200
400	30	349	254,0	60058	13,11	174250	174250	174250	174250	174250	174250	174250	174250
	35	401	291,0	67440	12,96	200700	200700	200700	200700	200700	200700	200700	200700
	40	452	327,7	74195	12,81	226000	226000	226000	226000	226000	226000	226000	226000

Angaben aus der Festigkeitslehre.

Allgemeines.

Unter der Einwirkung äußerer Kräfte erfährt ein Körperteilchen eine (elastische) Formänderung, im allgemeinen bestehend aus Längenänderungen und aus Winkeländerungen, die Normalspannungen σ bzw. Schubspannungen τ in den Flächen des Körperteilchens zur Folge haben.

a) Längenänderungen und Normalspannungen.

Dehnung ist das Verhältnis $\varepsilon = \dfrac{\lambda}{l} = \dfrac{\text{Verlängerung}}{\text{Ursprünglichen Länge}}$.

Querzusammenziehung ist das Verhältnis $\varepsilon_q = \dfrac{\delta}{d} = \dfrac{\varepsilon}{m}$; $\quad m = \dfrac{\varepsilon}{\varepsilon_q} = \dfrac{\text{Dehnung}}{\text{Querzusammenziehung}}$ ist vom Material des Stabes abhängig und beträgt für gleichartige (isotrope) Körper 3—4, für Metalle nach C. von Bach $= \dfrac{10}{3}$.

Normalspannung (kg/qcm) $\sigma = \dfrac{P}{F}$ (auf den ursprünglichen Stabquerschnitt). Diesem entspricht eine Dehnung $\varepsilon = \dfrac{\lambda}{l}$.

Dehnungskoeffizient (qcm/kg) $\alpha = \dfrac{\varepsilon}{\sigma} = \dfrac{1}{E}$ ist das Verhältnis $\dfrac{\text{Dehnung}}{\text{Spannung}}$.

Elastizitätsmodul (kg/qcm) $E = \dfrac{1}{\alpha}$ ist der umgekehrte Wert des Dehnungskoeffizienten.

Proportionalitätsgrenze σ_p (kg/qcm) ist die Spannungsgrenze, bis zu welcher der Dehnungskoeffizient α nahezu unveränderlich ist. Bis dahin sind die Dehnungen den Spannungen proportional. $\varepsilon = \alpha \cdot \sigma$ (Hooke'sches Gesetz).

Streck- oder Quetschgrenze. σ_f (kg/qcm) ist die oberhalb der Proportionalitätsgrenze liegende Spannung, bei welcher eine rasche und bleibende Dehnung (Strecken, Quetschen) stattfindet.

Bruchfestigkeit K (kg/qcm), (Zug-, Druckfestigkeit usw.) ist derjenige Spannungswert, bei welchem der Bruch des Stabes eintritt.

Elastische Dehnung λ_1, nennt man die nach der Entlastung eines Stabes wieder verschwindende Dehnung; Dehnungsrest $\lambda_2 = \lambda - \lambda_1$ die dauernd verbleibende Dehnung.

Elastizitätsgrenze σ_e (kg/qcm) ist derjenige Spannungswert, bis zu welcher der Dehnungsrest λ_2 annähernd oder gleich o wird; der Stab also nahezu vollkommen elastisch ist.

Sicherheit gegen Bruch ist das Verhältnis der Bruchfestigkeit zur zulässigen Spannung.

b) Winkeländerungen und Schubspannungen.

Ändern unter der Einwirkung äußerer Kräfte zwei senkrecht aufeinanderstehende Flächenkörperteilchen ihren rechten Winkel um γ (im Bogenmaß gemessen), so ist die Änderung γ auch gleich der Strecke, um die sich zwei um 1 voneinander abstehende parallele Flächenteilchen gegeneinander verschoben haben.

Schiebung oder Winkeländerung γ ist die Folge einer paarweise auftretenden Schubspannung τ in den beiden senkrecht aufeinanderstehenden Flächenteilchen.

Schubkoeffizient (qcm/kg) $\dfrac{\gamma}{\tau} = \beta$, ist das Verhältnis der Schiebung zur Schubspannung.

Gleitmodul (kg/qcm) $G = \dfrac{1}{\beta}$ ist der umgekehrte Wert des Schubkoeffizienten.

Schubfestigkeit K_s (kg/qcm) ist die Schubspannung, bei der sich zwei gegeneinander verschobene Querschnittsebenen eines Stabes trennen.

Elastizitäts- und Festigkeitszahlen
(nach C. v. Bach).

Die Angaben gelten, sofern nicht ausdrücklich etwas anderes bestimmt ist, für das Kilogramm als Kraft- und für das Quadratzentimeter als Flächeneinheit.

Material	Elastizitätsmodul $E = \dfrac{1}{\alpha}$	Gleitmodul $G = \dfrac{1}{\beta}$	Proportionalitätsgrenze σ_p	Streck(Quetsch-)grenze σ_f	Festigkeit	
					Zug K_z	Druck K
Gußeisen .	750 000 bis 1 050 000	290 000 bis 400 000	nicht vorhanden	—	1200 bis 3200	7000 bis 8500
Schweißeisen . .	2 000 000	770 000	1300 und mehr	1800 und mehr	3300 bis 4000 [1])	Quetschgrenze maßgebend
Flußeisen	2 150 000	830 000	1800 und mehr	2000 und mehr	3400 bis 5000	Quetschgrenze maßgebend
Stahlguß .	2 150 000	830 000	2000 und mehr	2100 und mehr	3500 bis 7000 und mehr	wie bei Flußstahl
Flußstahl	2 200 000	850 000	2500 bis 6000 und mehr; je nach Behandlung	3000 und mehr; härteres Material keine ausgeprägte Streckgrenze	über 5000 bis 20 000 und noch darüber	Bei weich. Material die Quetschgrenze maßgebend; K sonst mit dem Grade der Härte bis über die Zugfestigkeit steigend

[1]) Gilt für Schweißeisen $\parallel$ zur Sehnenrichtung
für Schweißeisen $\perp$ zur Sehnenrichtung ist $K_z = 2800 \div 3500$.
Über Einteilung, Herstellung der verschiedenen Eisensorten siehe „Allgemeines über das im Hochbau verwendete Eisen". Seite 1.

Wärmeausdehnung.

Die Ausdehnungszahl für Eisen und Stahl ist $1000\,\beta \lesseqgtr 0{,}011\,t$ bei Temperaturen zwischen 0^0 und 100^0 und $1000\,\beta = 0{,}011 + 0{,}008\,t$ bei höheren Temperaturen.

Die Längenausdehnungszahl β gibt die Größe der Zunahme der Längeneinheit eines Körpers bei 1^0 Temperaturerhöhungen an.

Bei Eisenkonstruktionen pflegt man mit Temperaturschwankungen von -25^0 bis $+35^0$ C. zu rechnen. Für die Feststellung der Grundmaße eines Projektes wird eine mittlere Temperatur von $+10^0$ C. angenommen.

Hölzer

(nach J. Bauschinger u. L. Tetmajer).

Die Festigkeitszahlen sind wesentlich abhängig vom Feuchtigkeitsgehalte. Dieselben nehmen mit wachsender Feuchtigkeit erheblich ab; mit zunehmender Lagerungszeit vergrößert sich die Druckfestigkeit bedeutend. Elastizitätsmodul E ist für Druck nahezu unveränderlich. — Die folgenden Angaben beziehen sich auf den ganzen Querschnitt, Kernholz und Splintholz, zusammen.

Biegung: Der Stammkern liegt in der Querschnittsmitte.

Schub: Abscherung parallel zur Faserrichtung in einer durch die Stammachse gehenden Ebene. Ks für das Kernholz $= 0{,}75$ Ks für den ganzen Querschnitt.

Art der Beanspruchung	Feuchtigkeitsgehalt (v. H.)	Elastizitätsmodul E kg/cm²	Proportionalitätsgrenze σ_p kg/cm²	Festigkeit K kg/cm²
a) Kiefer.				
Zug . . . ⎱ parallel	13	90 000	.	790
Druck . ⎰ zur Faser	18	96 000	155	280
Biegung	23	108 000	200	470
Schub	25	.	.	45
b) Fichte.				
Zug . . . ⎱ parallel	16	92 000	.	750
Druck . ⎰ zur Faser	19	99 000	150	245
Biegung	29	111 000	230	420
Schub	38	.	.	40
c) Eiche.				
Zug . . . ⎱ parallel	.	108 000	475	965
Druck . ⎰ zur Faser	.	103 000	150	345
Biegung	24	100 000	215	600
Schub	.	.	.	75
d) Buche.				
Zug . . . ⎱ parallel	.	180 000	580	1340
Druck . ⎰ zur Faser	.	169 000	100	320
Biegung	17	128 000	240	670
Schub	.	.	.	85

Steine und Bindemittel.

Baustoff	Druckfestigkeit K_d kg/cm²	Elastizitätsmodul. E. (kg/cm².) Bei den Steinen hängt derselbe sehr von der Spannung und bei den Mörteln von der Erhärtungszeit ab nach Versuchen ergab sich:
Granit	800 ÷ 2000	bei $\sigma = 45$ kg/cm² $\quad E_\sigma = 530\,400$ im Mittel zwischen $\sigma = 0 \div 45 \quad E = 594\,000$
Bruch- und Quader-Sandstein	300 ÷ 1000	bei $\sigma = 0 \div 4,2$ kg/cm² $\quad E = 93\,700$,, $\quad 4,2 \div 8,3 \quad$,, $\quad E = 46\,000$,, $\quad 8,3 \div 12,3 \quad$,, $\quad E = 29\,250$,, $\quad 12,3 \div 16,4 \quad$,, $\quad E = 21\,000$ $\Big\}$ im Mittel
Ziegelmauerwerk Ziegelstein (Klinker) ,, Mittelbrand ,, Schwachbrand	140 300—900 200—300 150—200	mit $K_d =$ $\quad K_z =$ 780 kg/cm²; $\quad$ 52 kg/cm²; $\quad E = 210\,000$ mit $K_d =$ $\quad K_z =$ 284 kg/cm²; $\quad$ 20 kg/cm²; $\quad E = 93\,000$ $\Big\}$ durchschn.
Zement-Beton Mischung 1 : 3 ,, 1 : 4 ,, 1 : 5 ,, 1 : 6 ,, 1 : 8 ,, 1 : 10	 350 260 200 150 100 80	aus 1 R.T. $\qquad$ kg/cm³ Portland- $\quad \sigma = 0 \div 7,9 \quad E = 306\,000$ Zement, $\quad 7,9 \div 15,8 \quad E = 256\,000$ $2^1/_2$ R.T. Sand $\Big\}$ $15,8 \div 23,7 \quad E = 226\,000$ 5 R.T. Kies $\quad 23,7 \div 31,6 \quad E = 212\,000$ (77 Tage alt) $\quad 31,6 \div 39,5 \quad E = 194\,000$ ergab sich bei
1 R.T. Portland- Zement $\Big\}$ $+$ 1 R.T. Sand $+$ 2 R.T. ,, $+$ 3 R.T. ,,	200 180 160	nach 28 Tagen, davon 27 unter Wasser für $\sigma = 30$ kg/cm² $\quad E = 480\,000$ i. M. $\sigma = 0 \div 30$,, $\quad E = 562\,000$ $\Big\{$ bei Zementmörtel 1 : $4^1/_2$

Nach Versuchen an Gewölben ist der mittlere Elastizitätsmodul für die Spannungsgrenzen $0 \div \sigma_p$

für Bruchstein	Ziegelstein	Stampfbeton
$E = 60\,400$	27\,800	246\,000.

II. Zug- und Druckfestigkeit.

Wird ein prismatischer Stab mit dem Querschnitt F zentrisch durch eine Kraft P auf Zug oder Druck beansprucht, so ist die Beanspruchung im Querschnitt F:

$$\sigma = \pm \frac{P}{F}.$$

Gedrückte Stäbe, bei welchen das Verhältnis der Länge zu den Querschnittsabmessungen groß ist, müssen außerdem noch auf Knickfestigkeit untersucht werden.

Greift die Last nicht senkrecht zum Querschnitt an, so zerlege man sie in ihre zwei Komponenten, in Richtung der Ebene des Querschnittes und senkrecht zur Ebene des Querschnittes.

Die einzelnen Komponenten erzeugen Schub- resp. Normalspannungen (siehe auch Art. V zusammenges. Festigkeit, Seite 148).

II. Knickfestigkeit.

a) Eulersche Formeln.

Es bezeichne:

l die Länge des auf Knicken beanspruchten Stabes in cm,

J das kleinste äquatoriale Trägheitsmoment des gefährlichen Stabquerschnittes in cm⁴,

F den kleinsten Stabquerschnitt in qcm,

P_k die Knickbelastung in kg,

E den Elastizitätsmodul in kg/cm²,

σ die zulässige Druckbeanspruchung des Stoffes in kg/cm²,

so ist, je nach der Befestigungsart der Stabenden, das erforderliche Trägheitsmoment:

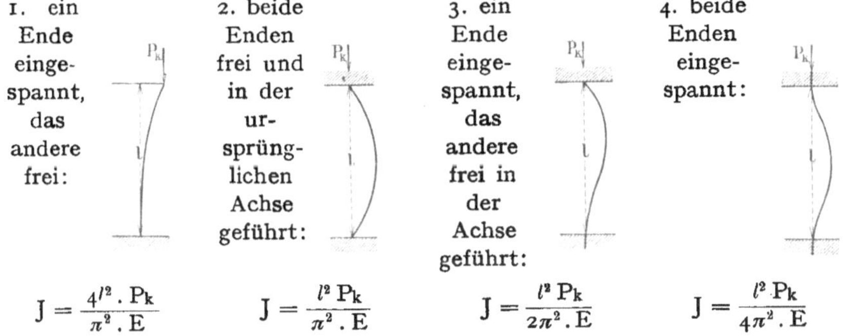

1. ein Ende eingespannt, das andere frei:	2. beide Enden frei und in der ursprünglichen Achse geführt:	3. ein Ende eingespannt, das andere frei in der Achse geführt:	4. beide Enden eingespannt:

$$J = \frac{4\,l^2 \cdot P_k}{\pi^2 \cdot E} \qquad J = \frac{l^2\,P_k}{\pi^2 \cdot E} \qquad J = \frac{l^2\,P_k}{2\pi^2 \cdot E} \qquad J = \frac{l^2\,P_k}{4\pi^2 \cdot E}$$

π^2 kann gleich 10 gesetzt werden.

Bedeutet n den Sicherheitsfaktor gegen Knicken, so ist die zulässige Belastung mit Rücksicht auf Ausknicken

$$P = \frac{P_k}{n}$$

Wird jedoch die zulässige Druckbelastung $P_0 = \sigma \cdot F$ kleiner als P (bei kleinem Verhältnis von Stablänge zu Querschnittsabmessungen), so ist die Tragfähigkeit des Stabes $= P_0$.

Bei Profilermittelungen auf Grund der Eulerschen Formeln ist stets zu untersuchen, ob die zulässige Druckspannung $\sigma = \dfrac{P}{F}$ nicht überschritten wird.

Bei Berechnungen im Hochbau ist nach den amtlichen Bestimmungen der vorstehend angegebene Befestigungsfall 2 zugrunde zu legen. Es gelten für diesen Fall nachstehende Werte:

Baustoff	Sicherheitsgrad n	Elastizitätsmodul E kg/cm²	Druckfestigkeit kg/cm²	Zuläss. Druckspannung kg/cm²	Erforderliches kleinstes Trägheitsmoment J cm⁴
Gußeisen	6	1 000 000	7500	500	$\dfrac{3\,P\,l^2}{500}$ bezw. $6\,P_1\,l^2$
	8				$\dfrac{P\,l^2}{125}$ bezw. $8\,P_1\,l^2$
Schweißeisen	5	2 000 000	3750	1080	$\dfrac{P\,l^2}{400}$ bezw. $2{,}5\,P_1\,l^2$
Flußeisen	5	2 150 000	4400	1200	$\dfrac{P\,l^2}{430}$ bezw. $2{,}33\,P_1\,l^2$
	4				$\dfrac{P\cdot l^2}{537}$ bezw. $1{,}87\,P_1\,l^2$
Flußstahl	4	2 200 000	6250	1400	$\dfrac{P\,l^2}{550}$ bezw. $1{,}82\,P_1\,l^2$
Holz (Kiefern-)	10	120 000	280	60	$\dfrac{P\,l^2}{12}$ bezw. $83{,}3\,P_1\,l^2$

wobei: l die Stablänge in m,
P die zulässige Belastung in kg,
P_1 ,,   ,,   ,,   in t   bezeichnet.

Für die Belastungsfälle 1, 3 u. 4 ist das erf. Trägheitsmoment $J = 4$ bezw. $\frac{1}{2}$ bezw. $\frac{1}{4}$ mal größer als für Belastungsfall 2.

b) Formeln von Tetmajer.

Die Tetmajerschen Formeln sind, entsprechend den Versuchen, für beiderseitige gelenkartige Lagerung der Stabenden entwickelt.

Hiernach beträgt die Knicklast beim Bruche

$$P_k = aF\left(1 - b\,\frac{l}{i} + c\,\frac{l^2}{i^2}\right).$$

Der Stab darf auch hier nur mit einem Bruchteile von P_k belastet werden; es ist also der Sicherheitsfaktor n einzuführen.

Die zul. Belastung $P = \dfrac{P_k}{n} = \dfrac{F \cdot a}{n}\left(1 - b\,\dfrac{l}{i} + c\,\dfrac{l^2}{i^2}\right)$ bezw. die zul. Spannung des Stabquerschnittes darf den Wert

$$\sigma = \frac{P}{F} = \frac{a}{n}\left(1 - b\,\frac{l}{i} + c\,\frac{l^2}{i^2}\right) \;.\;.\;.\;.\; \text{kg/cm}^2$$

nicht überschreiten.

Nach Versuchen von Tetmajer, Bauschinger, Considère etc. ergeben die Eulerschen Gleichungen brauchbare Resultate sofern $\frac{l}{i}$ d. h. das Verhältnis von Knicklänge zum Trägheitsradius eine für den Baustoff bestimmte Grenze nicht unterschreitet. Tetmajer hat auf Grund vieler Druckversuche als Grenzwerte, bei welchen die Eulerschen Formeln brauchbare Resultate liefern

$$1) \quad \frac{l}{i} \geqq 105 \quad \text{bei Flußeisen}$$

$$2) \quad \frac{l}{i} \geqq 80 \quad \text{bei Gußeisen und}$$

$$3) \quad \frac{l}{i} \geqq 100 \quad \text{bei Holz angegeben.}$$

$$\left(\text{Trägheitsradius } i = \sqrt{\frac{J}{F}} = \sqrt{\frac{\text{kleinstes Trägheitsmoment}}{\text{Stab-Bruttoquerschnitt}}} \text{ in cm} \right).$$

Für die Koeffizienten a, b, und c gelten folgende Werte auf kg/cm² bezogen:

Flußeisen a = 3100;	b = 0,00368;	c = o
Gußeisen a = 7760;	b = 0,01546;	c = 0,00007
Holz a = 290;	b = 0,00662;	c = o.

Unter Benützung dieser Werte wird die zul. Spannung:

$$1) \quad \text{für Flußeisen } \sigma = \frac{3100}{n} \left(1 - 0,00368 \, \frac{l}{i} \right)$$

$$2) \quad \text{,, Gußeisen } \sigma = \frac{7760}{n} \left(1 - 0,01546 \, \frac{l}{i} + 0,00007 \, \frac{l^2}{i^2} \right) \Bigg\} \text{ in kg/cm}^2$$

$$3) \quad \text{,, Holz } \sigma = \frac{290}{n} \left(1 - 0,00662 \, \frac{l}{i} \right)$$

Soll die Art der Einspannung berücksichtigt werden, so ist für die Befestigungsfälle 3 und 4 (siehe Euler) nicht die ganze Stablänge einzuführen, sondern für Fall 3 das ³⁄₄fache der Stablänge und für Fall 4 die Hälfte der Stablänge. Dagegen ist bei Fall 1 statt der einfachen die doppelte Stablänge einzuführen.

Für Flußeisenstäbe ergibt sich die **Knickbelastung in Tonnen**

$$P_k = F \cdot \left(3,1 - 0,0114 \, \frac{l}{i} \right).$$

Unter Berücksichtigung einer n = 4 fachen Sicherheit gegen Knicken und eines harten Flußeisenmaterials (a = 3200) erhält man die vereinfachte und in der Praxis gebräuchliche Formel

$$\sigma = 0,8 - 0,003 \, \frac{l}{i} \, \ldots \, \text{t/cm}^2.$$

Für die Verhältnisse $\frac{l}{i} = 10$ bis 105 sind in nachstehender Tabelle die zulässigen Knickspannungen in t/cm² zusammengestellt.

$\dfrac{l}{i}$	$\dfrac{l}{i}+$									
	0	1	2	3	4	5	6	7	8	9
10	0,770	0,767	0,764	0,761	0,758	0,755	0,752	0,749	0,746	0,743
20	0,740	0,737	0,734	0,731	0,728	0,725	0,722	0,719	0,716	0,713
30	0,710	0,707	0,704	0,701	0,698	0,695	0,692	0,689	0,686	0,683
40	0,680	0,677	0,674	0,671	0,668	0,665	0,662	0,659	0,656	0,653
50	0,650	0,647	0,644	0,641	0,638	0,635	0,632	0,629	0,626	0,623
60	0,620	0,617	0,614	0,611	0,608	0,605	0,602	0,599	0,596	0,593
70	0,590	0,587	0,584	0,581	0,578	0,575	0,572	0,569	0,566	0,563
80	0,560	0,557	0,554	0,551	0,548	0,545	0,542	0,539	0,536	0,533
90	0,530	0,527	0,524	0,521	0,518	0,515	0,512	0,509	0,506	0,503
100	0,500	0,497	0,494	0,491	0,488	0,485	—	—	—	—

Beispiel: $P = 16{,}50$ t, $\qquad\qquad l = 185$ cm,

für 2 ⊥ $100 . 65 . 9$ und $\delta = 10$ mm ist (s. S. 36—37)

$J_\xi = 282$ cm⁴, $\qquad$ $F_{brutto} = 28{,}4$ cm²,

$J_\delta = \mathrm{min.} = 216$ cm⁴, $\qquad i = \sqrt{\dfrac{216}{28{,}4}} = 2{,}76$ cm.

Es ergibt sich $\dfrac{l}{i} = \dfrac{185}{2{,}76} = \sim 67$ und die zulässige Spannung nach der Tabelle $= 0{,}599$ t/cm².

Die vorhandene Spannung ist $\dfrac{16{,}5}{28{,}4} = 0{,}581$ t/cm², das Profil also ausreichend.

Die Benutzung der Formeln von Tetmajer macht die zuvorige Wahl eines bestimmten Querschnittes notwendig. Das günstigste Stabprofil kann also nur durch Probieren ermittelt werden.

III. Schubfestigkeit.

Wird ein Stabquerschnitt von äußeren Kräften beansprucht, deren Komponenten in der Querschnittsebene liegen, so wird der Querschnitt auf Schubfestigkeit beansprucht. Schubkräfte suchen somit zwei dicht beieinander liegende Querschnitte ohne Veränderung des gegenseitigen Abstandes zu verschieben, d. h. den Stab in diesem Querschnitt abzuscheren. Bezeichnet Q die wirkende Schub- oder Scherkraft und τ die zugehörige Beanspruchung so gilt:

für den rechteckigen Querschnitt $\quad \tau_{max} = \dfrac{3}{2}\dfrac{Q}{bh} = \dfrac{3}{2}\dfrac{Q}{F}$,

für das übereckliegende Quadrat $\quad \tau_{max} = \dfrac{9}{4\sqrt{2}}\dfrac{Q}{a^2} = 1{,}591\dfrac{Q}{F}$

für den I förmigen Querschnitt $\quad \tau_{max} = \dfrac{3\,Q[be^2 - (b-a)\,f^2]}{4a[be^3 - (b-a)\,f^3]}$, 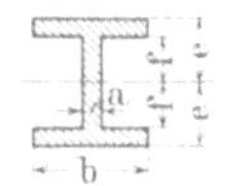

für den Kreis mit Halbmesser r $\quad \tau_{max} = \dfrac{4}{3}\dfrac{Q}{\pi r^2} = \dfrac{4}{3}\dfrac{Q}{F}$, 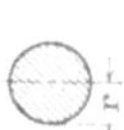

für den Kreisring, wenn die Wandstärke verhältnismäßig gering gegen den lichten Durchmesser ist $\quad \tau_{max} = \dfrac{2\,Q}{F}$. 

IV. Biegungsfestigkeit.

Die den stabförmigen Körper angreifenden Kräfte liegen in einer Ebene, welche die Querschnitte des stabförmigen Körpers nach einer Hauptachse schneidet. Längs- oder Achsialkräfte sollen hierbei nicht auftreten. Bezeichnet man mit $\quad$ J das Trägheitsmoment eines Querschnittes,

$\quad$ M das auftretende Biegungmoment,

$\quad \sigma$ die Normalspannung in einer Faser,

$\quad$ y die Entfernung einer Faser von der Schwerachse,

so lautet die Grundgleichung für die Biegungsfestigkeit:

$$\sigma = M\frac{y}{J}.$$

In der Schwerachse sind demnach die Biegungsspannungen gleich null. Hat die äußerste Faser die Entfernung e von der Schwerachse, so ist die größte Biegungsspannung $\sigma_{max} = M\dfrac{e}{J}$.

Das Widerstandsmoment des Querschnitts beträgt $W = \dfrac{J}{e}$, somit ist

$$\sigma_{max} = \frac{M}{W}.$$

Für unsymmetrische Querschnitte seien die äußersten Faserabstände von der Schwerachse e_1 u. e_2. Mit diesen Werten erhält man also eine maximale Biegungsspannung für Zug und eine solche für Druck:

$$\sigma_{d\,max} = M\frac{e_1}{J} \quad \text{und} \quad \sigma_{z\,max} = M\frac{e_2}{J}.$$

Wird mit W_o das Widerstandsmoment des Querschnitts bezogen auf die oberste Faser,

mit W_u das Widerstandsmoment des Querschnitts bezogen auf die unterste Faser bezeichnet,

oder $W_o = \dfrac{J}{e_1}$ und $W_u = \dfrac{J}{e_2}$, so ist

$$\sigma_{o\,max} = \frac{M}{W_o} \quad \text{und} \quad \sigma_{u\,max} = \frac{M}{W_u}.$$

Das erforderliche Widerstandsmoment bei einem auftretenden Moment M und einer zulässigen Biegungsspannung σ ist $W = \dfrac{M}{\sigma}$.

Das Maximalmoment tritt an allen Stellen auf, wo die Querkraft $= 0$ wird, bezw. das Vorzeichen ändert.

V. Zusammengesetzte Festigkeit.
Biegung und Zug bezw. Druck.

Wird der Querschnitt eines stabförmigen Körpers durch ein Biegungsmoment M und durch eine Normalkraft N beansprucht, so ist die gesamte Faserspannung $\sigma = M\,\dfrac{y}{J} \pm \dfrac{N}{F}$, worin F die Querschnittsfläche bedeutet.

Für die äußerste Faser somit $\sigma = \dfrac{M}{W} \pm \dfrac{N}{F}$.

Die einzelnen Spannungen addieren resp. subtrahieren sich entsprechend ihren Vorzeichen.

Je nach Lage der Normalkraft N treten in einem Querschnitt Randspannungen (Kantenpressungen) auf, die

1. nur Druck- bezw. Zugspannungen (beiderseitig),
2. einerseits Druck, andererseits eine Spannung $= 0$,
3. einerseits Druck- und andererseits Zugspannungen hervorruft.

Soll ein Querschnitt F nur Druck- bezw. Zugspannungen erleiden, so muß der Angriffspunkt A der Normalkraft N innerhalb einer bestimmten Fläche liegen, welche man mit Kernquerschnitt bezeichnet.

Liegt A außerhalb dieses Kernes, so entstehen sowohl Druck- als Zugspannungen; liegt A aber auf der sogenannten Kerngrenze, so ergeben sich Randspannungen bis zum Werte 0, ohne daß diese das Vorzeichen wechseln.

Die Kernpunkte für eine Kraftlinie sind die Schnittpunkte der Kerngrenze mit der Kraftlinie. Kernweite ist der Abstand r in cm jedes Kernpunktes vom Schwerpunkte S und wird auch Widerstandshalbmesser genannt.

Kernquerschnitte und geringste Kernweiten r einiger Flächen.

Quadrat	Hohlquadrat	Achteck
$r = \dfrac{a}{6\,.\,\sqrt{2}} = 0{,}1179\,a$	$r = \dfrac{a}{6\,.\,\sqrt{2}}\left[1 + \left(\dfrac{a_1}{a}\right)^2\right]$	$r = 0{,}2256\,a$
Diagonale des Kernes $= \dfrac{a}{3}$	$= 0{,}1179\,a\left[1 + \left(\dfrac{a_1}{a}\right)^2\right]$	

Dreieck, gleichschenkliges	Kreis	Kreisring
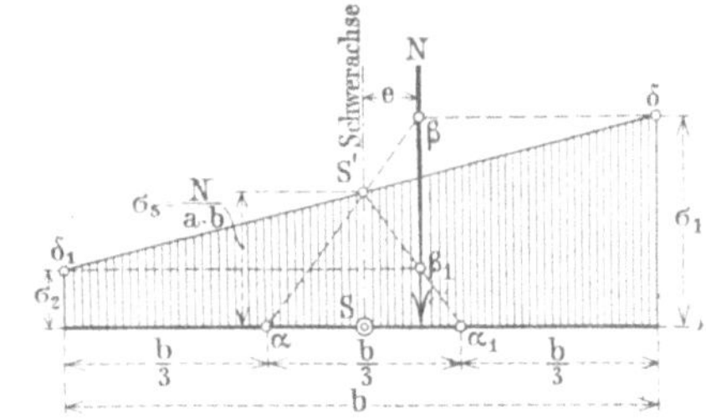		

| Kernquerschnitt ein ähnliches $\triangle$ mit $$r_1 = \frac{h}{6} \qquad r_2 = \frac{h}{12}$$ und einer Grundlinie $= \dfrac{b}{4}$ | $r = \dfrac{d}{8}$ | $r = \dfrac{D}{8}\left[1 + \left(\dfrac{d}{D}\right)^2\right]$ |

Kantenpressungen bei rechteckigem Querschnitt.

N = Normalkraft, a = Fugenlänge = 100 cm,

b = Fugenbreite in cm, e = Exzentrizität in cm.

1. Die Normalkraft N liegt innerhalb des Kernquerschnittes $e < \dfrac{b}{6}$.

Es treten nur Spannungen gleichen Vorzeichens auf.

$$\sigma_1 = \frac{N}{a \cdot b}\left(1 + \frac{6\,e}{b}\right)$$
$$\sigma_2 = \frac{N}{a \cdot b}\left(1 - \frac{6\,e}{b}\right) \quad \cdots \cdot \text{kg/cm}^2.$$

2. Die Normalkraft N liegt auf der Kerngrenze $e = \dfrac{b}{6}$.

Eine Kantenpressung wird $= 0$.

$$\sigma_1 = \frac{2\,N}{a \cdot b}$$
$$\sigma_2 = 0 \quad \cdots \cdot \text{kg/cm}^2.$$

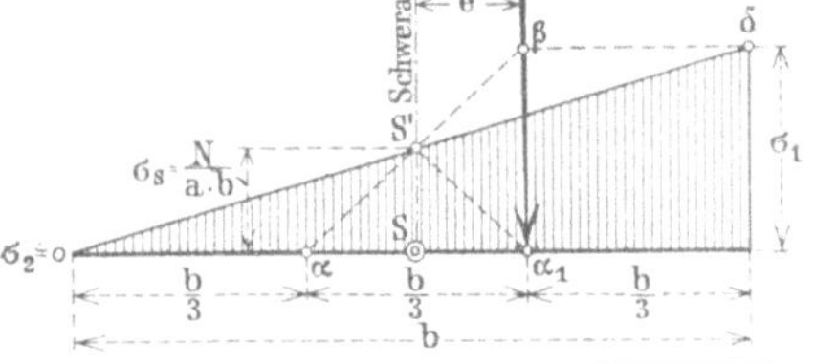

3. Die Normalkraft N liegt außerhalb des Kernquerschnittes. $e > \dfrac{b}{6}$.

Es treten Spannungen ungleichen Vorzeichens auf.

$$\sigma_1 = \frac{N}{a \cdot b}\left(1 + \frac{6\,e}{b}\right)$$
$$\sigma_2 = \frac{N}{a \cdot b}\left(1 - \frac{6\,e}{b}\right) \quad \cdot \cdot \text{kg/cm}^2.$$

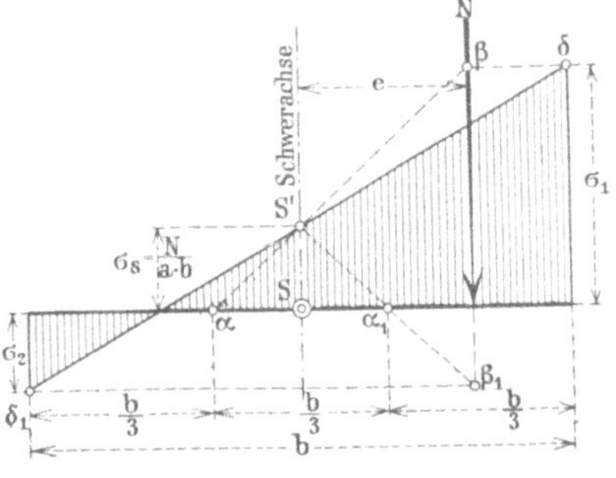

Die zeichnerische Bestimmung der Kantenpressung geschieht folgendermaßen:

Auf der Schwerachse S trägt man die mittlere Spannung $\sigma_s = \dfrac{N}{a \cdot b} = S \div S'$ auf, zieht aus den Kernpunkten α und α_1 Verbindungsstrahlen durch S' bis zum Schnitt β und β_1 mit der Normalkraftlinie N. Die Abschnitte auf dieser Kraftlinie, von der Fugenachse aus gemessen, ergeben die Kantenpressungen σ_1 bezw. σ_2. Zur Darstellung des Spannungsverteilungs-Diagramms ziehe man $\beta \div \delta$ und $\beta_1 \div \delta_1$ und verbinde δ mit δ_1. Diese Verbindungslinie muß durch S gehen.

Der Baustoff ist nur gegen Druck (nicht gegen Zug) widerstandsfähig. Diese Annahme wird der Sicherheit wegen bei gewöhnlichem Mauerwerk gemacht, bei dem keine Zugübertragung durch den Mörtel, sondern ein Klaffen der Fugen, zu erwarten ist und das durch wagerechte Kräfte (Winddruck, Erddruck usw.) belastet wird.

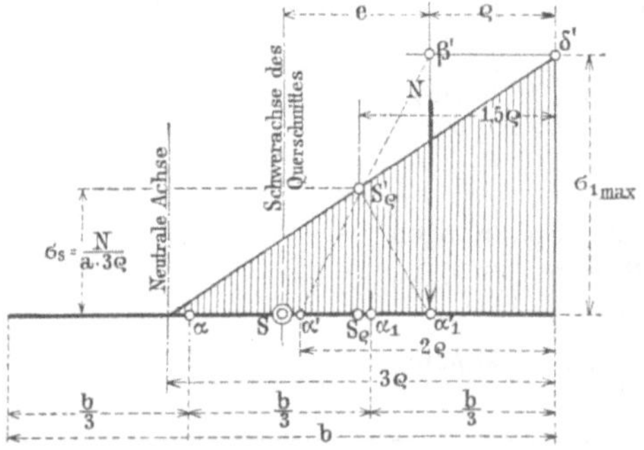

Man setzt hierbei voraus, daß der gedrückte Teil des Querschnittes (der wirksame Querschnitt) von dem vollständig unwirksamen Teile durch eine neutrale Achse getrennt ist, und die Druckspannungen σ_1 im Verhältnis ihrer Abstände von dieser Achse wachsen.

Greift nun die Kraft N im Abstand ϱ von der nächsten Kante an, so verteilt sich der Druck auf die Länge 3ϱ; der nutzbare Querschnitt ist also $3\varrho \cdot a$.

Die Kantenpressung ist: $\sigma_{1\,max} = \dfrac{2 \cdot N}{3 \cdot \varrho \cdot a}$ in kg/cm².

Die zeichnerische Ermittlung der Kantenpressung geht aus obiger Figur hervor.

Angaben für die Berechnung von Trägern.

Träger auf zwei Stützen.

Bei Berechnung eines **Trägers auf zwei Stützen** sind zunächst die Auf-lagerdrücke zu bestimmen aus

$$A = \frac{1}{l}\,(P_1\,b_1 + P_2\,b_2 + P_3\,b_3\ \ldots)$$

$$B = \frac{1}{l}\,(P_1\,a_1 + P_2\,a_2 + P_3\,a_3\ \ldots)$$

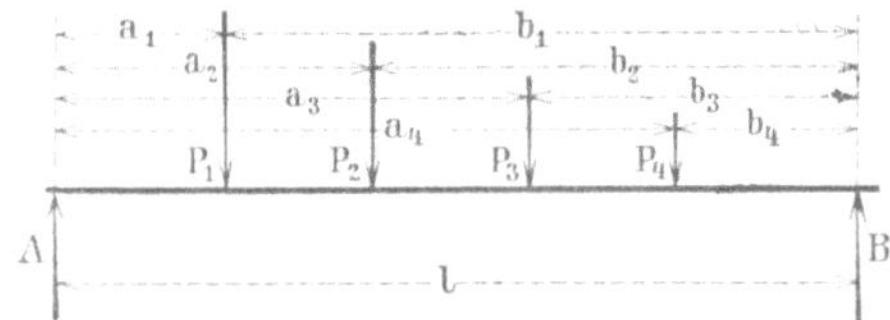

Der gefährliche Querschnitt ist dann derjenige, für den die Querkraft null ist bezw. das Vorzeichen wechselt, für den also

$$A - \Sigma P \gtreqless 0.$$

Ist der gefährliche Querschnitt bestimmt, läßt sich das Maximalmoment und damit bei einer zulässigen Beanspruchung σ das erforderliche Widerstandsmoment W des Trägers berechnen.

Es ist dann: $W_{erf.} = \dfrac{M_{max}}{\sigma}$

Krangleisträger.

Zwei gleich große Lasten P im unveränderlichen Abstand a bewegen sich auf einem Träger von der Stützweite l, wobei $a < 0{,}5857\ l$ sein muß. Die ungünstigste Laststellung zur Bestimmung des größten Biegungsmomentes ist

bei $x = \dfrac{a}{4}$ Dann ist

$$\text{1. } M_{max} = \frac{Pl}{2}\left(1 - \frac{a}{2l}\right)^2 = \frac{P}{8l}\left(2l - a\right)^2$$

2. Auflagerdruck $A = P\,\dfrac{2l + a}{2l};\ \ B = P\,\dfrac{2l - a}{2l}.$

Diese Formeln gelten nur, falls beide Lasten P auf der Länge l stehen.

Ist $a \geqq 0{,}5857\ l$, so bringen nicht die beiden Lasten P, sondern nur eine einzige, in der Mitte des Trägers stehende Last das größte Moment $\dfrac{Pl}{4}$ hervor.

Kontinuierliche Träger.

Gehen Träger ungestoßen oder gestoßen verlascht über mehrere Felder durch, so bezeichnet man diese als durchlaufende oder kontinuierliche Träger.

Biegungsmomente über den Stützpunkten.

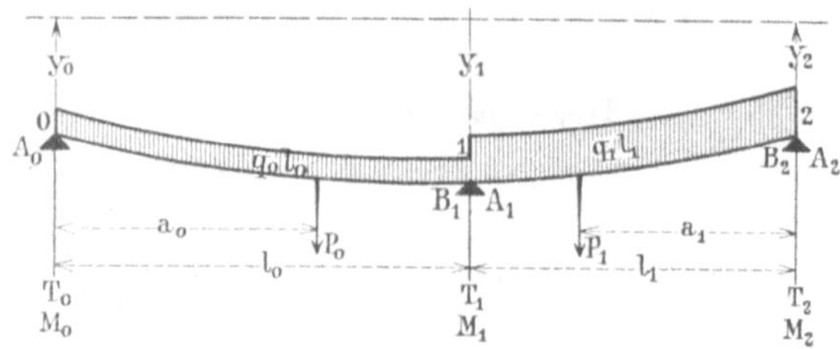

Für einen durchlaufenden Träger über den Stützen 0, 1, 2 mit den Höhen y_0, y_1 u. y_2 bezeichnen M_0, M_1, M_2 die Momente über den Stützen. Die **allgemeine** Clapeyron'sche Gleichung lautet dann

$$6\,E\,J\left(\frac{y_1-y_0}{l_0}+\frac{y_1-y_2}{l_1}\right)=M_0\,l_0+2\,M_1\,(l_0+l_1)+M_2\,l_1+$$

$$\frac{\Sigma P_0 a_0 (l_0{}^2-a_0{}^2)}{l_0}+\frac{\Sigma P_1 a_1 (l_1{}^2-a_1{}^2)}{l_1}+\frac{1}{4}(q_0 l_0{}^3+q_1 l_1{}^3).$$

Liegen sämtliche Stützpunkte in gleicher Höhe, so erhält man die Beziehung:

$$M_0 l_0+2M_1(l_0+l_1)+M_2 l_1=-\frac{\Sigma P_0 a_0 (l_0{}^2-a_0{}^2)}{l_0}-\frac{\Sigma P_1 a_1 (l_1{}^2-a_1{}^2)}{l_1}-$$

$$\frac{1}{4}(q_0 l_0{}^3+q_1 l_1{}^3).$$

Für einen Träger, der nur durch gleichmäßig verteilte Lasten belastet wird, gilt:

$$M_0 l_0+2M_1(l_0+l_1)+M_2 l_1=-\frac{1}{4}(q_0 l_0{}^3+q_1 l_1{}^3).$$

Sind n-Felder, also $n+1$ Stützen vorhanden, so lassen sich $n-1$ Gleichungen von den obigen Formen aufstellen.

Die Zahl der Unbekannten ist hierbei $n-1$, also rechnerisch bestimmt.

Stützendrücke.

Es seien A_0, A_1, A_2 . . . . . A_{n-1} die Anteile der Gesamtstützendrücke infolge der rechtsliegenden Felder;

B_1, B_2, B_3 . . . . . B_n die Anteile der Gesamtstützendrücke infolge der linksliegenden Felder;

T_0, T_1, T_2 . . . . . T_n die Gesamtstützendrücke, so daß:

$T_0=A_0$; $T_1=A_1+B_1$; $T_2=A_2+B_2$ . . . . . $T_n=B_n$ ist.

$$A_1=\frac{M_2-M_1}{l_1}+\frac{q_1 l}{2}+\frac{\Sigma P_1 a_1}{l_1}$$

$$B_1=\frac{M_0-M_1}{l_0}+\frac{q_0 l_0}{2}+\frac{\Sigma P_0 a_0}{l_0},$$

mithin der Gesamtstützendruck über Stütze 1

$$T_1=\frac{q_0 l_0+q_1 l_1}{2}-M_1\left(\frac{1}{l_0}+\frac{1}{l_1}\right)+\frac{M_0}{l_0}+\frac{M_2}{l_1}+\frac{\Sigma P_0 a_0}{l_0}+\frac{\Sigma P_1 a_1}{l_1}$$

Mit diesen Gleichungen lassen sich sämtliche Momente und Stützendrücke des kontinuierlichen Trägers bestimmen.

Momente und Stützendrücke für kontinuierliche Träger

auf gleichhohen und gleich weit voneinander entfernten Stützen, bei gleichmäßig verteilter Belastung.

Werte	Anzahl der Stützen							Ein-heiten
	3	4	5	6	7	8	9	
T_0	0,3750	0,4000	0,3929	0,3947	0,3942	0,3944	0,3943	ql
T_1	1,2500	1,1000	1,1428	1,1317	1,1346	1,1337	1,1340	„
T_2			0,9286	0,9736	0,9616	0,9649	0,9640	„
T_3					1,0192	1,0070	1,0103	„
T_4							0,9948	„
M_1	0,1250	0,1000	0,1071	0,1053	0,1058	0,1056	0,1057	ql^2
M_2			0,0714	0,0789	0,0769	0,0775	0,0773	„
M_3					0,0865	0,0845	0,0850	„
M_4							0,0825	„
M_{1max}	0,0703	0,0800	0,0772	0,0779	0,0777	0,0778	0,0777	„
M_{2max}		0,0250	0,0364	0,0332	0,0340	0,0338	0,0339	„
M_{3max}				0,0461	0,0433	0,0440	0,0438	„
M_{4max}						0,0405	0,0412	„
x_1	0,375	0,400	0,393	0,3947	0,3942	0,3944	0,3943	l
x_2		0,500	0,5357	0,5264	0,5327	0,5281	0,5283	„
x_3				0,5000	0,4904	0,4930	0,4923	„
x_4						0,5000	0,5026	„
ξ_1	0,7500	0,8000	0,7860	0,7894	0,7884	0,7887	0,7887	„
ξ_2		0,2760	0,2659	0,2680	0,2675	0,2680	0,2680	„
		0,7240	0,8055	0,7830	0,7899	0,7884	0,7890	„
ξ_3				0,1964	0,1960	0,1962	0,1960	„
				0,8036	0,7850	0,7897	0,7880	„
ξ_4						0,2153	0,2150	„
						0,7847	0,7900	„

Hierbei bezeichnen:

T_0, T_1 . . . . . die Gesamtstützendrücke,

M_1, M_2 . . . . . die (negativen) Momente über den Stützen,

$M_{1\,max}$, $M_{2\,max}$ . . . . . . die größten Momente in den einzelnen Feldern,

l die Stützweite = konstant,

q die gleichmäßig verteilte Belastung für die Längeneinheit,

x_1, x_2 . . . . . die Entfernungen der Momenten $M_{1\,max}$ . . . . . von den nächsten links liegenden Stützen,

ξ_1, ξ_2 . . . . . die Entfernungen der Wendepunkte der elastischen Linie von diesen Stützen.

In bezug auf die Trägermitte ist alles symmetrisch, die Angaben sind daher nur bis zur Mitte durchgeführt.

Schema für einen Träger auf 7 Stützen.

(Max. Werte für Momente und Querkräfte.)

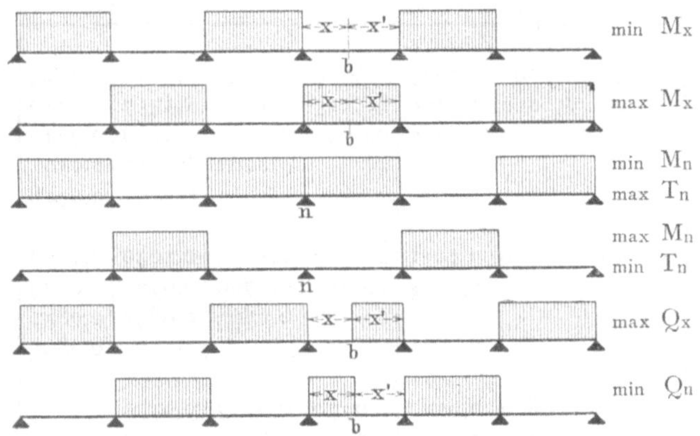

Gerbersche Gelenkträger.

Kontinuierliche Träger lassen sich durch Anordnung von Gelenken in den Feldern statisch bestimmt ausbilden.

Durch zweckmäßige Anordnung dieser Gelenke läßt es sich erreichen, daß die Momente über den Stützen gleich den Feldmomenten werden.

Der Abstand der Gelenke von den Auflagerpunkten, sowie deren Anordnung in den einzelnen Feldern hängt von der Belastungsweise und von der Feldteilung ab.

Für **gleichmäßig verteilte Gesamtbelastung** lassen sich bestimmte Werte für die Gelenkanordnung angeben, und können sämtliche Anordnungen nach zwei Fällen unterschieden werden.

1. Fall. Anordnung des Gelenkes für ein Außenfeld.

Bedingung: $M_1 = M_2$.

Es bestimmt sich:

$$l_1 = l\left(\sqrt{8} - 2\right) = 0,8284\,l$$

$$l_2 = l\left(3 - \sqrt{8}\right) = 0,1716\,l$$

$$M_1 = M_2 = 0,6863\,M = 0,0858\,q\cdot l^2.$$

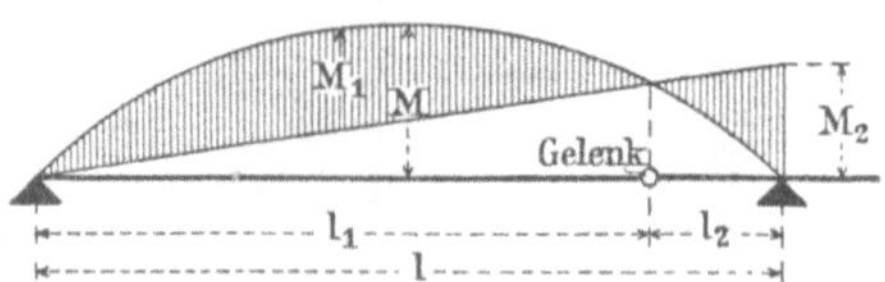

2. Fall. Anordnung der Gelenke für Mittelfelder.

Bedingung: $M_1 = M_2$.

Es bestimmt sich:

$$l_1 = \frac{l}{\sqrt{2}} = 0{,}707\, l$$

$$l_2 = \frac{l}{2} - \frac{l}{4}\sqrt{2} = 0{,}146\, l$$

$$M_1 = M_2 = 0{,}5\, M = q\,\frac{l^2}{16}.$$

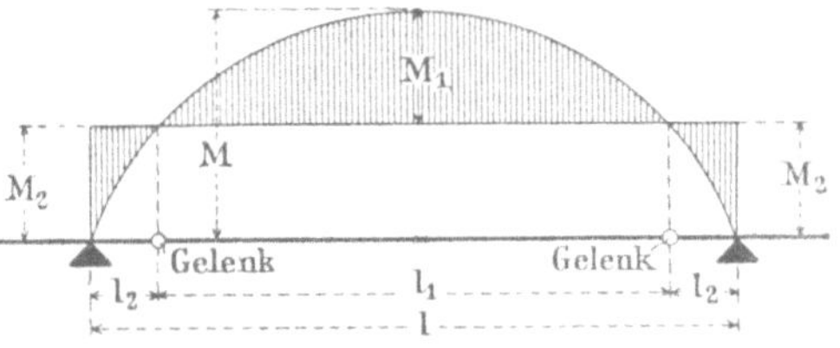

Hierin bedeutet:

q die Gesamtbelastung in kg pro lfd./m.

Soll eine Strecke L (siehe untenstehende Skizze) in n Felder geteilt werden und dabei, unter Voraussetzung gleichmäßig verteilter Gesamtbelastung, die Bedingung gestellt werden, daß für alle Felder dasselbe Maximalmoment zur Profilbestimmung maßgebend sei, so erhält man die in der Skizze angegebenen Feldabmessungen.

Es bestimmt sich:

$$L = (n-2)\,\lambda + 2\,l$$

das Außenfeld l bestimmt sich nach dem zuvor angegebenen zu:

$$l = \lambda - 0{,}146\,\lambda = 0{,}854\,\lambda$$

oder $L = (n-2)\,\lambda + 2\lambda\,(1 - 0{,}146)$,

hieraus $\lambda = \dfrac{L}{n - 2 \cdot 0{,}146} = \dfrac{L}{n - 0{,}293}.$

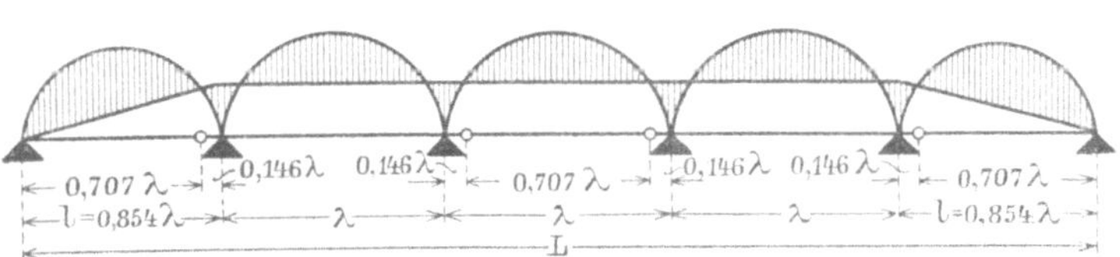

Ausführungsarten.

Die beigeschriebenen Momentengleichungen und Werte für a gelten nur, wenn Gesamtbelastungen (gleichmäßig verteilte) in Frage kommen.

1. Zwei Felder.

$$a = 0{,}1716\, l,$$

$$M_1 = M_2 = M_3 = 0{,}0858\, q \cdot l^2.$$

2. Drei Felder.

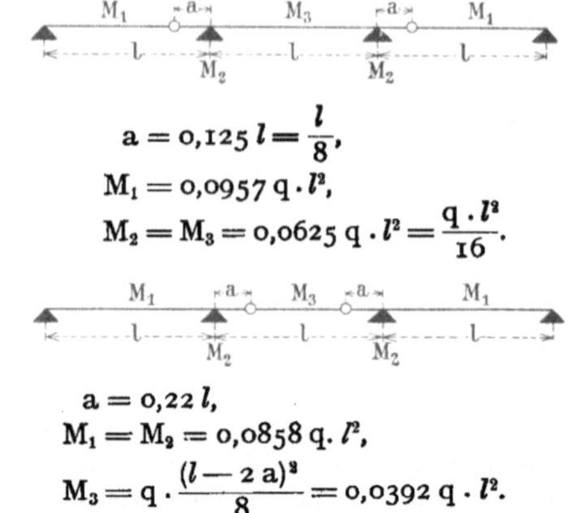

$$a = 0,125\,l = \frac{l}{8},$$
$$M_1 = 0,0957\,q \cdot l^2,$$
$$M_2 = M_3 = 0,0625\,q \cdot l^2 = \frac{q \cdot l^2}{16}.$$

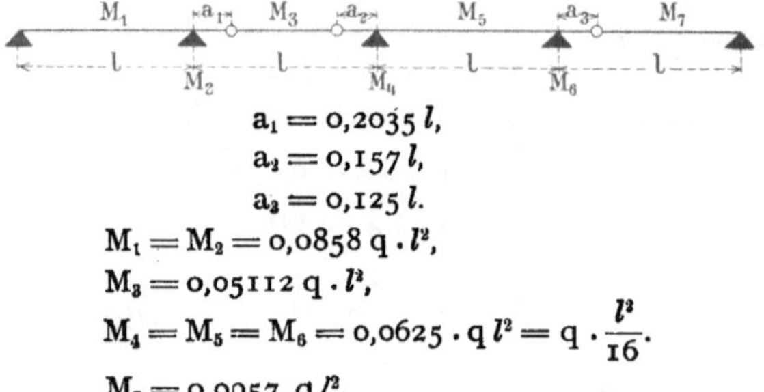

$$a = 0,22\,l,$$
$$M_1 = M_2 = 0,0858\,q \cdot l^2,$$
$$M_3 = q \cdot \frac{(l-2a)^2}{8} = 0,0392\,q \cdot l^2.$$

3. Vier Felder.

$$a_1 = 0,2035\,l,$$
$$a_2 = 0,157\,l,$$
$$a_3 = 0,125\,l.$$
$$M_1 = M_2 = 0,0858\,q \cdot l^2,$$
$$M_3 = 0,05112\,q \cdot l^2,$$
$$M_4 = M_5 = M_6 = 0,0625 \cdot q\,l^2 = q \cdot \frac{l^2}{16}.$$
$$M_7 = 0,0957\ q\,l^2.$$

4. Fünf Felder.

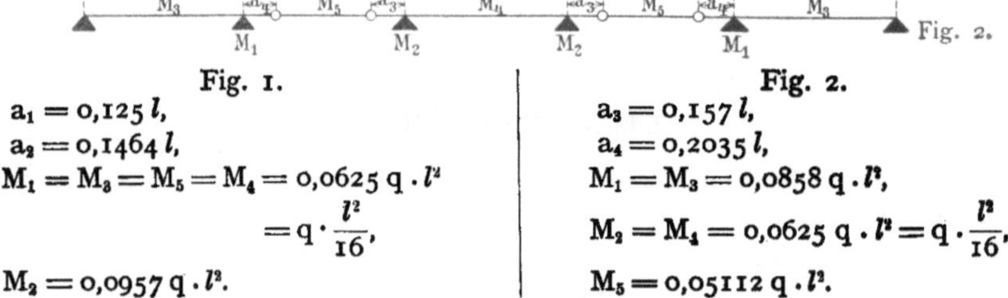

Fig. 1.

$$a_1 = 0,125\,l,$$
$$a_2 = 0,1464\,l,$$
$$M_1 = M_3 = M_5 = M_4 = 0,0625\,q \cdot l^2$$
$$= q \cdot \frac{l^2}{16},$$
$$M_2 = 0,0957\,q \cdot l^2.$$

Fig. 2.

$$a_3 = 0,157\,l,$$
$$a_4 = 0,2035\,l,$$
$$M_1 = M_3 = 0,0858\,q \cdot l^2,$$
$$M_2 = M_4 = 0,0625\,q \cdot l^2 = q \cdot \frac{l^2}{16},$$
$$M_5 = 0,05112\,q \cdot l^2.$$

Die Anordnung der Gelenke soll nach dem Grundsatz erfolgen, daß die Querkräfte stets in demselben Sinne wirken.

Dies ist der Fall, wenn auf ein Feld mit Gelenken eines ohne Gelenke folgt.

Tabelle
über Flächeninhalte, Schwerpunktsabstände, Trägheits- und Widerstandsmomente gebräuchlicher Querschnitte.

Querschnitt	Flächeninhalt F	Schwerpunktsabstand e	Trägheitsmoment J	Widerstandsmoment $W = \dfrac{J}{e}$.
	$b\,h$	$\dfrac{h}{2}$	$\dfrac{b\,h^3}{12}$	$\dfrac{b\,h^2}{6}$
	h^2	$\dfrac{h}{2}$	$\dfrac{h^4}{12}$	$\dfrac{h^3}{6}$
	h^2	$\dfrac{h}{2}\sqrt{2}$	$\dfrac{h^4}{12}$	$0{,}1179\,h^3 = \dfrac{\sqrt{2}}{12}\,h^3$
	$b\,(H-h)$	$\dfrac{H}{2}$	$\dfrac{b}{12}(H^3 - h^3)$	$\dfrac{b}{6\,H}(H^3 - h^3)$
	$A^2 - a^2$	$\dfrac{A}{2}$	$\dfrac{A^4 - a^4}{12}$	$\dfrac{1}{6}\dfrac{A^4 - a^4}{A}$
	$A^2 - a^2$	$\dfrac{A}{2}\sqrt{2}$	$\dfrac{A^4 - a^4}{12}$	$\dfrac{A^4 - a^4}{12\,A}\sqrt{2} = 0{,}1179\,\dfrac{A^4 - a^4}{A}$
	$\dfrac{h\cdot b}{2}$	$\dfrac{2}{3}h$	$\dfrac{b\cdot h^3}{36}$	$\dfrac{b\cdot h^2}{24}$
	$(2\,b+b_1)\dfrac{h}{2}$	$\dfrac{1}{3}\dfrac{3b+2b_1}{2b+b_1}h$	$\dfrac{6\,b^2 + 6\,bb_1 + b_1^2}{36\,(2\,b+b_1)}h^3$	$\dfrac{6\,b^2 + 6\,bb_1 + b_1^2}{12\,(3\,b+2\,b_1)}h^2$

Querschnitt	Flächeninhalt F	Schwerpunktsabstand e	Trägheitsmoment J	Widerstandsmoment $W = \dfrac{J}{e}$
	$\dfrac{3\sqrt{3}\,r^2}{2} = 2{,}958\,r^2$	$r\sqrt{\dfrac{3}{4}} = 0{,}866\,r$ r	$\dfrac{5\sqrt{3}}{16}\,r^4 = 0{,}5413\,r^4$	$\dfrac{5}{8}\,r^3$ $\dfrac{5\sqrt{3}}{16}\,r^3 = 0{,}5413\,r^3$
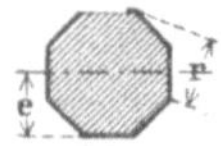	$2{,}828\,r^2$	$0{,}924\,r$	$\dfrac{1+2\sqrt{2}}{6}\,r^4 = 0{,}6381\,r^4$	$0{,}6906\,r^3$
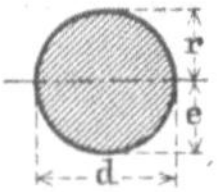	$\pi r^2 = \dfrac{\pi d^2}{4}$	$\dfrac{d}{2}$	$\dfrac{\pi d^4}{64} = \dfrac{\pi r^4}{4}$ $= 0{,}0491\,d^4 \sim 0{,}05\,d^4$ $= 0{,}7854\,r^4$	$\dfrac{\pi d^3}{32} = \dfrac{\pi r^3}{4}$ $= 0{,}0982\,d^3 \sim 0{,}1\,d^3$ $= 0{,}7854\,r^3$
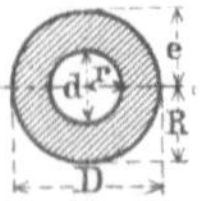	$\dfrac{\pi}{4}(D^2 - d^2)$	$\dfrac{D}{2}$	$\dfrac{\pi}{64}(D^4 - d^4)$ $= \dfrac{\pi}{4}(R^4 - r^4)$	$\dfrac{\pi}{32}\dfrac{D^4 - d^4}{D}$ $= \dfrac{\pi}{4}\dfrac{(R^4 - r^4)}{R}$
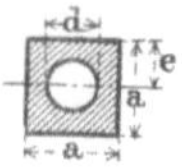	$a^2 - \dfrac{\pi d^2}{4}$	$\dfrac{a}{2}$	$\dfrac{1}{12}\cdot\left(a^4 - \dfrac{3\pi}{16}d^4\right)$	$\dfrac{1}{6a}\cdot\left(a^4 - \dfrac{3\pi}{16}d^4\right)$
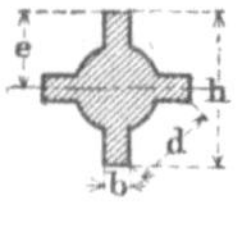	$2b(h-d) + \dfrac{\pi d^2}{4}$	$\dfrac{h}{2}$	$\dfrac{1}{12}\left[\dfrac{3\pi}{16}d^4 + b(h^3 - d^3) + b^3(h - d)\right]$	$\dfrac{1}{6h}\left[\dfrac{3\pi}{16}d^4 + b\cdot(h^3 - d^3) + b^3(h - d)\right]$
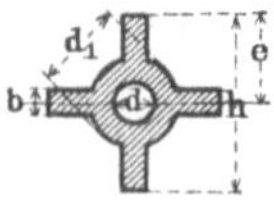	$2b(h-d) + \dfrac{\pi}{4}(d_1^2 - d^2)$	$\dfrac{h}{2}$	$\dfrac{1}{12}\left[\dfrac{3\pi}{16}(d_1^4 - d^4) + b(h^3 - d_1^3) + b^3(h - d_1)\right]$	$\dfrac{1}{6h}\left[\dfrac{3\pi}{16}(d_1^4 - d^4) + b(h^3 - d_1^3) + b^3(h - d_1)\right]$

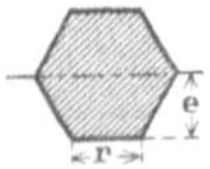

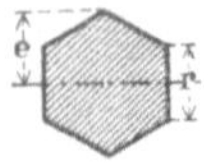

Querschnitt	Flächen-inhalt F	Schwerpunkts-Abstand e	Trägheitsmoment J	Widerstands-moment $W = \dfrac{J}{e}$.
	$HB - hb$	$\dfrac{H}{2}$	$\dfrac{1}{12}(BH^3 - bh^3)$	$\dfrac{1}{6\,H} \cdot (BH^3 - bh^3)$
	$HB + hb$	$\dfrac{H}{2}$	$\dfrac{1}{12}(BH^3 + bh^3)$	$\dfrac{1}{6\,H} \cdot (BH^3 + bh^3)$
	$HB - b$ $(e_2 + h)$	$e_1 = \dfrac{1}{2}\,\dfrac{aH^2 + bd^2}{aH + bd}$ $e_2 = H - e_1$	$\dfrac{1}{3}(Be_1^3 - bh^3 + ae_2^3)$	$W_1 = \dfrac{J}{e_1}$ $W_2 = \dfrac{J}{e_2}$

Querschnitt	Schwerpunkts-Abstand e	Trägheitsmoment J	Widerstands-moment $W = \dfrac{J}{e}$.
{ J und W für eine Welle von der Breite B	$\dfrac{H + \delta}{2}$	$\dfrac{\delta}{4}\left(\dfrac{\pi B^3}{16} + B^2 h + \dfrac{\pi Bh^2}{2} + \dfrac{2}{3}h^3\right)$ worin $h = H - \dfrac{B}{2}$	$\dfrac{2\,J}{H + \delta}$
{ J und W für eine Welle von der Breite b.	$\dfrac{H + \delta}{2}$	$\dfrac{64}{105}(b_1 h_1^3 - b_2 h_2^3)$ worin $h_1 = \tfrac{1}{2}(H + \delta)$ $h_2 = \tfrac{1}{2}(H - \delta)$ $b_1 = \tfrac{1}{4}(b + 2{,}6\,\delta)$ $b_2 = \tfrac{1}{4}(b - 2{,}6\,\delta)$	$\dfrac{2\,J}{H + \delta}$

Normal-Querverbindung von I-Profilen verschiedener Höhe.

Bei der Berechnung der Tragfähigkeit ist mit einer Scherspannung von 800 kg/cm² bezw. einem Lochleibungsdruck von 1600 kg/cm² gerechnet.

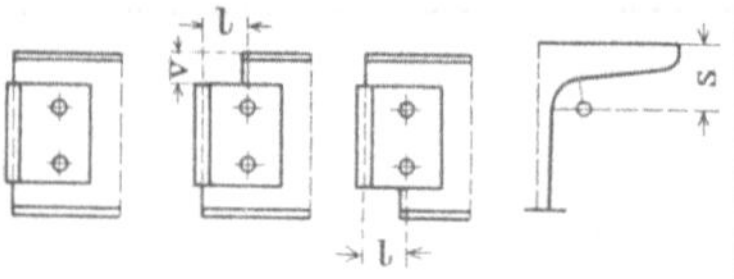

Fig. Nr.	NP. Nr.	Maß s in mm	Maß v in mm	Maß l in mm	Abmessungen der Winkellaschen in mm		Stärke d. Niete od. Schrauben in mm	Tragfähigkeit der Verbindung in kg
					Länge	Profil		
I	8	10	10	40	60	120× 80×10	16	1995
	9	12	15	40	60	120× 80×10	16	2170
	10	12	20	40	60	120× 80×10	16	2300
	11	13	25	40	60	120× 80×10	16	2460
	12	14	30	40	60	120× 80×10	16	2610
II	13	15	15	50	100	80× 80× 8	16	2760
	14	16	20	50	100	80× 80× 8	16	2920
	15	17	25	50	100	80× 80× 8	16	3070
	16	17	30	50	100	80× 80× 8	16	3220
	17	18	35	50	100	80× 80× 8	16	3370
III	18	19	20	60	140	100×100×10	20	4410
	19	20	25	60	140	100×100×10	20	4600
	20	21	30	60	140	100×100×10	20	4800
	21	22	35	60	140	100×100×10	20	4990
	22	23	40	60	140	100×100×10	20	5190
	23	23	45	60	140	100×100×10	20	5370
	24	24	50	60	140	100×100×10	20	5560
IV	25	25	25	70	200	110×110×12	23	6630
	26	26	30	70	200	110×110×12	23	6920
	27	27	35	70	200	110×110×12	23	7150
	28	28	40	70	200	110×110×12	23	7430
	29	29	45	70	200	110×110×12	23	7650
	30	30	50	70	200	110×110×12	23	7950
V	32	31	30	90	260	110×110×12	23	12700
	34	33	40	90	260	110×110×12	23	13450
	36	35	50	90	260	110×110×12	23	14330
	38	37	50	90	260	110×110×12	23	15110
	40	39	50	90	260	110×110×12	23	15900
VI	42½	41	42.5	100	340	110×110×12	23	16890
	45	43	50	100	340	110×110×12	23	17870
	47½	46	50	100	340	110×110×12	23	18860
	50	48	50	100	340	110×110×12	23	19860
	55	53	50	100	340	110×110×12	23	20975
	60	60	60	110	340	110×110×12	23	23845

Figur I

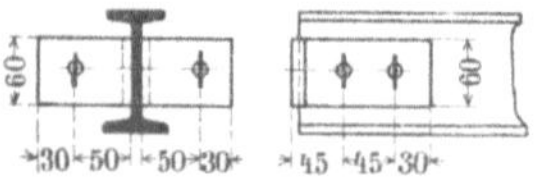

Figur II

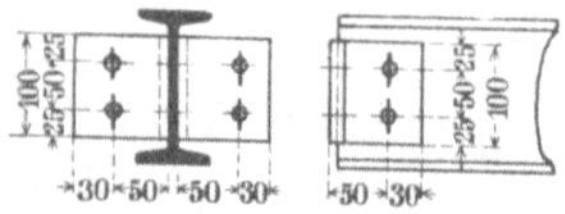

Figur III

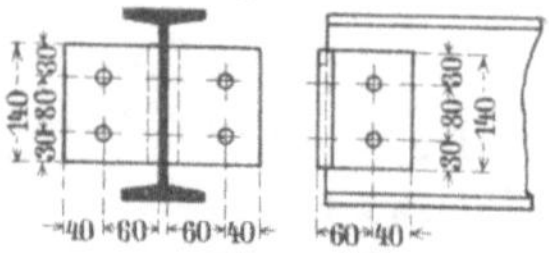

Figur IV

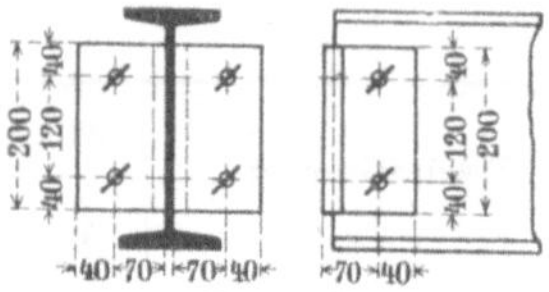

Figur V

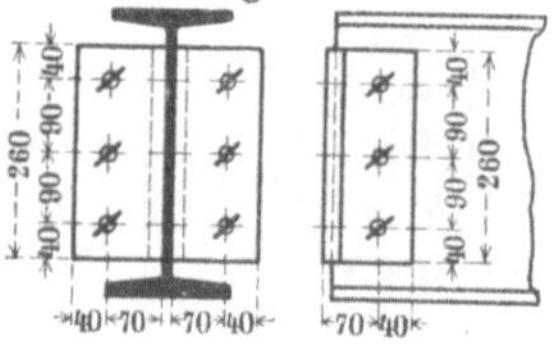

Figur VI

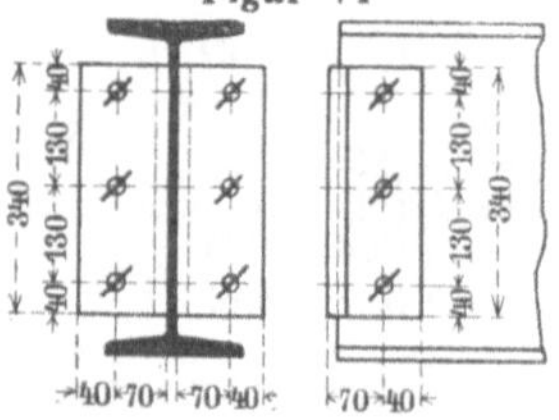

Normal-Querverbindung von I-Profilen gleicher Höhe.

Bei der Berechnung der Tragfähigkeit ist mit einer Scherspannung von 800 kg/cm² bezw. einem Lochleibungsdruck von 1600 kg/cm² gerechnet.

Fig. Nr.	NP. Nr.	Maß v in mm	Maß l in mm	Abmessungen der Winkellaschen in mm		Stärke d. Niete od. Schrauben in mm	Tragfähigkeit der Verbindung in kg
				Länge	Profil		
VII	8	—	—	60	160× 80×12	16	1995
	9	—	—	60	160× 80×12	16	2170
	10	—	—	60	160× 80×12	16	2300
	11	—	—	60	160× 80×12	16	2460
	12	—	—	60	160× 80×12	16	2610
VIII	13	—	—	100	100× 65×11	16	2760
	14	—	—	100	100× 65×11	16	2920
	15	—	—	100	100× 65×11	16	3070
	16	—	—	100	100× 65×11	16	3220
	17	—	—	100	100× 65×11	16	3370
IX	18	—	—	140	130× 65×12	20	4410
	19	—	—	140	130× 65×12	20	4600
	20	—	—	140	130× 65×12	20	4800
	21	—	—	140	130× 65×12	20	4990
	22	—	—	140	130× 65×12	20	5190
	23	—	—	140	130× 65×12	20	5370
	24	—	—	140	130× 65×12	20	5560
X	25	30	60	200	110×110×12	23	6630
	26	30	60	200	110×110×12	23	6920
	27	30	60	200	110×110×12	23	7150
	28	30	60	200	110×110×12	23	7430
	29	30	60	200	110×110×12	23	7650
	30	30	60	200	110×110×12	23	7950
XI	32	30	70	260	110×110×12	23	12700
	34	40	70	260	110×110×12	23	13450
	36	40	70	260	110×110×12	23	14330
	38	40	80	260	110×110×12	23	15110
	40	40	80	260	110×110×12	23	15900
XII	42½	42.5	80	340	110×110×12	23	16890
	45	50	80	340	110×110×12	23	17870
	47½	50	90	340	110×110×12	23	18860
	50	50	90	340	110×110×12	23	19860
	55	50	100	340	110×110×12	23	20975
	60	60	110	340	110×110×12	23	23845

The left side of the table shows Figur VII, Figur VIII, Figur IX, Figur X, Figur XI and Figur XII.

Normal-Längsverbindung von I-Profilen.

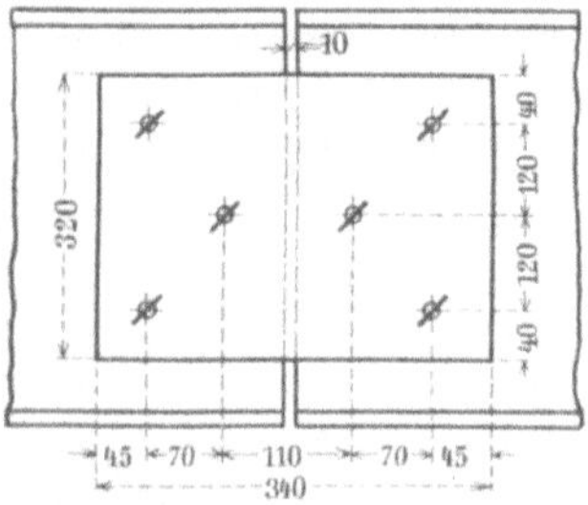

Figur Nr.	I NP. Nr.	Abmessungen der Laschen in mm			Stärke der Schraub. in mm	Spielraum zwisch. d. Trägern in mm
		Länge	Breite	Dicke		
I	8	380	60	6	16	5
	9	380	60	6	16	5
	10	380	60	6	16	5
II	11	380	80	8	16	5
	12	380	80	8	16	5
	13	380	80	8	16	5
	14	380	80	8	16	5
	15	380	80	8	16	5
	16	380	80	8	16	5
	17	380	80	8	16	5
	18	380	80	8	16	5
	19	380	80	8	16	5
III	20	310	160	8	20	8
	21	310	160	8	20	8
	22	310	160	8	20	8
	23	310	160	8	20	8
	24	310	160	8	20	8
	25	310	160	8	20	8
	26	310	160	8	20	8
	27	310	160	8	20	8
	28	310	160	8	20	8
	29	310	160	8	20	8
IV	30	320	240	10	23	10
	32	320	240	10	23	10
	34	320	240	10	23	10
	36	320	240	10	23	10
	38	320	240	10	23	10
V	40	340	320	10	23	10
	$42^1/_2$	340	320	10	23	10
	45	340	320	10	23	10
	$47^1/_2$	340	320	10	23	10
	50	340	320	10	23	10
	55	340	320	10	23	10
	60	340	320	10	23	10

Figur I

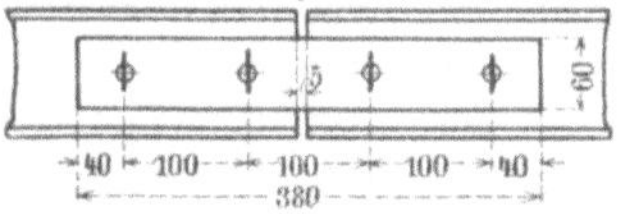

Figur II

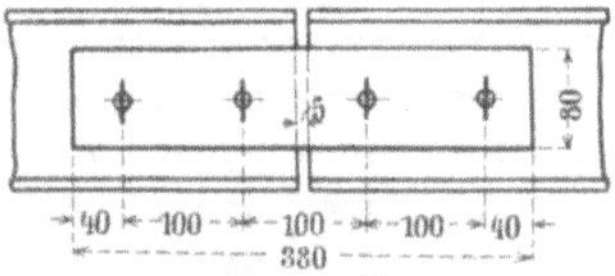

Figur III

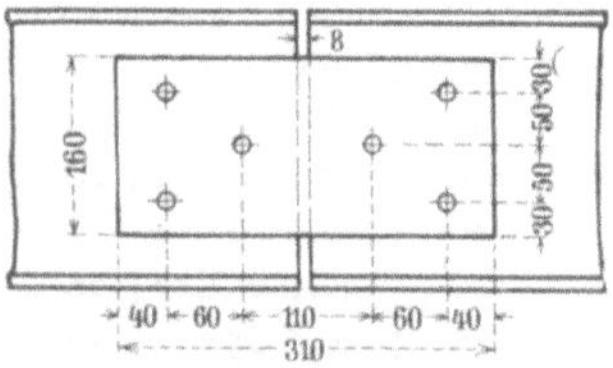

Figur IV

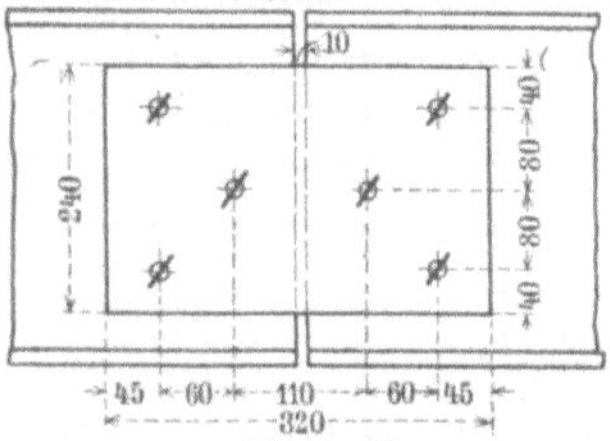

Figur V

Normal-Verbolzung nebeneinander liegender Träger.

Für I NP. 8 ÷ 19 Bolzen 16 mm ø, für I NP. 20 ÷ 30 Bolzen 20 mm ø,
für I NP. 32 ÷ 60 Bolzen 23 mm ø.

Skizzen	Figur Nr.	Länge der Träger bis Mtr.	Zahl der Verbolzungen St.	Gegenseitige Entfernung der Bolzen b in cm	Erstes Loch von Mitte Träger a in cm
Figur I 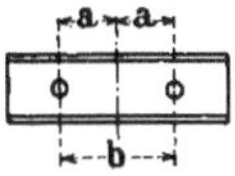	I	1.40	2	90	45
		1.50	2	100	50
Figur II 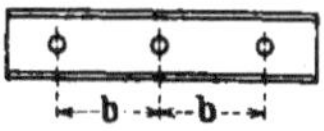	II	1.80	3	65	0
		2.10	3	80	0
		2.40	3	95	0
		2.70	3	100	0
Figur III 	III	2.90	4	80	40
		3.20	4	90	45
		3.50	4	100	50
		3.80	4	110	55
Figur IV 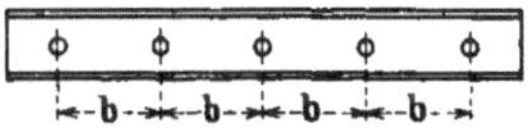	IV	4.10	5	90	0
		4.40	5	95	0
		4.70	5	105	0
		5.00	5	110	0
Figur V 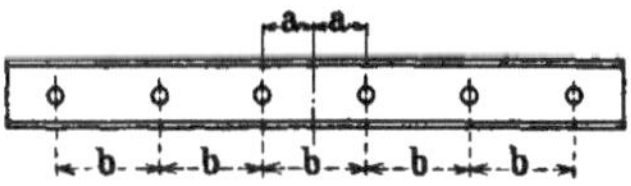	V	5.30	6	95	47.5
		5.60	6	100	50
Figur VI 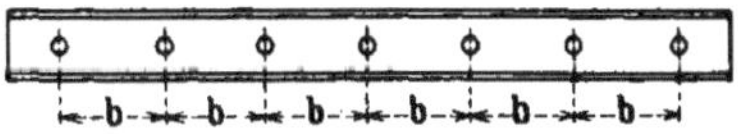	VI	5.90	7	90	0
		6.20	7	95	0
		6.50	7	100	0
		6.80	7	105	0

Normal-Ankeranschluß, für I-Profile.

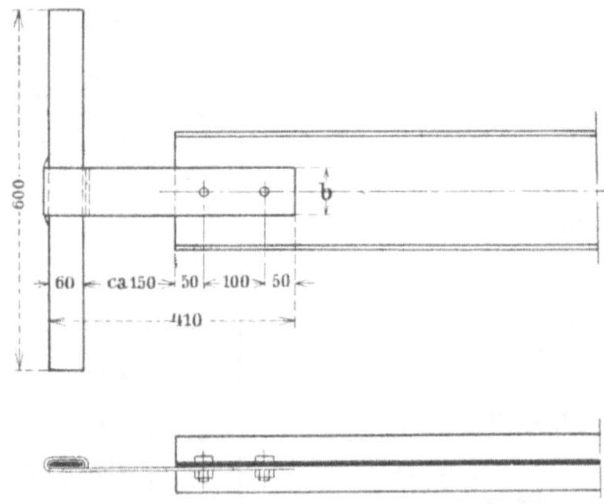

I N.P. Nr.	Durchm. der Schrauben in mm	Abmessungen des Ankers in mm			Abmessungen des Splintes in mm		
		Länge	Breite b	Dicke	Länge	Breite	Dicke
8—19	16	410	60	6	600	60	6
20—30	20	410	80	8	600	60	8
32—60	23	410	80	10	600	60	10

Massive Decken zwischen I-Trägern.

A. Ohne Eiseneinlage.

Decken ohne Eiseneinlage kommen in zwei verschiedenen Ausführungsformen zur Anwendung und zwar 1. als gewölbte und 2. als scheitrechte Kappen.

In beiden Fällen wird von diesen Decken ein Horizontalschub ausgeübt, der sich bei allen Mittelfeldern jedoch gegenseitig aufhebt und bei den Endfeldern durch entsprechende Verankerungen leicht wirkungslos gemacht werden kann, falls diese Endfelder gegen schwache, freistehende oder nicht genügend belastete Wände stoßen.

Im allgemeinen werden Decken ohne Eiseneinlagen nur für geringere Spannweiten und geringere Belastungen gewählt.

1. Gewölbte Kappen. Zur Überdeckung von Räumen, in denen eine ebene Deckenuntersicht nicht erforderlich ist, wie z. B. in Werkstätten, Lagerhäusern und Kellereien wendet man vorzugsweise die gewölbten Kappen an, da diese wegen ihrer statisch günstigeren Form und Wirkung eine bessere Ausnutzung des verwendeten Materials gestatten und daher billiger auszuführen sind als scheitrechte Deckenplatten.

Je nach der Wahl des Materials und dessen Druckfestigkeit wird man gewölbte Kappen in Spannweiten von 1,00 bis 2,00 m bei mittleren Belastungsannahmen ausführen können. Nachstehend sind einige gebräuchliche Ausführungsarten angegeben.

a) Betonkappen:

Fig. 1.

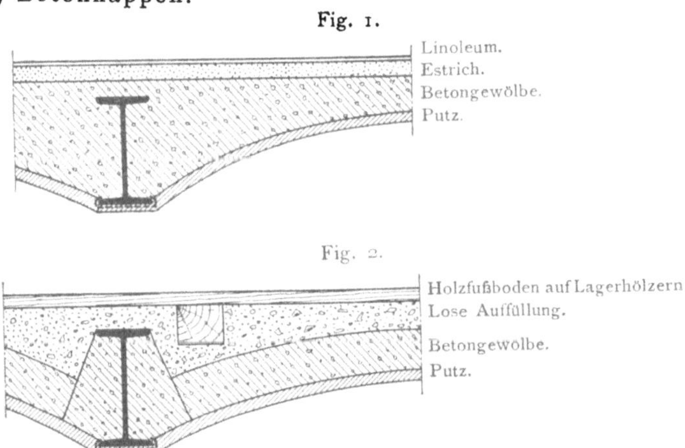

Fig. 2.

Betonkappen, wie in Fig. 1 und 2 zur Darstellung gebracht, werden je nach dem Zwecke ihrer Bestimmung aus Kiesbeton, Schlackenbeton oder Bimsbeton hergestellt.

Die Ausführung mit Kiesbeton ist überall dort zu empfehlen, wo an die Widerstandskraft und Festigkeit der Decke größere Ansprüche gestellt werden und bei höheren Nutzlasten weite Trägerteilungen erwünscht sind (ca. 1,50—2,00 m).

Bei geringeren Nutzlasten und Spannweiten, wie solche im gewöhnlichen Wohnhausbau vorkommen, bietet die Anordnung von Schlacken- oder Bimsbetonkappen insofern gegenüber den Kiesbetonkappen Vorteile, als beide Materialien wegen ihres geringen spezifischen Gewichtes die Eigenlast der Decke verringern und damit den Eisenbedarf ermäßigen.

Gewölbte Kappen aus Bims- resp. Schlackenbeton
σ zul. $= 5$ kg/cm².

Gewölbe-stärke im Scheitel	maximale Spannweiten in Metern bei Gesamtlasten von p + q in kg/qm					
	500	600	700	800	900	1000
10 cm	2,00	1,84	1,68	1,58	1,49	1,42
12 cm	2,18	2,00	1,85	1,73	1,63	1,55
15 cm	2,74	2,50	2,32	2,18	2,04	1,94

Gewölbte Kappen aus Kiesbeton (Stampfbeton)
σ zul. $= 15$ kg/cm².

Gewölbe-stärke im Scheitel	maximale Spannweiten in Metern bei Gesamtlasten von p + q in kg/qm						
	750	850	1000	1250	1500	1750	2000
10 cm	2,83	2,66	2,54	2,20	2,00	1,85	1,73
12 cm	—	2,91	2,68	2,40	2,19	2,03	1,90
15 cm	—	—	3,35	3,00	2,75	2,54	2,07

Anm. Bei der Berechnung der maximalen Spannweiten ist p + q = Eigengew. + Nutzlast als gleichmäßig verteilt angenommen und der Stich der Gewölbe mit 10 cm eingesetzt.

Hieraus ergibt sich ohne weiteres, daß dort, wo die Beschaffung von Schlacken und Bimssand keine allzu großen Schwierigkeiten verursacht, die letztgenannten Ausführungen billiger zu bewirken sind als solche aus Kiesbeton. Ein weiterer Vorzug der Schlacken- oder Bimsbetonkappen gegenüber Ausführungen mit Kiesbeton ist darin zu erblicken, daß diese durch ihr poröses

Gefüge eine bedeutende Isolierfähigkeit gegen Schall und Wärme besitzen, während durch die Starrheit und Dichtigkeit des Kiesbetons die Geräuschübertragung begünstigt wird.

Bei den Ausführungen mit Beton aus **Kesselschlacken** ist darauf zu achten, daß das Eisen nicht mit den Schlacken in Berührung kommt, da dieses von den meist noch in solchen Schlacken enthaltenen Säuren etc. angegriffen werden kann. Es ist in solchen Fällen der Träger ganz mit einem Kiesbetonstreifen zu umstampfen oder zum mindesten mit Zementschlämme zu streichen.

b) Steinkappen:

Fig. 3.

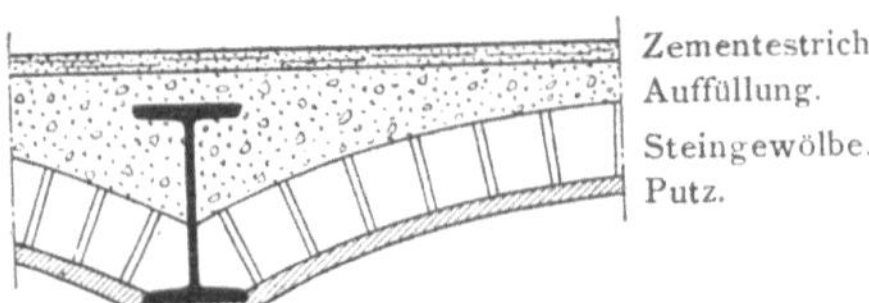

Zur Ausführung von Steinkappen, wie in Fig. 3 dargestellt, werden meistens Ziegelsteine, Ziegelhohlsteine oder Schwemmsteine verwendet, und zwar ist für die Wahl des Materials ebenfalls der Zweck ausschlaggebend, welchem die Decke dienen soll. Für größere Belastungen und Spannweiten käme also die Ausführung mit Ziegelsteinen in Frage, da diese eine größere Druckfestigkeit aufweisen, für mittlere und kleinere Spannweiten und Belastungen stellt sich hingegen die Ausführung mit Ziegelhohlsteinen oder Schwemmsteinen billiger, da diese beiden Materialien ein bedeutend geringeres Eigengewicht haben, und somit den Trägerbedarf verringern. Ebenso trifft das über die Isolierfähigkeit der Schlacken und Bimsbetonkappen gesagte auch auf Ausführungen mit Ziegelhohlsteinen und Schwemmsteinen zu, da beide Materialien ein sehr poröses Gefüge besitzen.

Die Herstellung dieser Steingewölbe erfordert naturgemäß eine längere Zeit wie das Stampfen der Betonkappen, andererseits können die Steingewölbe aber früher ausgeschalt und in Benutzung genommen werden.

Fig. 4.

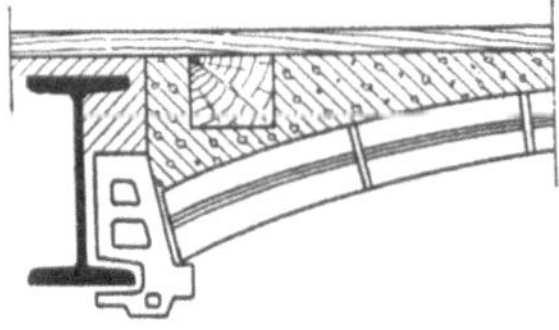

Auch die in Fig. 4 gezeigte Ausführung von gewölbten Kappen mit Hohlnutensteinen (sogenannte Hourdisplatten) kommt häufig zur Anwendung. Diese Hourdisplatten sind gewölbte Ton-Hohlziegel, welche in Abmessungen von 25 cm Länge, 15 cm Breite und 5 cm Stärke fabrikmäßig hergestellt werden.

Die Hauptvorzüge dieser Deckenart sind die außerordentliche Leichtigkeit und schnelle Herstellungsweise ohne Schalungsverbrauch.

Für die statische Bestimmung der Gewölbestärken bei den gewölbten Kappen lassen sich allgemein zu verwendende Formeln nicht angeben, doch sind für die im normalen Hochbau vorkommenden Fälle die benötigten Stärken durch die Praxis festgelegt und allgemein bekannt geworden, so daß nur bei außerordentlich ungünstigen Spannweiten und Lastenstellungen eine Berechnung nach der Gewölbe-Theorie erforderlich wird.

Eine überschlägliche und schnelle Nachprüfung für die unbedingte Sicherheit der Gewölbe kann jedoch in der Form vorgenommen werden, daß man den Horizontalschub im Scheitel bestimmt und diesen durch die zur Verfügung stehende Druckfläche dividiert.

Unter der Annahme, daß die Druckkraft nicht in der Gewölbemitte, sondern ungünstiger exzentrisch am Rande des mittleren Kernes angreift, ergibt sich für die Ermittlung der Spannungen im Gewölbe

$$\sigma_b = \frac{2 \cdot H}{F}.$$

Der ermittelte Spannungswert darf dann im max. $\frac{1}{5}$ der Druckfestigkeit des betr. Materials betragen; diese Forderung ist bei normalen Fällen wohl immer erfüllt, da die Gewölbestärken aus Konstruktionsgründen so stark ausgeführt werden, daß die wirkliche Druckfestigkeit nie voll ausgenutzt wird.

Gewölbte Kappen aus Normal-Vollziegeln
σ zul. = 12 kg/cm².

Stein-stärke	maximale Spannweiten in Metern bei Gesamtlasten von p + q in kg/qm										
	750	850	1000	1250	1500	1750	2000	2250	2500	2750	3000
½ St. 12 cm	2,76	2,60	2,40	2,10	1,93	1,76	1,70	—	—	—	—
¹/₁ St. 25 cm	—	—	—	—	2,84	2,62	2,45	2,32	2,19	2,09	2,00

Gewölbte Kappen aus Normal-Hohlziegeln
σ zul. durchschn. 8 kg/cm² (ohne Abzug der Hohlräume).

Stein-stärke	maximale Spannweiten in Metern bei Gesamtlasten von p + q in kg/qm										
	500	650	750	850	1000	1250	1500	1750	2000	2250	2500
½ St. 12 cm	2,78	2,44	2,28	2,11	1,96	1,75	1,60	—	—	—	—
¹/₁ St. 25 cm	—	—	—	—	2,84	2,54	2,32	2,14	2,00	1,88	1,78

Gewölbte Kappen aus Schwemmsteinen (Vollsteinen)
σ zul. 3 kg/cm².

Steinstärke	maximale Spannweiten in Metern bei Gesamtlasten von p + q in kg/qm					
	500	600	700	800	900	1000
10 cm	1,55	1,41	1,31	1,23	1,15	—
12 cm	1,69	1,55	1,44	1,33	1,27	1,20
14 cm	1,83	1,68	1,55	1,45	1,37	1,30
16 cm	1,96	1,78	1,66	1,55	1,49	1,39
25 cm	—	—	2,06	1,93	1,83	1,73

Anm. Bei der Berechnung der maximalen Spannweiten ist p + q = Eigengew. + Nutzlast als gleichmäßig verteilt angenommen und der Stich der Gewölbe mit 10 cm eingesetzt.

2. Scheitrechte Kappen (Plandecken).

Für die Ausführung der Decken mit ebener Untersicht (Plandecken) kommen dieselben Materialien wie bei den gewölbten Kappen in Frage, doch sind die Spannweiten geringer zu wählen, da diese Konstruktionen in vielen Fällen als biegungsfeste Platten aufzufassen sind, das Material aber nur geringe Zugbeanspruchungen aufzunehmen imstande ist.

Für die Ermittlung der Plattenstärken bei ebenen Kiesbetondecken können auch die nachstehend aufgeführten Formeln benutzt werden, die für die Praxis gute und brauchbare Werte liefern, jedoch sollten die Spannweiten 1,50 m möglichst nicht überschreiten:

$\sigma_b =$	20 kg/cm²	25 kg/cm²	30 kg/cm²
d =	$0,335 \cdot l \sqrt{Q}$	$0,3 \cdot l \cdot \sqrt{Q}$	$0,272 \cdot l \sqrt{Q}$

hierin sind σ_b = zulässige Beanspruchung des Materials,

d = Plattenstärke in cm,

l = Spannweite in Meter,

Q = Gesamtlast in kg/m².

Scheitrechte Schlacken- oder Bimsbetonkappen können nur bei Trägerentfernungen von 1,00—1,25 m eingebaut werden, und bedient man sich zur Ermittlung der Plattenstärken der in der Praxis gebräuchlichen Formel:

$$d = \frac{1}{10} l + 3 \quad \ldots \ldots \text{ cm,}$$

worin l in cm einzusetzen ist.

Gültige Werte liefert die obige Formel, jedoch nur für die im gewöhnlichen Hochbau vorkommenden Nutzlasten bis höchstens 500 kg/m².

Einige Ausführungen scheitrechter Kappen aus Kies-, Schlacken- und Bimsbeton sind in den Fig. 5 und 6 zur Darstellung gebracht.

Fig. 5.

Fig. 6.

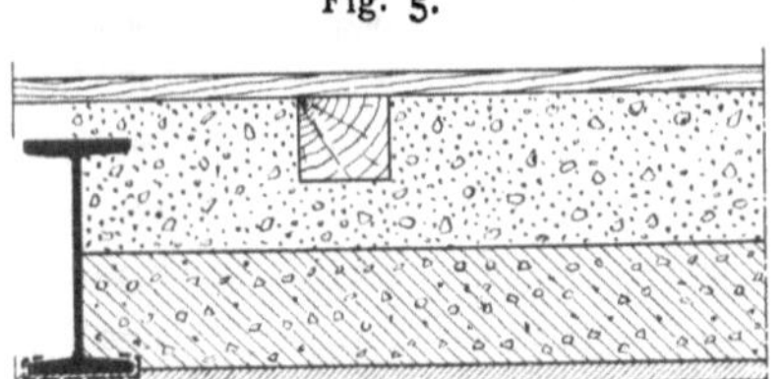

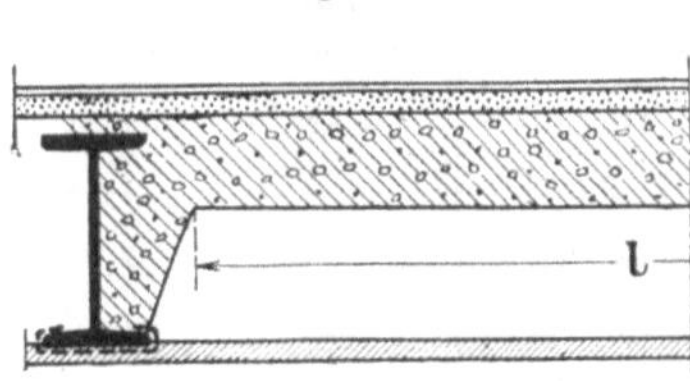

Die in Fig. 6 gezeigte Aufstelzung der Deckenplatte wird zweckmäßig dort angewendet, wo eine Auffüllung nicht erforderlich ist, auf große Isolierfähigkeit gegen Schall und Wärme also kein großer Wert gelegt wird.

Die Ausführung bietet insofern wirtschaftliche Vorteile, als die Stärke der Tragplatte wegen der mehr gewölbeartigen Wirkung gegenüber den nicht gestelzten Decken verringert werden kann.

Bei Ausführungen mit Kiesbeton wird man für die Bestimmung der Plattenstärken die vorher angegebenen Formeln anwenden können, hierbei jedoch als l die Entfernung zwischen den Aufstelzungen in Rechnung setzen. Die Forderung einer ebenen Untersicht kann durch Anordnung einer leichten Spalieroder Rabitz-Unterdecke etc. erfüllt werden.

Scheitrechte Kappen aus Ziegelvollsteinen werden kaum angewendet, dagegen sind Ausführungen mit porösen gebrannten Lochsteinen sehr häufig, da diese viel leichter im Gewichte sind und trotzdem eine für den Deckenbau ausreichende Druckfestigkeit besitzen.

Scheitrechte Kappen aus Schlacken resp. Bimsbeton

σ zul. 5 kg/cm².

Kappenstärke	maximale Spannweiten in Metern bei Gesamtlasten von $p + q$ in kg/qm					
	500	600	700	800	900	1000
12 cm	0,98	0,90	0,84	—	—	—
15 cm	1,12	1,02	0,94	0,87	—	—
20 cm	1,27	1,16	1,07	1,00	0,95	0,89

Scheitrechte Kappen aus Kiesbeton (Stampfbeton)
σ zul. 15 kg/cm².

Kappen-stärke	maximale Spannweiten in Metern bei Gesamtlasten von p + q in kg/qm							
	650	750	850	1000	1250	1500	1750	2000
10 cm	1,36	1,27	1,19	1,08	—	—	—	—
12 cm	1,48	1,39	1,31	1,20	1,07	—	—	—
15 cm	—	1,55	1,46	1,34	1,20	1,10	1,03	0,95

Anm. Bei der Berechnung der maximalen Spannweiten ist p + q = Eigenlast + Nutzlast als gleichmäßig verteilt angenommen und ein Stich von 2 cm eingesetzt.

Das große Interesse, welches den Decken mit Ziegelhohlsteinen in allen Baukreisen entgegengebracht wird, ist am besten durch die Tatsache gekennzeichnet, daß im Laufe der letzten Zeit fortwährend Veränderungen und Verbesserungen sowohl in der Formgebung der Steine sowie in der Zusammensetzung des Materials getroffen sind, so daß die heute auf den Markt kommenden Steinarten als mustergültiges Deckenbaumaterial angesehen werden können.

Die vielfachen Steinarten sind auf der Bildtafel Seite 185 zur Anschauung gebracht, wobei bemerkt sein soll, daß damit die Zahl der vorkommenden Steinarten noch keineswegs erschöpft ist, sondern nur die markantesten Formen zur Abbildung gebracht sind.

Die Firmen, welche poröse Hohlziegel für Deckenbauten fabrizieren, sind in dem Bezugsquellen-Verzeichnis S. 186 bis 195 aufgeführt.

Für die Ausführung von scheitrechten Kappen werden entweder glattwandige Hohlziegel oder Hohlziegelformsteine gewählt.

Überall dort, wo Hohlziegelformsteine leicht zu beschaffen sind, weil leistungsfähige Ziegeleien am Platze oder in der Nähe sind, wird man vielleicht dem Hohlziegelformstein den Vorzug geben, da dieser durch seine verschiedenartigen Profilierungen, der Decke eine größere mechanische Verbundwirkung sichert, so daß die Ausschalung dieser Decken früher erfolgen kann als bei Ausführungen mit glattwandigen Steinen, da hier die Tragfähigkeit im wesentlichen von der Bindekraft des Mörtels abhängig ist.

Eine Berechnung dieser ebenen Platten aus Hohlziegel oder Hohlziegelformsteinen erübrigt sich in den meisten Fällen, da — wenigstens bei den hauptsächlich in Frage kommenden Systemen — die zulässigen Belastungen und Spannweiten nach den stattgefundenen Probebelastungen aufgestellt und von den Baupolizeibehörden übernommen sind, die je nach Auffassung mit Über- oder Unterschreitungen dieser Spannweiten die Ausführungen zulassen.

Nachstehend soll jedoch gezeigt werden, wie ein Stabilitätsnachweis für solche Decken geführt werden kann, wenn diese als Gewölbe aufgefaßt werden.

Es sei: P die Gesamtlast in kg $(P = p \cdot l)$ $p = kg/m^2$
         l „ Spannweite in cm
         f „ Pfeilhöhe in cm,

dann ist $H = \dfrac{P \cdot l}{8 \cdot f}$.

In der Annahme, daß die Drucklinie im Scheitel durch das obere Drittel, bei den Kämpfern durch das untere Drittel führt, ergibt sich für die Beanspruchung im Scheitel die Randspannung:

$$\sigma = \frac{2 \cdot H}{F}.$$

z. B.: eine Hohlziegelformsteindecke aus 10 cm hohen Steinen sei 1,50 m weit zwischen eisernen I-Trägern gespannt und mit 600 kg/m² Gesamtlast beansprucht; dann wird:

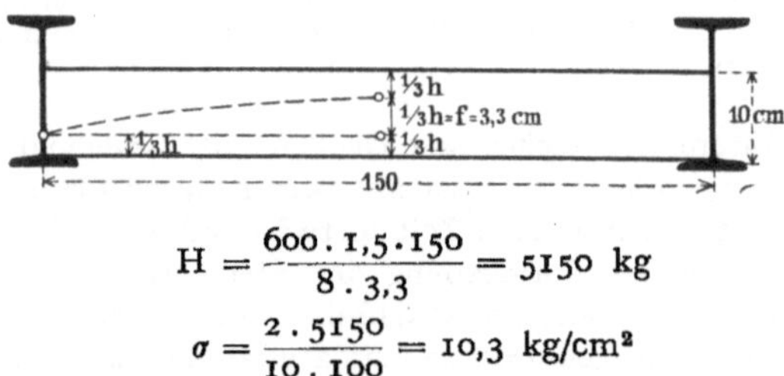

$$H = \frac{600 \cdot 1,5 \cdot 150}{8 \cdot 3,3} = 5150 \ kg$$

$$\sigma = \frac{2 \cdot 5150}{10 \cdot 100} = 10,3 \ kg/cm^2$$

Die errechnete Randspannung wird in diesem Falle zulässig sein, vorausgesetzt, daß gutes Ziegelmaterial und zum Wölben verlängerter Zementmörtel verwendet wird.

Die mittlere Druckfestigkeit der meisten porösen Steinarten beträgt ca. 200 kg/cm², so daß bei einer 10fachen Sicherheit eine reine Druckbeanspruchung bis 20 kg/cm² unbedenklich ist. Um den scheitrechten Decken ohne Eiseneinlage eine bessere Gewölbewirkung zu geben, empfiehlt es sich, diese mit einem kleinen Stich von 1—2 cm auszuführen.

Von den Hohlziegelformsteinen sollen die bekannteren Systeme nachstehend veranschaulicht und ihre besonderen Eigenheiten kurz besprochen werden:

Die Försterdecke.

Die Form der Förstersteine und den Einbau der Decken zwischen den eisernen Trägern zeigen die Abbildungen 8÷11.

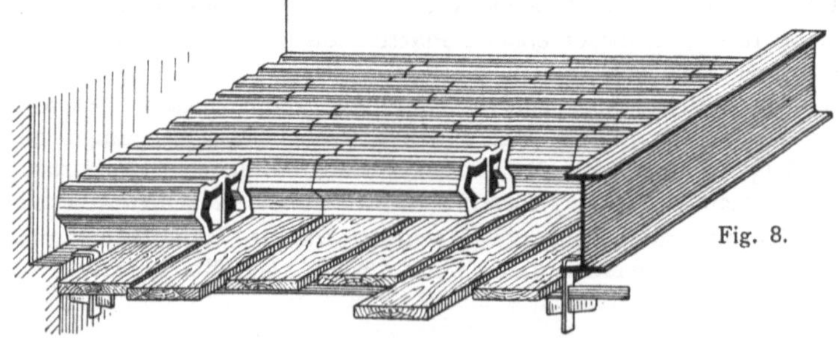

Fig. 8.

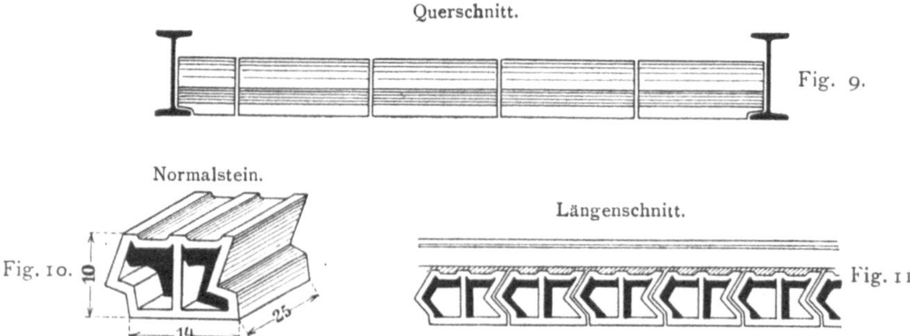

Querschnitt.

Fig. 9.

Normalstein.

Fig. 10.

Längenschnitt.

Fig. 11.

Das Bemerkenswerteste an den Förstersteinen sind die an der oberen und unteren Hälfte entgegengesetzt angeordneten Widerlager, durch welche der Druck, den ein Stein von oben erhält, auf eine größere Anzahl Steine übertragen wird. Da die Hohlziegelformsteine im Verband verlegt werden, ergibt sich die Notwendigkeit halbe oder dreiviertel Anfänger zu verwenden, diese können ebenfalls von allen Ziegeleien, die Deckensteine fabrizieren, fertig bezogen werden, so daß ein Bearbeiten der Steine auf der Baustelle, welches viel Zeit erfordern würde, nicht nötig ist, und der Prozentsatz an Bruch der Steine bis auf ein Minimum herabgedrückt wird.

Die für die Försterdecke zugelassenen Spannweiten und Belastungen sind in der nachstehenden Tabelle zusammengestellt, wozu noch bemerkt sei, daß es sich hierbei um Grenzwerte handelt, die nach Möglichkeit nicht überschritten werden sollten.

Material	Format	Stärke der Deckenplatte	Eigengewicht der Deckenplatte	Steinverbrauch pro qm Deckenplatte	Zulässige Spannweiten in Metern bei Gesamtlasten von $p + q$ kg/qm						
		cm	kg	Stück	500	650	750	850	1000	1100	1250
	cm										
Poröse Ziegelhohlsteine	10.14.25	10	90	25	1,50	1,40	1,33	1,27	1,16	1,10	1,00
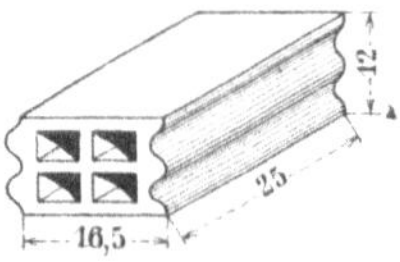	13.14.25	13	120	25	1,80	1,68	1,60	1,52	1,40	1,32	1,20

Die Dresseldecke verfolgt in der Hauptsache denselben Zweck wie die Försterdecke und unterscheiden sich die hierzu verwendeten Steine nur durch eine andere Anordnung und Formgebung der seitlichen Falze von den Förstersteinen. Fig. 12 zeigt die Ausführung einer Dresseldecke, wo die Steinreihen quer zur Trägerlängsachse angeordnet sind, während nach Fig. 13 die Steine parallel zum Träger verlegt sind, und der in der Mitte verbleibende Teil mit Kiesbeton ausgestampft ist.

Zu der Dresseldecke sind besonders konstruierte Anfängersteine erhältlich, deren Form so gehalten ist, daß die unteren Trägerflanschen vollkommen durch den Ziegel umschlossen sind und ein vollkommener Schutz gegen Rost und Feuer gewährleistet wird.

Die Formgebung dieser Anfänger ist ebenfalls aus den angegebenen Abbildungen ersichtlich.

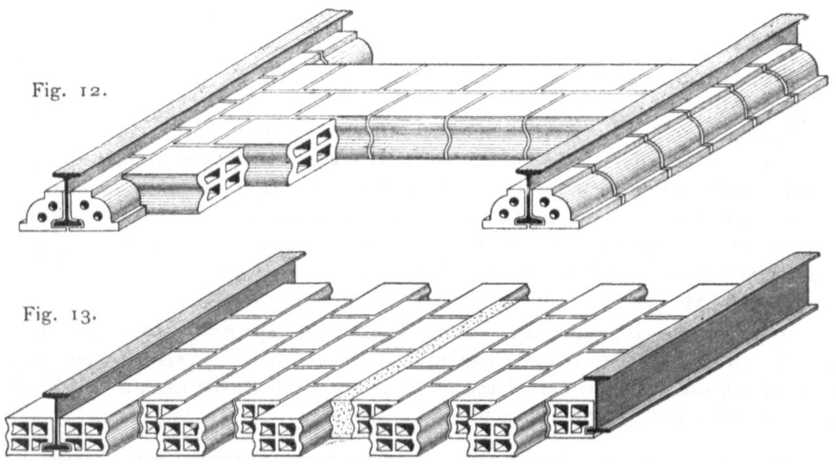

Fig. 12.

Fig. 13.

Für die Dresseldecke, welche in Stärken von 10, 12 und 16 cm zur Ausführung kommt, sind die zulässigen Spannweiten und Belastungen in nachstehender Tabelle zusammengestellt.

Material	Format	Stärke der Deckenplatte	Eigengewicht der Deckenplatte	Steinverbrauch pro qm Deckenplatte	Zulässige Spannweiten in Metern bei Gesamtlasten von p + q kg/qm						
		cm	cm	kg	Stück	500	600	750	850	1000	1100	1200
Poröse Ziegelhohlsteine	10.16,5.25	10	100	27	1,52	1,38	1,24	1,17	—	—	—
	12.16,5.25	12	120	27	1,82	1,65	1,49	1,38	1,29	1,23	1,17
	16.16,5.25	16	160	27	—	—	1,91	1,80	1,65	1,58	1,51

Die Rheinische Formsteindecke (Fig. 14).

Bei dem Rheinischen Formstein ist einem wichtigen praktischen Gesichtspunkt insofern Rechnung getragen, als für die Ausführung der Decken n u r eine einzige Sorte von Steinen erforderlich ist.

Fig. 14.

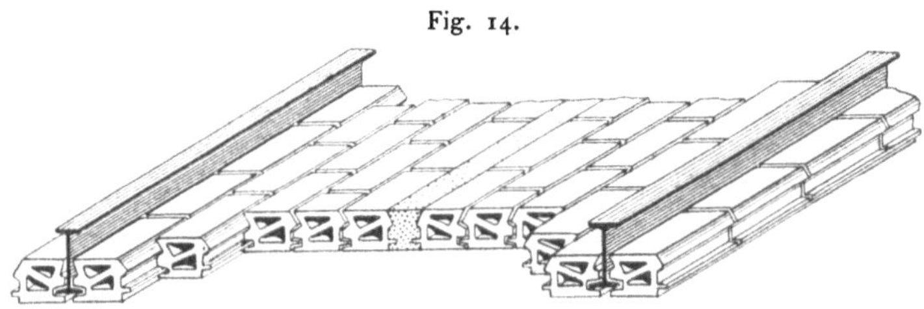

Die Form des Steines ist so gewählt, daß halbe, dreiviertel oder auch besondere Anfängersteine entbehrlich sind und eine vorzügliche Trägerummantelung stattfindet. Die einzelnen Steine greifen scharf ineinander, und für die Druckverteilung ist die Anordnung der schrägen Stege günstig. Der Schluß des Gewölbes wird durch Einstampfen eines Betonstreifens bewirkt.

Nachstehend die Tabelle über zulässige Spannweiten und Belastungen der „Rheinischen Formsteindecke".

Material	Format	Stärke der Deckenplatte	Eigengewicht der Deckenplatte	Steinverbrauch pro qm Deckenplatte	Zulässige Spannweiten in Metern bei Gesamtlasten von p + q kg/qm						
	cm	cm	kg	Stück	500	600	750	850	1000	1100	1250
Poröse Ziegelhohlsteine	12 . 15 . 25	12	120	27	2,00	1,75	1,60	1,50	1,40	1,35	1,25

Die Securadecke (Fig. 15 ÷ 17).

Die Securasteine besitzen gegenüber anderen Deckensteinen eine wesentlich größere Höhe und als charakteristisches Merkmal in statischer Beziehung schräge in der mittleren Richtung der Drucklinie von links nach rechts anstrebende Stege, die dem Gewölbedruck richtig begegnen.

Durch die größere Höhe — die Steine werden 17 und 22 cm hoch hergestellt — wird die Trägerkonstruktionshöhe durch den Stein selbst ausgefüllt und es kann daher eine besondere Auffüllung meist in Wegfall kommen. In vielen Fällen wird dadurch eine Verminderung des Eigengewichtes und auch eine Ersparnis an Kosten erzielt werden. Die Steine werden in den Abmessungen, wie sie in der Zeichnung angegeben sind, mit dazu passenden Anfängersteinen und Schlußkeilen geliefert. Einige Arten der Ausführung zeigen die folgenden Skizzen.

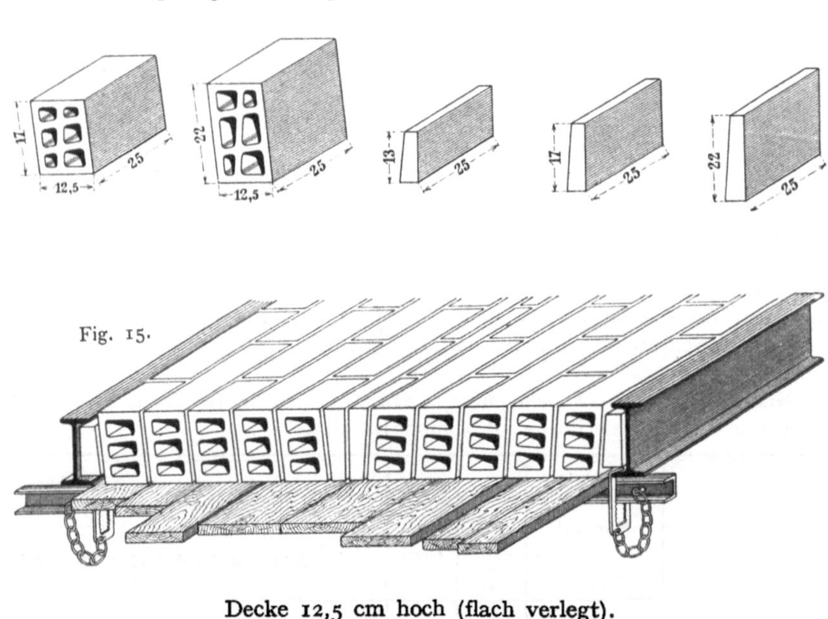

Fig. 15.

Decke 12,5 cm hoch (flach verlegt).

Fig. 16.

Gestelzte (überhöhte) Decke (flach verlegt).

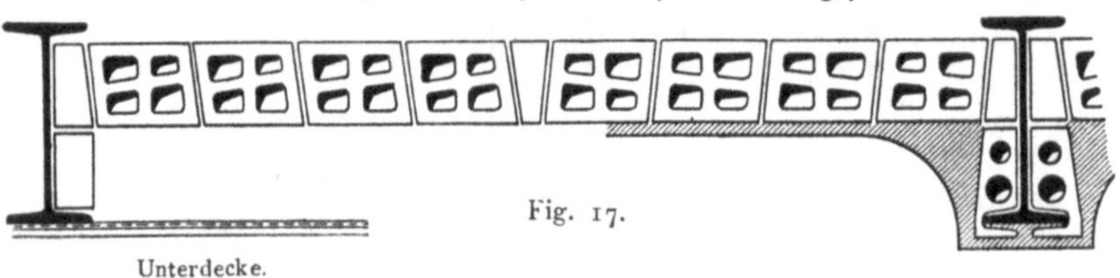

Fig. 17.

Unterdecke.

Über die Berechnung der Secura-Decke D. R. P. sind nachstehend ausführliche Angaben gemacht.

Berechnung der Spannweiten
nach Genehmigung des Königlichen Polizeipräsidiums Berlin.
J. No. 770III G. R. 04, vom 24. 11. 04.

Es ist: $\left(p \cdot 100 \cdot \dfrac{l}{2}\right) \cdot \dfrac{l}{4} = H \cdot \dfrac{d}{2}$, ferner:

$$H = \frac{1}{2}\,\sigma \cdot {}^{3}/_{4}\,d \cdot 100 = \frac{3\,\sigma\,\dfrac{d}{4} \cdot 100}{2} \text{ und damit}$$

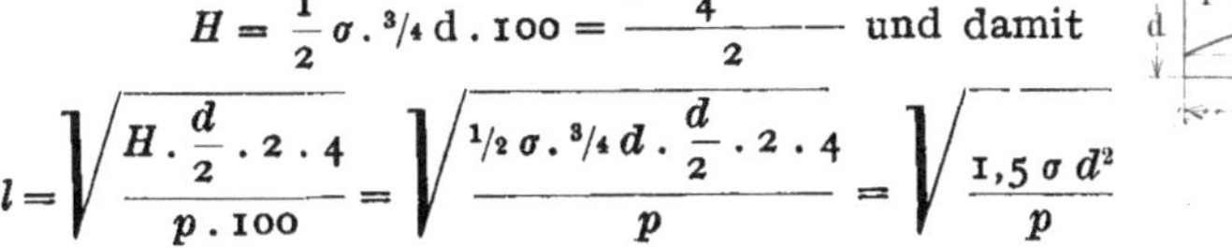

$$l = \sqrt{\frac{H \cdot \dfrac{d}{2} \cdot 2 \cdot 4}{p \cdot 100}} = \sqrt{\frac{{}^{1}/_{2}\,\sigma \cdot {}^{3}/_{4}\,d \cdot \dfrac{d}{2} \cdot 2 \cdot 4}{p}} = \sqrt{\frac{1{,}5\,\sigma\,d^{2}}{p}}$$

Hierin ist σ die zulässige höchste Druckspannung bei der Annahme einer Druckverteilung auf die ganze Fläche des Steines ohne Abzug der Hohlräume.

Für die Berechnung der Spannweiten sind die nachstehenden Eigengewichte der Decken abgeleitet.

a) **Wohnhaus.**	b) **Fabrikgebäude.**
Decke I.	**Decke I.**
Steine, 22 cm hoch . . 220 kg/qm	Steine, 22 cm hoch . . 220 kg/qm
4 cm Schlackenbeton	8 cm Schlackenbeton
à 1000 kg . . . . . 40 ,,	à 1000 kg . . . . . 80 ,,
Holzfußboden . . . . 30 ,,	2 cm Zementestrich . . 40 ,,
Putz etc. . . . . . . 25 ,,	Putz etc. . . . . . . 25 ,,
315 kg/qm	365 kg/qm
Für die Berechnung rund 320 kg/qm	Für die Berechnung rund 370 kg/qm
Decke II.	**Decke II.**
Steine, 17 cm hoch . . 179 kg/qm	Steine, 17 cm hoch . . 179 kg/qm
4 cm Schlackenbeton . 40 ,,	8 cm Schlackenbeton . 80 ,,
Holzfußboden . . . . 30 ,,	2 ,, Zementestrich . . 40 ,,
Putz etc. . . . . . . 25 ,,	Putz etc. . . . . . . 25 ,,
274 kg/qm	324 kg/qm
Für die Berechnung rund 280 kg/qm	Für die Berechnung rund 330 kg/qm

Zugelassen ist für Decke I: $\sigma = 7{,}3$ kg/cm²; Decke II: $\sigma = 9{,}4$ kg/cm²

$$\text{Mit } l = \sqrt{\frac{1{,}5\,\sigma\,d^{2}}{p}}$$

ergeben sich die in der nachstehenden Tabelle zusammengestellten größten Spannweiten.

Tabelle der Maximalspannweiten,

nach der vom Königlichen Polizeipräsidium Berlin genehmigten
Berechnung aufgestellt.

Fig. 1.  Fig. 2.

Material	Format Maße in cm	Bei einem Eigengewicht der Decke von kg/qm	Zulässige Spannweiten der Decke in Metern bei einer Nutzlast in kg/qm							
			200	250	300	400	500	600	800	1000
Poröse Ziegelhohlsteine nach Figur 1	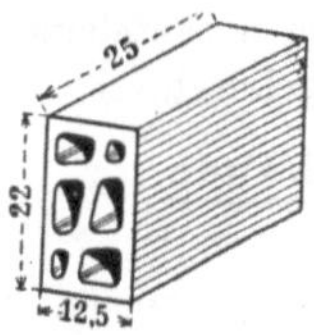	320	3,19	3,07	2,92	2,71	2,54	2,40	2,17	2,00
		370	3,04	2,92	2,81	2,62	2,46	2,34	2,12	1,96
	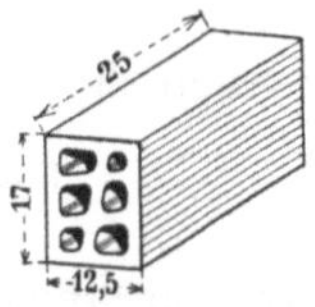	280	2,91	2,77	2,64	2,44	2,28	2,14	1,94	1,78
		330	2,77	2,64	2,54	2,36	2,21	2,09	1,89	1,75
nach Figur 2	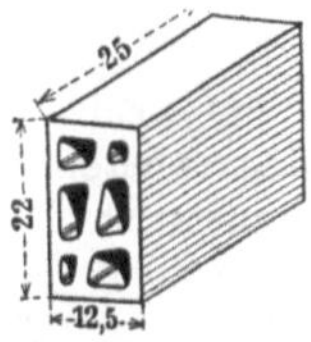	320	2,61	2,49	2,39	2,22	2,08	1,96	1,78	1,63
		370	2,49	2,39	2,30	2,14	2,02	1,91	1,74	1,60
	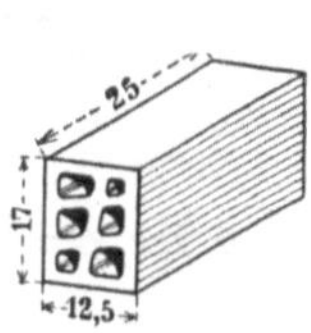	280	2,22	2,12	2,02	1,87	1,75	1,64	1,48	1,36
		330	2,12	2,02	1,94	1,80	1,69	1,60	1,45	1,34

Bei der Berechnung nach Figur 2 wurde die Gewölbestärke d um 4 cm niedriger
angenommen als nach Figur 1, so daß dem Herabgehen unter den Flansch mehr als
ausreichend Rechnung getragen ist.

Die Hourdisdecke (Fig. 18 ÷ 20). Die in den nachstehenden Abbildungen gezeigten Ausführungsformen mit sogenannten Hourdisplatten sind nur bei engen und gleichmäßigen Trägerteilungen zu verwenden, da die Platten in bestimmten fixen Abmessungen (50—100 cm) fabrikationsmäßig hergestellt werden.

Die Breite der Hourdisplatten beträgt 20 cm, die Höhe 7½ cm. Diese außerordentlich leichten Platten finden hauptsächlich in landwirtschaftlichen Baulichkeiten, wie Stallungen und Molkereien usw. Anwendung.

Fig. 18.

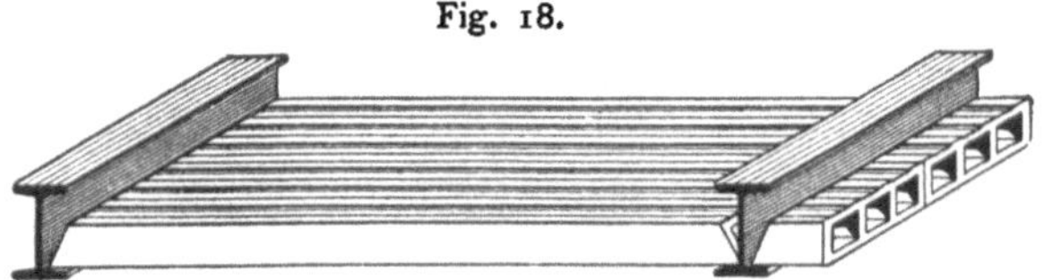

Fig. 18 zeigt die Hourdisplatten direkt auf die Trägerflanschen aufgelagert, während bei der Abbildung Fig. 19 Widerlagersteine zum Schutze der Trägerflanschen angeordnet sind, auf welchen die Platten seitlich auflagern.

Fig. 19.

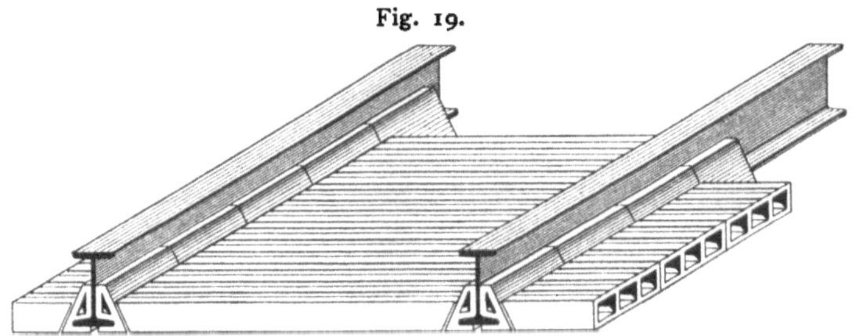

In der Fig. 20 ist noch ein Trägerummantelungsstein gezeigt, bei dessen Anwendung die Tragbalken markiert sind und der durch den vorstehenden Ansatz eine bessere Auflagerung der Platten gestattet.

Fig. 20.

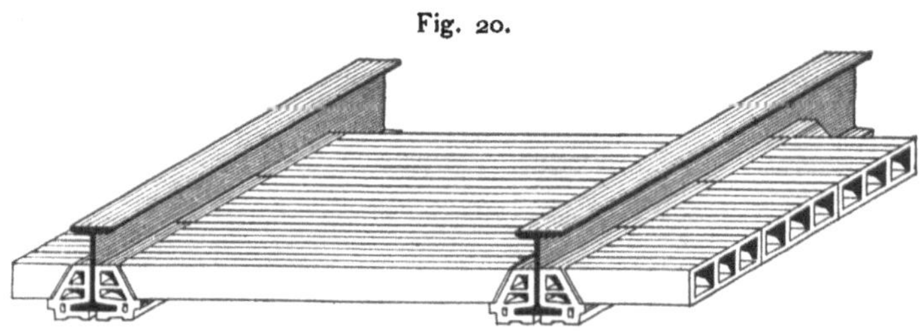

Die Hourdisplatten haben trotz ihrer geringen Stärke eine sehr hohe Tragfähigkeit. (Nach einem Prüfungsattest der Kgl. Versuchsstation Gr.-Lichterfelde = 6160 kg/qm.)

B. Decken mit Eiseneinlagen.

Decken mit Eiseneinlagen ermöglichen die leichte Überwindung größerer Spannweiten, ohne dabei einen Schub auf Träger oder Wände auszuüben, so daß Verankerungen usw. nicht erforderlich werden.

Die außerordentlich große Tragfähigkeit der Decken mit Eisen-Bewehrung ergibt sich durch das überaus günstige Zusammenwirken der verwendeten Materialien in statischer Hinsicht, wodurch naturgemäß auch wirtschaftliche Vorteile erzielt werden.

Die Kleine'sche Decke.

Unter den Decken mit Eiseneinlagen ist die Kleine'sche Decke vorbildlich für die größte Zahl unserer modernen Deckenkonstruktionen geworden. Das Wesentliche der Kleine'schen Decke ist die Herstellung einer ebenen tragfähigen Steinplatte mit in die Fugen eingebetteten von Auflager zu Auflager reichenden hochkantig gestellten Eisen unter Verwendung von Bausteinen meist rechteckigen Querschnittes. Dabei ist man an ein bestimmtes Mauermaterial nicht gebunden. Es läßt sich vielmehr jedes beliebige ortsübliche Steinmaterial verwerten, wenn schon natürlich die Verwendung porös gebrannter Ziegelhohlsteine oder Schwemmsteine wegen des geringen Gewichtes Vorteile bietet. Außer dem Gewicht spielt die Druckfestigkeit des Steinmaterials, dessen Nachweis von verschiedenen Behörden durch Prüfungszeugnisse eines Materialprüfungsamtes verlangt wird, eine große Rolle. In der maßgebenden obersten Schicht der Deckenplatte erreichen auch poröse Steine durch den ausgegossenen Zement, mit dem sich die Poren vollsaugen, eine bedeutende Druckfestigkeit. Die Steine können je nach Belastung und Spannweite flachseitig oder hochkantig oder auch flachseitig abwechselnd mit hochkantigen Verstärkungsrippen vermauert werden. Die erforderliche Eiseneinlage läßt sich für jeden Fall genau berechnen. Stärken von 25×1 mm reichen für gewöhnliche Spannweiten und Belastungen vollständig aus.

Der meist gebrauchte Kleine'sche Deckenstein zeigt die nachstehende Form und Abmessungen.

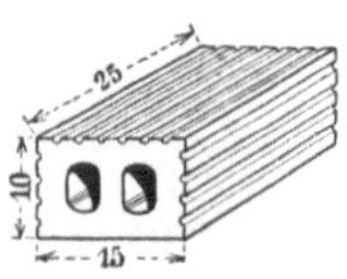

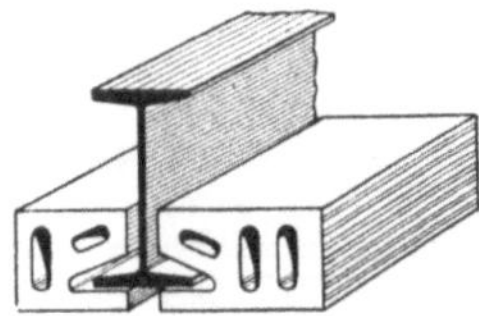
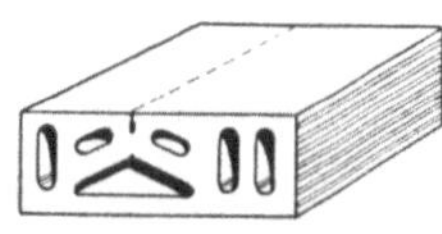

Sein wesentlichster Vorteil besteht darin, daß man mit einem einzigen Steinformat, welches überall in handelsüblichen Abmessungen erhältlich ist, fast alle Aufgaben der Raumüberdeckung im Wohnungs- und Fabrikbau lösen kann.

Besondere dazu passende Anfängersteine werden in verschiedenen Formen geliefert, die ebenfalls die Skizzen zeigen.

Einige gebräuchliche Ausführungsarten der Kleine'schen Decken sind in den nachstehenden Fig. 1 ÷ 3 veranschaulicht:

Fig. 1. Kleine'sche Decke. Schnitt quer zu den Trägern.

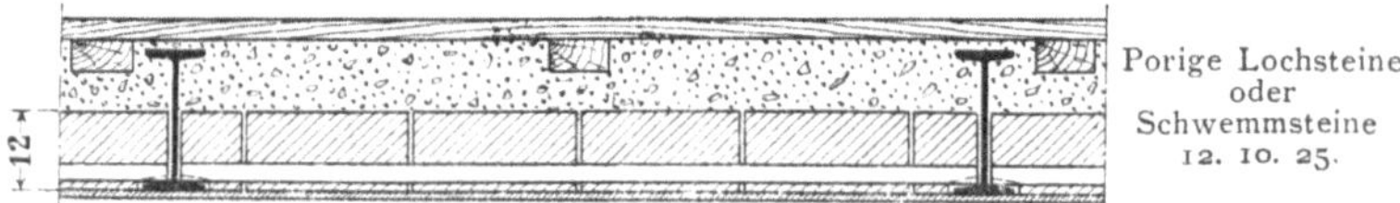

Fig. 1a. Decke aus Lochsteinen
12 . 10 . 25 cm.
Schnitt parallel mit den Trägern.

Fig. 1b. Decke aus Schwemmsteinen
12 . 10 . 25 cm.
Schnitt paralell mit den Trägern.

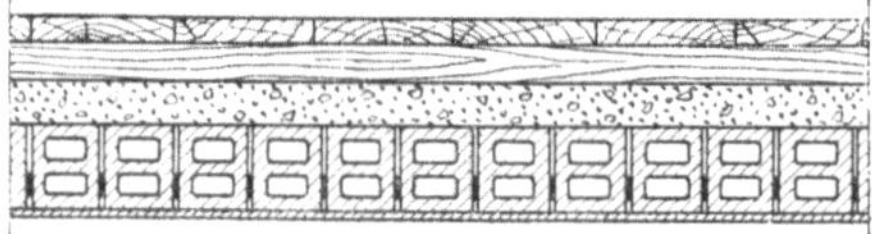

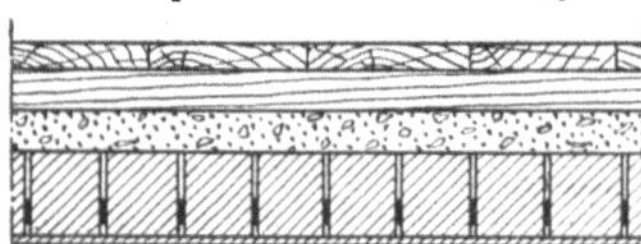

Fig. 2. Decke aus Ziegeln von Normalformat, ¹/₂ St. st.

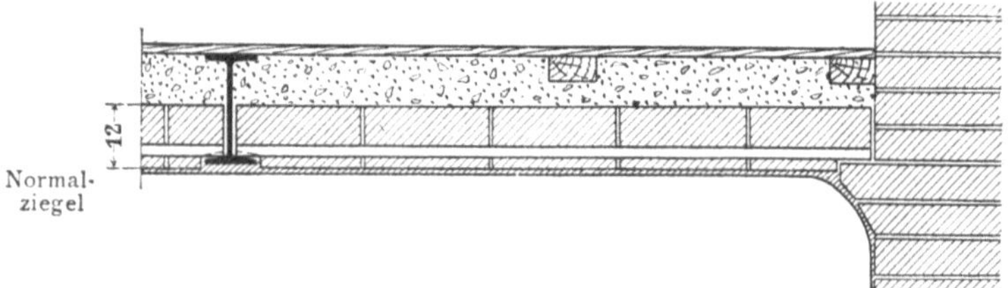

Fig. 2a. Decke aus Ziegeln von Normalformat, ¹/₂ St. st.
Schnitt parallel mit den Trägern.

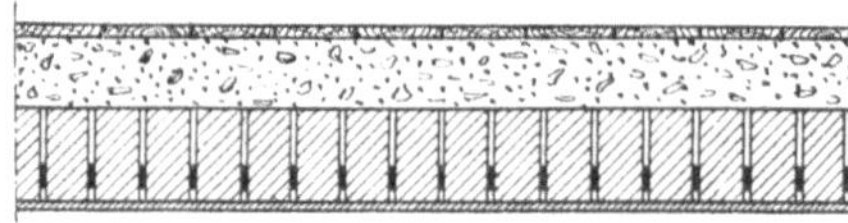

Fig. 2b. Deckenplatte aus Ziegelflachschicht mit Verstärkungsrippen.

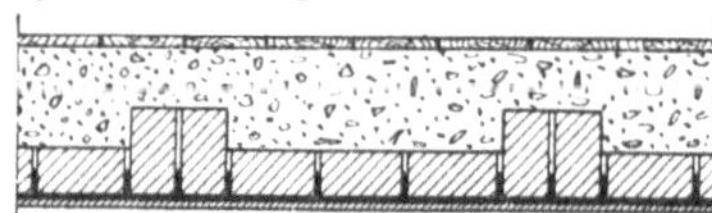

Fig. 3. Decke gestelzt mit Unterdecke.

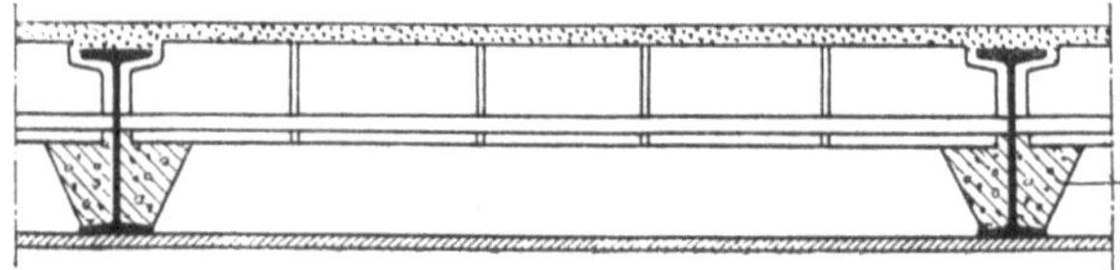

Auch die **Försterdecke** wird vielfach als eisenbewehrte Decke zur Anwendung gebracht.

Der Raum für die Eiseneinlagen wird geschaffen, indem der in dem Wölbstein an der Oberfläche zwischen den beiden Nuten liegende Steg mit dem Maurerhammer beseitigt wird, so daß der Stein eine ausgehöhlte Form erhält. In diese Kanäle werden Rund- oder Bandeiseneinlagen eingebracht, die dann mit Mörtel umfüllt werden. Dieser Anordnung muß ein besonderer technischer Vorzug zugebilligt werden, weil die Eiseneinlagen dabei nicht nur in einer Mörtelfuge liegen, sondern vollständig durch Mörtel bezw. das Tonmaterial der Wölbsteine so sicher umschlossen sind, daß bei Feuer weder die Stichflamme das Eisen erreichen kann, noch andere schädliche Einflüsse, wie beispielsweise mit Ammoniak durchsetzte Stallniederschläge, einwirken können. Der Försterstein kann als glückliche Form eines Deckensteines gelten, der sowohl für Decken mit als ohne Eiseneinlage gleich brauchbar erscheint.

Untenstehende Fig. 4 ÷ 7 geben Aufschluß über die verschiedenen Ausführungsarten der Försterdecke mit Eiseneinlagen.

Decke aus Förstersteinen mit Eiseneinlagen.

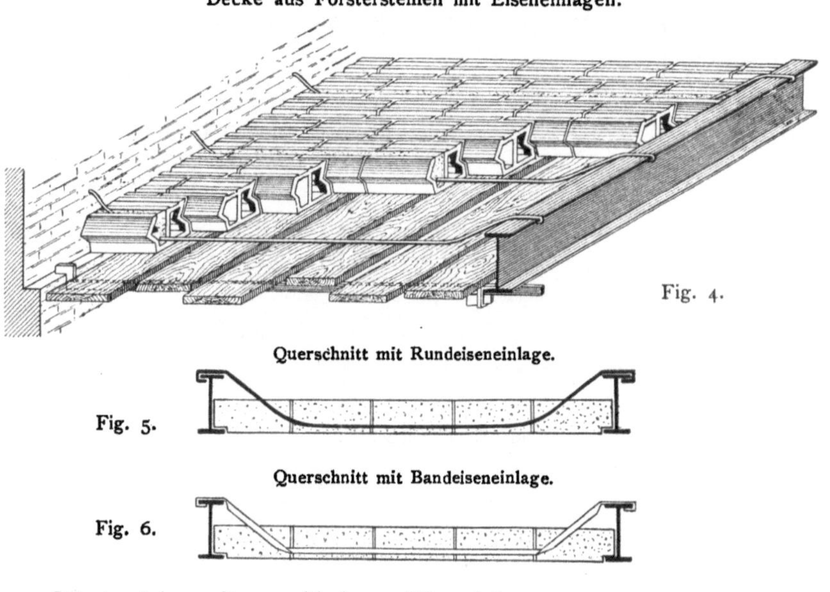

Fig. 4.

Querschnitt mit Rundeiseneinlage.

Fig. 5.

Querschnitt mit Bandeiseneinlage.

Fig. 6.

Förstersteine mit verschiedenen Eiseneinlagen:

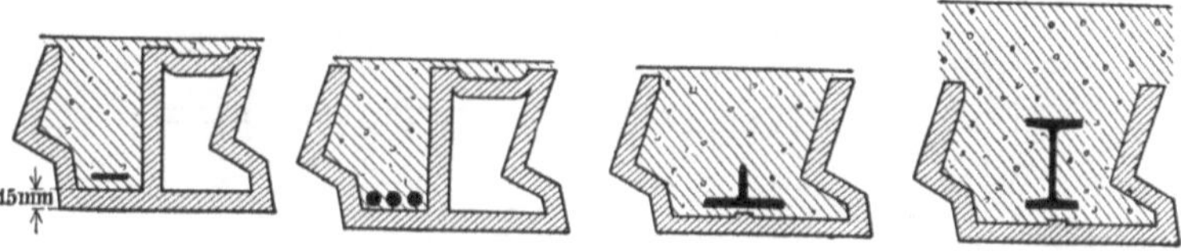

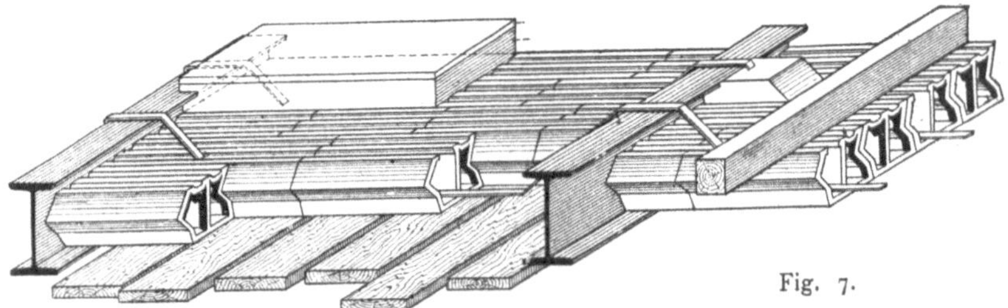

Fig. 7.

Die auf S. 175 und 176 beschriebene **Secura-Decke** kann als Decke mit Eiseneinlagen ebenfalls ausgeführt werden, in diesem Falle wird die Decke nicht im Verbande, sondern in Einzellamellen gewölbt und die Eiseneinlage in die durchgehenden Stoßfugen eingebettet. Als eisenarmierte Decke sei ferner noch die untenstehend abgebildete **Koenen'sche Voutenplatte** (Fig. 8, 9 u. 10) erwähnt, welche sowohl in statischer wie architektonischer Hinsicht weitgehenden Ansprüchen genügt.

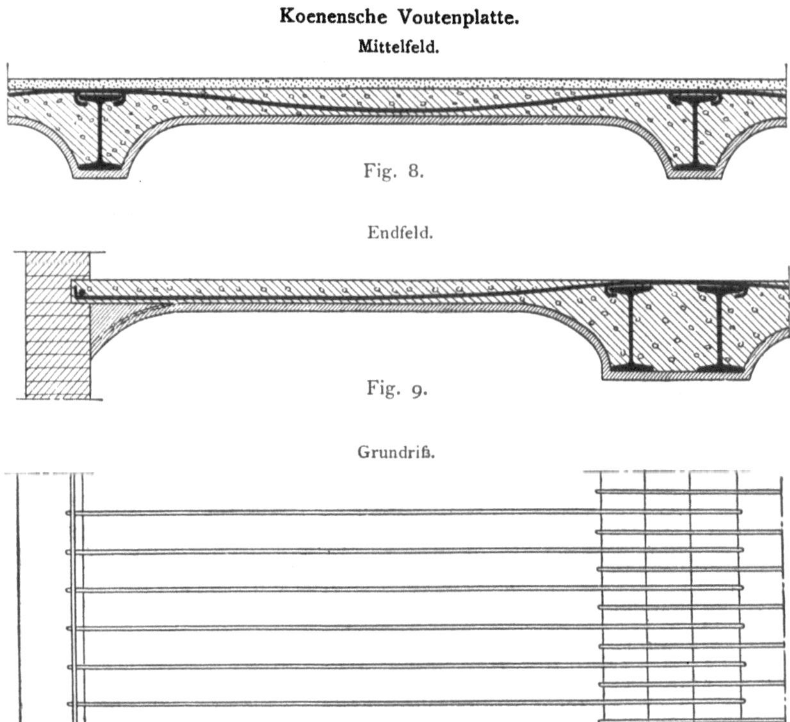

Durch die voutenförmigen Verstärkungen an den Auflagern resp. Trägern und der guten Verankerung der Rundeisen mit den Trägerflanschen wird an diesen Stellen eine feste Einspannung der Deckenplatte erzielt, welche die Streckenmomente erheblich verringert, sodaß nach einem neueren Erlaß des Berl. Pol.-Präs. die Mittelfelder mit $M = \dfrac{q \cdot l^2}{18}$ und die Endfelder mit $M = \dfrac{q \cdot l^2}{12}$ berechnet werden können.

Die eigenartig konkav-konvex gebogenen Eiseneinlagen nehmen die auftretenden Transversalkräfte auf, die sie durch die Voute auf den Trägerflansch resp. Mauerwerkskörper übertragen.

Die voutenförmigen Ausrundungen an den Auflagern und Trägern, welche bei der Koenen'schen Voutenplatte in erster Linie die statische Wirksamkeit der Decke erhöhen, verleihen dieser auch ein sehr gefälliges Aussehen. Für die voutenförmige Ausstampfung ist bei den Trägerberechnungen ein Gewichtszuschlag je nach der Höhe der Träger zu machen.

Eine gleichfalls viel ausgeführte Deckenart ist die nachstehend zur Abbildung gebrachte **kombinierte Beton-Schwemmsteindecke.**

Bei der Herstellung werden die Schwemmsteine auf der Schalung reihenweise verlegt und zwar so, daß zwischen den einzelnen Steinreihen Zwischenräume von 4—6 cm Breite verbleiben.

Diese Zwischenräume werden, nachdem die Eiseneinlagen eingelegt sind, mit Kiesbeton ausgestampft und gleichzeitig wird die mindestens 5 cm starke Betonschicht aufbetoniert. Die Schwemmsteine bilden in diesem Falle gewissermaßen nur das Ausfüllungsmaterial zwischen den einzelnen eisenarmierten Betonstegen.

Die Berechnungsweise dieser Decken erfolgt in derselben Weise wie bei den Eisenbetondecken, da sämtliche Druckspannungen von der aufbetonierten Kiesbetonschicht, und alle Zugspannungen durch die Eiseneinlagen aufgenommen werden.

Bei der Berechnung ist nur der T-förmige Querschnitt aus Kiesbeton in Rechnung zu setzen und als Plattenbalken zu behandeln.

Längenschnitt.   Querschnitt.

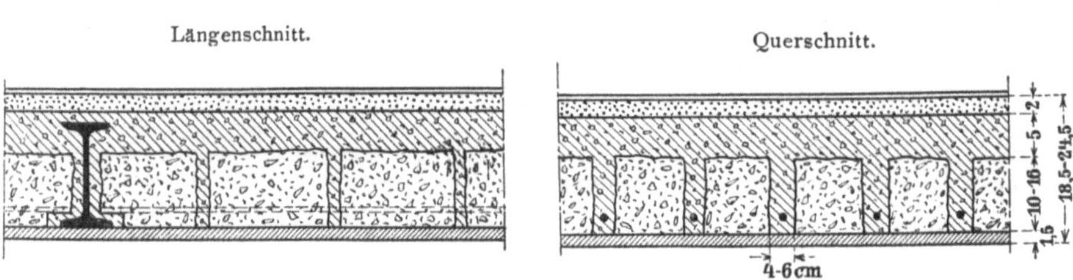

Für die statische Berechnung der Kleine'schen Decken sowohl wie für sämtliche sonstigen Steineisendecken, bei denen das Deckenmaterial aus Vollziegeln oder porösen Lochziegeln besteht, kommen die auf Seite 201 zum Abdruck gebrachten „Amtlichen Bestimmungen" in Anwendung.

Steinformen zum Bezugsquellen-Verzeichnis, Seite 186—195.

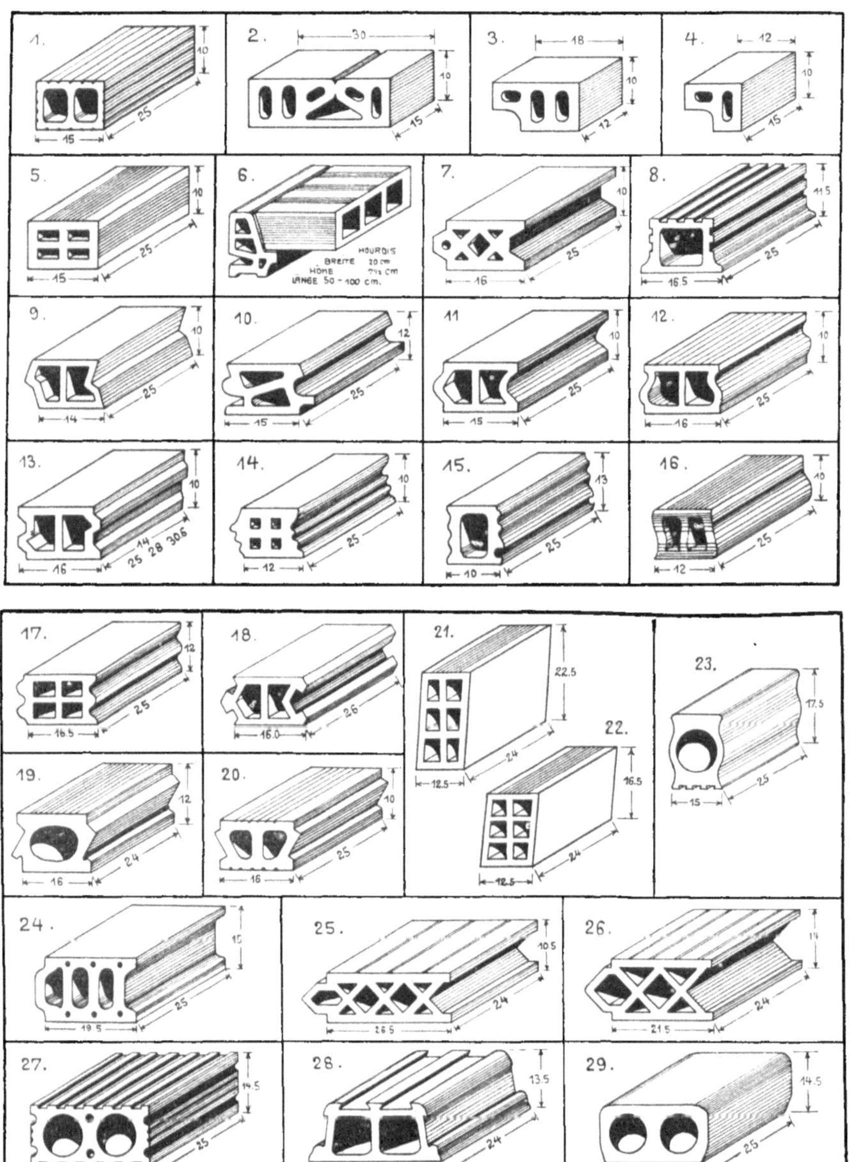

Bezugsquellen-Verzeichnis

für poröse Deckensteine und Falzziegel verschiedener Systeme.

Hierzu Skizzenblatt, siehe Seite 185.

Königreich und Provinz Sachsen, Thüringen und Anhalt.

Lfd. Nr.	Wohnort resp. Versandstation	Name der Firma	Steinsorten Nr. (s. Skizzenbl.)
1	Aue i. Erzgeb.	Lederer & Strobel, Ziegel-, Ton- u. Schamottewerk	I. 2. 3. 4. 9.
2	Bautzen, Hintergasse	Architekt William Kempe	I. 9.
3	Bitterfeld	Friedersdorfer Ziegelwerke, G. m. b. H.	I. 3. 4.
4	Brandis, Bez. Leipzig	Brandiser Tonwerke G. m. b.H.	I. 9.
5	Cöthen (Anh.)	Cöthener Dampfziegelei vorm. Rich. Schliebitz, G. m. b. H.	II.
6	Cöthen (Anh.)	Simon Neuwohner, Dampfziegelei	I. II.
7	Ebersdorf (Werrabahn)	Ebersdorfer Schamotte- und Tonwerke, G. m. b. H.	24.
8	Eibau (Sachsen)	Schamottewerk Eibau, Otto Hänsel	I. 2. 3. 4. 10.
9	Eisenach (Thür.)	D. Drewes, Maurermeister	I. 2. 3. 4. 9. 10.
10	Gera (Reuß)	A. Dressel, Bauwaren-Großhandlung	17.
11	Gr. Poritsch b. Zittau	Dampfziegelei Gr. Poritsch Ludw. Dehr	I. 3. 4. 9.
12	Guben i. Sa.	Deckensteinfabrik Ferdinand Beitsch, Inh. H. Beitsch	
13	Greppinwerke Kr. Bitterfeld	Greppiner Werke, Dampfziegelei	I. 3. 4.
14	Langenweddingen bei Magdeburg	Walter Heyer, Ziegelei	I. 3. 4. 9. 11.
15	Muldenstein b. Bitterfeld	Muldensteiner Werke, G. m. b. H.	I. 3. 4.

Lfd. Nr.	Wohnort resp. Versandstation	Name der Firma	Steinsorten Nr. (s. Skizzenbl.)
16	Neustadt (i. Sachsen)	Arthur Eyßler, Dampfziegelwerke	11.
17	Rotta b. Kanberg	Rottaer Dampfziegelei u. Tonwerk Grube Gertrud, G. m. b. H.	1. 2. 3. 4. 9.
18	Schweinitz a. Elster	G. P. Jahn, Ziegelei	1. 3. 4. 11.
19	Teuchern (Sachsen)	Chr. Erfurth & Sohn, Ziegelei	1. 9. 18.
20	Wansleben, Bez. Halle	Gewerkschaftl. Mansfeldsche Ziegelei	
21	Wittenberg, Bez. Halle	Gniest-Bergwitzer Braunkohlenwerke A.-G.	
22	Wittenberg, Bez. Halle	Wilhelm Rudolph, Ziegelei	1. 3. 4. 10. 11.

Rheinprovinz, Westfalen, Hessen und Hessen-Nassau.

Lfd. Nr.	Wohnort resp. Versandstation	Name der Firma	Steinsorten Nr. (s. Skizzenbl.)
1	Arenshausen	Falzziegelwerke Joh. Jung	1.
2	Bergkamen (Kr. Hamm)	Bergkamener Tonwerke C. Barenberg	1. 2.
3	Bierstadt b. Wiesbaden	Maschinen-Ziegelei Wilhelm Ritzel	1. 9. 21. 22.
4	Bodenheim a. Rh.	Ziegelei Jakob Albrecht	1. 2. 3. 4. 9.
5	Borghorst i. Westf.	Borghorster Dampfziegelei Dalhoff & Ruck	1. 2. 3. 4. 9. 10
6	Bottrop	Ziegelei E. Bremer & Cie.	1. 2. 3. 4.
7	Brambauer, Kr. Dortmund	Brambauer Verblendstein- u. Tonwarenfabrik, G. m. b. H.	1. 2. 3. 4.
8	Burgbrohl b. Brühl a. Rh.	Stein- u. Tonindustrie-Ges. Burgbrohl	
9	Calden, Bez. Cassel	Baugesellschaft m. b. H.	13.
10	Cassel, Möncheberg-str. 102.	Aktien-Gesellschaft Möncheberger Gewerkschaft	1. 13. 19.
11	Cassel, Ottostr. 4 u. 6	Ziegelei Grebe & Hafer	6.
12	Dortmund, Olgastr. 22	Verkaufsstelle der Brambauer Tonwerke, G. m. b. H.	

Lfd Nr.	Wohnort resp. Versandstation	Name der Firma	Steinsorten Nr. (s. Skizzenbl.)
13	Düsseldorf-Eller	Dampfziegelei Gerh. Belles	
14	Eving b. Dortmund	Evinger Tonwerke	
15	Frankfurt a. M.-Bornheim	Ziegelei Gebr. Leihner	
16	Haltern i. Westf.	Ziegelei Janninhoff & Co.	1. 10.
17	Hamm i. Westf.	Ziegelei u. Baugeschäft G. Klute Söhne	1. 3. 4.
18	Hamm i. Westf.	Hammer Dampfziegelei H. Leising	
19	Hangelar b. Beuel	Bonner Verblendstein- u. Tonwarenfabrik A.-G.	1. 2. 3. 4. 5. 9. 17. 21. 22. 27. 28.
20	Heddersdorf b. Hersfeld	Heddersdorfer Dampfziegelei, G. m. b. H.	
21	Hergenrath b. Aachen	Hergenrather Tonwerk, G. m. b. H.	1.
22	Horrem, Bez. Cöln	Rhein. Dampfziegelei Simons	1. 2. 3. 4.
23	Kinzenbach b. Gießen	Dampfziegelei Anton Müller	1. 2. 3. 4. 9. 10. 14.
24	Langendreer i. Westf.	Ziegelei Paul Eichelberg	
25	Lippstadt i. Westf.	Gebr. Timmermann	1.
26	Niederpleis b. Siegburg	Tonwerk Niederpleis, Mauelshagen & Co., G. m. b. H.	
27	Nierstein	Niersteiner Blend- u. Hohlziegelfabrik G. Schneider III	1. 2. 3. 4. 10. 25. 26.
28	Offenbach a. M.	Georg Achen, Baumaterialien en gros	9.
29	Paffrath b. Berg.-Gladbach	Paffrather Ton- u. Chamottewerke G. m. b. H.	1.
30	Ravolzhausen, Stat. der Hanauer Kleinbahn	Ziegelei Ravolzhausen, G. m. b. H.	1. 2. 3. 4. 10. 12.
31	Recklinghausen i. Westf.	Emschertaler Falzziegelwerke, G. m. b. H.	1. 2.

Lfd. Nr.	Wohnort resp. Versandstation	Name der Firma	Steinsorten Nr. (s. Skizzenbl.)
32	Sprendlingen	Dampfziegelei Joh. Schnell IX Wwe. Nachf.	
33	St. Wendel	St. Wendeler Dampfziegelei	1. 2. 3. 4. 10.
34	Totenhausen b. Minden	Dampfziegelei Schmellius, Engelen & Co.	
35	Wöllstein (Rheinhessen)	Ernst Jungk, Dampfziegelei	8.

Posen und Schlesien.

Lfd. Nr.	Wohnort resp. Versandstation	Name der Firma	Steinsorten Nr. (s. Skizzenbl.)
1	Bröthen-Hoyerswerda	Lorenz'sche Dampfziegelei Inh. H. & M. Michel	1. 10.
2	Borganie bei Mettkau	Josef Kleiner, Ton- u. Dachsteinwerke	1. 9.
3	Görlitz	Rob. Kirchner, Baumaterialien-Großhandlung	
4	Graetz (Posen)	W. Gutsche, Baugeschäft	18.
5	Guhrau, Bez. Breslau	Ringofen-Dampfziegelei P. Neumann & Co.	1. 9.
6	Guhrau, Bez. Breslau	R. F. Wandel	1. 2. 3. 4. 9.
7	Herzogswaldau (Schles.)	Dachsteinwerk Weiche	1. 3. 4. 11.
8	Kodersdorf (Schlesien)	Schles. Dachfalzziegel- u. Schamottefabrik A.-G., vorm. A. Dannenberg	1. 3. 4. 9.
9	Krotoschin (Posen)	W. Robinski, Dampfziegelei	1. 2. 3. 4. 9.
10	Leippa, Kr. Rothenburg, O.-L.	Schlesische Tonwerke, G. m. b. H.	1. 2. 3. 4. 9.
11	Liebschütz, Post Neusalz a. Oder	Liebschützer Dampfziegelei, G. m. b. H.	9.
12	Liegnitz (Schles.)	Arthur Werner	1. 2. 3. 4. 9.
13	Lulinko, Post Pamiontkowo (Richtung Kreuz-Posen)	Franz Bartsch, Ziegelei	1. 2. 3. 4. 9. 10. 11.

Lfd. Nr.	Wohnort resp. Versandstation	Name der Firma	Steinsorten Nr. (s. Skizzenbl.)
14	Mallmitz (i. Schl.)	Mallmitzer Tonwerke	11.
15	Maltsch a. O.	Alfred Lange	1. 9.
16	Mittel-Bilau b. Haynau (Schles.)	Kunstziegelei Bruno Postpischil, Inh. G. Baum und R. Kaiser	1. 16.
17	Morgenroth	Godulla-Schacht der kons. Paulus-Hohenzollern-Grube	1. 9.
18	Oberlangenöls, Bez. Liegnitz (Schles.)	Elektr. Tonwerke Ober-Langen-öls	
19	Olbersdorf	Olbersdorfer Dampfziegelei	1. 9.
20	Grube Theresia b. Muskau (Schlesien)	Ton- und Dampfziegelwerk „Grube Theresia"	1.
21	Paulsdorf b. Zabrze	Richard Geuke, Ziegelwerke	1. 9.
22	Penzig, O.-L.	Albert Getzel Söhne	1. 9.
23	Penzig, O.-L.	Penziger Ziegel- u. Tonwaren-fabrik Alfr. Schöpke	
24	Penzig, O.-L.	Elektr. Tonwerke Bruno Zingel	1. 9.
25	Quolsdorf, Post Hähnichen, O.-L.	Georg Ebert	
26	Gewerkschaft Quolsdorf	Braunkohlen- u. Tonwerke	1. 2. 3. 4. 9.
27	Rausse b. Maltsch a.d.Od.	Verblend- u. Dachsteinwerke	1. 2. 3. 4. 9. 10.
28	Reußendorf, Kreis Waldenburg (Schles.)	Verwaltung des Fideikommisses	1. 9.
29	Rudelstädt i. Schles.	Merzdorf-Rudelstädter Dampfziegelei u. Tonwarenfabrik G. m. b. H.	1. 9.
30	Samter (Posen)	Oskar Krause, Neue Dampfziegelei	1. 9.
31	Stradam b. Canth (Schles.)	Stradamer Tonwerke, G. m. b. H.	
32	Schloß Waldenburg (Schles.)	Fürstl. Plessische Bergwerks-Direktion	9.
33	Schwerin a. W. (Posen)	Max Hennig, Ziegeleibesitzer	1. 2. 3. 4. 9. 10.

Lfd. Nr.	Wohnort resp. Versandstation	Name der Firma	Steinsorten Nr. (s. Skizzenbl.)
34	Tarnowitz O.-S.	Kotzullasche Dampfziegelei E. Rurainski	1. 9.
35	Tschöpeln, O.-L.	Tschöpelner Werke A.-G.	1. 3. 4. 9. 10.
36	Weißwasser, O.-L.	Willi von Lewinski'sche Werke	

Bayern, Württemberg, Baden und Elsaß-Lothringen.

Lfd. Nr.	Wohnort resp. Versandstation	Name der Firma	Steinsorten Nr. (s. Skizzenbl.)
1	Alpirsbach i. Württbg.	Falzziegelei Alpirsbach	1. 2. 3. 4. 9. 10.
2	Bischberg, Stat. Bamberg	Bamberger Ziegel- u. Tonwerke A.-G.	1. 9.
3	Freiburg i. Baden	Vereinigte Freiburger Ziegelwerke A.-G.	1. 2. 3. 4. 9. 10. 21. 22.
4	Heimenkirch (bayr. Allgäu)	Tonwerke Heimenkirch (Gebr. Karch)	23. 29.
5	Karlsruhe (Baden)	Ziegelei Hermann Walder	
6	Klingenmünster (Pfalz)	Ziegelwerk Klingenmünster	1. 2. 3. 4. 10.
7	Kirchheimbolanden (Pfalz)	Dampfziegelei Kirchheimbolanden A. Curschmann & Cie.	1. 27.
8	Kolbermoor i. Bayern	Tonwerk Kolbermoor	
9	Lochhausen b. München	Kalk- u. Tonwerke Lochhausen	1. 2. 3. 4. 9. 10.
0	Mering b. Augsburg	L. Zelter, Ton- u. Schamottewerke	1.
11	Niederweiler (Lothr.)	Dampfziegelei A.-G. Niederweiler	1. 2. 3. 4. 10.
12	Nürnberg	Weber & Körner, Bau-Unternehmung	1. 9. 21. 22.
13	Oos (Baden)	Ziegelwerke Oos in Oos	6.
14	Regensburg-Kareth	Ver. Neue Münchener Aktien-Ziegelei u. Dachziegelwerke A. Zinstag, A.-G.	1. 5. 28.
15	Rümmingen b. Lörrach	Mech. Ziegeleien Rümmingen u. Lörrach-Stetten, Gebr. Lange	

Lfd. Nr.	Wohnort resp. Versandstation	Name der Firma	Steinsorten Nr. (s. Skizzenbl.)
16	Spardorf, Post Erlangen	Gebr. Schultheiß, Ziegelwarenfabrik	1. 3.
17	Speyer a. Rh.	Rheinische Dampfziegelei, G. m. b. H.	1. 2. 3. 4. 10.
18	Straubing (Bayern)	Dampfziegelwerk und Tonwarenfabrik Hans Dendl	1. 2. 3. 4. 9. 10.
19	Stuttgart	Verkaufsverein süddeutscher Ziegelwerke, G. m. b. H.	5.
20	Windschläg (Baden)	August & Karl Schindler, Ziegelwerke	
21	Zweibrücken (Pfalz)	Vereinigte Zweibrücker Dampfziegelwerke, G. m. b. H.	1. 2. 3. 4. 9.

Hannover, Braunschweig, Brandenburg, Oldenburg, Schleswig-Holstein und Hansa.

Lfd. Nr.	Wohnort resp. Versandstation	Name der Firma	Steinsorten Nr. (s. Skizzenbl.)
1	Alfeld a. Leine	A. Menge, Dampftonwerke	1. 16.
2	Baudach b. Sommerfeld, Bez. Frankfurt a. Oder	Philipp Groß, Ziegelei	
3	Behrenbostel	Ziegelei Schünhoff & Comp., m. b. H.	
4	Berlin SW 47	Großhandlg. Ernst Scheldt	1, 9.
5	Berlin-Wilmersdorf, Berlinerstr. 31	Verkaufsabtlg. d. Tonwerke der Bergwitzer Braunkohlenwerke A.-G. in Dresden	
6	Brunkensen, Bez. Hannover	Hohenbüchener Hilstonwerke e. G. m. b. H.	1. 3. 4. 9. 10.
7	Cabel b. Calau, N.-L.	Niederlausitzer Ton- u. Verblendsteinwerke W. Brüggemann	1. 2. 3. 4.
8	Celle	Ch. Lühmann, Dampfziegelei u. Dachsteinfabrik	
9	Döbern, N.-L.	Hermann Jaeserich, Ziegelei	1. 2. 3. 4. 9. 10.
10	Emden	Uttumer Dampfziegelei J. & E. Smidt	1. 5. 9.
11	Ernestinenhof (Post Adamsdorf)	C. L. Gorkewitz & Co.	1. 9.

Lfd. Nr.	Wohnort resp. Versandstation	Name der Firma	Steinsorten Nr. (s. Skizzenbl.)
12	Freienwalde a. O.	Freienwalder Ratsziegelei J. F. Benekendorff	1. 2. 3. 4.
13	Frankfurt a. O.	Gewerkschaft Kohlmetzwerke	1, 2. 3. 4. 9.
14	Freienwalde a. O.	F. W. Rath, Ziegelei	1. 3. 4.
15	Glasow b. Lippehne, Kr. Soldin	F. Gorkewitz & Co., Ziegelei	1. 9.
16	Gleidingen b. Hannover	Betriebsgesellschaft des Gleidinger Verblendsteinwerkes m. b. H.	
17	Hannover	Bartling, Brodthagen & Co., Dampfziegelei	1. 2. 4.
18	Hann. Münden	Gewerkschaft Steinberg, Braunkohlen- und Tonwerk	1. 9. 12.
19	Helmstedt (Braunschw.)	Ziegelwerke Heinrich Lehrmann	1. 9.
20	Jüterbog, Markt 2	A. Lehmann, Dampfziegelei	
21	Lehrte b. Hannover	A. C. Mundt, Fabrik u. Großhandlung für Baustoffe	6.
22	Lichterfeld, N.-L.	Theresienhütte, Ton- u. Kohlenwerke E. Klingmühl	
23	Mellendorf, Prov. Hannover, Kr. Burgdorf	Mellendorfer Ziegelei	1.
24	Müchenburg (Neumark)	Müchenburger Dampfziegelei u. Tonwerke A. Niermann	1.
25	Packebusch	Reeder & Wapler. Inh. W. Reeder	
26	Rethorn, Post Grüppenbühren i. O.	Rethorner Aktien-Ziegelei	
27	Schniebinchen b. Sommerfeld, Bez. Frankfurt a. O.	Schäfer & Kuleke, Ziegelei	16.
28	Sommerfeld, Bez. Frankfurt a. O.	Ton- u. Dachsteinwerke Oberklinge	
29	Stendal	Robert Uchtenhagen, Ziegeleibesitzer	9.

Lfd. Nr.	Wohnort resp. Versandstation	Name der Firma	Steinsorten Nr. (s. Skizzenbl.)
30	Teichdorf b. Ober-Ullersdorf, N.-L.	Tonwerk Teichdorf, G. m. b.H.	1. 11.
31	Trattendorf-Spremberg, N.-L.	Dampfziegelei E. Gundermann	1. 9.
32	Undersdorf b. Wittenberg	Tonwaren- u. Verblendsteinwerke	
33	Vietz a. Ostbahn	Vereinigte Vier Vietzer Ziegeleien Hermann Strunck	1.
34	Vietz a. Ostbahn, Post Vietzer Schmelze	L. Hartmann Nachf., L. Rothmann	1. 3. 4.
35	Vorwerk bei Lübeck	Hans Herr, Dampfziegelei.	1.
36	Wendisch Drehna, N.-L.	Drehnaer Werke, G. m. b. H.	

Pommern, Mecklenburg, Ost- und Westpreußen.

Lfd. Nr.	Wohnort resp. Versandstation	Name der Firma	Steinsorten Nr. (s. Skizzenbl.)
1	Gramtschen b. Thorn (Westpr.)	Gramtschener Ziegelwerke Georg Wolff	
2	Groß-Golmkau, Kreis Dirschau i. Wpr.	Dampfziegelei Groß-Golmkau	1. 9.
3	Klützow i. Pomm.	Jens. K. von Jensen	1. 9.
4	Königsberg i. Pr., Neue Dammstr. 20.	Fritz Cohn, Bauwaren en gros	
5	Marggrabowa, Reg.-Bez. Gumbinnen	Collubier-Dampfziegelwerk, Inh. Joh. Fleischer	11.
6	Parchim Klein-Sien b. Bernitt (Mecklbrg.)	Dampfziegelwerk C. Ebert & Köster, Inh. Carl Ebert	
7	Rostock i. Meckl.	Wahrstorffer Dampfziegelei	20.
8	Schöneck i. Wpr.	H. Basse, Ziegelei	1. 9.
9	Schloß Gerdauen i. Wpr.	Dampfsägewerk, Abt. Ziegelei	1. 9.
10	Schönau, Kreis Schwetz a. d. Weichsel	Johannes Nehlipp, Dampfziegelei	1. 2. 3. 4. 9.
11	Stettin-Stolzenhagen	Dampfziegelwerke Ed. Schwinning	1. 2. 3. 4. 9. 10.
12	Stettin, Friedrich-Carlstraße 8.	Walter Mügge	

Lfd. Nr.	Wohnort resp. Verbandstation	Name der Firma	Steinsorten (s. Skizzenbl.)
13	Thorn i. Wpr. 3, Mellienstraße 129	H. Lüttmann, G. m. b. H.	
14	Vogelsang, Kr. Uckermünde	Vogelsanger Dampfziegelwerke F. Reimer & Co.	

Westschweiz:

Lfd. Nr.	Wohnort resp. Verbandstation	Name der Firma	Steinsorten (s. Skizzenbl.)
1	Guin	Tuilerie de Fribourg	1, 5. 21, 22. 23. 27. 29.
2	Lausanne	Tuilerie Barraud, frères	6. 27.

Ostschweiz:

Lfd. Nr.	Wohnort resp. Verbandstation	Name der Firma	Steinsorten (s. Skizzenbl.)
1	Heerbrugg	J. Schmidheiny & Cie.	1. 2. 5. 6. 21. 22. 27.
2	Thaingen	Vergt. Ziegelfabriken Thaingen, Hofen & Rickenshausen	6. 9. 17.
3	Emmishofen	Noppel & Gie.	1. 5. 6. 21. 22. 28.
4	Diessenhofen	Mech. Ziegelei A.-G.	1. 5. 6.
5	Zürich	Ziegel A.-G.	1. 5. 6.
6	Langenthal	Ziegel- u. Backsteinfabrik A.-G.	1. 6. 22.
7	Eymatt	Ziegelei Eymatt & Tiefenau A.-G.	28.
8	Pieterlen	Seeländische Ziegelwerke A.-G.	1. 5. 6. 21. 22. 23. 27.
9	Nebikon	A.-G. Ziegel- u. Backsteinfabriken	27.

Bemerkung: Bei größerem Bedarf fertigen die genannten Firmen sämtliche gewünschten Steinarten an.

Schwemmsteine zu Deckenkonstruktionen, welche in folgenden Formaten hergestellt werden, sind durch das „Rheinische Schwemmstein-Syndikat G. m. b. H. in Neuwied a. Rh." als Voll- oder gelochte Steine zu beziehen:

Steinformate:

ca. $9\frac{1}{2} - 12 - 25$; $7\frac{1}{2} - 12 - 25$; $6\frac{1}{2} - 12 - 25$;
ca. $12 - 14 - 25$; $12 - 16 - 25$; $14 - 16 - 25$;
ca. $12 - 14 - 30$ cm.

Schutz der Trägerflanschen.

Bei allen besseren Ausführungen werden die **Trägerflanschen nicht sichtbar** bleiben dürfen. Die **Ummantelung** muß derart erfolgen, daß ein **vollständiger Feuerschutz** gewährleistet ist und auch **kein späteres Durchscheinen der Träger-flanschen** eintritt. **Letzteres** beobachtet man häufig **bei älteren Ausführungen, bei diesen** ist es **versäumt, Vorkehrungen dagegen zu treffen.** Man kann aber wohl sagen, daß diese häßliche Eigenschaft der Trägerdecken nur Ausführungen der Vergangenheit angehört und man **jetzt Mittel** in der Hand hat, **dies zu vermeiden.** Der Grund für das Durchscheinen der Träger ist in den meisten Fällen darin zu suchen, daß der Träger direkt auf die Putzschicht einwirken kann und bei der Verschiedenheit des Materials zwischen Eisen und Stein bezw. Zement, Temperaturunterschiede hervorgerufen werden. Die Feuchtig-keit der Luft schlägt sich an den kälteren Stellen der Decke, wo die Träger-flanschen liegen, nieder, und die vielen in der Luft vorhandenen kleinen Staubteilchen setzen sich dort fest und lassen die Trägerlage deutlich erkennen. Es wird also darauf ankommen, das Eisen mit einem gut isolierenden Material zu umhüllen bezw. um die Isolierwirkung zu verstärken, zwischen Träger und Putz eine Luftschicht zu schaffen. Man erzielt den Schutz der Flanschen durch **besondere Anfängersteine,** die mit nasenartigen Vorsprüngen **um die Trägerflanschen herumgreifen.** Bei kleineren Flanschenbreiten findet schon dadurch eine vollständige Umkleidung mit Ziegelmaterial statt. Wenn zwischen den Nasen bei größeren Profilen noch ein Teil des Flansches frei bleibt, hilft man sich durch Zwischenschieben von Dachziegelstücken oder Unterspannen eines Rabitzgewebestreifens für die Aufnahme des Putzes.

Die Ummantelungen der Deckenträger durch besonders geformte An-fänger- und Widerlagersteine sind bereits bei der Besprechung der einzelnen Deckenarten erwähnt worden, doch soll an dieser Stelle noch etwas näher auf einige andere wichtige Ummantelungsarten eingegangen werden.

Die meisten Anfängersteine erhalten an der Unterfläche eine Ausklinkung von 1½—2 cm Stärke, wie in Fig. 1 dargestellt, hierdurch steht die Unter-seite der Platte ca. 1 cm unter den Flansch des Deckenträgers vor, wodurch ein leichteres Ummanteln des Trägerflansches und Unterputzen der Decken-untersicht ermöglicht wird.

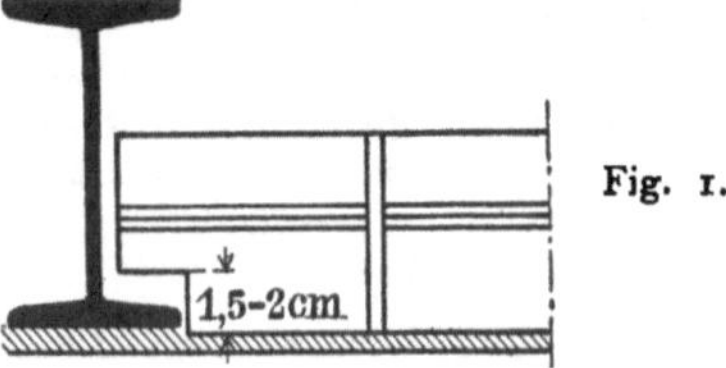

Fig. 1.

Zum Schutze des unteren Trägerflansches findet die in den Fig. 2 bis 4 dargestellte **Förster'sche Trägerschutzplatte** häufige Anwendung, diese besteht

aus demselben gebrannten Tonmaterial wie der Deckenstein und ist so kon-
struiert, daß nur wenige schmale Rippen mit den Trägern in Berührung kommen,
sonst aber zwischen Träger- und Tonplatte eine zum besseren Temperatur-
ausgleich erforderliche Luftschicht entsteht.

Die Trägerschutzplatten werden als Doppelplatten (siehe Fig. 2) zum
Versand gebracht, einesteils um die Herstellungskosten zu vermindern und
andererseits um Bruch beim Transport zu vermeiden.

Durch Einschlagen der seitlichen Brücken a läßt sich jede Platte mit
Leichtigkeit in 2 gleiche Hälften teilen, welche mit den durchgezogenen dünnen
Drähten leicht an den Träger-Unterflansch aufgehängt werden können.

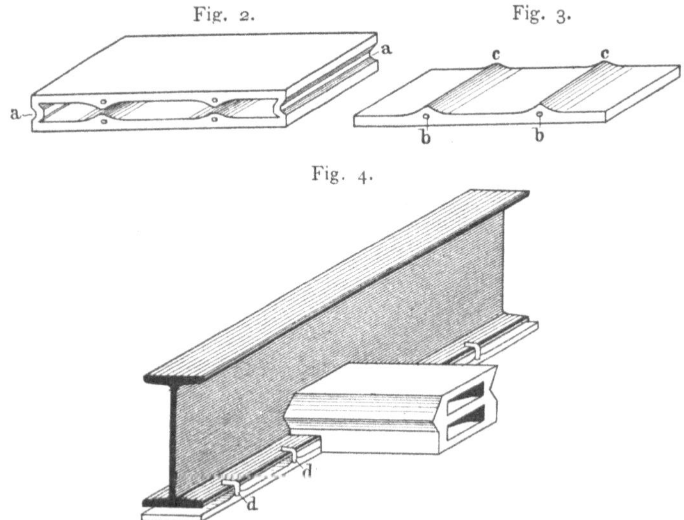

Die Trägerschutzplatten werden 25 cm lang für jede Trägerbreite passend
angefertigt.

Den gleichen Zweck verfolgt **Türks Trägerflansch-Ummantelung.** Bei
dieser greifen starke Tonplatten mittelst Vorsprüngen in Aussparungen der
entsprechend profilierten Anfängersteine. Auch hier ist zwischen Trägerflansch
und Tonplatte eine isolierende Luftschicht vorhanden, durch die eine wirksame
Wärmeisolierung bewirkt wird, so daß sich die dunklen Streifen an der Decke
nicht bilden können.

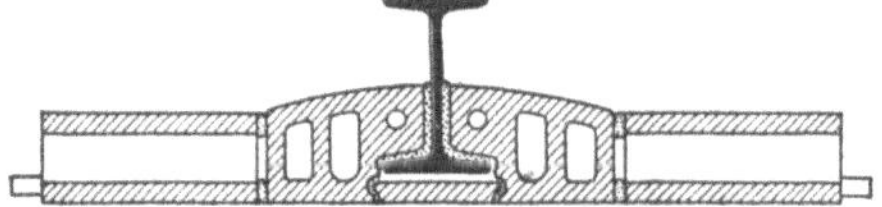

Feuersichere Ummantelungen.

Häufig sind außer den eigentlichen Deckenträgern noch besondere Unterzüge erforderlich, die dann meist so angeordnet sind, daß die Deckenträger auf ihnen oder zwischen ihnen gelagert sind. Um diese Eisenteile feuersicher zu gestalten, bedient man sich zweckentsprechender Ummantelungen mit feuerfestem Material.

Meistens werden **Ummantelungen aus mörtelartigen Stoffen** gewählt. Diese erhalten **Einlagen aus Drahtgeflecht, Streckmetall, Drahtziegelgewebe** oder anderen

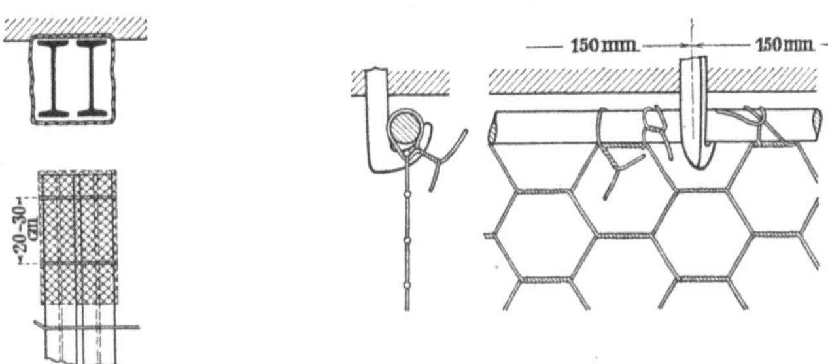

geeigneten Stoffen, zu denen auch das **Baculagewebe** der Deutschen Bacula-Industrie (Ziegler & Esch) Mainz gehört.

Die ersteren sind seit langem im Gebrauch und allgemein bekannt. Das Baculagewebe besteht im wesentlichen aus 5 und 8 mm starken Holzstäbchen, die maschinell mittelst verzinkten Drahtes zu einer Art Gewebe verbunden werden. Es wird in Breiten von 0,3 bis 2,0 m und bis zu 15 m langen Rollen geliefert.

Bacula-Gewebe.

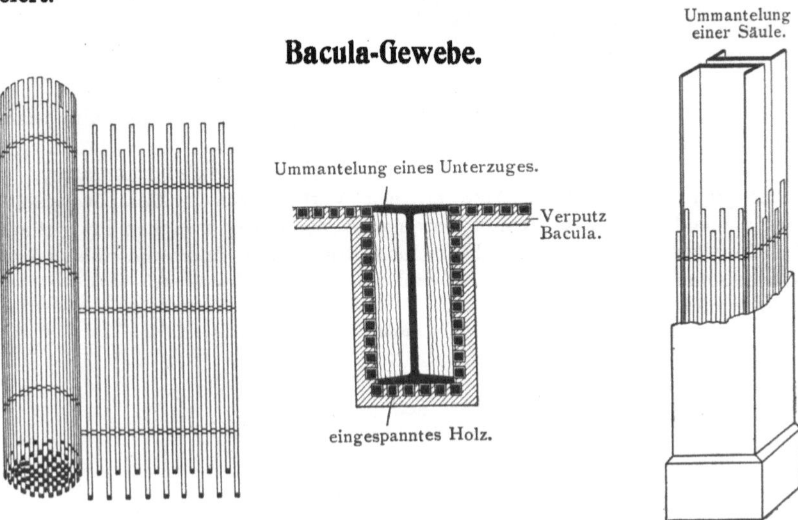

Als Mörtel wird meist Zementmörtel oder auch Gipsputz (Rabitz) verwendet. Von besonderer Wirksamkeit, aber natürlich auch teurer, sind die Asbestfeuerschutzmassen, die teils in Teigform, teils als Pulver in den Handel gebracht und an der Verbrauchsstelle angemacht werden.

Einige der bekanntesten sind Plutonit, Asbestzement, Asbestkieselgurzement.

Plutonit ist ein Material, das unter dem Einflusse hoher Wärme sintert und damit einen wirksamen Schutz für die umhüllte Konstruktion abgibt. Die Masse wird in Teigform in den Handel gebracht und an der Verwendungsstelle mit Zement und Wasser gleichmäßig durchgeknetet und dann auf die zu ummantelnden Eisenteile in 3 cm starker Schicht aufgetragen.

Asbestzement wird in Pulverform geliefert und mit Wasser ohne irgendwelchen Zusatz zu einem Brei an Ort und Stelle angerührt.

Zur Ummantelung von Unterzügen findet die schnell bindende Marke A, von der immer nur so viel angerührt werden darf als in den nächsten zehn Minuten gebraucht wird, Verwendung, während Säulen mit Marke B ummantelt werden. Im allgemeinen genügt es, die Masse $2^{1}/_{2}$ cm, gleich in voller Stärke aufzutragen. Bei größeren Stärken in besonders feuergefährlichen Räumen kann die Masse in zwei Schichten aufgetragen werden, wobei für Aufrauhung der noch nicht völlig erhärteten Schicht Sorge getragen werden muß. Nach mehreren Tagen wird die Ummantelung abgeglättet und dann mehrere Male stark genäßt.

Asbestkieselgurzement besteht aus Kieselgurzement und Asbestfaser und wird für die Verwendung mit Wasser angerührt. Nach guter Reinigung der Eisenteile wird die Masse in mehreren Schichten 25—30 mm dick aufgetragen. Darüber wird ein Putzträger gespannt und dann ein Verputz aus Zementmörtel hergestellt.

Neben diesen Mörtelummantelungen sind **Ummantelungen mit festen Materialien** im Gebrauch. Die Umkleidung von besonderen **Formsteinen, Terrakotten** hat sich bei uns nicht in dem Maße eingebürgert wie beispielsweise in Amerika. Dagegen finden **Korksteinplatten** und Ummantelungen aus **Kunsttuffstein** vielfach Anwendung.

Korksteinmantelung eines Unterzuges.

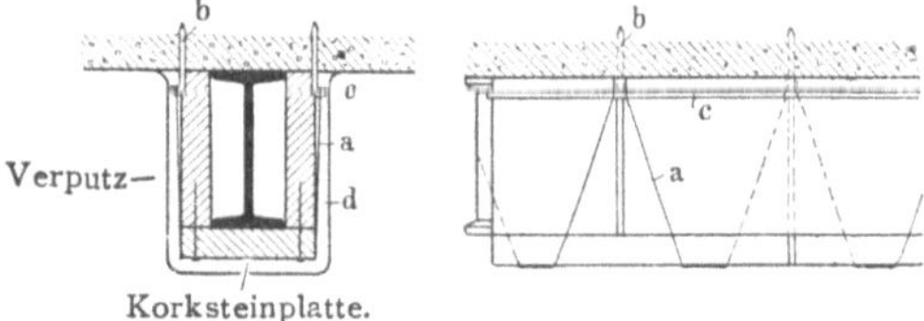

Korkstein ist ein gutes Wärmeschutzmittel. Bei langdauernder Einwirkung des Feuers gerät er aber ins Glimmen und verbrennt dann allmählich. Diese Gefahr ist bei gutem Material, bei dem die Korkteilchen mit erdigem Material umgeben sind, wohl geringer. Immerhin empfiehlt es sich, eine schützende Putzschicht über den Korkstein aufzubringen.

Kunsttuffstein wird in Form von Platten, Steinen, Halbschalen geliefert. Das Material besteht aus Kieselgur, essigsaurer Tonerde, Mergel und Gips, läßt sich mit der Säge bearbeiten und nageln. Es ist sehr leicht. Die Ausführung der Ummantelung erfolgt wie bei Korksteinen. Auch bei diesem Material findet eine 1 cm starke Putzschicht über dem Stein Anwendung.

Neben den vorstehend beschriebenen Feuerschutzverkleidungen mit mörtelartigen Stoffen und festen Platten gibt es noch eine dritte Art. Bei dieser werden biegsame Mäntel um die zu umkleidenden Eisenteile herumgelegt, die sich leicht an gekrümmte oder eckige Flächen anschließen. Dahin gehören **Macks Feuerschutzmantel und Feuertrotz.**

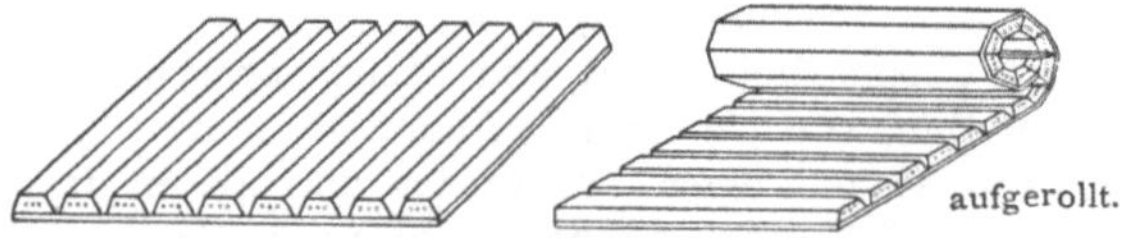

Ersterer besteht aus Gipsdielen, die als 15 und 20 mm starke Lamellen auf Jutegewebe aufgeklebt sind. Die einzelnen Mäntel werden meist 1,5 × 0,6 m groß geliefert. Das Gewicht beträgt bei 15 mm Stärke 12 kg/qm und bei 20 mm 15 kg/qm. Die Lamellen können nach außen oder innen gekehrt werden, worauf ein Mörtelverputz aufgebracht wird.

Die **Feuertrotzummantelung** ist in der Form der vorgenannten ähnlich. Auch hier sind auf ein loses Gewebe Lamellen geklebt, deren Hauptbestandteil Kieselgur ist. Auf die Außenseite der Lamellen ist eine brennbare Schicht aus organischen Stoffen (Sägespänen, Wollstaub) oder dergl. aufgebracht.

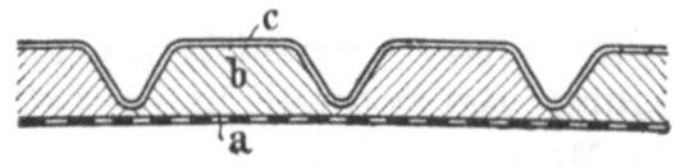
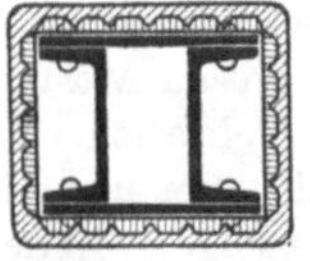

Nach Anbringen der Furchenplatte erhält sie einen Mörtelverputz aus Ton und dergl., der unter dem eventuellen Einfluß des Feuers sintert und sich somit in eine schlackenartige Masse verwandelt, und darüber noch einen äußeren Schutzputz aus Zementmörtel.

Bei all diesen Ummantelungen sind häufig noch vorhandene Hohlräume zwischen der Ummantelung und dem Eisen auszufüllen. Dies geschieht entweder mit Ziegelsteinen, Beton, Gipsdielen oder Schwemmsteinen. Letztere werden infolge ihres geringen Gewichtes besonders bevorzugt.

Die vorstehend beschriebenen Ummantelungen gewähren jedenfalls einen vollständigen Feuerschutz und werden auch als solcher bei der Prämienfestsetzung von deutschen Feuerversicherungsgesellschaften bewertet.

Amtliche Bestimmungen für die Berechnung und Ausführung von Decken mit Eiseneinlagen.

Decken mit Eiseneinlagen sind Verbundkonstruktionen. Die Berechnung dieser Decken erfolgt nach **den Bestimmungen für die Ausführung von Konstruktionen aus Eisenbeton bei Hochbauten vom 24. Mai 1907** und dem nachstehend abgedruckten **Runderlaß des Ministers der öffentlichen Arbeiten: betreffend baupolizeiliche Behandlung ebener massiver Decken bei Hochbauten vom 21. Januar 1909.**

Unter Aufhebung meiner Runderlasse v. 6. Mai 1904 (III. B. 2790)[1] und vom 11. April 1905 (III. B. 1993)[2] bestimme ich hinsichtlich der baupolizeilichen Behandlung ebener massiver Decken bei Hochbauten das Nachstehende:

Die Bestimmungen für die Ausführungen von Konstruktionen aus Eisenbeton bei Hochbauten[3] vom 24. Mai 1907 finden auf ebene Decken aus Ziegelsteinen mit Eiseneinlagen sinngemäß Anwendung, sofern die statischen Verhältnisse, namentlich die Form und Lage der Eisenstäbe, den Voraussetzungen entsprechen, die den genannten Bestimmungen im II. und III. Abschnitt zugrunde liegen. Das Elastizitätsmaß des Ziegelkörpers kann dabei zum 25. Teile von dem des Eisens angenommen werden $(n = 25)$.

Die bei der Biegung in der Steinlage auftretende größte Druckspannung soll, die Verwendung von Zementmörtel vorausgesetzt, nicht 15 v. H. der durch amtliche Zeugnisse nachzuweisenden Druckfestigkeit der Steine überschreiten, in keinem Falle aber mehr als 35 kg/qcm betragen. Eine zur Erhöhung der Tragfestigkeit aufgebrachte Betonschicht bleibt, wenn sie weniger als **3 cm** stark ist, bei der Tragfähigkeitsberechnung außer Betracht; **bei mindestens 3 cm** aber **nicht mehr als 5 cm** Stärke kann die Tragfähigkeit nach obigen Vorschriften für Steindecken mit Eiseneinlagen, also mit $n = 25$ berechnet werden. Fällt jedoch die Nulllinie innerhalb dieser Betonschicht, oder hat letztere eine größere Stärke als 5 cm, dann ist die Decke stets als eine Eisenbetondecke nach den Bestimmungen vom 24. Mai 1907, also mit $n = 15$ zu berechnen, wobei die Ziegelsteine nur als Ausfüllung der Zugzone zu betrachten sind. Das Mischungsverhältnis der Betonschicht darf nicht magerer sein, als ein Raumteil Zement auf drei Raumteile Kiessandgemenge. Die Schubbeanspruchung der Deckensteine darf das Maß von 2,5 kg/qcm nicht überschreiten.

---

[1] Zentralblatt der Bauverwaltung 1904, S. 258.
[2] Zentralblatt der Bauverwaltung 1905, S. 221.
[3] Zentralblatt der Bauverwaltung 1907, S. 301.

Plattenförmige Decken, die beiderseits auf den unteren Flanschen eiserner Träger aufruhen und dicht an die Stege dieser Träger anschließen, dürfen halb eingespannt angesehen und nach der Formel $M = \dfrac{p l^2}{10}$ berechnet werden. Werden die Decken indessen nach Art von Plattenbalken in der Weise ausgebildet, daß die eisernen Träger nur von einzelnen, mehr oder weniger scharf ausgebildeten Balken belastet werden und die Ziegelsteinplatte nur die Zwischenräume dieser Balken überdeckt und ausfüllt, so sind sie nur als freiliegend anzusehen. Das gleiche gilt von solchen Decken, die nicht unmittelbar auf dem unteren Trägerflansch, sondern auf einem überhöhten Auflager aufruhen.

Die Übereinstimmung der Güte der zur Verwendung kommenden Ziegelsteine mit der durch die Prüfungszeugnisse amtlicher Untersuchungsanstalten nachgewiesenen, ist fortdauernd sorgfältig zu überwachen. Daher ist eine Wiederholung der Prüfung durch solche Anstalten nach den Weisungen und unter entsprechender Mitwirkung der Polizeiverwaltung in angemessenen Zwischenräumen erforderlich.

Auf ebene Decken ohne Eiseneinlagen sind vorstehende Vorschriften nicht anwendbar. Wenn sie nach ihrer Einzelgestaltung nicht als gewölbeartige Konstruktionen angesehen und berechnet werden können, wird ihre Tragfähigkeit in der Regel durch Probebelastungen, die bis zum Bruche durchgeführt werden, zu ermitteln sein. Als zulässige Nutzlast ist ein Zehntel der aufgebrachten Probelast, die den Bruch herbeiführte, anzusehen. Die Genehmigung ist nur für die bei den Probedecken gewählte Spannweite, Stärke und Auflagerart zu erteilen, auch wenn die Bruchlast mehr als das Zehnfache der beabsichtigten Nutzlast betragen sollte.

Wegen der Verpflichtung zur Tragung der Kosten, welche durch die baupolizeiliche Prüfung der vorerwähnten Konstruktionen, die Überwachung ihrer Ausführung und die Bauabnahme entstehen, gilt das im Erlasse vom 16. April 1904 (III B. 2786) [1] Gesagte.

Ew... wollen die Baupolizeibehörden entsprechend anweisen.

Der Minister der öffentlichen Arbeiten.

In Vertretung: v. Coels.

An die Herren Regierungspräsidenten
und den Herrn Polizeipräsidenten hier.
    III B. 8. 439/08.

Für die Handhabung der letztgenannten Bestimmungen sind **mit Genehmigung des Ministers** vom Berliner Polizeipräsidenten **nachstehende Gesichtspunkte** aufgestellt, um den berechtigten Wünschen der solche Decken ausführenden Firmen gerecht zu werden.

---

[1] Zentralblatt der Bauverwaltung 1904, S. 253.

Auszug aus einer Verfügung des Polizeipräsidenten.

Abteilung III Tageb. No. 768 III. G. R. 1909 vom 30. Juni 1909.

Mit Genehmigung des Herrn Ministers wird bei Handhabung des Erlasses vom 21. Januar 1909 betreffend baupolizeiliche Behandlung ebener massiver Decken bei Hochbauten im allgemeinen von folgenden Gesichtpunkten ausgegangen werden:

1. Steinplattendecken der üblichen Kleine'schen Art können, wenn auch die Nulllinie bei der Berechnung in die Hohlräume fällt, wie bisher unter Voraussetzung eines vollen Querschnittes als Platten (nicht Plattenbalken) berechnet werden.

2. Für die zulässige Schubspannung der Deckensteine, deren Höchstwert nach dem genannten Erlasse auf 2,5 kg/qcm festgesetzt ist, darf dann ein größerer Wert und zwar bis höchstens 4,5 kg/qcm angenommen werden, wenn größere Druckfestigkeiten der Deckensteine als 225 kg/qcm nachgewiesen werden. Diese höheren Schubspannungen (Tx) müssen in einem entsprechenden Verhältnis zur Steinfestigkeit stehen. $\left(Tx = \dfrac{Ks \cdot 2,5}{225} \leqq 4,5 \text{ kg/qcm}\right)$.

3. Die Haftspannung zwischen den Eiseneinlagen und dem Fugenmörtel kann entsprechend den Bestimmungen für Eisenbetonkonstruktionen zu 4,5 kg/qcm werden.

4. Decken, die auf gestelzten Auflagern über den Unterflanschen von eisernen Trägern aufliegen und bei denen eine Verspannung zwischen Decke und Trägeroberflansch durch Beton hergestellt wird, können wie die unmittelbar auf den Unterflanschen aufruhenden Decken als halb eingespannte angesehen, d. h. mit der Formel $M = \dfrac{pl^2}{10}$ berechnet werden. Indessen müssen die gestelzten Auflager aus Beton 1:3 bestehen und mit möglichst flacher Neigung an die Decken anschließen.

5. Decken ohne Aufbetonierung können, wenn sie als Endfelder einerseits unmittelbar auf Trägerflanschen oder auf gestelzten Auflagern und andererseits auf Mauern aufruhen, ebenfalls als halb eingespannt angesehen werden.

6. Der zur Verstärkung über den Decken aufgebrachte Beton darf bei einem Mischungsverhältnis von einem Raumteil Zement auf drei Raumteile Kiessand höchstens mit 35 kg/qcm auf Druck beansprucht werden.

Berechnung von Steineisendecken.

Im nachfolgenden bezeichne:

h die Steinhöhe in cm

f_e den Querschnitt der Eiseneinlage pro m Deckenbreite in cm²

n das Verhältnis der Elastizitätsmodule von Eisen zu Ziegelstein

σ_s die zulässige Beanspruchung des Steinmaterials

σ_e die zulässige Beanspruchung des Eisens

a die Entfernung vom Schwerpunkt der Eiseneinlage bis Unterkante Deckenstein

b die Breite der Deckenplatte

M das auftretende Moment infolge der Gesamtbelastung, dann ist die Lage der Nulllinie bestimmt durch:

$$X = \frac{nf_e}{b}\left[\sqrt{1 + \frac{2b\,(h-a)}{nf_e}} - 1\right] \text{ worin } n = 25 \text{ zu setzen ist.}$$

Das zulässige Moment beträgt

$$M = \frac{\sigma_s}{2}\,bx\left(h - a - \frac{x}{3}\right)$$

$$\text{oder} \qquad = \sigma_e\,f_e\left(h - a - \frac{x}{3}\right)$$

Für eine Gesamtbelastung q pro qm Decke wird das Moment $M = q\,\frac{l^2}{10}$; im Vergleich mit den beiden letzten Werten ergeben sich Werte für die größte Stützweite l mit Rücksicht auf die größte Steinbeanspruchung und mit Rücksicht auf die größte Eisenbeanspruchung

$$l^2 = \frac{5\,\sigma_s}{q}\,bx\left(h - a - \frac{x}{3}\right); \quad l = \sqrt{\frac{5\,\sigma_s}{q}\,bx\left(h - a - \frac{x}{3}\right)}$$

$$\text{und} \quad l^2 = \frac{10\,\sigma_e\,f_e}{q}\left(h - a - \frac{x}{3}\right); \quad l = \sqrt{\frac{10\,\sigma_e\,f_e}{q}\left(h - a - \frac{x}{3}\right)}$$

Die größte Querkraft am Auflager beträgt $V = \frac{q\,l}{2}$.

Die Schubspannung im Steinmaterial berechnet sich unter Berücksichtigung der Steinhohlräume

$$\text{zu } \tau_0 = \frac{V}{b_1\left(h - a - \frac{x}{3}\right)} \text{ worin } b_1 = 100 - \frac{100}{16}\cdot 2\cdot 4{,}0 = 50\text{ cm beträgt.}$$

Bezeichnet man mit u den Umfang der Eiseneinlagen für den lfdm. Decke so beträgt die Haftspannung

$$\tau_1 = \frac{V}{u\cdot\left(h - a - \frac{x}{3}\right)}.$$

Auf Grund der vorstehenden Angaben sind in den folgenden **Tabellen für verschiedene Steinhöhen mit und ohne Aufbetonierung, sowie bei verschiedenen Armierungen die größten Stützweiten bei gegebener Gesamtbelastung pro qm Decke** berechnet worden. Ebenso sind die Schub- und Haftspannungen berechnet worden, und als Grenzwerte 2,5 resp. 4,5 kg/cm² entsprechend den Vorschriften, eingeführt.

Deckenplatte aus 10 cm hohen Ziegelhohlsteinen
($\sigma_e = 1000$ kg/qcm).

	20.1	20.1	20.1,5	20.1,5	20.2	20.2	20.3	20.3	20.4
Abmessungen der Eiseneinlagen in mm	20.1	20.1	20.1,5	20.1,5	20.2	20.2	20.3	20.3	20.4
Entfernung der Eisen voneinander in cm	16	32	16	32	16	32	16	32	16
Eisenquerschnitt in qcm pro Meter Deckenbreite	1,25	0,625	1,875	0,938	2,50	1,25	3,75	1,875	5,00
Nutzbare Höhe (h−a) in cm	8,5	8,5	8,5	8,5	8,5	8,5	8,5	8,5	8,5
Abstand der Nulllinie von Deckenoberkante X in cm	2,01	1,49	2,39	1,77	2,69	2,01	3,16	2,39	3,52
Maximalmoment in cmkg	9788	5000	14440	7420	19000	9788	27940	14440	36650
Beanspruchung im Stein σ_s in kg/qcm	12,43	8,38	15,70	10,60	18,60	12,43	23,72	15,70	28,40
Beanspruchung des Eisens σ_e in kg/qcm	1000	1000	1000	1000	1000	1000	1000	1000	1000

Größte Stützweiten l der Deckenplatte in Meter, größte Schubspannungen τ_0, größte Haftspannungen τ_1 für eine Gesamtbelastung in kg/qm der Deckenplatte von:

Belastung		20.1	20.1	20.1,5	20.1,5	20.2	20.2	20.3	20.3	20.4
500	l in m	1,400	1,000	1,700	1,220	1,948	1,400	2,360	1,700	2,710
	τ_0 kg/qcm	0,893	0,625	1,103	0,771	1,280	0,893	1,582	1,103	1,847
	τ_1 kg/qcm	1,70	2,46	2,05	2,87	2,325	3,245	2,75	3,84	3,08
550	l in m	1,333	0,954	1,620	1,160	1,850	1,335	2,250	1,620	2,580
	τ_0 kg/qcm	0,93	0,655	1,156	0,809	1,344	0,93	1,661	1,156	1,936
	τ_1 kg/qcm	1,78	2,495	2,155	3,01	2,445	3,405	2,89	4,03	3,225
600	l in m	1,276	0,913	1,55	1,110	1,780	1,275	2,160	1,550	2,470
	τ_0 kg/qcm	0,98	0,684	1,21	0,842	1,403	0,98	1,74	1,21	2,025
	τ_1 kg/qcm	1,862	2,61	2,255	3,13	2,555	3,555	3,025	4,21	3,37
650	l in m	1,225	0,877	1,490	1,065	1,705	1,225	2,075	1,490	2,375
	τ_0 kg/qcm	1,015	0,713	1,26	0,877	1,461	1,015	1,806	1,26	2,11
	τ_1 kg/qcm	1,935	2,72	2,34	3,265	2,660	3,70	3,145	4,385	3,52
700	l in m	1,180	0,845	1,435	1,030	1,650	1,180	2,00		2,290
	τ_0 kg/qcm	1,055	0,74	1,31	0,91	1,515	1,055	1,876		2,186
	τ_1 kg/qcm	2,015	2,82	2,44	3,385	2,76	3,845	3,26		3,645
750	l in m	1,142	0,817	1,385	0,990	1,590	1,140	1,925		2,210
	τ_0 kg/qcm	1,091	0,768	1,350	0,943	1,57	1,091	1,94		2,265
	τ_1 kg/qcm	2,084	2,93	2,52	3,51	2,855	3,975	3,38		3,775
800	l in m	1,105	0,790	1,340	0,960	1,540	1,105	1,870		2,140
	τ_0 kg/qcm	1,126	0,790	1,392	0,974	1,62	1,126	2,005		2,332
	τ_1 kg/qcm	2,15	3,01	2,595	3,62	2,945	4,11	3,485		3,89
850	l in m	1,072	0,767	1,300	0,930	1,495	1,070	1,815		2,075
	τ_0 kg/qcm	1,165	0,815	1,44	1,002	1,67	1,165	2,07		2,405
	τ_1 kg/qcm	2,22	3,11	2,68	3,735	3,04	4,23	3,60		4,01
900	l in m	1,041	0,745	1,265	0,908	1,452	1,042	1,760		2,02
	τ_0 kg/qcm	1,198	0,838	1,478	1,033	1,72	1,196	2,127		2,48
	τ_1 kg/qcm	2,28	3,195	2,75	3,845	3,124	4,35	3,70		4,13
1000	l in m	0,988	0,707	1,200	0,860	1,375		1,670		
	τ_0 kg/qcm	1,260	0,885	1,560	1,090	1,815		2,240		
	τ_1 kg/qcm	2,40	3,37	2,90	4,06	3,295		3,90		

Deckenplatte aus 12 cm hohen Ziegelhohlsteinen
($\sigma_e = 1000$ kg/qcm).

Abmessungen der Eiseneinlagen in mm	20.1	20.1	20.1,5	20.1,5	20.2	20.2	20.3	20.3	20.4
Entfernung der Eisen voneinander in cm	16	32	16	32	16	32	16	32	16
Eisenquerschnitt in qcm pro Meter Deckenbreite	1,25	0,625	1,875	0,938	2,50	1,25	3,75	1,875	5,00
Nutzbare Höhe (h−a) in cm	10,5	10,5	10,5	10,5	10,5	10,5	10,5	10,5	10,5
Abstand der Nulllinie von Deckenoberkante X in cm	2,265	1,665	2,70	2,0	3,05	2,265	3,60	2,70	4,02
Maximalmoment in cmkg	12180	6215	18000	9220	23700	12180	34875	18000	45800
Beanspruchung im Stein σ_s in kg/qcm	11,03	7,51	13,90	9,38	16,4	11,03	20,85	13,90	24,95
Beanspruchung des Eisens σ_e in kg/qcm	1000	1000	1000	1000	1000	1000	1000	1000	1000

Größte Stützweiten l der Deckenplatte in Meter, größte Schubspannungen τ_0, größte Haftspannungen τ_1 für eine Gesamtbelastung in kg/qm der Deckenplatte von

		20.1	20.1	20.1,5	20.1,5	20.2	20.2	20.3	20.3	20.4
500	l in m	1,560	1,115	1,897	1,359	2,175	1,560	2,640	1,897	3,025
	τ_0 kg/qcm	0,80	0,561	0,988	0,691	1,147	0,80	1,42	0,988	1,65
	τ_1 kg/qcm	1,525	2,135	1,835	2,57	2,085	2,915	2,47	3,43	2,75
550	l in m	1,490	1,062	1,810	1,295	2,075	1,49	2,520	1,81	2,885
	τ_0 kg/qcm	0,841	0,589	1,037	0,725	1,202	0,841	1,49	1,037	1,73
	τ_1 kg/qcm	1,602	2,235	1,928	2,695	2,185	3,06	2,595	3,605	2,885
600	l in m	1,425	1,018	1,732	1,240	1,988	1,425	2,415	1,732	2,760
	τ_0 kg/qcm	0,877	0,614	1,083	0,756	1,257	0,877	1,555	1,083	1,808
	τ_1 kg/qcm	1,671	2,340	2,015	2,815	2,285	3,195	2,71	3,76	3,015
650	l in m	1,368	0,977	1,665	1,191	1,910	1,368	2,320	1,665	2,654
	τ_0 kg/qcm	0,914	0,637	1,128	0,789	1,308	0,914	1,62	1,128	1,883
	τ_1 kg/qcm	1,735	2,435	2,095	2,93	2,385	3,320	2,82	3,92	3,140
700	l in m	1,320	0,942	1,604	1,150	1,840	1,320	2,232	1,604	2,560
	τ_0 kg/qcm	0,95	0,663	1,170	0,818	1,359	0,95	1,68	1,170	1,958
	τ_1 kg/qcm	1,805	2,525	2,175	3,05	2,470	3,445	2,92	4,07	3,26
750	l in m	1,275	0,911	1,550	1,110	1,780	1,275	2,157	1,55	2,470
	τ_0 kg/qcm	0,982	0,688	1,210	0,848	1,406	0,982	1,74	1,21	2,02
	τ_1 kg/qcm	1,868	2,615	2,25	3,15	2,56	3,57	3,025	4,21	3,375
800	l in m	1,232	0,881	1,500	1,072	1,720	1,232	2,090	1,500	2,390
	τ_0 kg/qcm	1,011	0,71	1,250	0,873	1,45	1,011	1,798	1,25	2,085
	τ_1 kg/qcm	1,925	2,70	2,325	3,24	2,64	3,675	3,125	4,34	3,475
850	l in m	1,195	0,855	1,455	1,042	1,670	1,195	2,025	1,455	2,320
	τ_0 kg/qcm	1,042	0,731	1,286	0,901	1,498	1,042	1,85	1,286	2,15
	τ_1 kg/qcm	1,985	2,785	2,395	3,35	2,72	3,795	3,215	4,48	3,59
900	l in m	1,162	0,831	1,414	1,012	1,621	1,162	1,970		2,255
	τ_0 kg/qcm	1,075	0,752	1,325	0,927	1,54	1,075	1,905		2,213
	τ_1 kg/qcm	2,045	2,865	2,465	3,445	2,80	3,905	3,32		3,69
1000	l in m	1,103	0,788	1,342	0,959	1,540	1,103	1,870		2,140
	τ_0 kg/qcm	1,132	0,793	1,399	0,975	1,625	1,132	2,01		2,335
	τ_1 kg/qcm	2,155	3,02	2,60	3,625	2,955	4,12	3,50		3,89

Deckenplatte aus 10 cm hohen Ziegelhohlsteinen mit 3 cm Aufbetonierung

($\sigma_e = 1000$ kg/qcm).

	20.2	20.3	20.4	20.5	26.2	26.3	26.4	26.5	30.2	30.3	30.4	30.5
Abmessungen der Eiseneinlagen in mm	20.2	20.3	20.4	20.5	26.2	26.3	26.4	26.5	30.2	30.3	30.4	30.5
Entfernung der Eisen voneinander in cm	16	16	16	16	16	16	16	16	16	16	16	16
Eisenquerschnitt in qcm pro m Deckenbreite	2,50	3,75	5,00	6,25	3,25	4,875	6,50	8,125	3,75	5,625	7,50	9,375
Nutzbare Höhe (h - a) in cm	11,5	11,5	11,5	11,5	11,2	11,2	11,2	11,2	11,0	11,0	11,0	11,0
Abstand der Nulllinie von Deckenoberkante X in cm	3,21	3,79	4,25	4.62	3,52	4,14	4,61	5,00	3,69	4,32	4,81	5,20
Maximalmoment in cmkg	26100	38410	50400	62200	32550	47900	62750	77500	36600	53750	70500	86900
Beanspruchung im Stein σ_s in kg/qcm	15,58	19,80	23,50	27,08	18,44	23,55	28,20	32,50	20,30	26,05	31,20	36,10
Beanspruchung des Eisens σ_e in kg/qcm	1000	1000	1000	1000	1000	1000	1000	1000	1000	1000	1000	1000
550 — l in m	2,175	2,64	3,025	3,36	2,43	2,95	3,38	3,75	2,575	3,125	3,58	3,97
550 — τ_0 kg/qcm	1,147	1,417	1,65	1,855	1,332	1,654	1,923	2,165	1,451	1,80	2,095	2,355
550 — τ_1 kg/qcm	2,085	2,465	2,747	2,97	1,903	2,275	2,565	2,792	1,813	2,18	2,464	2,69
600 — l in m	2,085	2,525	2,895	3,22	2,325	2,825	3,235	3,59	2,465	2,99	3,425	3,805
600 — τ_0 kg/qcm	1,196	1,478	1,721	1,94	1,389	1,724	2,01	2,262	1,515	1,88	2,189	2,462
600 — τ_1 kg/qcm	2,172	2,570	2,870	3,105	1,985	2,375	2,68	2,915	1,895	2,275	2,575	2,815
650 — l in m	2,01	2,425	2,78	3,095	2,235	2,71	3,105	3,45	2,375	2,87	3,29	
650 — τ_0 kg/qcm	1,245	1,54	1,795	2,019	1,446	1,795	2,09	2,353	1,578	1,951	2,278	
650 — τ_1 kg/qcm	2,265	2,675	2,99	3,23	2,065	2,475	2,785	3,035	1,973	2,366	2,677	
700 — l in m	1,93	2,34	2,68	2,98	2,155	2,615	2,99	3,33	2,285	2,77	3,17	
700 — τ_0 kg/qcm	1,293	1,60	1,86	2,095	1,503	1,865	2,165	2,443	1,64	2,025	2,36	
700 — τ_1 kg/qcm	2,35	2,785	3,10	3,35	2,145	2,572	2,89	3,155	2,048	2,455	2,778	
750 — l in m	1,865	2,265	2,59	2,88	2,08	2,525	2,89		2,205	2,675	3,065	
750 — τ_0 kg/qcm	1,338	1,656	1,925	2,168	1,554	1,927	2,245		1,693	2,10	2,445	
750 — τ_1 kg/qcm	2,43	2,882	3,21	3,475	2,22	2,66	2,993		2,118	2,543	2,875	
800 — l in m	1,805	2,19	2,51	2,785	2,015	2,445	2,80		2,135	2,59		
800 — τ_0 kg/qcm	1,382	1,71	1,99	2,219	1,604	1,99	2,319		1,75	2,168		
800 — τ_1 kg/qcm	2,51	2,97	3,315	3,585	2,293	2,746	3,09		2,188	2,63		
850 — l in m	1,75	2,125	2,43	2,70	1,95	2,375	2,715		2,075	2,51		
850 — τ_0 kg/qcm	1,424	1,762	2,05	2,305	1,652	2,055	2,39		1,803	2,239		
850 — τ_1 kg/qcm	2,59	3,06	3,41	3,693	2,36	2,835	3,188		2,253	2,71		
900 — l in m	1,703	2,085	2,366	2,628	1,903	2,306	2,64		2,02	2,444		
900 — τ_0 kg/qcm	1,470	1,83	2,11	2,38	1,71	2,115	2,46		1,862	2,30		
900 — τ_1 kg/qcm	2,673	3,18	3,52	3,805	2,44	2,92	3,28		2,327	2,79		
1000 — l in m	1,615	1,96	2,245	2,49	1,80	2,185			1,91	2,315		
1000 — τ_0 kg/qcm	1,545	1,914	2,225	2,50	1,795	2,225			1,954	2,425		
1000 — τ_1 kg/qcm	2,808	3,325	3,705	4,00	2,563	3,068			2,44	2,935		

Vertikale Randbeschriftung: Größte Stützweiten l der Deckenplatte in Meter, größte Schubspannungen τ_0, größte Haftspannungen τ_1 für eine Gesamtbelastung in kg/qm der Deckenplatte von.

Deckenplatte aus 15 cm hohen Ziegelhohlsteinen
($\sigma_e = 1000$ kg/qcm).

	20.2	20.3	20.4	20.5	26.2	26.3	30.2	30.3
Abmessungen der Eiseneinlagen in mm	20.2	20.3	20.4	20.5	26.2	26.3	30.2	30.3
Entfernung der Eisen voneinander in cm	11,5	11,5	11,5	11,5	11,5	11,5	11,5	11,5
Eisenquerschnitt in qcm pro Meter Deckenbreite	3,48	5,22	6,96	8,70	4,52	6,79	5,22	7,83
Nutzbare Höhe (h−a) in cm	13,5	13,5	13,5	13,5	13,2	13,2	13,0	13,0
Abstand der Nulllinie X von Deckenoberkante in cm	4,04	4,78	5,32	5,80	4,44	5,21	4,66	5,43
Maximalmoment in cmkg	42300	62200	81700	100600	53000	77850	59800	87700
Beanspruchung im Stein σ_s in kg/qcm	17,21	21,85	26,20	30,00	20,35	26,10	22,42	28,90
Beanspruchung des Eisens σ_e in kg/qcm	1000	1000	1000	1000	1000	1000	1000	1000

Größte Stützweiten l der Deckenplatte in Meter, größte Schubspannungen τ_0, größte Haftspannungen τ_1 für eine Gesamtbelastung in kg/qm der Deckenplatte von:

		20.2	20.3	20.4	20.5	26.2	26.3	30.2	30.3
550	l in m	2,77	3,365	3,85	4,275	3,105	3,76	3,29	3,995
	τ_0 kg/qcm	1,31	1,62	1,88	2,12	1,52	1,88	1,65	2,02
	τ_1 kg/qcm	1,64	1,94	2,16	2,34	1,495	1,79	1,42	1,71
600	l in m	2,655	3,22	3,685	4,095	2,97	3,60	3,155	3,82
	τ_0 kg/qcm	1,365	1,69	1,96	2,21	1,58	1,965	1,725	2,135
	τ_1 kg/qcm	1,715	2,025	2,26	2,44	1,56	1,87	1,485	1,785
650	l in m	2,55	3,09	3,54	3,935	2,855	3,46	3,03	3,67
	τ_0 kg/qcm	1,42	1,76	2,04	2,305	1,65	2,045	1,79	2,225
	τ_1 kg/qcm	1,785	2,11	2,35	2,54	1,625	1,95	1,545	1,855
700	l in m	2,46	2,98	3,41	3,79	2,75	3,33	2,925	3,54
	τ_0 kg/qcm	1,475	1,83	2,125	2,39	1,71	2,12	1,86	2,305
	τ_1 kg/qcm	1,85	2,195	2,44	2,635	1,690	2,02	1,605	1,925
750	l in m	2,375	2,88	3,30	3,665	2,66	3,22	2,825	3,42
	τ_0 kg/qcm	1,525	1,885	2,20	2,475	1,77	2,195	1,925	2,39
	τ_1 kg/qcm	1,915	2,265	2,53	2,735	1,75	2,085	1,66	1,995
800	l in m	2,30	2,79	3,195		2,57	3,12	2,735	3,31
	τ_0 kg/qcm	1,575	1,95	2,27		1,83	2,27	1,99	2,465
	τ_1 kg/qcm	1,98	2,34	2,61		1,805	2,16	1,72	2,06
850	l in m	2,23	2,705	3,10		2,495	3,025	2,65	
	τ_0 kg/qcm	1,625	2,01	2,34		1,885	2,34	2,05	
	τ_1 kg/qcm	2,04	2,41	2,69		1,86	2,225	1,77	
900	l in m	2,165	2,63	3,01		2,425	2,94	2,58	
	τ_0 kg/qcm	1,67	2,07	2,405		1,94	2,405	2,11	
	τ_1 kg/qcm	2,095	2,48	2,77		1,91	2,29	1,82	
950	l in m	2,11	2,56	2,935		2,36	2,86	2,51	
	τ_0 kg/qcm	1,715	2,125	2,48		1,99	2,47	2,165	
	τ_1 kg/qcm	2,160	2,55	2,85		1,965	2,35	1,87	
1000	l in m	2,055	2,49			2,805		2,445	
	τ_0 kg/qcm	1,76	2,18			2,045		2,225	
	τ_1 kg/qcm	2,21	2,615			2,02		1,92	

	20.2	20.3	20.4	20.5	26.2	26.3	30.2	30.3
Abmessungen der Eiseneinlagen in mm	20.2	20.3	20.4	20.5	26.2	26.3	30.2	30.3
Entfernung der Eisen voneinander in cm	11,5	11,5	11,5	11,5	11,5	11,5	11,5	11,5
Eisenquerschnitt in qcm pro Meter Deckenbreite	3,48	5,22	6,96	8,70	4,52	6,79	5,22	7,83
Nutzbare Höhe (h—a) in cm	13,5	13,5	13,5	13,5	13,2	13,2	13,0	13,0
Abstand der Nulllinie X von Decken-oberkante in cm	4,04	4,78	5,32	5,80	4,44	5,21	4,66	5,43
Maximalmoment in cmkg	42300	62200	81700	100600	53000	77850	59800	87700
Beanspruchung im Stein σ_s in kg/qcm	17,21	21,85	26,20	30,00	20,35	26,10	22,42	28,90
Beanspruchung des Eisens σ_e in kg/qcm	1000	1000	1000	1000	1000	1000	1000	1000

Größte Stützweiten l der Deckenplatte in Metern, größte Schubspannungen τ_0, größte Haftspannungen τ_1 für eine Gesamtbelastung in kg/qm der Deckenplatte von

Stützweite		20.2	20.3	20.4	20.5	26.2	26.3	30.2	30.3
1050	l in m	2,005	2,43			2,245		2,385	
	τ_0 kg/qcm	1,81	2,23			2,10		2,28	
	τ_1 kg/qcm	2,265	2,68			2,065		1,97	
1100	l in m	1,96	2,38			2,19		2,33	
	τ_0 kg/qcm	1,85	2,29			2,145		2,335	
	τ_1 kg/qcm	2,32	2,75			2,115		2,01	
1150	l in m	1,92	2,325			2,145		2,28	
	τ_0 kg/qcm	1,89	2,34			2,195		2,39	
	τ_1 kg/qcm	2,375	2,81			2,165		2,06	
1200	l in m	1,88	2,275			2,10		2,23	
	τ_0 kg/qcm	1,935	2,39			2,24		2,435	
	τ_1 kg/qcm	2,425	2,865			2,21		2,10	
1250	l in m	1,84	2,230			2,055		2,185	
	τ_0 kg/qcm	1,97	2,435			2,29		2,49	
	τ_1 kg/qcm	2,47	2,925			2,255		2,145	
1300	l in m	1,80	2,185			2,015			
	τ_0 kg/qcm	2,01	2,49			2,33			
	τ_1 kg/qcm	2,525	2,985			2,295			
1350	l in m	1,77				1,98			
	τ_0 kg/qcm	2,05				2,38			
	τ_1 kg/qcm	2,57				2,345			
1400	l in m	1,735				1,945			
	τ_0 kg/qcm	2,09				2,42			
	τ_1 kg/qcm	2,62				2,385			
1450	l in m	1,71				1,91			
	τ_0 kg/qcm	2,125				2,363			
	τ_1 kg/qcm	2,665				2,43			
1500	l in m	1,68							
	τ_0 kg/qcm	2,16							
	τ_1 kg/qcm	2,705							

Deckenplatte aus 15 cm hohen Ziegelhohlsteinen mit 3 cm Aufbetonierung

$$(\sigma_e = 1000 \text{ kg/qcm}).$$

	26.2	26.3	26.4	26.5	30.2	30.3	30.4	30.5	35.2	35.3	35.4
Abmessungen der Eiseneinlagen in mm	26.2	26.3	26.4	26.5	30.2	30.3	30.4	30.5	35.2	35.3	35.4
Entfernung der Eisen voneinander in cm	11,5	11,5	11,5	11,5	11,5	11,5	11,5	11,5	11,5	11,5	11,5
Eisenquerschnitt in qcm pro Meter Deckenbreite	4,52	6,79	9,05	11,31	5,22	7,83	10,44	13,05	6,09	9,13	12,17
Nutzbare Höhe (h−a) in cm	16,2	16,2	16,2	16,2	16,0	16,0	16,0	16,0	15,75	15,75	15,75
Abstand X der Null-linie von Deckenoberkante in cm	5,02	5,90	6,59	7,15	5,29	6,19	6,88	7,46	5,58	6,50	7,21
Maximalmoment in cmkg	65700	96500	126700	156400	74400	109200	143300	176500	84600	124000	162000
Beanspruchung im Beton σ_b in kg/qcm	18,00	23,05	27,45	31,70	19,75	25,30	30,40	35,00	21,82	28,10	33,75
Beanspruchung im Eisen σ_e in kg/qcm	1000	1000	1000	1000	1000	1000	1000	1000	1000	1000	1000

Größte Stützweiten l der Deckenplatte in Metern, größte Schubspannungen τ_0, größte Haftspannungen τ_1 für eine Gesamtbelastung in kg/qm der Deckenplatte von:

		26.2	26.3	26.4	26.5	30.2	30.3	30.4	30.5	35.2	35.3	35.4
550	l in m	3,455	4,19	4,80	5,33	3,675	4,455	5,11	5,665	3,92	4,745	5,425
	τ_0 kg/qcm	1,36	1,69	1,96	2,21	1,48	1,83	2,135	2,40	1,615	2,00	2,335
	τ_1 kg/qcm	1,34	1,61	1,81	1,965	1,275	1,53	1,735	1,89	1,205	1,455	1,655
600	l in m	3,31	4,015	4,59	5,11	3,52	4,265	4,885		3,755	4,54	5,195
	τ_0 kg/qcm	1,425	1,765	2,05	2,31	1,545	1,91	2,23		1,69	2,09	2,44
	τ_1 kg/qcm	1,405	1,68	1,885	2,05	1,33	1,60	1,81		1,26	1,52	1,725
650	l in m	3,18	3,85	4,41	4,905	3,385	4,10	4,69		3,605	4,37	
	τ_0 kg/qcm	1,48	1,84	2,13	2,40	1,61	1,99	2,32		1,755	2,18	
	τ_1 kg/qcm	1,460	1,75	1,965	2,135	1,385	1,665	1,88		1,31	1,585	
700	l in m	3,065	3,71	4,255	4,71	3,26	3,95	4,52		3,475	4,21	
	τ_0 kg/qcm	1,54	1,90	2,215	2,48	1,67	2,065	2,41		1,825	2,26	
	τ_1 kg/qcm	1,52	1,81	2,04	2,21	1,44	1,725	1,955		1,36	1,645	
750	l in m	2,96	3,585	4,105		3,15	3,815	4,37		3,855	4,065	
	τ_0 kg/qcm	1,59	1,97	2,29		1,725	2,135	2,49		1,885	2,34	
	τ_1 kg/qcm	1,57	1,88	2,11		1,49	1,785	2,02		1,405	1,70	
800	l in m	2,865	3,47	3,975		3,05	3,695			3,25	3,935	
	τ_0 kg/qcm	1,64	2,035	2,37		1,78	2,21			1,95	2,41	
	τ_1 kg/qcm	1,62	1,935	2,18		1,54	1,845			1,455	1,755	
850	l in m	2,78	3,365	3,86		2,96	3,58			3,155	3,82	
	τ_0 kg/qcm	1,695	2,10	2,44		1,84	2,275			2,01	2,49	
	τ_1 kg/qcm	1,67	2,00	2,245		1,585	1,90			1,50	1,81	
900	l in m	2,705	3,275			2,875	3,48			3,065		
	τ_0 kg/qcm	1,74	2,16			1,89	2,34			2,065		
	τ_1 kg/qcm	1,72	2,055			1,635	1,96			1,54		
950	l in m	2,63	3,185			2,80	3,39			2,985		
	τ_0 kg/qcm	1,79	2,22			1,945	2,405			2,125		
	τ_1 kg/qcm	1,765	2,115			1,675	2,01			1,585		
1000	l in m	2,565	3,105			2,73	3,305			2,905		
	τ_0 kg/qcm	1,84	2,28			1,995	2,47			2,175		
	τ_1 kg/qcm	1,81	2,17			1,72	2,065			1,625		
1050	l in m	2,50	3,035			2,66				2,84		
	τ_0 kg/qcm	1,88	2,34			2,04				2,24		
	τ_1 kg/qcm	1,855	2,225			1,76				1,67		
1100	l in m	2,44	2,965			2,60				2,775		
	τ_0 kg/qcm	1,925	2,39			2,09				2,29		
	τ_1 kg/qcm	1,895	2,275			1,805				1,705		
1150	l in m	2,395	2,90			2,545				2,71		
	τ_0 kg/qcm	1,975	2,445			2,14				2,34		
	τ_1 kg/qcm	1,945	2,325			1,845				1,74		

	26.2	26.3	26.4	26.5	30.2	30.3	30.4	30.5	35.2	35.3	35.4
Abmessungen der Eiseneinlagen in mm	26.2	26.3	26.4	26.5	30.2	30.3	30.4	30.5	35.2	35.3	35.4
Entfernung der Eisen voneinander in cm	11,5	11,5	11,5	11,5	11,5	11,5	11,5	11,5	11,5	11,5	11,5
Eisenquerschnitt in qcm pro Meter Deckenbreite	4,52	6,79	9,05	11,31	5,22	7,83	10,44	13,05	6,09	9,13	12,17
Nutzbare Höhe (h−a) in cm	16,2	16,2	16,2	16,2	16,0	16,0	16,0	16,0	15,75	15,75	15,75
Abstand der Nulllinie x von Deckenoberkante in cm	5,02	5,90	6,59	7,15	5,29	6,19	6,88	7,46	5,58	6,50	7,21
Maximalmoment in cmkg	65700	96500	126700	156400	74400	109200	143300	176500	84600	124000	162000
Beanspruchung im Beton σ_b in kg/qcm	18,00	23,05	27,45	31,70	19,75	25,30	30,40	35,00	21,82	28,10	33,75
Beanspruchung im Eisen σ_e in kg/qcm	1000	1000	1000	1000	1000	1000	1000	1000	1000	1000	1000

Größte Stützweiten l der Deckenplatte in Metern, größte Schubspannungen τ_0, größte Haftspannungen τ_1 für eine Gesamtbelastung in kg/qcm der Deckenplatte von:

		26.2	26.3	26.4	26.5	30.2	30.3	30.4	30.5	35.2	35.3	35.4
1200	l in m	2,335	2,835			2,49				2,655		
1200	τ_0 kg/qcm	2,01	2,50			2,185				2,39		
1200	τ_1 kg/qcm	1,985	2,38			1,885				1,79		
1250	l in m	2,295				2,44				2,60		
1250	τ_0 kg/qcm	2,055				2,23				2,44		
1250	τ_1 kg/qcm	2,025				1,925				1,82		
1300	l in m	2,245				2,395				2,55		
1300	τ_0 kg/qcm	2,095				2,28				2,49		
1300	τ_1 kg/qcm	2,065				1,965				1,855		
1350	l in m	2,205				2,345						
1350	τ_0 kg/qcm	2,135				2,32						
1350	τ_1 kg/qcm	2,105				2,00						
1400	l in m	2,165				2,305						
1400	τ_0 kg/qcm	2,175				2,36						
1400	τ_1 kg/qcm	2,14				2,035						
1450	l in m	2,13				2,265						
1450	τ_0 kg/qcm	2,215				2,41						
1450	τ_1 kg/qcm	2,18				2,07						
1500	l in m	2,095				2,225						
1500	τ_0 kg/qcm	2,25				2,445						
1500	τ_1 kg/qcm	2,22				2,105						
1550	l in m	2,06				2,19						
1550	τ_0 kg/qcm	2,29				2,48						
1550	τ_1 kg/qcm	2,255				2,14						
1600	l in m	2,025										
1600	τ_0 kg/qcm	2,325										
1600	τ_1 kg/qcm	2,295										
1650	l in m	1,995										
1650	τ_0 kg/qcm	2,36										
1650	τ_1 kg/qcm	2,33										
1700	l in m	1,965										
1700	τ_0 kg/qcm	2,39										
1700	τ_1 kg/qcm	2,36										
1750	l in m	1,935										
1750	τ_0 kg/qcm	2,43										
1750	τ_1 kg/qcm	2,395										
1800	l in m	1,910										
1800	τ_0 kg/qcm	2,465										
1800	τ_1 kg/qcm	2,43										
1850	l in m	1,885										
1850	τ_0 kg/qcm	2,50										
1850	τ_1 kg/qcm	2,465										

Angaben über Deckengewichte.

Die Gesamtbelastung der Decke setzt sich zusammen aus dem **Eigengewicht der Decke und der Nutzlast.**

Das Eigengewicht der Decke besteht aus dem Gewicht der Deckenplatte, der etwaigen Auffüllung, dem Fußbodenbelag und dem Deckenputz.

Das zur Herstellung von Decken verwendete Steinmaterial wiegt ca. 1000 bis 1200 kg/cbm. Die für die Berechnung anzunehmenden Eigengewichte der Deckenplatte sind in dem preußischen Ministerialerlaß vom 31. Januar 1910 angegeben. Für die Eigengewichte von Fußbodenbelägen gibt nachstehende Zusammenstellung einen Anhalt.

Eigengewicht von Fußbodenbelägen.

1. Fußbodenbretter 2—2,5 cm im Mittel	15	kg/qm
2. Lagerhölzer 10/10 cm stark bei 80 cm mittlerer Entfernung	8	,,
3. Parkettfußboden von 24 mm Stärke in Asphalt verlegt	40	,,
4. dto. wie vor auf Blindboden verlegt	30	,,
5. Linoleum 3—5 mm stark	3,5—6	,,
6. Imprägnierte Korksteinplatten 15—25 mm	6—8	,,
7. Gußasphalt 1 cm stark	14	,,
8. Korkestrich 1 cm stark	7,5	,,
9. Holzestrich 1 cm stark	8	,,
10. Gips- oder Lehmestrich 5—6 cm	110—150	,,
11. Zementestrich 1 cm stark	22	,,
12. Ton- oder Zementfließen 18—20 mm stark in Kalkmörtel mit Zementzusatz verlegt	70	,,
13. Pflaster aus 12 cm hohen Kieferklötzen einschl. Asphaltguß und Bettung	130	,,
14. Betonboden 10 cm stark	220	,,
15. Klinkerpflaster ½ Stein stark ohne Bettung	130	,,
16. Mosaikpflaster aus 8 cm hohen in Asphalt verlegten Steinen einschl. Kalkbettung	225	,,
17. Eüböölith (fertige Fußbodenstärke bis 1,5 cm)	15	,,
18. Tekton 2 cm stark	17	,,
19. Terranova-Estrich „Secura"		
a) mit Sand, 2 cm stark	48	,,
b) mit Bimssand, 2 cm stark	34	,,
20. Terrazzo 2 cm stark	40	,,
21. Steinholzfußboden (Petrosilo) 2 cm stark	26	,,

Das Gewicht von Ausfüllungsmaterialien, wie sie bei solchen Decken Verwendung finden, ist auf Grund nachstehender Angaben zu berechnen:

1 cm Asche- oder Bimsauffüllung	7	kg
1 cm Asche- oder Bimsbeton	10	,,
1 cm Zementestrich	22	,,
1 cm Sandauffüllung	16	,,

Eigengewicht von Zwischenwänden.

Annahme 1 Stein st. = 25 cm; ½ Stein st. = 12 cm; Ansichtsflächen beiderseitig verputzt.
(Putz 1 cm = ca. 18 kg/qm.)

Konstruktionsart		Gewicht kg/qm
Massive Wand in Ziegelmauerwerk	½ St. st. . . .	250
„ „ „ „	¹/₁ „ „ . . .	485
Wand aus porösen Vollziegeln	½ „ „ . . .	170
„ „ „ „	¹/₁ „ „ . . .	310
„ „ Lochsteinen	½ „ „ . . .	195
„ „ „	¹/₁ „ „ . . .	365
„ „ porösen Lochsteinen	½ „ „ . . .	155
„ „ „ „	¹/₁ „ „ . . .	285
Fachwand in Ziegelmauerwerk	½ „ „ . . .	240
„ „ „	¹/₁ „ „ . . .	465
„ aus porösen Loch- oder Schwemm-steinen	½ „ „ . . .	145
desgl. wie vor	¹/₁ „ „ . . .	280
Eisenfachwand mit Ziegeln	½ „ „ . . .	270
Monierwand pro cm Stärke } ohne Putz	. . . .	20
Rabitzwand „ „ „	. . . .	12
Gipsdielen „ „ „	. . . .	8

Eigengewicht fertiger Decken.

Für normale Verhältnisse, wie sie durch die gezeichneten Querschnitte
dargestellt sind, berechnet sich das Gesamteigengewicht folgendermaßen:

Fig. 1.

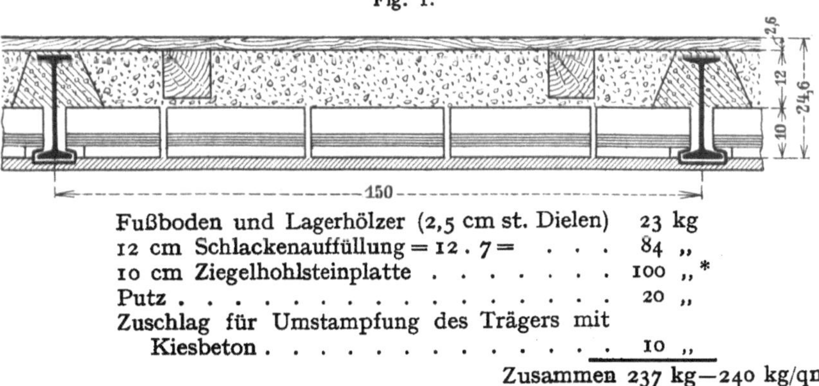

Fußboden und Lagerhölzer (2,5 cm st. Dielen)   23 kg
12 cm Schlackenauffüllung = 12 . 7 = . . .   84 „
10 cm Ziegelhohlsteinplatte . . . .   100 „*
Putz . . . .   20 „
Zuschlag für Umstampfung des Trägers mit
Kiesbeton . . . .   10 „

Zusammen 237 kg—240 kg/qm

* Zu beachten „Runderlaß betr. die Gewichte ebener Decken aus Hohlsteinen", Nr. 7, S. 247.

Fig. 2.

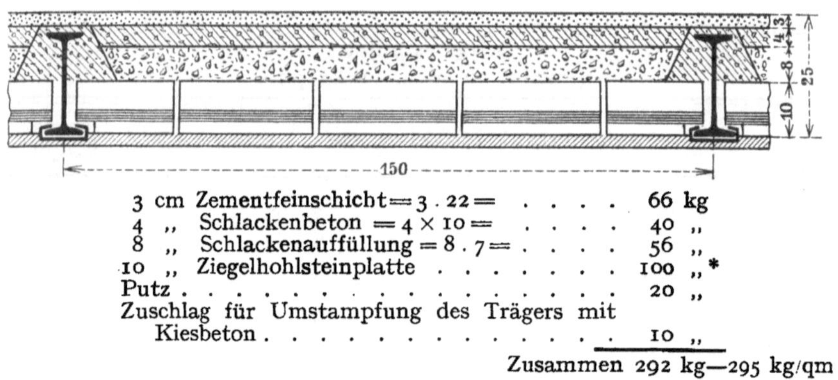

3 cm Zementfeinschicht = 3 . 22 = ... 66 kg
4 „ Schlackenbeton = 4 × 10 = ... 40 „
8 „ Schlackenauffüllung = 8 . 7 = ... 56 „
10 „ Ziegelhohlsteinplatte . . . . 100 „ *
Putz . . . . 20 „
Zuschlag für Umstampfung des Trägers mit
   Kiesbeton . . . . 10 „

Zusammen 292 kg—295 kg/qm

Fig. 3.

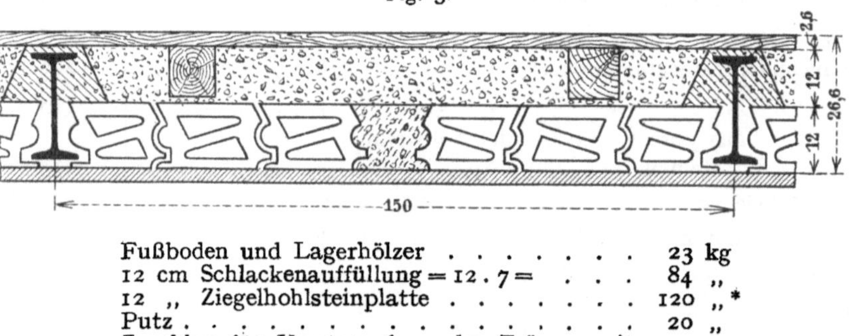

Fußboden und Lagerhölzer . . . . 23 kg
12 cm Schlackenauffüllung = 12 . 7 = . . . 84 „ *
12 „ Ziegelhohlsteinplatte . . . . 120 „ *
Putz . . . . 20 „
Zuschlag für Umstampfung des Trägers mit
   Kiesbeton . . : . . . . 10 „

Zusammen 257 kg—260 kg/qm

Fig. 4.

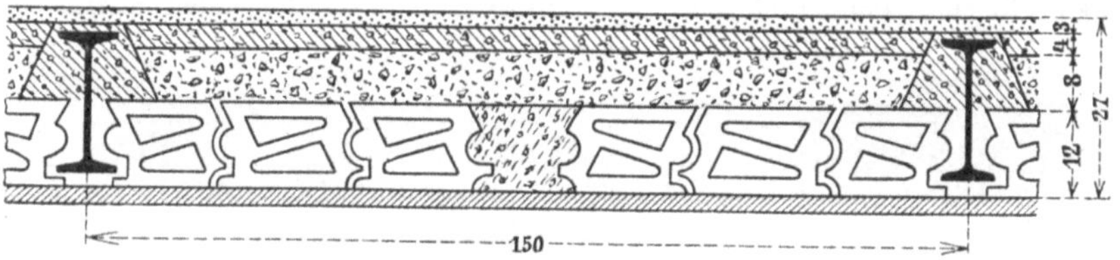

3 cm Zementfeinschicht = 3 . 22 = ... 66 kg
5 „ Schlackenbeton = 5 × 10 = ... 50 „
8 „ Schlackenauffüllung = 8 . 7 = ... 56 „
12 „ Ziegelhohlsteinplatte . . . . 120 „ *
Putz . . . . 20 „
Zuschlag für Umstampfung des Trägers mit
   Kiesbeton . . . . 10 „

Zusammen 322 kg — 325 kg/qm

* Zu beachten „Runderlaß betr. die Gewichte ebener Decken aus Hohlsteinen", Nr. 7, S. 247.

Fig. 5.

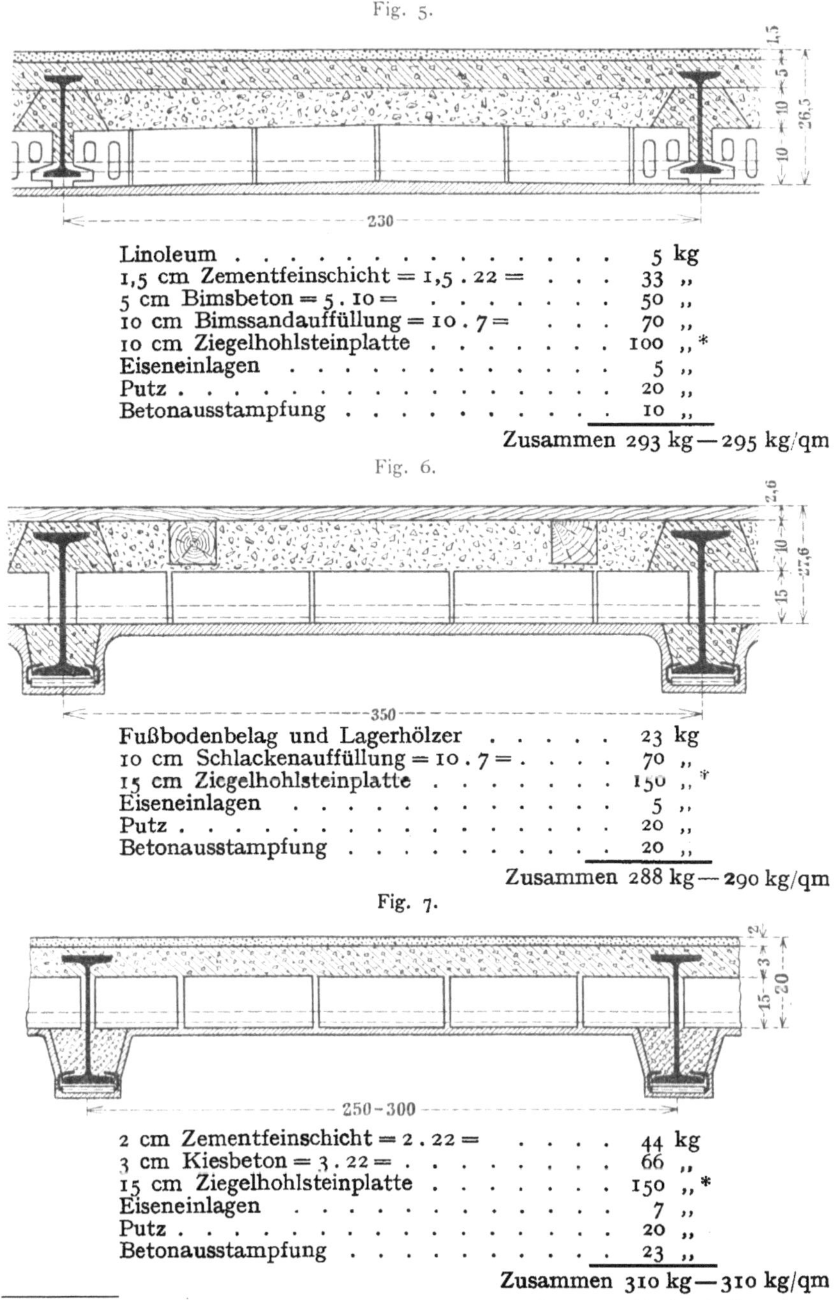

Linoleum . . . . 5 kg
1,5 cm Zementfeinschicht = 1,5 . 22 = . . . 33 „
5 cm Bimsbeton = 5 . 10 = ... 50 „
10 cm Bimssandauffüllung = 10 . 7 = . . . 70 „
10 cm Ziegelhohlsteinplatte . . . . 100 „ *
Eiseneinlagen . . . . 5 „
Putz . . . . 20 „
Betonausstampfung . . . . 10 „

Zusammen 293 kg — 295 kg/qm

Fig. 6.

Fußbodenbelag und Lagerhölzer . . . . . . 23 kg
10 cm Schlackenauffüllung = 10 . 7 = ... 70 „
15 cm Ziegelhohlsteinplatte . . . . 150 „ *
Eiseneinlagen . . . . 5 „
Putz . . . . 20 „
Betonausstampfung . . . . 20 „

Zusammen 288 kg — 290 kg/qm

Fig. 7.

2 cm Zementfeinschicht = 2 . 22 = ... 44 kg
3 cm Kiesbeton = 3 . 22 = ... 66 „
15 cm Ziegelhohlsteinplatte . . . . 150 „ *
Eiseneinlagen . . . . 7 „
Putz . . . . 20 „
Betonausstampfung . . . . 23 „

Zusammen 310 kg — 310 kg/qm

* Zu beachten „Runderlaß betr. die Gewichte ebener Decken aus Hohlsteinen", Nr. 7, S. 247.

Nutzlasten für Hochbauten.

1. für Wohngebäude . . . . 250 kg/qm
2. für Fabrikgebäude zum Nachweis
   mindestens 500   ,,
3. Getreidespeicher . . . . 600—1000   ,,
4. Wollspeicher 500   ,,
5. für Tanzsäle 500   ,,
6. Massive Decken unter Durch-
   fahrten und befahrbaren Höfen 800   ,,
7. Klassenräume . . . . 300—500 kg/qm
8. Korridore . . . . 350—500   ,,
9. Aula . . . . 400—500   ,,
10. Turnhallen . . . . 500 kg/qm
11. Treppen in Schulen 500   ,,
12. Dachbodenräume in Wohnge-
    bäuden 150   ,,

Trägerberechnung.

Die Träger sind in der überwiegenden Zahl der Fälle als Träger auf zwei Stützen mit beiderseitiger freier Auflagerung zu berechnen.

Für die überschlägige Bestimmung des Trägerprofiles können die auf Seite 213 bis Seite 215 gemachten Angaben über Eigengewichte von Ziegelhohlsteindecken, sowie die Tabellen auf den Seiten 262 u. ff. benützt werden. Auf Grund des berechneten Trägerprofiles sind die Deckengewichte zu berichtigen, weil das Eigengewicht der Decke von der Trägerhöhe abhängig ist.

Durchbiegung von Trägern.

Bei der Berechnung von Bauträgern hat bis zum Erlaß der neuen Ministerialvorschriften über die Beanspruchung von Baumaterialien etc. vom 31. Jan. 1910 die Frage der Durchbiegung eine bedeutsame Rolle gespielt.

Neben der Festsetzung einer zulässigen Höchstbeanspruchung von Trägern, die früher nur 875 kg/qcm betrug, bestand bei fast allen Baupolizeiverwaltungen die Bestimmung, daß Träger nur eine Durchbiegung von 1/500 der Stützweite aufweisen dürften.

Gegen diese Bestimmung ist von verschiedenen Seiten schon früher der Einwand der Unzulässigkeit erhoben worden, indem darauf hingewiesen wurde, daß die Durchbiegung, solange die zulässige Beanspruchung nicht überschritten wird, mit der Sicherheit des Konstruktionsteiles nichts zu tun habe. Geh. Regierungsrat Dr.-Ing. Barkhausen von der technischen Hochschule in Hannover hat für die Baupolizei in Hannover schon im Jahre 1904 ein umfassendes Gutachten in dieser Frage erstattet, in welchem er zu dem Schluß kommt, daß eine Bestimmung über das Maß der Durchbiegung vom baupolizeilichen Standpunkte aus überflüssig ist und für die Beurteilung des zulässigen Maßes nur ästhetische, vielleicht auch Gefühlsgründe, vor allem aber wirtschaftliche Gründe maßgebend zu sein brauchen. (Siehe Baupolizeiliche Mitteilungen 1904, Heft 1.) Besonders die letzteren werden häufig die Entscheidung, was als zulässige Durchbiegung anzusehen ist, beeinflussen. Bei beschränkter Konstruktionshöhe wird man unbedenklich, um Kosten zu sparen, in manchen Fällen eine größere Durchbiegung zulassen können, als in den Fällen wo man in der Konstruktionshöhe nicht beschränkt ist.

Es gibt Fälle, wo man eine größere Durchbiegung zulassen muß, um die auftretenden Stöße möglichst rasch und gut aufzuheben. Dies kann nur durch biegsame, nicht durch starre Träger erreicht werden.

Trotz dieser Gesichtspunkte hatten sich die Bestimmungen über zulässige Durchbiegungen immer noch gehalten, obwohl damit eine wirtschaftliche Ausnützung des Materials unmöglich gemacht wurde; denn für Träger, die nach der zulässigen Höchstbeanspruchung dimensioniert waren, mußten in vielen Fällen ein bis zwei Nummern höhere Profile gewählt werden, wenn Durchbiegung zu berücksichtigen war.

Die neuen ministeriellen Vorschriften enthalten keine Bestimmungen über die Durchbiegung, weil man an maßgebender Stelle solche Bestimmungen für entbehrlich gehalten hat.

Trotzdem wird von manchen Seiten versucht die alten Bestimmungen aufrecht zu erhalten.

Dabei wird als Grund angeführt, daß bei zu großer Durchbiegung ein Abfallen des Deckenputzes zu befürchten sei. Das Abfallen des Deckenputzes kann aber durch zu viele andere Ursachen und Mängel bei der Ausführung verursacht werden, wie mangelhaftes Annässen, ungenügende Mörtelzusammensetzung, zu glatte Untersichten etc., als daß es berechtigt wäre, eine sehr geringe Möglichkeit durch eine wirtschaftlich so einschneidende Bestimmung ausschalten zu wollen. Verbürgte Fälle, in denen ein Abfallen des Deckenputzes auf die Durchbiegung der Träger zurückzuführen wäre, sind wohl kaum vorhanden. Aber selbst, wenn man diesem Umstande irgend welche Bedeutung beimessen wollte, so würde es sich doch nicht rechtfertigen, die **bleibende** Durchbiegung infolge des Eigengewichtes der Decken bei der Beurteilung des zulässigen Maßes mit heranzuziehen, es könnte höchstens die Veränderliche infolge von Nutzlast in Betracht kommen. Diese bleibt aber immer unter dem jetzt geforderten Maß und somit erübrigt sich eine Bestimmung darüber überhaupt.

Die Formeln zur Berechnung der Durchbiegung beruhen auf der Annahme beiderseits vollkommen freigelagerter Träger. Diese Verhältnisse liegen aber in den meisten Fällen des Hochbaues nicht vor und so kommt es denn auch, daß die bei Probebelastungen sich ergebende Durchbiegung mit der errechneten nicht übereinstimmt, vielmehr weit darunter bleibt.

Als Gründe, die diese Abweichungen erklären, kommen hauptsächlich wohl zwei in Betracht. Einmal wird infolge der Ein- und Übermauerung eine gewisse Einspannung an den Trägerenden erzielt, sodann aber, und das ist wohl das Wesentliche, findet eine gewisse Verbundwirkung zwischen Träger und Deckenplatte statt. Das Maß der Einspannung ist schwer zu schätzen, weil es zu sehr von der Güte der Ausführung abhängt, manchmal aber auch gar keine vorhanden sein wird.

Der **Einfluß der Verbundwirkung zwischen Deckenplatte und Deckenträger** ist aber sicher vorhanden und läßt sich auch unschwer rechnerisch nachweisen. Die massive gestelzte Decke aus porösen Hohlsteinen von 13 cm Höhe hat zwischen den eisernen Trägern 1,65 m Spannweite. Die Gesamtbelastung der Decke (Eigengewicht und Nutzlast) werde mit 500 kg/qm in Rechnung gesetzt.

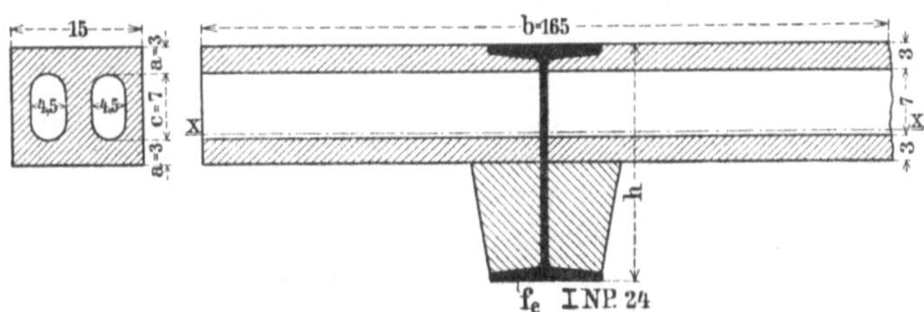

Die theoretische Stützlänge der Träger sei $l = 6{,}12$ m.

Das Biegungsmoment in Mitte Träger beträgt dann

$$M = \frac{1{,}65 \cdot 500 \cdot 6{,}12 \cdot 612}{8} = 386\,000 \text{ cm/kg}.$$

Es wäre erforderlich bei

$$\sigma_{max.} = 1200 \text{ kg/cm}^2$$

1 ⊥ NP . 24 mit $W = 354{,}0$ cm³.

Die größte Durchbiegung berechnet sich bei

$$J = 4246 \text{ cm}^4$$

$$f = \frac{5 \cdot 386\,000 \cdot 612^2}{48 \cdot 2\,150\,000 \cdot 4246} = 1{,}648 \text{ cm} = \frac{1}{372}\, l.$$

Soll die Durchbiegung nicht größer als $^1/_{500}\, l$ sein, so würde das ⊥ NP. 24 nicht ausreichen und es müßte mit Rücksicht auf die Durchbiegung 1 ⊥ NP 26 mit $J = 5744$ gewählt werden.

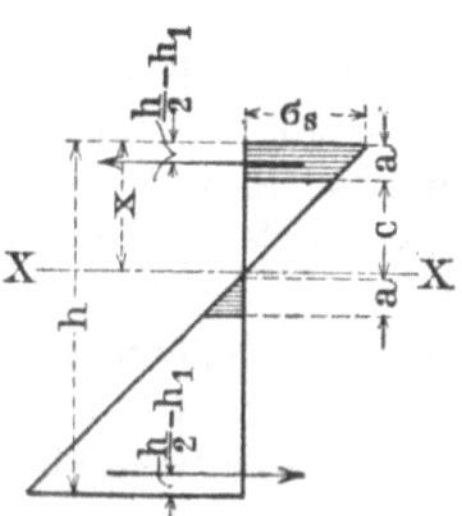

Wird dagegen die Deckenplatte zum Träger als mittragende Verbundkonstruktion gerechnet, vorausgesetzt, daß das Steinmaterial nur Druckspannungen zu übertragen hat, und nimmt man das Verhältnis der Elastizitätskoeffizienten nach den ministeriellen Bestimmungen mit $n = 25$ an, so ergeben sich nachstehende Belastungs- und Beanspruchungsverhältnisse:

Für die Druckübertragung in der Deckenplatte steht ein Gesamtquerschnitt von 6 cm Höhe zur Verfügung (s. Skizze). Als Breite des Druckgurtes darf die Plattenbreite, sofern sie $^1/_3$ der Trägerstützweite nicht überschreitet, in Rechnung gestellt werden. Damit wird der zusammengesetzte Trägerquerschnitt wie die Skizze zeigt. Die Abstände der Zug- und Druckmittelpunkte des $\underline{I}$ NP. 24 von der Trägermitte seien $h_1 = \dfrac{s}{2}$ (Profiltabelle), dann wird:

$$b \cdot a \cdot (x - \frac{a}{2}) + n \cdot \frac{f_e}{2} \cdot (x - \frac{h}{2} + h_1) = n \cdot \frac{f_e}{2} (\frac{h}{2} - x + h_1).$$

hieraus

$$x = \frac{b \dfrac{a^2}{2} + n \dfrac{f_e}{2} \cdot h}{b a + n f_e}$$

mit $b = 165$; $n = 25$; $f_e = 46{,}1$; $h = 24$; $a = 3$ wird

$$x = \frac{165 \cdot \dfrac{3^2}{2} + \dfrac{25 \cdot 46{,}1}{2} \cdot 24}{165 \cdot 3 + 25 \cdot 46{,}1} \; 8{,}86 \text{ cm.}$$

Das gesamte Trägheitsmoment des Trägers bezogen auf Eisen als Grundstoff ergibt sich zu:

$$J = J_1 + f_e \cdot (\frac{h}{2} - x)^2 + \frac{1}{25}\left[b \cdot \frac{a^3}{12} + b \cdot a (x - \frac{a}{2})^2\right]$$

$$= 4246 + 46{,}1 (12 - 8{,}86)^2 + \frac{1}{25}\left[165 \cdot \frac{3^3}{12} + 165 \cdot 3 (8{,}86 - \frac{3}{2})^2\right]$$

$$= 5788 \text{ cm}^4$$

Damit

$$W_o = \frac{5788}{8{,}86} = 654 \text{ cm}^3$$

$$W_u = \frac{5788}{15{,}14} = 382 \text{ cm}^3$$

Die Beanspruchungen stellen sich wie folgt:

$$f_{ed} = \frac{386\,000}{654} = 590 \text{ kg/cm}^2$$

$$\sigma_B = \frac{f_{ed}}{25} = 23{,}6 \text{ kg/cm}^2$$

$$f_{ez} = \frac{386\,000}{382} = 1010 \text{ kg/cm}^2$$

Die Durchbiegung berechnet sich zu:

$$f = \frac{5 \cdot M \cdot l^2}{48\,E \cdot J} = \frac{5 \cdot 386\,000 \cdot 612^2}{48 \cdot 2\,150\,000 \cdot 5788}$$

$$= 1{,}21 \text{ cm} = \frac{1}{506}\, l.$$

Sie bleibt also auch bei dem gleichen Profil unter dem geforderten Maß, sobald die Verbundwirkung berücksichtigt wird. **Im vorliegenden Fall beträgt** die genauer berechnete Durchbiegung nur rd. 70% der unter Vernachlässigung der Verbundwirkung berechneten. Dieser theoretische Nachweis, bei dem übrigens nur einem die Durchbiegung beeinflussenden Moment Rechnung getragen, der Einfluß teilweiser Einspannung dagegen noch unberücksichtigt geblieben ist, in Verbindung mit dem Ergebnis der Probebelastung, tun dar, daß abgesehen von besonderen Fällen der Durchbiegung eine besondere Beachtung nicht geschenkt zu werden braucht und dahingehende Forderungen der Baupolizei im allgemeinen zu weit gehen.

Der Polizeipräsident von Berlin hat folgende Verfügung betreffs Durchbiegung von Trägern erlassen:

Der Nachweis der Durchbiegung in den statischen Berechnungen eiserner Trägerkonstruktionen oder die Innehaltung bestimmter Größen dieser Durchbiegung erübrigt sich im allgemeinen für alle Deckenträger und diejenigen Träger und Unterzüge, die keine veränderliche Belastung erfahren. Dagegen ist dieser Nachweis für alle diejenigen über 7 m langen Träger und Unterzüge zu erbringen, die das Gebäude in der Längs- und Querrichtung aussteifen und an Stelle der sonst vorhandenen Längs- und Querwände treten, für die somit eine gewisse Starrheit erforderlich wird. Zur Erzielung dieser Längs- und Quersteifigkeit ist auch die Anordnung von sogenannten Gerbergelenken in den Trägern und Unterzügen der bezeichneten Art unzulässig. Die Durchbiegung soll in der Regel das Maß von $^1/_{500}$ der freien Länge nicht überschreiten.

Nach dieser Bestimmung wird auch von den anderen größeren Baupolizeiverwaltungen verfahren, und sie ist durch eine Ministerialentscheidung auch für alle übrigen Stellen als maßgebend bezeichnet worden.

Auf Grund dieses Bescheides dürfte auch dort, wo etwa noch immer nach den veralteten Vorschriften verfahren wird, ihre Beseitigung erreicht werden können.

Wenn besondere Fälle vorliegen, welche die Berücksichtigung der Durchbiegung erheischen, so können für die Bestimmung des erforderlichen Profils die Werte der untenstehenden Tabelle mit Vorteil benützt werden. Die Ableitung geht zurück auf die Grundformel:

$$f = \frac{5\,P\,l^3}{384\,E\,.\,J}.$$

Wird für $\frac{P l}{8}$ der Wert des Momentes eingeführt so wird das Trägheitsmoment des zu wählenden Profils:

$$J = \frac{5\,M\,.\,l^2}{48\,E\,.\,f};$$

für $f = \frac{l}{400}$ wird also:

$$J = \frac{5\,M l^2\,.\,400}{48\,.\,E\,.\,l} = \frac{2000\,M\,.\,l}{48\,.\,2150000} = 0{,}00001938\,M\,.\,l.$$

Wird das Moment M in mt, die Stützweite l in m eingeführt, so wird:

$$J = 193{,}80\,M\,.\,l.$$

Tabelle des erforderlichen Trägheitsmomentes J in cm⁴

für Moment M in Metertonnen und Stützweite l in Metern.

Durchbiegung f in cm =	erforderliches Trägheitsmoment J in cm⁴ =
$\dfrac{l}{400}$	193,80 M . l
$\dfrac{l}{450}$	218,02 M . l
$\dfrac{l}{500}$	242,25 M . l
$\dfrac{l}{550}$	266,47 M . l
$\dfrac{l}{600}$	290,70 M . l

Unterlagssteine.

Die umstehende **Tabelle** enthält **Unterlagssteine** von 20/20/16 cm bis 50/60/32 cm Abmessungen. Die fettgedruckten Zahlen geben die aufnehmbare Last, die darunterstehenden den cbm-Inhalt des Steines an. Die in der weit schraffierten Fläche angegebenen Unterlagssteine geben den Druck auf das darunter befindliche Mauerwerk mit 7 kg/cm² ab, die in der eng schraffierten Fläche dagegen mit einer Pressung von 12 kg/cm². Im letzteren Fall ist also Mauerwerk in Zementmörtel erforderlich. Ferner ist noch eine Teilung nach den verschiedenen Höhen der Unterlagssteine vorgenommen, welche durch starke Linien kenntlich gemacht ist.

Tragfähigkeit und Kubik-Inhalt von Unterlagssteinen.

Höhe		16			24			32		
Höhe	$\frac{l}{b}$	20	25	30	35	40	45	50	55	60
16	20	2800 0.0064	3500 0.0080	4200 0.0096	4900 0.0168	5600 0.0192	10800 0.0216			
	25	3500 0.0080	4375 0.0100	5250 0.0120	6125 0.0210	7000 0.0240	13500 0.0270	15000 0.0400		
	30	4200 0.0096	5250 0.0120	6300 0.0144	7350 0.0252	8400 0.0288	16200 0.0324	18000 0.0480	19800 0.0528	21600 0.0576
24	35	8400 0.0168	11100 0.0210	12600 0.0252	14700 0.0294	16800 0.0336	18900 0.0378	21000 0.0560	23100 0.0616	25200 0.0672
	40	9600 0.0192	12000 0.0240	14400 0.0288	16800 0.0336	19200 0.0384	21600 0.0432	24000 0.0630	26400 0.0704	28800 0.0768
	45	10800 0.0216	13500 0.0270	16200 0.0324	18900 0.0378	21600 0.0432	24300 0.0486	27000 0.0720	29700 0.0792	32400 0.0864
32	50	12000 0.032	15000 0.040	18000 0.048	21000 0.056	24000 0.064	27000 0.072	30000 0.080	33000 0.088	36000 0.096

a) bei einer zulässigen Beanspruchung von 7 kg/cm²
b) bei einer zulässigen Beanspruchung von 12 kg/cm² } für das unterlagernde Mauerwerk.

Angaben über Eigengewichte, Belastungen und Beanspruchungen.

Eigengewichte von Baumaterialien.

(Nach dem Runderlaß des preußischen Ministers der öffentlichen Arbeiten vom 31. Januar 1910.)

Benennung der Baustoffe	1 cbm wiegt kg	Als durchschnittliches Gewicht anzunehmen
Füllstoffe.		
Erde, Sand, Lehm, naß	1700—2500	2100
„ „ „ trocken	1400—1800	1600
Kies, naß	1900—2100	2000
„ trocken	1500—1900	1700
Koksasche	600— 850	700
Bimssteinsand	400— 900	700
Werkstücke **und Quadermauerwerk aus:**		
Granit, Syenit, Porphyr	2200 3000	2800
Basalt	2400—3300	3000
Basaltlava, ziemlich dicht	1800—3000	2800
„ porig	1500—2000	1800
Marmor	2600—2900	2800
Kalkstein, dichtem	1500—2700	2500
„ porigem	1500—2200	2000
Sandstein (schwererer Grauwacke u. Kohlen- sandstein)	2500—2800	2700
sonstigen Sandsteinen	2000—2600	2400
Tuffstein, Porphyr und dichtem Kalktuff . .	1600—2200	2000
Bimsstein-, Leuzit- und lockerem Kalktuff . .	1200—1500	1400
Schiefer	2600—2800	2700
Bruchsteinmauerwerk aus:		
Granit	2300—2800	2700
Kalkstein, Sandstein, Schiefer	2000—2600	2500

Benennung der Baustoffe	1 cbm wiegt kg	Als durchschnittliches Gewicht anzunehmen	
Mauerwerk aus künstlichen Steinen, und zwar aus:			
Klinkern	1800—2000	1900	
Hartbrandsteinen in Kalkzementmörtel (*¹) .	1700—1900	1800	
Hintermauerungssteinen in Kalkmörtel (*²) .	1500—1700	1600	
porigen Vollsteinen	1000—1200	1100	
Lochsteinen (*⁴)	1250—1300	1300	
porigen Lochsteinen (*⁵)	900—1100	1000	
Schwemmsteinen	900—1100	1000	
Korksteinen	500— 700	600	
Kalksandsteinen (*³)	1700—1900	1800	
Kunstsandstein	2000—2200	2100	
Mörtel.			
Zementmörtel	2000—2300	2100	
Kalkzementmörtel	1800—2000	1900	
Kalkmörtel	1650—1800	1700	
Traßmörtel	1900—2100	2000	
Gips (gegossen)	900—1000	1000	
Beton aus:			
Kies, Granitschotter und dergl.	1800—2400	2200	
		2400*)	*) einschl. Eiseneinlagen bei Eisenbetonbauten, sofern nicht ein anderes Gewicht nachgewiesen wird
Ziegelschotter	1500—2000	1800	
Kohlenschlacke	850—1500	1000	
Bimssteinkies	900—1100	1000	
Estriche und Fußbodenbeläge aus:			
Zement und Zementfliesen	2100—2300	2200	
Gips	1900—2150	2100	
Terrazzo		2000	
Gußasphalt	1100—1500	1400	
Tonfliesen	2000—2100	2000	
Linoleum	1000—1300	1200	
Korkplatten (als Unterlage)	250— 300	300	
Glas	2400—2700	2600	

*1, 2, 3 siehe ergänzende ministerielle Erlasse (Artikel 6, Seite 247).
*4, 5 siehe ergänzenden Runderlass (Artikel 7, Seite 247).

Benennung der Baustoffe	1 cbm wiegt kg	Als durchschnittliches Gewicht anzunehmen
Bauhölzer.		
Kiefer, lufttrocken	300— 800	650
Fichte, lufttrocken	350— 600	550
Tanne, lufttrocken	400— 800	600
Lärche, lufttrocken	450— 800	650
Pitchpine (Pechkiefer), lufttrocken.	800—1000	900
Yellowpine, lufttrocken	600— 800	700
Eiche, lufttrocken	700—1000	900
Buche, lufttrocken	600— 900	750
Metalle.		
Gußeisen		7250
Schweißeisen		7800
Flußeisen		7850
Flußstahl		7860
Blei	11300—11450	11400
Kupfer (gewalzt)	8800—9000	8900
Bronze	7500—8900	8600
Zink, gegossen	6850—7000	6900
,, gewalzt	7150—7200	7200
Zinn, gewalzt	7200—7500	7400

Mittleres Gewicht zu lagernder Stoffe.

Heu und Stroh . . .	100 kg/cbm		Äpfel	300 kg/cbm
Weizen	760 ,,		Birnen und Pflaumen	350 ,,
Roggen	680 ,,		Gras und Klee . .	350 ,,
Große Gerste. . . .	640 ,,		Malz	550 ,,
Kleine Gerste . . .	510 ,,		Gries	650 ,,
Hafer.	430 ,,		Hausmüll	660 ,,
Erbsen	850 ,,		Hirse	850 ,,
Torf	600 ,,		Kartoffeln	700 ,,
Braunkohlen	650 ,,		Lein- und Rübsaat	650 ,,
Steinkohlen	900 ,,		Mehl	700 ,,
Koks	450 ,,		Mist und Guano .	750—950 ,,
Zement	1350—2000 ,,		Rüben	570—650 ,,
Eis.	910 ,,		Getrockn. Rübenschnitzel	255 ,,
Aktengeräte u. Schränke			Siedesalz	745—785 ,,
in Registraturen, Bi-			Steinsalz, gemahlen	1015 ,,
bliotheken, Archiven			Zucker	750 ,,
etc. einschließl. Hohl-			In Säcken geschichtet beträgt das Ge-	
räume.	500 ,,		wicht nur $^1/_5$ von dem angegebenen.	

Fleischkonserven 1 m hoch geschichtet . . . . 480 kg/m²

Papier 1 m hoch geschichtet . . . . 1100 ,,

Bücher 1 m ,, ,, ... 800 ,,

Kleider, vier Fächer übereinander, zu je 70 cm Höhe . . . 600 ,,

Hartes Holz, in Scheiten 1 m hoch geschichtet . . . . . . 400 ,,

Mehl, in Säcken zu je 80 kg, eine Lage . . . . 850 ,,

Natürlicher Böschungswinkel.
Bei loser Schüttung:

Malz	22°		Hafer und Gerste	40—45°
Hirse	23°		Kohlen und Erze	45°
Feuchter Quellsand . . .	24°		Trockenes Kalkpulver . .	50°
Feuchte Gartenerde . . .	27°		Getreidekörner	25—30°
Getreide	30°		Hochschrot	40—50°
Trockener Sand	32°		Flachschrot	50—60°
Weizen, Erbsen, Mais . .	35°		Fein. Mahlgut v. Gangeweg	60—65°
Große und kleine Kiesel .	36°		Grobe Griese	45—50°
Roggen u. klare trockene			Feine ,, ...	50—55°
Gartenerde	37°		Dunst	55—60°
Trockener klarer Lehm .	40°		Kleie	60—65°
Trockener Lehmboden . .	40—46°		Mehl und Spitzstaub . .	70—80°
Nasser ,, . .	20—25°		Nasser Steinschotter . .	35—40°
Trockene Tonerde . . .	40—50°		Gaskohlen	45—50°
Nasse ,, . . .	20—25°		Nasser Kies	25°
,, Dammerde . . .	30—37°		Wasser	0°

Angaben über Güterwagen und Ladungen.

Bezeichnung	Lade-gewicht	Lichte Kasten-länge	Lichte Kasten-breite	Kastenhöhe in der Mitte	Laderaum-inhalt
	t	m	m	m	cbm
Bedeckter Güterwagen	15	7,92	2,75	2,20	48,0
Kokswagen	15	7,72	2,834	1,6	35,0
Offener Güterwagen	15	6,72	2,834	1,10	20,9
Eiserner Kohlenwagen	15	5,3	2,89	1,45	22,2
Eiserner Kohlenwagen	20	6,00	2,85	1,5	25,6
Kalkdeckel-wagen	15	5,29	2,89	1,78	—
Plattform-wagen	15	10,12	2,67	0,40	—
Plattform-wagen	30	12,0	2,9	—	—
Langholz-wagen	10	4,38	2,48	—	—

Kubikmeter-Inhalt einer Wagenladung von 10 t (200 Zentner).

Gegenstand	cbm	Gegenstand	cbm
Brauneisenstein	3,0—3,5	Kohle: Steinkohle, niederschl. .	11,9—14,1
Bruchsteine	5,0—6,0	„ „ Zwickauer .	13,3—13,9
Flußkies, naß	3,5—5,5	„ „ Preß-(Brikette)	9,0—10,0
„ trocken	4—6	„ „ englische .	12,5
Flußsand, feucht	5,7	Koks, Gas-	21,3—30,3
Formsand aufgeschüttet . . .	8,3	„ Schmelz-	22
„ eingestampft . . .	6,1	Lehm, frisch gegraben . . .	6,0
Holz: Buchenholz in Scheiten .	25,0	Mörtel, (Kalk- und Sand-) . .	5,6—5,9
„ Eichenholz „ „ .	23,8	Sand, naß	5,65
„ Fichtenholz „ „ .	31,3	„ trocken	7,5
„ Nadelholz „ „ .	30,3	Schlacke und Koksasche . .	16,7
„ Weißtannenholz „ .	29,4	Schwemmsteine, rheinische . .	11,8
Kalksteine	5,0	Spateisenstein	3,0—3,3
Kalk, gebrannt	7,7—8,4	Teer, Steinkohlen-	8,3
Kohle: Braunkohle, lufttrocken und in Stücken . . .	12,8—15,4	Ton, naß	5,0
„ Holzkohle, weiche Laub-	50—71	„ trocken	5,6
„ „ „ Nadel-	55—80	Torf, feucht	15,4—18,2
„ „ harte Laub-	41—50	„ lufttrocken	24,4—30,8
„ Steinkohle, Ruhr- . .	11,8—13,7	Traß, gemahlen	10,5
„ „ Saar- . .	12,8—14,3	Ziegelsteine, gewöhnliche . .	6,7—7,3
„ „ oberschles.	13,2—14,3	„ Klinker	5,6—6,3

Eigengewichte von Baukonstruktionen.

(Nach dem Runderlaß des preußischen Ministers der öffentlichen Arbeiten vom 31. Januar 1910.)

A. Eigengewichte von Zwischendecken und Dächern.

Nr.	Benennung	Einzelteile	Eigengewicht f. 1 qm im einzelnen kg	Eigengewicht f. 1 qm im ganzen rd. kg
	I. Zwischendecken.			
	a) Holzbalkendecken.			
1	Balkenlage mit gestrecktem Windelboden darüber, unter Annahme einer Entfernung der Balken von 1 m von Mitte zu Mitte und einer Stärke derselben von 24/26 cm	Balken 24/26 cm st. .	41	
		Schleetstangen 7 cm Durchm.	25	
		Lehm	160	
		zusammen	226	230
	zu Nr. 1. 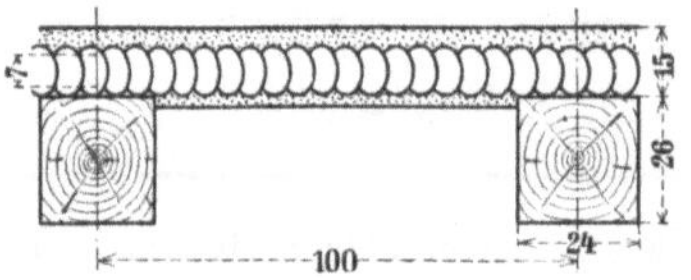 1:30			
2	Balkenlage mit Fußboden von 3,5 cm Stärke darüber	Balken 24/26 cm st. .	41	
		Dielen 3,5 cm st. . .	23	
		zusammen	64	70
	zu Nr. 2. 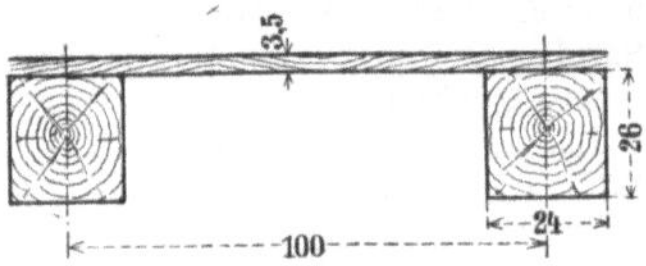 1:30			
3	Balkenlage mit Stülpdecke und Lehmschlag	Balken 24/26 cm st. .	41	
		Dielen 3 cm st. . . .	20	
		Lehmschlag	148	
		zusammen	209	210

Nr.	Benennung	Einzelteilen	Eigengewicht f. 1 qm im einzelnen kg	im ganzen rd. kg

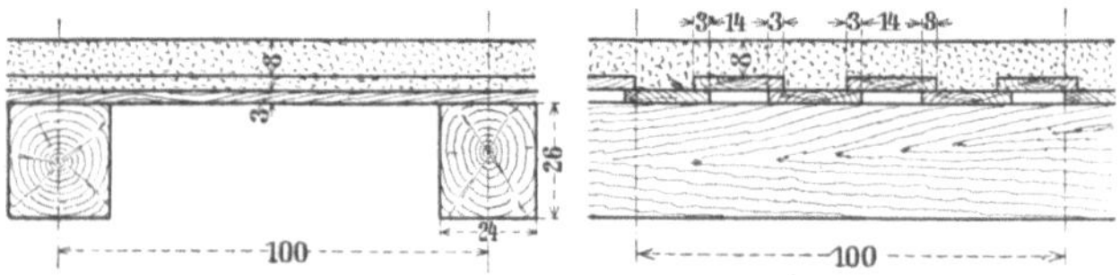

zu Nr. 3.

4	Balkenlage mit halbem Windelboden, bestehend aus Stakung mit Lehmstroh umwickelt, oder aus Füllbrettern auf angenagelten Latten und aus Lehmschlag oder Sandschüttung, sowie einem 3,5 cm starken Fußboden darüber	Balken 24/26 cm st. .	41	
		Stakhölzer 3 cm st. .	15	
		Latten 4/6 cm st. . .	3	
		Dielen 3,5 cm st. . .	23	
		Lehmschlag 11 cm st.	134	
		zusammen	**216**	**220**

zu Nr. 4.

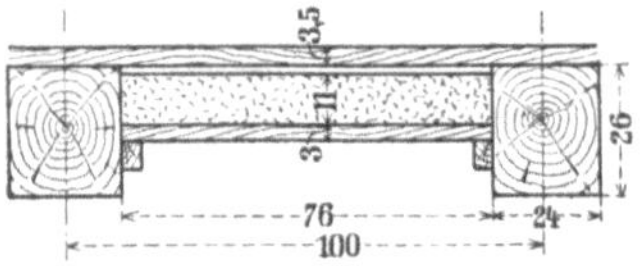

5	Balkenlage wie vor, jedoch an der unteren Seite mit 2 cm starker Schalung, gerohrt und geputzt	Balken 24/26 cm st. usw. wie zu Nr. 4 . . .	216	
		dazu Schalung 2 cm st.	13	
		Rohrung und Putz . .	20	
		zusammen	**249**	**250**
6	Balkenlage wie Nr. 4, jedoch oberhalb statt des Fußbodens mit einem 5—7 cm starken Gips- oder Lehmestrich versehen	Balken usw. wie zu Nr. 4	216	
		ab die Dielen mit . .	23	
		bleiben	**193**	
		dazu Estrich 7 cm st.	112	
		zusammen	**305**	**310**
7	Balkenlage wie Nr. 5, jedoch oberhalb statt des Fußbodens mit einem 5—7 cm starken Gips- oder Lehmestrich versehen	Balken 24/26 cm st. .	41	
		Stakhölzer 3 cm st. .	15	
		Latten 4/6 cm st. . .	3	
		Lehmschlag 11 cm st.	134	
		Schalung 2 cm st. . .	13	
		Estrich 7 cm st. . . .	112	
		Rohrung und Putz . .	20	
		zusammen	**338**	**340**

Nr.	Benennung	Einzelteile	Eigengewicht f. 1 qm im einzelnen kg	im ganzen rd. kg
8	Balkenlage mit ganzem Windelboden, unterhalb mit Lehm verstrichen, oberhalb mit 3,5 cm starkem Fußboden	Balken 24/26 cm st. . .	41	
		Dielen 3,5 cm st. . .	23	
		Stakhölzer 4 cm Durchm.	16	
		Latten 4/6 cm st. . .	3	
		Lehmschlag einschl. d. Stakhölzer 26 cm st.	274	
		zusammen	357	360

zu Nr. 8.

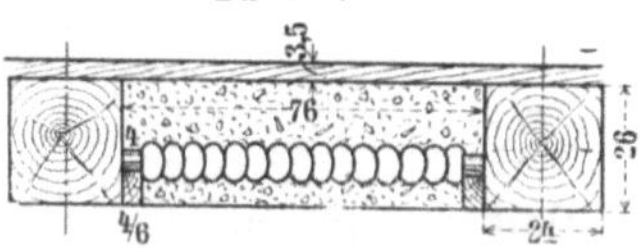

1 : 30

b) Gewölbte Decken.

Nr.	Benennung	Einzelteile	Eigengewicht f. 1 qm im einzelnen kg	im ganzen rd. kg
9	Preußische Kappen aus Hintermauerungssteinen bis zu 2,00 m Spannweite bei Abgleichung mit Koksasche und Holzfußboden	$^1/_2$ Stein starkes Gewölbe u. Hintermauerung .	245	
		Hinterfüllung mit Koksasche bis zur Unterkante d. Lagerhölzer	42	
		Lagerhölzer 10/10 cm st. bei 0,80 m Mittenabstand	8	
		Dielen 3,5 cm st. . .	23	
		Deckenputz	20	
		zusammen	338	340

zu Nr. 9. zu Nr. 10.

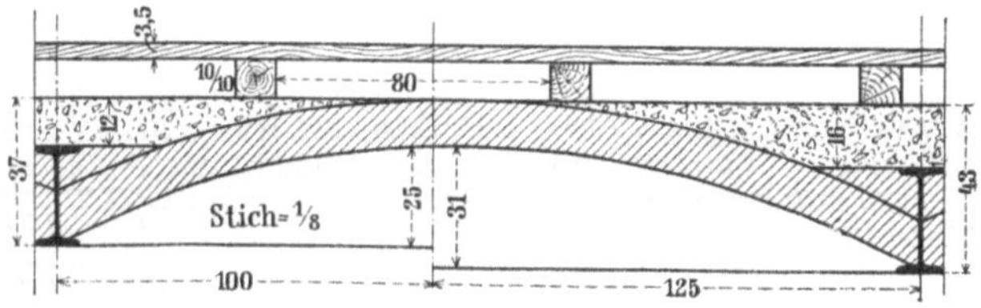

1 : 30

Nr.	Benennung	Einzelteile	Eigengewicht f. 1 qm im einzelnen kg	im ganzen rd. kg
9a	Bei Abgleichung mit Sand statt mit Koksasche	340 + 50 =		390
	Bei Auffüllung bis zur Überkante der Lagerhölzer:			
9b	mit Koksasche	340 + 65 =		410
9c	mit Sand	390 + 140 =		530

Nr.	Benennung	Einzelteile	Eigengewicht f. 1 qm im einzelnen kg	im ganzen rd. kg
10	Preußische Kappen wie Nr. 9 für mehr als 2,00 bis zu 2,50 m Spannweite	Gewölbe und Hintermauerung	249	
		Hinterfüllung mit Koksasche bis Unterkante der Lagerhölzer . .	71	
		Lagerhölzer wie Nr. 9	8	
		Dielen wie Nr. 9 . .	23	
		Deckenputz	20	
		zusammen	371	370
10a	Bei Abgleichung mit Sand statt mit Koksasche	$370 + 90 =$		460
	Bei Auffüllung bis zur Oberkante der Lagerhölzer:			
10b	mit Koksasche	$370 + 65 =$		440
10c	mit Sand	$460 + 140 =$		600
11	Preußische Kappen wie Nr. 9, jedoch aus Lochsteinen	Gewölbe und Hintermauerung	199	
		Hinterfüllung mit Koksasche bis Unterkante der Lagerhölzer . .	42	
		Lagerhölzer wie Nr. 9	8	
		Dielen wie Nr. 9 . .	23	
		Deckenputz	20	
		zusammen	292	290
11a	Bei Abgleichung mit Sand statt mit Koksasche	$290 + 50 =$		340
	Bei Auffüllung bis zur Oberkante der Lagerhölzer:			
11b	mit Koksasche	$290 + 65 =$		360
11c	mit Sand	$340 + 140 =$		480
12	Preußische Kappen wie Nr. 10, jedoch aus Lochsteinen	Gewölbe und Hintermauerung	202	
		Hinterfüllung mit Koksasche bis Unterkante der Lagerhölzer . .	71	
		Lagerhölzer wie Nr. 9	8	
		Dielen wie Nr. 9 . . .	23	
		Deckenputz	20	
		zusammen	324	320

Nr.	Benennung	Einzelteile	Eigengewicht f. 1 qm im einzelnen kg	im ganzen rd. kg
12a	Bei Abgleichung mit Sand statt mit Koksasche		$320 + 90 =$	410
	Bei Auffüllung bis zur Oberkante der Lagerhölzer:			
12b	mit Koksasche		$320 + 65 =$	390
12c	mit Sand		$410 + 140 =$	550
13	Preußische Kappen wie Nr. 9 jedoch aus Schwemmsteinen oder porigen Lochsteinen	Gewölbe und Hintermauerung	153	
		Hinterfüllung mit Koksasche bis Unterkante der Lagerhölzer . .	42	
		Lagerhölzer wie Nr. 9	8	
		Dielen wie Nr. 9 . .	23	
		Deckenputz	20	
		zusammen	246	250
13a	Bei Abgleichung mit Sand statt mit Koksasche		$250 + 50 =$	300
	Bei Auffüllung bis zur Oberkante der Lagerhölzer:			
13b	mit Koksasche		$245 + 65 =$	310
13c	mit Sand		$300 + 140 =$	440
14	Preußische Kappen wie Nr. 10, jedoch aus Schwemmsteinen	Gewölbe und Hintermauerung	155	
		Hinterfüllung mit Koksasche bis Unterkante der Lagerhölzer . .	71	
		Lagerhölzer wie Nr. 9	8	
		Dielen wie Nr. 9 . .	23	
		Deckenputz	20	
		zusammen	277	280
14a	Bei Abgleichung mit Sand statt mit Koksasche		$280 + 90 =$	370
	Bei Auffüllung bis zur Oberkante der Lagerhölzer:			
14b	mit Koksasche		$280 + 65 =$	350
14c	mit Sand		$370 + 140 =$	510
15	Decke in Gewölbeform aus Zement-Kiesbeton bis zu 1,50 m Spannweite, sonst wie Nr. 9	Kiesbeton	220	
		Hinterfüllung mit Koksasche bis Unterkante der Lagerhölzer .	53	
		Lagerhölzer wie Nr. 9	8	
		Dielen wie Nr. 9 . .	23	
		Deckenputz	20	
		zusammen	324	320

Nr.	Benennung	Einzelteile	Eigengewicht f. 1 qm im einzelnen rd. kg	im ganzen rd. kg
15a	Bei Abgleichung mit Sand statt mit Koksasche	$320 + 70 =$		390
	Bei Auffüllung bis zur Oberkante der Lagerhölzer:			
15b	mit Koksasche	$320 + 65 =$		390
15c	mit Sand	$390 + 140 =$		530

c) Ebene Massivdecken.

Die Eigengewichte sind in jedem Falle zu ermitteln.
Nachstehende Beispiele sollen als Anhalt dienen.

Nr.	Benennung	Einzelteile	im einzelnen kg	im ganzen kg
16	Ebene Betondecke mit oder ohne Eiseneinlagen (Bauart Monier und ähnliche) bei Abgleichung mit Koksasche und Holzfußboden	Platte bei 6 cm Stärke einschließlich etwa vorhandener Eiseneinlagen	144	
		Überfüllung mit Koksasche, etwa 14 cm st.	98	
		Lagerhölzer 10/10 cm stark	8	
		Dielen 3,5 cm st. . .	23	
		Deckenputz	20	
		zusammen	293	290

zu Nr. 16.

1 : 30

Nr.	Benennung	Einzelteile	im einzelnen kg	im ganzen kg
16a	Bei Abgleichung mit Sand statt mit Koksasche	$295 + 125 =$		420
16b	Für jedes cm Mehrstärke der Platte	Mehrgewicht		25
17	Ebene eingespannte Eisenbetondecke mit voutenförmigen Verstärkungen an den Auflagern (Koenensche Voutenplatte und ähnliche Deckenarten) mit Sandüberfüllung und Linoleumbelag auf Estrich	Platte bei 10 cm Stärke einschließlich Eiseneinlagen und Voutenanschlüssen	270	
		Sandüberfüllung 5 cm stark	80	
		Estrich 2,5 cm st. . .	55	
		Linoleum 4 mm st. .	5	
		Deckenputz	20	
		zusammen		430

Nr.	Benennung	Einzelteile	Eigengewicht f. 1 qm im einzelnen kg	im ganzen rd. kg

zu Nr. 17.

Nr.	Benennung	Einzelteile	im einzelnen kg	im ganzen rd. kg
18	Ebene Ziegeldecke mit Eiseneinlagen (Bauart Kleine und ähnliche) aus Schwemmsteinen in Zementmörtel, mit Überfüllung von Koksasche u. Holzfußboden	Deckenplatte aus Schwemmsteinen 12 cm st. einschließl. der 1/35 mm st. Bandeiseneinlagen . . .	125	
		Überfüllung mit Koksasche 10 cm st. . .	70	
		Lagerhölzer 10/10 cm stark	8	
		Dielen 3,5 cm st. . .	23	
		Deckenputz	20	
		zusammen	246	250

Zu Nr. 18

Nr.	Benennung	Einzelteile	im einzelnen kg	im ganzen rd. kg
18a	Bei Überfüllung mit Sand statt mit Koksasche	250 + 90 =		340
19	Ebene Ziegeldecke mit Eiseneinlagen wie vor, jedoch aus porigen Hohlsteinen, bei Auflagerung der Platte auf Betonkonsolen, einschließl. Überfüllung mit Kohlenschlackenbeton und Linoleumbelag auf Estrich (die Träger sind hierbei mit Kiesbeton zu ummanteln)	Deckenplatte 10 cm st. aus porigen Hohlsteinen in Zementmörtel einschl. der 1/35 mm st. Bandeiseneinlagen und der konsolartigen Auflager	115*	
		Überfüllung mit Kohlenschlackenbeton 5 cm st.	50	
		Estrich 2 cm st. . . .	44	
		Linoleum 4 mm . . .	5	
		Deckenputz	20	
		zusammen	234	230

* Zu beachten „Runderlaß betr. die Gewichte ebener Decken aus Hohlsteinen", Nr. 7, S. 247.

zu Nr. 19.

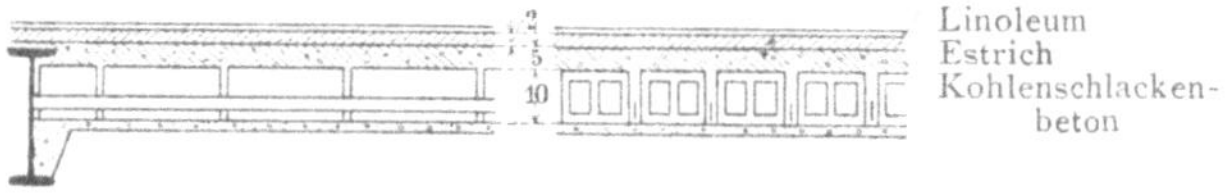

Linoleum
Estrich
Kohlenschlackenbeton

1:30

zu Nr. 20.

Fliesen
Beton

1:30

zu Nr. 21.

6,5

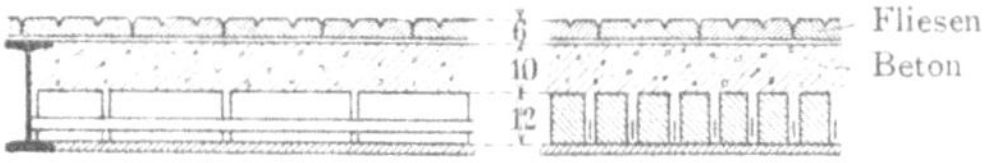

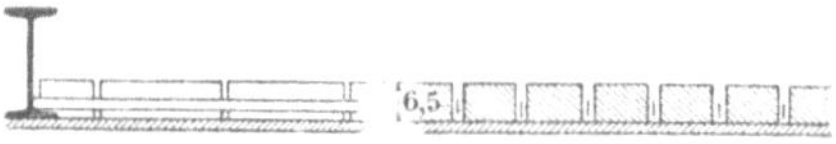

1:30

Nr.	Benennung	Einzelteile	Eigengewicht f. 1 qm im einzelnen kg	im ganzen rd. kg
19a 20	Für jedes cm Mehrstärke der Platte Ebene Ziegeldecke mit Eiseneinlagen aus vollen Hartbrandsteinen ½ Stein st. mit Überfüllung aus magerem Beton u. Fliesenbelag (für Durchfahrten und befahrbare Hofkeller)	Mehrgewicht . . . . Platte aus Hartbrandsteinen in Zementmörtel einschl. der 1/35 mm st Eiseneinlagen . . . . . Magerer Beton 10 cm st. Fliesen in Zementmörtelbettung 6 cm st.	 220 190 126	10*
	zusammen	zusammen	536	540
21	Ebene Ziegeldecke wie vor, jedoch ¼ Stein st. (als unbelastete Decke ohne Überfüllung und Fußboden)	Platte aus Hintermauerungssteinen in Zementmörtel einschl. der 1/25 mm st. Eiseneinlagen . . . Deckenputz . . .	 106 20	
	zusammen	zusammen	126	130
22	Ebene Ziegeldecke ohne Eiseneinlagen (Bauart Förster und ähnliche) aus porigen Hohlsteinen mit quer zur Trägerrichtung verlegten, einander stützenden Ziegelreihen, 10 cm st., einschl. Überfüllung mit Koksasche und Holzfußboden	Platten aus porigen Hohlsteinen in Kalkzementmörtel 10 cm stark . . . . . Überfüllung mit Koksasche 10 cm st. . . Lagerhölzer 10/10 cm stark . . . . . Dielen 3,5 cm st. . . Deckenputz	 100* 70 8 23 20	
		zusammen	221	220

* Zu beachten „Runderlaß betr. die Gewichte ebener Decken aus Hohlsteinen", Nr. 7, S. 247.

Nr.	Benennung	Einzelteile	Eigengewicht f. 1 qm	
			im einzelnen kg	im ganzen rd. kg
	zu Nr. 22.			
	1:30			
22a	Für jedes cm Mehrstärke der Platte	Mehrgewicht		10*
22b	Bei Überfüllung mit Sand statt mit Koksasche	220 + 90 ==		310
23	Ebene Ziegeldecke ohne Eiseneinlagen (Securadecke und ähnliche) aus porigenHohlsteinen und schrägem, parallelem oder zentralem Fugenschnitt, gewölbartig wirkend, 13 cm st., bei Abgleichung mit Koksasche und Holzfußboden	Platte aus porigen Hohlsteinen in Zementmörtel 13 cm st. . . .	142*	
		Überfüllung mit Koksasche 10 cm st. . .	70	
		Lagerhölzer 10/10 cm stark	8	
	zu Nr. 23.	Dielen 3,5 cm st. . .	23	
	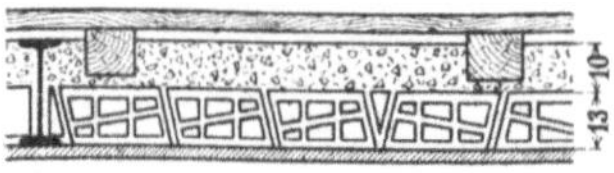	Deckenputz	20	
		zusammen	263	260
	1:30			
23a	Bei Überfüllung mit Sand statt mit Koksasche	260 + 90 ==		350
24	Ebene Ziegeldecke wie vor, jedoch 17 cm stark, mit Fliesenbelag in Zementmörtel oder Terrazzofußboden	Deckenplatte aus porigen Hohlsteinen in Zementmörtel 17 cm stark	179*	
	zu Nr. 24.	Fliesenbelag oder Terrazzofußboden .	60	
		Deckenputz	20	
		zusammen	259	260
	1:30			
24a	Dieselbe bei 22 cm starker Platte	260 + 40 =		300*

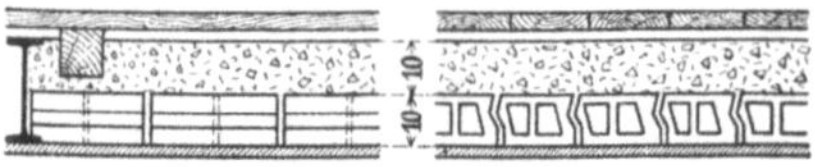

---

* Zu beachten „Runderlaß betr. die Gewichte ebener Decken aus Hohlsteinen", Nr. 7, S. 247.

Nr.	Benennung	Einzelteile	Eigengewicht f. 1 qm im einzelnen kg	im ganzen rd. kg
	II. Dächer. (Für 1 qm Dachfläche, in der Neigungslinie, nicht in der horizontalen Projektion gemessen.)			
1	Einfaches Ziegeldach aus Biberschwänzen von Normalform, einschließlich Lattung und Sparren (Spließdach)	Sparren 12/16 cm st., in 1 m Mittenabstand	13	
		Latten 4,5/6,5 cm st. .	8	
	zu Nr. 1.	Dachsteine (35 Stück/qm je 36,5 · 15,5 · 1,2 cm) .	49	
		Mörtel	3	
		Spließe	1	
	1:30	zusammen	74	75
1a	Dasselbe, aber böhmisch gedeckt in voller Mörtelbettung	Mehrgewicht f. Mörtel	10	
		dann zusammen		85
2	Doppeldach wie Nr. 1	Sparren 12/16 cm st. .	13	
		Latten 4,5/6,5 cm st. .	11	
	zu Nr. 2.	Dachsteine, 45 Stück auf 1 qm.	63	
		Mörtel	6	
	1:30	zusammen	93	95
2a	Dasselbe, aber böhmisch gedeckt	Mehrgewicht f. Mörtel	20	
		dann zusammen		115
3	Kronendach wie Nr. 1	Sparren 12/16 cm st. .	13	
		Latten 4,5/6,5 cm st. .	7	
	zu Nr. 3.	Dachsteine, 55 Stück auf 1 qm.	77	
		Mörtel	6	
	1:30	zusammen	103	105
3a	Dasselbe, aber böhmisch gedeckt	Mehrgewicht f. Mörtel	25	
		dann zusammen		130

Nr.	Benennung	Einzelteile	Eigengewicht f. 1 qm im einzelnen kg	im ganzen rd. kg
4	Pfannendach auf Lattung in böhmischer Deckung, einschließlich Lattung und Sparren, bei Verwendung kleiner, sogenannter holländischer Pfannen	Sparren 12/16 cm st. . Latten 4,5/6,5 cm st. . Pfannen, 20 Stück/qm je 34·24·1,5 cm . . Mörtel	13 6 43 16	
		zusammen	78	80
5	Pfannendach wie vor, aber mit großen Pfannen	Sparren 12/16 cm st. . Latten 4,5/6,5 cm st. . Pfannen, 16 Stück/qm je 40·24·1,5 cm . . Mörtel	13 5 50 16	
		zusammen	84	85
6	Pfannendach wie vor, aber auf Stülpschalung nebst darüber genagelten Strecklatten, einschließl. Schalung, Strecklatten, Dachlatten u. Sparren (verschaltes Pfannendach)	Wie unter Nr. 4 . . . Dazu 2,5 cm st. gestülpte Schalung und Strecklatten . . .	78 20	
		zusammen	98	100
7	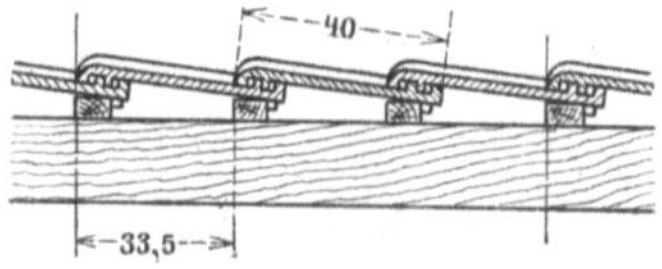 Falzziegeldach einschließl. Lattung usw. wie Nr. 1	Sparren 12/16 cm st. . Latten 4,5/6,5 cm st. . Falzziegel, 15 Stück/qm je 40·20 cm . . . Mörtel zum Verstrich .	13 5 42 3	
		zusammen	63	65

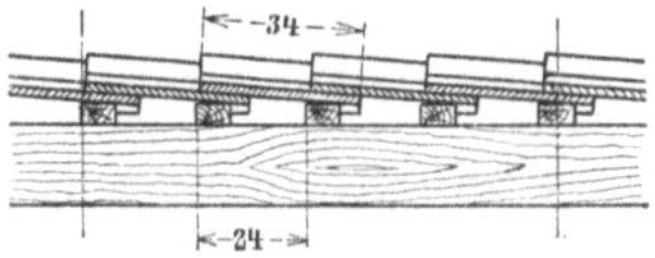

zu Nr. 4.

1:30

zu Nr. 7.

1:30

Nr.	Benennung	Einzelteile	Eigengewicht f. 1 qm im einzelnen kg	im ganzen rd. kg
8	Mönch- und Nonnendach, einschl. Lattung usw. wie Nr. 1	Sparren 12/16 cm st. .	13	
		Latten 4,5/6,5 cm st. .	5	
	zu Nr. 8.	16 Mönche je 43 cm lang und 16 Nonnen je 41 cm lang . . .	66	
		Mörtel	17	
		zusammen	101	100
8a	Dasselbe böhmisch gedeckt . . .	Mehrgewicht für Mörtel	15	
		dann zusammen		115
9	Mönch- und Nonnendach, einschl. wie vor, aber Mönch und Nonne aus einem Stück (für 1 qm 15 Steine 42 cm lang, 20 cm breit, sichtbar nach der Eindeckung)	Sparren 12/16 cm st. .	13	
		Latten 4,5/6,5 cm st. .	5	
		Dachsteine	69	
		Mörtel	3	
		zusammen	90	90
9a	Dasselbe böhmisch gedeckt . . .	Mehrgewicht für Mörtel	15	
		dann zusammen		105
10	Mönch- und Nonnendach wie Nr. 9, jedoch aus Steinen kleineren Formats (für 1 qm 18 Mönch- und Nonnensteine 40 cm lang, 18 cm breit, sichtbar nach der Eindeckung)	Sparren 12/16 cm st. .	13	
		Latten 4,5/6,5 cm st. .	5	
		Dachsteine	63	
		Mörtel	4	
		zusammen	85	85
10a	Dasselbe böhmisch gedeckt . . .	Mehrgewicht für Mörtel	15	
		dann zusammen		100
11	Englisches Schieferdach auf Lattung wie Nr. 1	Sparren 12/16 cm st. .	13	
		Latten 4,5/6,5 cm st. .	6	
		Schiefer einschl. Nägel	25	
		zusammen	44	45
12	Englisches Schieferdach wie vor, jedoch auf Schalung	Wie unter Nr. 11 ausschließ. der Lattung	38	
		Dazu Schalung 2,5 cm stark	16	
		zusammen	54	55

Nr.	Benennung	Einzelteile	Eigengewicht f. 1 qm im einzelnen kg	im ganzen rd. kg
13	Deutsches Schieferdach auf Schalung und Pappunterlage, einschl. Pappe, Schalung usw. wie Nr. 1 (aus Steinen von rd. 35 cm Länge und 25 cm Breite)	Sparren 12/16 cm st. .	13	
		Schalung 2,5 cm st. .	16	
		Dachpappe	3	
		Schiefer einschl. Nägel	32	
		zusammen	64	65
14	Deutsches Schieferdach wie vor (aus kleineren Steinen von rd. 20 cm Länge und 15 cm Breite)	Sparren 12/16 cm st. .	13	
		Schalung 2,5 cm st. .	16	
		Dachpappe	3	
		Schiefer einschl. Nägel	28	
		zusammen	60	60
15	Zinkdach in Leistendeckung, einschließlich der Schalung, Sparren usw. wie Nr. 1	Sparren 12/16 cm st .	13	
		Schalung 2,5 cm st. .	16	
		1,20 qm Zinkblech Nr. 13	7	
		zusammen	36	40
16	Kupferdach, mit doppelter Falzung eingedeckt, einschließl. wie vor	Sparren 12/16 cm st. .	13	
		Schalung 2,5 cm st. .	16	
		1,15 qm Kupferblech 0,6 mm st. . . .	7	
		zusammen	36	40
17	Wellblechdach aus verzinktem Eisenblech auf Winkeleisen	Wellblech 150·40·1,5 mm . .	16	
		Winkeleisen 2,0 m freitragend mit 2,0 m Abstand	7	
		Niete, Anstrich usw. .	2	
		zusammen	25	25
18	Wellblechdach aus Zinkwellblech auf Schalung, einschl. Schalung und Sparren	Sparren 12/16 cm st. .	13	
		Schalung 2,5 cm st. .	16	
		1,20 qm Wellblech Nr. 13	8	
		zusammen	37	40
19	Einfaches Teerpappdach, einschl. Schalung und Sparren	Sparren 12/16 cm st. .	13	
		Schalung 2,5 cm st. .	16	
		1,05 qm Pappe . . .	3	
		Asphalt, Teer, Leisten und Nägel	2	
		zusammen	34	35

Nr.	Benennung	Einzelteile	Eigengewicht f. 1 qm im einzelnen kg	im ganzen rd. kg
20	Doppelpappdach	Sparren 12/16 cm st. .	13	
		Schalung 2,5 cm st. .	16	
		erste Lage (starke) Pappe einschl. Nägel . . .	6	
		zweite Lage	4	
		zwei Teeranstriche . .	4	
		Kies	9	
		zusammen	52	55
21	Holzzementdach einschl. Schalung und Sparren	Sparren 14/18 cm st. .	16	
		Schalung 3,5 cm st. .	23	
		1 Lage starke Pappe und 3 Lagen Papier	7	
		Kies 7 cm hoch . . .	126	
		Holzzement	8	
		zusammen	180	180
21a	Holzzementdach auf massiver Unterlage	1. Dachdeckung:		
		Pappe und Papier . .	7	
	Bemerkung. Liegt die tragende Platte nicht in der Dachneigung, so muß das Gewicht der erforderlichen Aufmauerung in jedem Falle besonders ermittelt werden.	Kies 7 cm hoch . . .	126	196
		Holzzement		
		Zementestrich 2,5 cm st.	55	
	Die Gewichte unter 3) ändern sich entsprechend der gewählten Deckenkonstruktion.	2. Wärmeschutz:		
		Lage aus 4 cm st. Korkplatten	12	
		3. Decke (vgl. Nr. 9):		
		Gewölbe und Hintermauerung	245	
		Abgleichung m. Koksasche	42	
		Deckenputz	20	
21b	Wird Schlackenbeton 5 cm hoch statt der Korkplatten als Wärmeschutz verwendet, so erhöht sich das Gewicht um	zusammen	515	520
		50 — 12 = Mehrgewicht	38	
		zusammen	553	550
21c	Wird eine 12 cm starke Schwemmsteinschicht statt der Korkplatten als Wärmeschutz verwendet, so erhöht sich das Gewicht um . .	120 — 12 = Mehrgewicht	108	
		Dazu laut 21a . .	515	
		zusammen	623	620

Nr.	Benennung	Einzelteile	Eigengewicht f. 1 qm im einzelnen kg	Eigengewicht f. 1 qm im ganzen rd. kg
22	Leinwanddach (Weber-Falkenberg und ähnliche) einschl. Lattung und Sparren	Sparren	13	
		Lattung	6	
		Leinwand	2	
		Anstrich und Klebemasse sowie Nägel	2	
		zusammen	23	25
22a	Dasselbe auf Schalung	Mehrgewicht	10	
		dann zusammen	33	35
23	Schindeldach einschließl. Schalung und Sparren	Sparren 12/16 cm st. .	13	
		Schalung 2,5 cm st. .	16	
		Schindeln einschließl. Nägel	16	
		zusammen	45	45

zu Nr. 23.

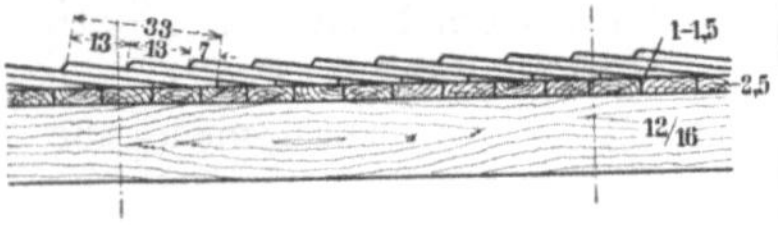

1:30

Nr.	Benennung	Einzelteile	Eigengewicht f. 1 qm im einzelnen kg	Eigengewicht f. 1 qm im ganzen rd. kg
24	Rohrdach einschließl. Lattung und Sparren	Sparren 12/16 cm st. .	13	
		Latten 4,5/6,5 cm st. .	5	
		Staken 3,5 cm Durchm.	2	
		Rohr	29	
		Neugewicht	49	
		Dazu für Moosansatz und festgehaltenes Wasser etwa . . .	30	
		zusammen	79	80

zu Nr. 24.

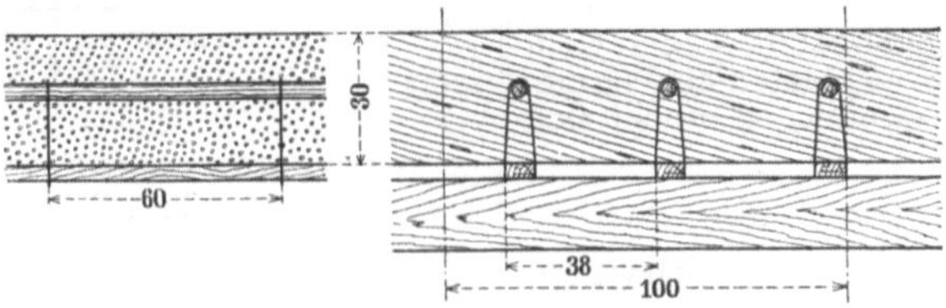

1:30

Nr.	Benennung	Einzelteile	Eigengewicht f. 1 qm im einzelnen kg	Eigengewicht f. 1 qm im ganzen rd. kg
25	Strohdach einschl. wie vor	Sparren 12/16 cm st. .	13	
		Latten	6	
		Staken 3,5 cm Durchm.	3	
		Stroh	22	
		Neugewicht	44	

Nr.	Benennung	Einzelteile	Eigengewicht f. 1 qm im einzelnen kg	im ganzen rd. kg
		Übertrag	44	
		Dazu für Moosansatz und festgehaltenes Wasser etwa . . .	30	
		zusammen	74	75

zu Nr. 25.

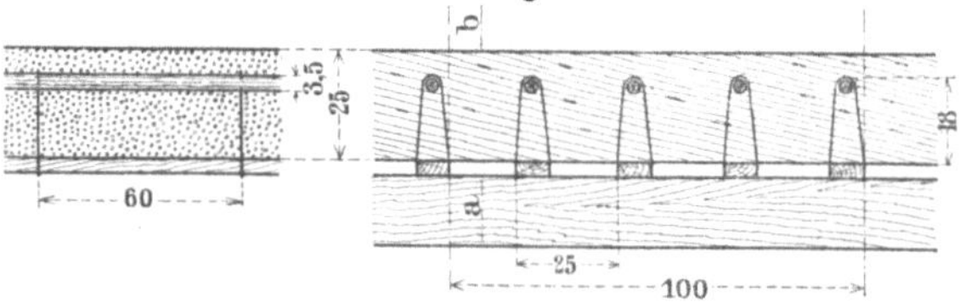

1:30

Nr.	Benennung	Einzelteile	im einzelnen kg	im ganzen rd. kg
26	Glasdach auf Sprosseneisen einschließl. der letzteren bei 4 mm starkem Glase	Glas	11	
		Sprossen von 5 kg Gewicht für 1 m u. rd. 0,45 m Abstand . .	11	
		zusammen		22
26a	Dasselbe bei 5 mm st. Rohglase	Glas	14	
		Sprossen von 6 kg Gewicht für 1 m u. rd. 0,55 m Abstand . .	11	
		zusammen	25	25
26b	Dasselbe bei 5 mm st. Drahtglase	Mehrgewicht gegen 26 a	5	
		dann zusammen		30
26c	Dasselbe bei 6 mm st. Rohglase	Glas	17	
		Sprossen von 7 kg Gewicht für 1 m u. rd. 0,55 m Abstand . .	13	
		zusammen	30	30
26d	Dasselbe bei 6 mm st. Drahtglase	Drahtglas, Mehrgewicht gegen 26 c . .	5	
		dann zusammen		35
26e	Für jedes mm Mehrstärke des Glases	Mehrgewicht		3
26f	Bei Verwendung von Drahtglas	Mehrgewicht für die Drahteinlage . . .		5
27	Gewölbtes Dach aus Glasbausteinen (Bauart Falconnier und ähnliche)	Glasbausteine	42	
		Mörtel	22	
		zusammen	64	65

16*

Belastungen der Bauwerke.

(Nach dem Runderlaß des preußischen Ministers der öffentlichen Arbeiten vom
31. Januar 1910.)

a) Zwischendecken.

Nr.	Art der Nutzlast.	kg/qm
1	Nutzlast für Wohngebäude und kleine Geschäftshäuser durch Möbel, Menschen usw., abgesehen von den in einzelnen Räumen etwa vorkommenden besonderen Belastungen durch Akten, Bücher, Waren, Maschinen usw.	250
2	Nutzlast in Geschäftsgebäuden größeren Umfanges, Versammlungssälen, Unterrichtsräumen, Turnhallen . . .	500
3	Nutzlast in Fabriken, wenn nicht größere Belastungen anzunehmen sind	500
4	Nutzlast für Decken unter Durchfahrten und befahrbaren Höfen, wenn nicht größere Einzellasten (Raddruck) zu berücksichtigen sind	800
5	Treppen-Nutzlast	500
6	Nutzlast in Dachbodenräumen von Wohngebäuden . .	125

In Lagerräumen ist die Nutzlast nach dem Eigengewichte der zu
lagernden Stoffe und der anzunehmenden Höhe der Lagerung in jedem Einzelfalle zu ermitteln. Dabei ist die Nutzlast für die Gänge, sofern sie nur geschäftlichen Zwecken dienen, nicht aber zur Benutzung durch das Publikum
bestimmt sind, mit 150 kg/qm in Rechnung zu stellen.

Für Aktengerüste und Schränke in Registraturen, Bibliotheken,
Archiven usw. ist einschließlich der Hohlräume eine Nutzlast von 500 kg für
das Raummeter anzunehmen.

b) Dächer.

1. Die Schneelast ist zu 75 kg/qm der Dachfläche anzunehmen und
dabei die Möglichkeit einer vollen oder einer einseitigen Schneebelastung zu
berücksichtigen. Bei steilen Dächern kann die
Schneebelastung geringer angenommen werden, sofern einzelne Dachteile nicht etwa Schneesäcke
bilden. Mit Bezug auf die aus nebenstehender Abbildung ersichtlichen Bezeichnungen kann die Schneebelastung angenommen werden:

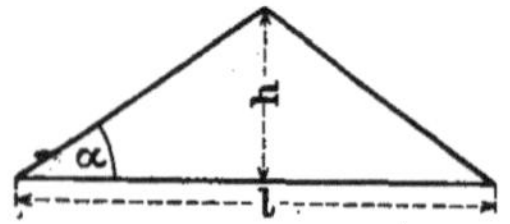

zu 55 kg/qm der Horizontalprojektion, wenn $h = \frac{1}{2}\, l$ ist,

„ 65 „ „ „ „ $h = \frac{1}{3}\, l$ „

„ 70 „ „ „ „ $h = \frac{1}{4}\, l$ „

„ 75 „ „ „ „ $h = \frac{1}{5}\, l$ „

oder der Schneedruck kann aus folgender Formel berechnet werden

$$S = 75 \cos a \ (\text{kg/qm})$$

für 1 qm der Horizontalprojektion.

Bei ganz steilen Dächern, an denen nur geringfügige Schneemassen haften können, ist eine Schneelast nicht weiter in Betracht zu ziehen.

2. Der Winddruck ist in der Regel zu 125 kg/qm rechtwinklig getroffener Fläche anzunehmen. Für hohe Bauten auf kleiner Grundfläche (schlanke Türme) ist außerdem noch der Nachweis zu führen, daß bei einem Winddruck von 150 kg/qm die für die zulässigen Beanspruchungen angegebenen oberen Grenzen nicht überschritten werden.

Werden freistehende Gebäude, deren Frontwände nicht durch Querwände versteift sind, auf Standsicherheit gegen Winddruck untersucht, so genügt es, mit einem Winddruck von 75 kg/qm zu rechnen (siehe ergänzende ministerielle Erlasse, Nr. 5, Seite 246).

Bezeichnet a den Neigungswinkel eines Teiles F der Dachfläche gegen die wagerecht anzunehmende Windrichtung, so ist der auf die Fläche F entfallende und rechtwinklig zu ihr wirkende Winddruck

$$W = W_0\, F \sin^2 a,$$

wo $W_0 = 125$ bezw. 150 kg einzusetzen ist. Bei ebenen Dächern entfällt hiernach aus dem Winddruck von 125 kg/qm und bei einer Dachneigung

von 70°	65°	60°	55°	50°	45°	40°	35°	30°	25°
ein Beitrag von 110	103	94	84	73	63	52	41	31	22 kg

rechtwinklig auf 1 qm der Dachfläche.

Bei Dachneigungen unter 25° genügt es in der Regel, den Winddruck durch einen Zuschlag zur senkrechten Belastung zu berücksichtigen; die wagerechte Seitenkraft darf vernachlässigt werden.

3. Die Gesamtbelastung der Dächer, bestehend aus Eigengewicht, Schnee- und Winddruck, für 1 qm der Horizontalprojektion kann angenommen werden

beim Glasdach mit 10 bis 25° Neigung zu 125 bis 150 kg

„ Schieferdach „ 25 „ 45° „ „ 150 „ 250 „

„ Ziegeldach „ 30 „ 45° „ „ 250 „ 300 „

„ Holzzementdach zu . . . . 275 „

bei steilen Mansardendachflächen mit Schiefer- oder Ziegeldeckung von 45 bis 70° Neigung zu 300 bis 700 kg.

Bei Dächern über offenen Hallen ist auch ein von innen nach außen wirkender Winddruck von etwa 60 kg auf 1 qm rechtwinklig getroffener Fläche in Betracht zu ziehen.

Endlich ist noch in der Mitte der einzelnen Dachteile (Sparren, Pfetten, Sprosseneisen usw.) eine Nutzlast von 100 kg für einzelne, das Dach bei Wiederherstellungs- oder Reinigungsarbeiten betretende Personen anzunehmen.

Ergänzende Erlasse des Kgl. Polizeipräsidiums Berlin.

1. Der Nachweis der Durchbiegung in den statischen Berechnungen eiserner Trägerkonstruktionen oder die Innehaltung bestimmter Größen dieser Durchbiegung erübrigt sich im allgemeinen für alle Deckenträger und diejenigen Träger und Unterzüge, die keine veränderliche Belastung erfahren. Dagegen ist dieser Nachweis für alle diejenigen über 7 m langen Träger und Unterzüge zu erbringen, die das Gebäude in der Längs- und Querrichtung aussteifen und an Stelle der sonst vorhandenen Längs- und Querwände treten, für die somit eine gewisse Starrheit erforderlich wird. Zur Erzielung dieser Längs- und Quersteifigkeit ist auch die Anordnung von sogenannten Gerbergelenken in den Trägern der bezeichneten Art unzulässig. Die Durchbiegung soll in der Regel das Maß $^1/_{500}$ der freien Länge nicht überschreiten.

2. Gerbergelenke sind gestattet in Konstruktionsteilen zweiter Ordnung, d. h. in sekundären Deckenträgern, Pfetten und dergl.; Bedingung für die Verwendung ist, daß durch die konstruktive Ausbildung ein Spielen der Gelenke gewährleistet ist. Als geeignetes Mittel hierfür bei Verwendung von Massivdecken zwischen eisernen Trägern wird eine sachgemäße Umkapselung der Gelenke angesehen. Außerdem ist notwendig, daß in den Decken, im Zuge der Gelenke durchlaufende Schlitze angeordnet werden.

Verboten ist der Einbau von Gerbergelenken in Konstruktionsteilen erster Ordnung, d. h. in allen, das Gebäude in der Längs- und Querrichtung aussteifenden, Unterzügen und denjenigen Deckenträgern, die in den Pfeilerachsen genau wie die Unterzüge als Aussteifungsträger wirken.

3. Die in den Bestimmungen über die bei Hochbauten anzunehmenden Belastungen usw. vom 31. Januar 1910 für Dächer angegebene Belastungswerte genügen nicht für wagrechte oder mäßig bis 1:20 geneigte Dächer, da diese Flächen erfahrungsgemäß immer häufiger zum zeitweiligen Aufenthalt von Menschen (z. B. Spiel-, Beobachtungs- und Erholungsplätze) benutzt werden und dadurch, besonders bei Ausführung der Dachhaut in Eisenbetonkonstruktion, unzulässig hohe Beanspruchungen erfahren.

Aus diesem Grunde sind derartige Dächer, vorausgesetzt, daß ihre Benutzung zu dem genannten Zweck nicht ausgeschlossen erscheint, mit einer Nutzlast von 250 kg/m zu berechnen. Wind und Schneedruck sind in dieser Ziffer bereits einbegriffen.

Bei Anlage von Dachgärten oder ausgesprochenen Turnplätzen sind die Erdaufschüttungen und die erforderlichen Erschütterungszuschläge besonders zu berücksichtigen.
Verfügung vom 5. April 1911.

4. Scheidewände jeglicher Art zur nachträglichen Aufstellung größerer Räume über Massivdecken mit 250 kg/m Nutzlast, und zwar mit und ohne Eiseneinlagen (z. B. System Prüss, Abegg, Kessler, Helm etc.), müssen, wenn sie nach der Art ihrer Aufstellung nicht mehr als freitragend gelten können, bei den statischen Untersuchungen der Unterkonstruktion berücksichtigt werden. Massivdecken für 500 kg/m Nutzlast und Holzbalkendecken bleiben ausgenommen.

Dabei soll es ausreichen, wenn $^3/_4$ des nachzuweisenden Gewichts der Wände in gleichmäßiger Verteilung auf die in Betracht kommende Deckenfläche zu der Nutzlast zugeschlagen werden.

Statt eines genauen Nachweises kann auch mit mindestens 75 kg/m² gerechnet werden.

Voraussetzung ist ferner, daß die Wände mit den massiven Tragwänden und beim Stoß auf Scheidewände gleicher Art mit diesen sachgemäß durch Herumbiegen der horizontalen Eiseneinlagen oder besondere Hilfskonstruktionen (z. B. senkrechte Winkeleisen) steif miteinander verbunden werden. Stumpfer Stoß ist unzulässig.

5. Bei der Berechnung der einzelnen Wandglieder, Rahmen, Binder usw. eines Gebäudes, ist der Winddruck mit dem Betrage von 125 bezw. 150 kg/qm anzusetzen. Nur bei der Untersuchung von Tragwerken, die zur Aussteifung des ganzen Gebäudes gegen Winddruck und zu seiner Übertragung auf einzelne feste Punkte des Gebäudes dienen, kann der Winddruck zu 75 kg/qm angenommen werden. (Verfügung vom 13. Februar 1912.)

6. Neuerliche umfassende Ermittlungen haben ergeben, daß die früher allgemein übliche Eigengewichtsangabe für Ziegelmauerwerk von 1600 kg/cbm nur noch in sehr wenigen Gegenden mit dem tatsächlichen Eigengewicht in Einklang steht. Hauptsächlich infolge der Verbesserung des Herstellungsverfahrens hat sich das durchschnittliche Gewicht wesentlich gehoben und beträgt zurzeit etwa **1800 kg/cbm.**

Für die „Bestimmungen über die bei Hochbauten anzunehmenden Belastungen und Beanspruchungen der Baustoffe" vom 31. Januar 1910 ergeben sich hieraus die folgenden Änderungen:

* 1 bei „Hartbrandsteinen in Kalkzementmörtel" ist zu setzen „Ziegelsteinen",

* 2 „Hintermauerungssteinen in Kalkmörtel" ist zu streichen,

* 3 die Angaben * 1 und * 3 erhalten als Anmerkung den Zusatz:
    „Sofern der Polizeibehörde der Nachweis erbracht wird, daß die tatsächlich verwandten Steine ein geringeres Gewicht haben, kann für die statische Berechnung eine Herabsetzung des Gewichtes bis auf 1600 kg/cbm zugestanden werden".

7. Runderlaß, betreffend die Gewichte ebener Decken aus Hohlsteinen.

Berlin, den 14. Januar 1913.

Bei den in den Bestimmungen über die bei Hochbauten anzunehmenden Belastungen usw. vom 31. Januar 1910 enthaltenen Gewichtsangaben ebener Ziegeldecken (Nr. 18 [1]) bis 24 a der Bestimmungen bezw. Nr. 15 bis 19 der Berechnungsgrundlagen) ist davon auszugehen, daß die aus Hohlsteinen bestehenden Decken nur dann die angegebenen Gewichte besitzen, wenn das Einlaufen des Fugenmörtels in die Hohlräume der Steine sicher vermieden wird.

Ist dies, wie zurzeit bei den meisten Hohlsteinarten mit kopfseitig offenen Hohlräumen, nicht der Fall, so müssen entsprechend höhere Eigengewichtszahlen für die Deckenplatten, beispielsweise in Pos. 19 der Bestimmungen 140 statt 115 kg/qm, also etwa 20 v. H. mehr angesetzt werden.

Der Minister der öffentl. Arbeiten.

Der Preuß. Ministeriums-Erlaß vom 31. Januar 1910 findet auch für B a d e n Anwendung, jedoch mit folgenden Änderungen:

1. S. 13, Ziff. 3 Abs. 2 fällt weg, so daß also für Baden Beanspruchungen von 1400 und 1600 kg pro qcm nicht zulässig sind.

2. S. 17, Belastungen für Schulen usw. 500 kg pro qcm wie in Preußen mit dem Zusatz, daß für Volksschulen, Kleinkinderschulen, also für nicht erwachsene Personen, Nutzlasten von 400—450 kg pro qcm zulässig sind.

3. S. 18, Ziff. 97 ist zu streichen (s. auch unter 1).

4. S. 19, Ziff. 117, statt 20—30 kg pro qcm sind in Baden nur Beanspruchungen von 15—20 kg pro qcm zulässig.

5. S. 19, Ziff. 125, in Baden ist guter Baugrund nur mit $2^{1}/_{2}$ bis $3^{1}/_{2}$ kg pro qcm zu belasten. Bei bestem Baugrund etwa bis zu 5 kg pro qcm.

Zulässige Beanspruchung der Baustoffe.

(Nach dem Runderlaß des preußischen Ministers der öffentlichen Arbeiten vom
31. Januar 1910.)

Die nachstehend unter b) bis e) angegebene untere Grenze der zulässigen
Beanspruchung ist einzuhalten, wenn die statische Berechnung nicht mit
voller Genauigkeit durchgeführt wird oder nicht genau durchgeführt werden
kann. Mit den höheren Werten darf gerechnet werden, wenn einwandfreie
statische Untersuchungen unter Annahme der stärksten Belastungen bei Berücksichtigung der denkbar ungünstigsten Umstände durchgeführt werden.

a) Eisen[1]).

Die folgenden Angaben unter Ziffer 1 bis 3 beziehen sich auf Flußeisen;
sollte ausnahmsweise noch Schweißeisen verwendet werden, so sind die Beanspruchungen um 10 v. H. zu ermäßigen. Für altes, wieder zur Verwen-

---

[1]) Die für Preußen festgesetzten Ziffern sind ganz oder im wesentlichen übernommen
bezw. anerkannt für

Herzogtum Braunschweig durch Schreiben vom 21. April 1910 von der Herzogl.
Braunschweig. Lüneburg. Baudirektion, Braunschweig.

Großherzogtum Hessen durch Schreiben vom 8. Juli 1910 vom Großh.
Ministerium der Finanzen, Abteilung für Bauwesen, Darmstadt.

Herzogtum Anhalt durch Schreiben vom 21. September 1910 vom Herzogl.
Anhalt. Staatsministerium, Dessau.

Fürstentum Reuß jüngere Linie durch Schreiben vom 22. August 1910 vom
Fürstl. Ministerium, Abteil. f. d. Innere, Gera.

Fürstentum Reuß ältere Linie durch Schreiben vom 22. April 1910 von der
Fürstl. Plauisch. Landesregierung, Greiz.

Herzogtum Sachsen-Coburg-Gotha durch Schreiben vom 19. April 1910 vom
Herzogl. Sächs. Staatsministerium, Gotha.

Großherzogtum Baden durch Schreiben vom 23. April 1910 vom Großh.
Badischen Ministerium des Innern, Karlsruhe.

Herzogtum Sachsen-Meiningen durch Schreiben vom 6. Mai 1910 vom Herzogl.
Staatsministerium, Meiningen.

Königreich Bayern. Für München durch Schreiben vom 2. Juli 1910 von der
Lokalbaukommission der Kgl. Haupt- und Residenzstadt München.

Für **Augsburg** laut Mitteilung des Stadtmagistrats vom 14. Juli 1911.

Für **Nürnberg** laut Mitteilung des Stadtmagistrats vom 13. Juli 1911.

Für **Regensburg** laut Mitteilung des Stadtbauamts vom 13. Juli 1911.

Für **Würzburg** laut Schreiben des Stadtmagistrats vom 13. Juni 1911.

Großherzogtum Oldenburg durch Schreiben vom 27. September 1910 vom
Großh. Oldenburg. Ministerium des Innern, Oldenburg.

Fürstentum Schwarzburg-Rudolstadt durch Schreiben vom 21. April 1910
vom Fürstl. Schwarzburg. Ministerium, Abteil. des Innern, Rudolstadt.

dung gelangendes Eisen ist die Beanspruchung je nach seiner Beschaffenheit noch weiter herabzusetzen.

1. Träger zur Unterstützung von Decken und Treppen dürfen auf Biegung höchstens mit 1200 kg/qcm beansprucht werden. Bei der Berechnung der Angriffsmomente ist die Stützweite, d. i. die Entfernung der Auflagermitten, einzuführen.

Bei Nieten und gedrehten Schraubenbolzen darf die Scherspannung höchstens 1000 kg/qcm, der Lochleibungsdruck höchstens 2000 kg/qcm, bei gewöhnlichen Schraubenbolzen die Scherspannung höchstens 750 kg/qcm, der Lochleibungsdruck höchstens 1500 kg/qcm betragen.

2. Schmiedeeiserne Stützen dürfen mit 1200 kg/qcm, bei genauer Berechnung der durch ungünstigste Laststellung (Winddruck, Einzellasten, z. B. Kranbahnträger u. dergl.) eintretenden größten Kantenpressung mit 1400 kg/qcm beansprucht werden. Sie müssen ferner nach der Eulerschen Formel mit fünffacher Sicherheit gegen Knicken berechnet werden ($J_{\min} = 2{,}33\,Pl^2$). Als Knicklänge ist die Systemlänge einzuführen; stehen die Stützen in mehreren Geschossen übereinander und werden sie durch anschließende Deckenträger unverrückbar gehalten, so ist die Geschoßlänge als Knicklänge ohne Rücksicht auf etwaigen Stoß in Deckenhöhe anzunehmen.

Maßgebend ist derjenige Fall, der den größten Querschnitt ergibt.

3. Dächer, Fachwerkwände, Träger zur Unterstützung von Wänden, Kranbahnträger u. dergl. dürfen in denjenigen Teilen, deren Querschnittgröße durch die ständige Last, die Nutzlast und den Schneedruck allein bedingt ist, mit 1200 kg/qcm beansprucht werden, während für diejenigen Teile, deren größte Spannung bei gleichzeitiger ungünstigster Wirkung der genannten Lasten und des Winddruckes eintritt, mit einer Beanspruchung des Eisens von 1400 kg/qcm gerechnet werden darf. Die Spannung von 1400 kg/qcm ist nur zulässig, wenn der Winddruck zu 150 kg/qm angesetzt wird.

Fürstentum Schwarzburg-Sondershausen durch Schreiben vom 25. August 1911 vom Fürstl. Schwarzburg. Ministerium des Innern, Sondershausen.

Großherzogtum Mecklenburg-Schwerin durch Schreiben vom 22. Juli 1910 vom Großh. Ministerium des Innern, Schwerin.

Großherzogtum Mecklenburg-Strelitz durch Schreiben vom 11. Juli 1910 vom Großh. Ministerium des Innern, Strelitz.

Elsaß-Lothringen durch Schreiben vom 5. April 1911 vom Ministerium für Elsaß-Lothringen, Abt. f. Landwirtschaft und öffentliche Arbeiten, Straßburg.

Königreich Württemberg durch Schreiben vom 30. Juni 1910 vom· Königl. Württembergischen Ministerium des Innern, Abteilung für Hochbauwesen, Stuttgart.

Königreich Sachsen durch Beschluß. des Königl. Sächs. Ministeriums des Innern vom 4. November 1910 (mit gewissen Einschränkungen).

Fürstentum Lippe-Detmold gemäß Bescheid vom 23. Dezember 1910.

Fürstentum Schaumburg-Lippe gemäß Bescheid vom 14. November 1910.

Großherzogtum Sachsen-Weimar gemäß Bescheid vom 6. Dezember 1910.

Die Spannung von 1400 kg/qcm darf ausnahmsweise bis zu 1600 kg/qcm bei Dächern gesteigert werden, wenn für eine den strengsten Anforderungen genügende Durchbildung, Berechnung und Ausführung volle Sicherheit gewährleistet erscheint.

Für die Berechnung der Träger zur Unterstützung von Wänden ist die Entfernung der Auflagermitten als Stützweite einzuführen.

Maßgebend ist derjenige Fall, der den größten Querschnitt ergibt.

Die Scherspannung der Niete und gedrehten Schraubenbolzen darf 1000 kg/qcm, der Lochleibungsdruck 2000 kg/qcm betragen.

Bei fachwerkartigen Bauteilen brauchen die sogenannten Neben- und Zwängungsspannungen nicht berücksichtigt zu werden.

Die nach der Eulerschen Formel zu berechnende Sicherheit der auf Druck beanspruchten Glieder muß im ungünstigsten Falle eine vierfache sein ($J_{min} = 1{,}87\ Pl^2$). Als Länge dieser Glieder ist die ganze Systemlänge einzuführen.

Anker dürfen nur mit 800 kg/qcm beansprucht werden.

4. Gußeisen darf in Lagern auf Druck mit 1000 kg, in anderen Bauteilen auf Druck mit 500, auf Biegung mit 250, auf Abscherung mit 200 kg/qcm beansprucht werden.

5. Stahlformguß darf auf Biegung mit 1200 kg/qcm,

6. Schmiedestahl auf Zug, Druck und Biegung bis zu 1400 kg/qcm beansprucht werden.

7. Gußeiserne Säulen sind nach der Eulerschen Formel mit sechs- bis achtfacher Sicherheit auf Knicken zu berechnen ($J_{min} = 6\ Pl^2$ bis $8\ Pl^2$).

b) Holz.

Eichenholz:	Zug	100 bis 120 kg/qcm
	Druck	80 „ 100 . „
	Biegung	100 „ 120 „
	Abscherung parallel zur Faser .	15 „ 20 „
	Abscherung rechtwinklig zur Faser	80 „ 90 „
Kiefernholz:	Zug	100 bis 120 kg/qcm
(astfrei)	Druck	60 „ 80 „
	Biegung	100 „ 120 „
	Abscherung parallel zur Faser .	10 „ 15 „
	Abscherung rechtwinklig zur Faser	60 „ 70 „

Bei Bauten für vorübergehende Zwecke (Ausstellungshallen u. dergl.) dürfen die Zahlen um 50 v. H. erhöht werden.

Stützen müssen nach der Eulerschen Formel mit $E = 100\,000$ kg/qcm eine sechs- bis zehnfache Sicherheit gegen Knicken besitzen ($J_{min} = 60\ Pl^2$ bis $100\ Pl^2$). Die untere Grenze von J gilt aber nur für vorübergehende Bauten.

c) Natürliche Bausteine.

Bestimmte Mittelwerte für die Druckfestigkeit lassen sich bei der großen Verschiedenheit der Gesteine in den einzelnen Brüchen und dort wieder in den einzelnen Schichten und Lagen nicht angeben. Die Grenzwerte ergeben sich aus der auf Seite 252 angefügten Tabelle E.

Für Auflagersteine ist eine . . . . . . 10 bis 15 fache Sicherheit,
für Pfeiler und Gewölbe eine . . . . . 15 „ 20 „ „
für sehr schlanke Pfeiler und Säulen eine 25 „ 30 „ „
anzunehmen.

Wenn keine Festigkeitsnachweise erbracht werden, wird empfohlen, folgende Werte nicht zu überschreiten:

Gesteinsart	Druckspannung in kg/qcm		
	Auflagersteine	Pfeiler und Gewölbe	Sehr schlanke Pfeiler u. Säulen
Granit	60 bis 90	45 bis 60	25 bis 30
Sandstein	30 „ 50	25 „ 30	15 „ 20
Kalkstein und Marmor	30 „ 40	20 „ 30	12 „ 15

d) Mauerwerk.

Unter der Voraussetzung kunstgerechter und sorgfältiger Ausführung, sowie ausreichender Erhärtung des Mörtel sind folgende Druckbeanspruchungen zulässig:

Lfde. Nr.	Bezeichnung des Mauerwerks	Zulässige Druckbeanspruchung in kg/qcm
1	Für gewöhnliches Ziegelmauerwerk in Kalkmörtel mit dem Mischungsverhältnis von 1 Raumteil Kalk und 3 Raumteilen Sand	bis 7
2	Für Mauerwerk aus Hartbrandsteinen in Kalkzementmörtel (1 R.-T. Zement, 2 R.-T. Kalk, 6 bis 8 R.-T. Sand)	12 „ 15
3	Für Mauerwerk aus Klinkern in Zementmörtel (1 R.-T. Zement und 3 R.-T. Sand mit Zusatz von etwas Kalkmilch)	20 „ 30
4	Für Mauerwerk aus porigen Ziegeln	3 „ 6
5	Für Mauerwerk aus Schwemmsteinen von mindestens 20 kg/qcm Druckfestigkeit	„ 3
6	Für Mauerwerk aus Kalksandsteinen in Kalkmörtel (1 R.-T. Kalk und 3 R.-T. Sand)	„ 7
7	Für Mauerwerk aus Kalksandsteinen in Kalkzementmörtel (1 R.-T. Zement, 2 R.-T. Kalk, 6 bis 8 R.-T. Sand)	12 „ 15
8	Für Bruchsteinmauerwerk in Kalkmörtel	„ 5
9	Für Fundamentmauerwerk aus geschüttetem Beton . .	6 „ 8
10	Für Fundamentmauerwerk aus gestampftem Beton . .	10 „ 15

e) Baugrund.

Guter Baugrund darf mit 3 bis 4 kg/qcm beansprucht werden. Die Wahl darüber hinausgehender Beanspruchungen ist besonders zu begründen.

E. Druckfestigkeit der gebräuchlichsten natürlichen Bausteine.

(Nach dem Runderlaß des preußischen Ministers der öffentlichen Arbeiten vom 31. Januar 1910.)

Nr.	Gesteinsart	Druck-festigkeit in kg/qcm	Bemerkungen
	Granite.		
1	sehr feste ⎫ polier-	1000 bis 2000	**Vorbemerkung.** Alle angegebenen
2	feste ⎬ bare	800 „ 1200	Festigkeiten gelten bei Bean-
3	wenig feste, wenig oder nicht polier-		spruchung annähernd rechtwink-lig zur Lagerfläche.
	bare	450 „ 800	**Zu 1 bis 7:** Höhere Druckfestigkeiten
4	Syenit	800 „ 2000	können angenommen werden,
5	Porphyr	500 „ 2000	wenn sie im Einzelfalle nach-
6	Basalt	1000 „ 2000	gewiesen werden.
7	Basaltlava . . .	300 „ 1500	
	Kalksteine.		
8	Marmor	500 bis 1800	**Zu 8:** Bunt geaderter Marmor hat
9	dichte	200 „ 1600	in der Nähe der Spaltrichtung
10	porige	200 „ 600	keine in Betracht kommende
11	Tonschiefer (Bruch-		Festigkeit.
	steine)	600 „ 1700	**Zu 8 bis 17:** Sofern die Steine nicht als völlig zuverlässig bekannt sind, ist reichliche Sicherheit zu wählen.
	Sandsteine		
12	sehr feste	1500 „ 2000	Z. B. Grauwacken, Kohlensandsteine und Keupersandsteine.
13	feste	1000 „ 1500	Z. B. Grauwacken, Kohlensand-steine, Keupersandsteine, Quader-sandsteine, Buntsandsteine, Mo-lassesandsteine u. Jurasandsteine.
14	mittelfeste	600 „ 1000	Z. B. Grauwacken, Kohlensandsteine und Keupersandsteine, Quader-sandsteine, Buntsandsteine, Mo-lassesandsteine, Jurasandsteine, Hilssandsteine.

Nr.	Gesteinsart	Druck-festigkeit in kg/qcm	Bemerkungen
15	wenig feste . . .	200 bis 600	Z. B. Kohlensandsteine, Keupersandsteine, Quadersandsteine, Buntsandsteine, Molassesandsteine, Jurasandsteine und Hilssandsteine.
	Tuffe		
16	feste	300 „ 1500	Z. B. Kalktuffe.
17	wenig feste . . .	200 „ 300	Porphyrtuffe, Leuzittuffe und Bimssteintuffe sowie Kalktuffe.

Angaben über Bodenbeanspruchungen.

Nicht fest gelagerter feiner Sand	1,5—2,5 kg/qcm
Sehr fester dichter Sand	6,5—7,5 „ „
Trockener, festgelagerter Baugrund von vorwiegend kiesiger Beschaffenheit ohne wesentlichen Tongehalt	2,5—5,0 „ „
Lehmiger Boden mit 30—70 % Sand	0,8—1,6 „ „
Fester Ton mit feinem Sand gemengt	4,0—5,0 „ „
Harter Mergel	5,4—8,7 „ „
Fester schiefriger und feiner Schotter	6,5—8,7 „ „
Sandstein, der in der Hand zerbröckelt . . .	1,6—1,9 „ „
Fester Fels	9,0—20,0 „ „

Auflagerdrücke, Momente, Durchbiegung usw., für besondere Belastungsfälle.

Angriffsweise	Auflagerdrücke	Biegungsmoment	Gleichung der elastischen Linie	Durchbiegung	Bemerkung
	$B = P$	$M_x = Px$ $M_{max} = Pl$	$y = \dfrac{Pl^3}{2\,EJ}\left[\dfrac{x}{l} - \dfrac{1}{3}\dfrac{x^3}{l^3}\right]$	$f = \dfrac{Pl^3}{3\,EJ}$	Gefährl. Querschnitt bei B
	$B = P$	$M_x = \dfrac{Px^2}{2\,l}$ $M_{max} = \dfrac{Pl}{2}$	$y = \dfrac{Pl^3}{6\,EJ}\left[\dfrac{x}{l} - \dfrac{1}{4}\dfrac{x^4}{l^4}\right]$	$f = \dfrac{Pl^3}{8\,EJ}$	Gefährl. Querschnitt bei B
	$B = P$	$M_x = \dfrac{Px^3}{3\,l^2}$ $M_{max} = \dfrac{Pl}{3}$	$y = \dfrac{Pl^3}{12\,EJ}\left[\dfrac{x}{l} - \dfrac{1}{5}\dfrac{x^5}{l^5}\right]$	$f = \dfrac{Pl^3}{15\,EJ}$	Gefährl. Querschnitt bei B
	$A = B = \dfrac{P}{2}$	$M_x = \dfrac{Px}{2}$ $M_{max} = \dfrac{Pl}{4}$	$y = \dfrac{Pl^3}{16\,EJ}\left[\dfrac{x}{l} - \dfrac{4}{3}\dfrac{x^3}{l^3}\right]$	$f = \dfrac{Pl^3}{48\,EJ}$	Gefährl. Querschnitt in der Mitte
	$A = \dfrac{Pc_1}{l}$ $B = \dfrac{Pc}{l}$	Für AC: $M_x = \dfrac{Pc_1\,x}{l}$ Für BC: $M_{x_1} = \dfrac{Pc\,x_1}{l}$ $M_{max} = \dfrac{Pc\,c_1}{l}$	$y = \dfrac{P}{6\,EJ}\dfrac{c^2 c_1^2}{l}\left[2\dfrac{x}{c} + \dfrac{x}{c_1} - \dfrac{x^3}{c^2 c_1}\right]$ $y_1 = \dfrac{P}{6\,EJ}\dfrac{c_1^2 c^2}{l}\left[2\dfrac{x_1}{c_1} + \dfrac{x_1}{c} - \dfrac{x_1^3}{cc_1^2}\right]$	$f = \dfrac{P}{3\,EJ}\dfrac{c^2 c_1^2}{l}$ f_{max} bei $x = c\sqrt{\dfrac{1}{3} + \dfrac{2}{3}\dfrac{c_1}{c}}$	Gefährl. Querschnitt bei C

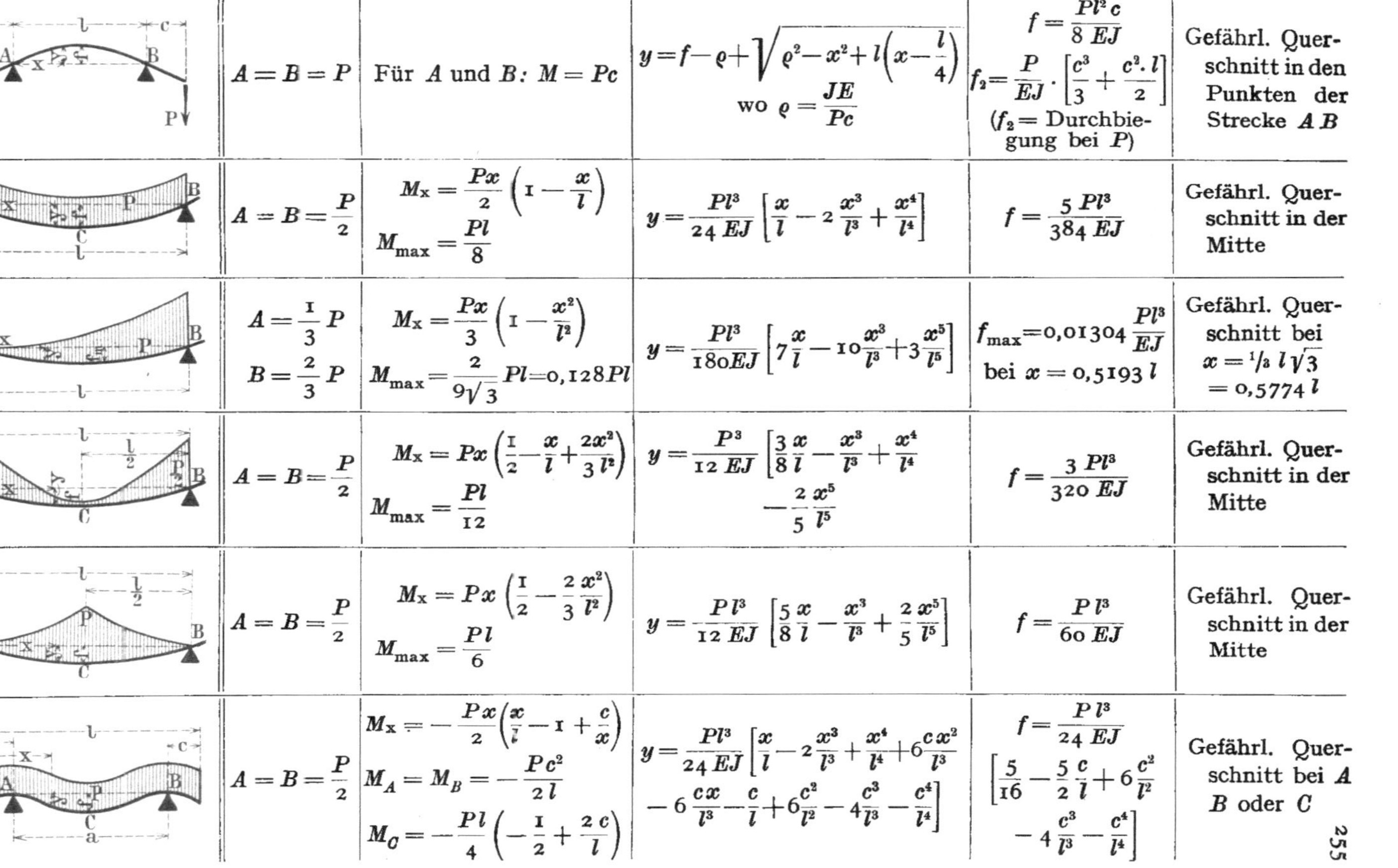

	$A = B = P$	Für A und B: $M = Pc$	$y = f - \varrho + \sqrt{\varrho^2 - x^2 + l\left(x - \dfrac{l}{4}\right)}$ wo $\varrho = \dfrac{JE}{Pc}$	$f = \dfrac{Pl^2 c}{8\,EJ}$ $f_2 = \dfrac{P}{EJ} \cdot \left[\dfrac{c^3}{3} + \dfrac{c^2 \cdot l}{2}\right]$ ($f_2 = $ Durchbiegung bei P)	Gefährl. Querschnitt in den Punkten der Strecke $A\,B$
	$A = B = \dfrac{P}{2}$	$M_{\mathrm{x}} = \dfrac{Px}{2}\left(1 - \dfrac{x}{l}\right)$ $M_{\max} = \dfrac{Pl}{8}$	$y = \dfrac{Pl^3}{24\,EJ}\left[\dfrac{x}{l} - 2\dfrac{x^3}{l^3} + \dfrac{x^4}{l^4}\right]$	$f = \dfrac{5\,Pl^3}{384\,EJ}$	Gefährl. Querschnitt in der Mitte
	$A = \dfrac{1}{3}P$ $B = \dfrac{2}{3}P$	$M_{\mathrm{x}} = \dfrac{Px}{3}\left(1 - \dfrac{x^2}{l^2}\right)$ $M_{\max} = \dfrac{2}{9\sqrt{3}}Pl = 0,128\,Pl$	$y = \dfrac{Pl^3}{180\,EJ}\left[7\dfrac{x}{l} - 10\dfrac{x^3}{l^3} + 3\dfrac{x^5}{l^5}\right]$	$f_{\max} = 0,01304\,\dfrac{Pl^3}{EJ}$ bei $x = 0,5193\,l$	Gefährl. Querschnitt bei $x = \tfrac{1}{3}\,l\sqrt{3} = 0,5774\,l$
	$A = B = \dfrac{P}{2}$	$M_{\mathrm{x}} = Px\left(\dfrac{1}{2} - \dfrac{x}{l} + \dfrac{2x^2}{3\,l^2}\right)$ $M_{\max} = \dfrac{Pl}{12}$	$y = \dfrac{P^3}{12\,EJ}\left[\dfrac{3}{8}\dfrac{x}{l} - \dfrac{x^3}{l^3} + \dfrac{x^4}{l^4} - \dfrac{2}{5}\dfrac{x^5}{l^5}\right]$	$f = \dfrac{3\,Pl^3}{320\,EJ}$	Gefährl. Querschnitt in der Mitte
	$A = B = \dfrac{P}{2}$	$M_{\mathrm{x}} = Px\left(\dfrac{1}{2} - \dfrac{2}{3}\dfrac{x^2}{l^2}\right)$ $M_{\max} = \dfrac{Pl}{6}$	$y = \dfrac{Pl^3}{12\,EJ}\left[\dfrac{5}{8}\dfrac{x}{l} - \dfrac{x^3}{l^3} + \dfrac{2}{5}\dfrac{x^5}{l^5}\right]$	$f = \dfrac{Pl^3}{60\,EJ}$	Gefährl. Querschnitt in der Mitte
	$A = B = \dfrac{P}{2}$	$M_{\mathrm{x}} = -\dfrac{Px}{2}\left(\dfrac{x}{l} - 1 + \dfrac{c}{x}\right)$ $M_A = M_B = -\dfrac{Pc^2}{2l}$ $M_C = -\dfrac{Pl}{4}\left(-\dfrac{1}{2} + \dfrac{2c}{l}\right)$	$y = \dfrac{Pl^3}{24\,EJ}\left[\dfrac{x}{l} - 2\dfrac{x^3}{l^3} + \dfrac{x^4}{l^4} + 6\dfrac{c\,x^2}{l^3} - 6\dfrac{cx}{l^3} - \dfrac{c}{l} + 6\dfrac{c^2}{l^2} - 4\dfrac{c^3}{l^3} - \dfrac{c^4}{l^4}\right]$	$f = \dfrac{Pl^3}{24\,EJ}$ $\left[\dfrac{5}{16} - \dfrac{5}{2}\dfrac{c}{l} + 6\dfrac{c^2}{l^2} - 4\dfrac{c^3}{l^3} - \dfrac{c^4}{l^4}\right]$	Gefährl. Querschnitt bei A B oder C

Belastungsfall	Auflagerdrücke	Momente
	$A = \dfrac{P\,(2c + b)}{2\,l}$ $B = \dfrac{P\,(2a + b)}{2\,l}$ Für $a = c$ ist $A = B = \dfrac{P}{2}$	$M \cdot x = A \cdot x - \dfrac{P\,(x - a)^2}{2\,b}$ $M_{\max}$ für $x = a + \dfrac{A \cdot b}{P}$ für $a = c$ ist: $M_{\max} = M_{\mathrm{Mitte}} = \dfrac{A \cdot l}{2} - P\dfrac{b}{8}$ $= \dfrac{P}{4}\left(l - \dfrac{b}{2}\right)$
	$A = \dfrac{P_1\,(2\,l - a_1) + P_2 a_2}{2\,l}$ $B = \dfrac{P_2\,(2\,l - a_2) + P_1\,a_1}{2\,l}$	für $A < P_1$ $M = \dfrac{A^2 \cdot a_1}{2\,P_1}$ für $B < P_2$ $M = \dfrac{B^2 \cdot a_2}{2\,P_2}$
	Schwerpunktsabstände $y_1 = \dfrac{b}{3} \cdot \dfrac{q_1 + 2q_2}{q_1 + q_2}$ $y_2 = \dfrac{b}{3} \cdot \dfrac{2\,q_1 + q_2}{q_1 + q_2}$ $A = \dfrac{q_1 + q_2}{2} \cdot b \cdot \dfrac{c + y_2}{l}$ $B = \dfrac{q_1 + q_2}{2} \cdot b \cdot \dfrac{a + y_1}{l}$	Mit $y = q_1 + \dfrac{(x - a)\,(q_2 - q_1)}{b}$ wird für $x > a$ $M \cdot x = A \cdot x - \dfrac{(x - a)^2\,(2\,q_1 + y)}{6}$

Angriffsweise	Auflager-drücke	Biegungsmoment	Gleichung der elastischen Linie	Durchbiegung	Bemerkung
	$A = \frac{3}{8} P$ $B = \frac{5}{8} P$	$M_x = \frac{Px}{2}\left(\frac{3}{4} - \frac{x}{l}\right)$ $M_{max} = M_B = -\frac{Pl}{8}$ $M_C = \frac{9}{128} Pl$ } Größtes positives Moment	$y = \frac{Pl^3}{48EJ}\left[\frac{x}{l} - 3\frac{x^3}{l^3} + 2\frac{x^4}{l^4}\right]$	$f = \frac{Pl^3}{192\,EJ}$ f_{max} bei $x = \frac{l}{16}\cdot(1 + \sqrt{33})$	Gefährl. Querschnitt bei B
	$A = B = \frac{P}{2}$	$M_x = -\frac{Pl}{2}\left(\frac{1}{6} - \frac{x}{l} + \frac{x^2}{l^2}\right)$ $M_A = M_B = -\frac{Pl}{12}$ $M_C = +\frac{Pl}{24}$	$y = \frac{Pl^3}{24EJ}\left[\frac{x^2}{l^2} - 2\frac{x^3}{l^3} + \frac{x^4}{l^4}\right]$	$f = \frac{Pl^3}{384\,EJ}$	Gefährl. Querschnitt bei A und B
	$A = \frac{3}{10} P$ $B = \frac{7}{10} P$	$M_x = -\frac{Pl}{30}\left[10\frac{x^3}{l^3} - 9\frac{x}{l} + 2\right]$ $M_A = \frac{1}{15} Pl$ $M_B = \frac{1}{10} Pl$	$y = \frac{Pl^3}{60EJ}\left[2\frac{x^2}{l^2} - 3\frac{x^3}{l^3} + \frac{x^5}{l^5}\right]$	$f_{max} = \frac{Pl^3}{384\,EJ}$ für $x = 0{,}525\,l$	Gefährl. Querschnitt für $x = l\sqrt{\frac{3}{10}}$ $= 0{,}548\,l$
	$A = B = \frac{P}{2}$	$M_x = -Pl\left(\frac{5}{48} - \frac{x}{2l} + \frac{2x^3}{3\,l^3}\right)$ $M_A = M_B = -\frac{5}{48} Pl$ $M_C = +\frac{Pl}{16}$	$y = \frac{Pl^3}{6EJ}\left[\frac{5\,x^2}{16\,l^2} - \frac{x^3}{2\,l^3} + \frac{x^5}{5\,l^5}\right]$	$f = \frac{7\,Pl^3}{1920\,EJ}$	Gefährl. Querschnitt bei A und B

17

Angriffsweise	Auflager-drücke	Biegungsmoment	Gleichung der elastischen Linie	Durchbiegung	Bemerkung
	$A = B = \dfrac{P}{2}$	$M_x = \dfrac{Pl}{2}\left(\dfrac{x}{l} - \dfrac{1}{4}\right)$ $M_A = M_B = -\dfrac{Pl}{8}$ $M_0 = +\dfrac{Pl}{8}$	$y = \dfrac{Pl^3}{16EJ}\left[\dfrac{x^2}{l^2} - \dfrac{4}{3}\dfrac{x^3}{l^3}\right]$	$f = \dfrac{Pl^3}{192\,EJ}$	Gefährl. Quer-schnitt bei A B und C
	$A = \dfrac{5\,P}{16}$ $B = \dfrac{11\,P}{16}$	$M_c = +\dfrac{5\,Pl}{32}$ $M_{\max} = M_B = -\dfrac{3}{16}\dfrac{Pl}{}$	$y = \dfrac{Pl^3}{32\,EJ}\left(\dfrac{x}{l} - \dfrac{5}{3}\dfrac{x^3}{l^3}\right)$	$f_{\max} = \sqrt{\tfrac{1}{5}}\,\dfrac{Pl^3}{48\,EJ}$ für $x = l\sqrt{\tfrac{1}{5}}$	Gefährl. Quer-schnitt bei B
	$A = \dfrac{3}{16}P$ $B = \dfrac{13}{16}P$	von A bis C: $M_{x_1} = \dfrac{3}{16}Px_1 - \dfrac{5}{96}Pl$ von B bis C: $M_{x_2} = \dfrac{11}{16}Px_2 - \dfrac{Px^2}{l} + \dfrac{11}{96}Pl$ $M_A = \dfrac{5}{96}Pl$ $M_B = \dfrac{11}{96}Pl$	von A bis C: $y_1 = \dfrac{Pl^3}{32EJ}\left[\dfrac{5x_1^2}{6\,l^2} - \dfrac{x_1^3}{l^3}\right]$ von B bis C: $y_2 = \dfrac{Pl^3}{192EJ}\left[11\dfrac{x_2^2}{l^2} - 26\dfrac{x_2^3}{l^3} + 16\dfrac{x_2^4}{l^4}\right]$	$f_{\max} = \dfrac{Pl^3}{333\,EJ}$ bei $x_2 = 0{,}445\,l$ $f_{\text{Mitte}} = \dfrac{Pl^3}{384\,EJ}$	Gefährl. Quer-schnitt bei $x_2 = \dfrac{13}{32}l$ $= 0{,}407\,l$

Einfach armierter Träger.

$$A' = B' = \frac{3\,Q}{16}$$
$$C \div D = -\frac{5\,Q}{8}$$
$$A \div C = C \div B = +\frac{5\,Q}{16\,sin\beta}$$
$$A \div B = \frac{5\,Q}{16\,tg\,\beta}$$

Obergurt $A \div B$ ist auf Druck und Biegung zu berechnen:

$$\sigma_{\text{vorh.}} = \frac{5\,Q}{16\,F\,tg\,\beta} + \frac{Q\,l}{32\,W} \left\{ \begin{array}{l} F = \text{Querschnitt des Gurtes in qcm,} \\ W = \text{Widerstandsmoment des Gurt-} \\ \text{querschnittes in cm}^3. \end{array} \right.$$

Doppelt armierter Träger.

$$A' = B' = \frac{4\,Q}{30}$$
$$C \div D = -\frac{11\,Q}{30}$$
$$A \div D = B \div D = \frac{11\,Q}{30\,sin\beta}$$
$$A \div B = -\frac{11\,Q}{30\,tg\,\beta}$$
$$D \div D = +\frac{11\,Q}{30\,tg\,\beta}$$

Obergurt $A \div B$ ist auf Druck und Biegung zu rechnen:

$$\sigma_{\text{vorh.}} = \frac{11\,Q}{30\,F\,tg\beta} + \frac{Q\,l}{90\,W} \left\{ \begin{array}{l} F = \text{Querschnitt des Gurtes in qcm,} \\ W = \text{Widerstandsmoment des Gurt-} \\ \text{querschnittes in cm}^3. \end{array} \right.$$

Bestimmung der Stabspannungen in Fachwerksbindern

unter Berücksichtigung einer Gesamtvertikalbelastung $Q_{kg} = l \cdot b \cdot q$,

wobei l die Binderstützweite in m,

b die Binderentfernung in m,

q die Belastung in kg pro qm Grundrißfläche darstellt.

Einfacher Dreieckbinder bis 8 m Stützweite.

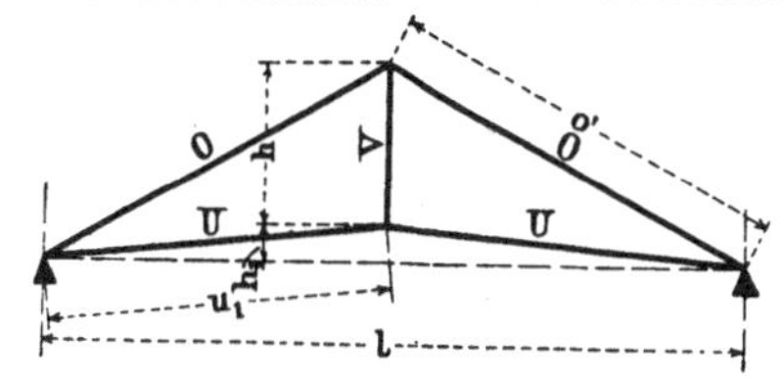

Obergurt. $O = -\dfrac{Q\,o'}{4\,h}$

Untergurt. $U = +\dfrac{Q\,u_1}{4\,h}$

Pfosten. $V = +\dfrac{Q\,h_1}{2\,h}$

$\left.\begin{array}{l}\\\\\end{array}\right\}$ Für $h_1 = 0$ wird $V = 0$.

---

einf. Polonceaubinder bis 16 m Stützweite.

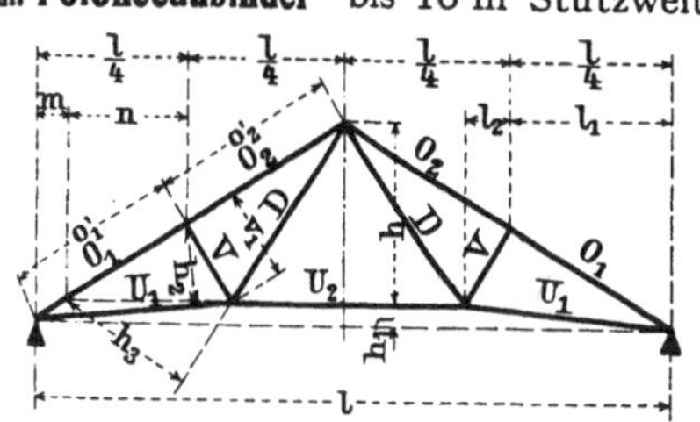

Obergurt.

$O_1 = -\dfrac{3}{8}\dfrac{Q\,(l_1 + l_2)}{v_1}$; $O_2 = -\dfrac{Q}{8}\dfrac{3\,l_1 + l_2}{v_1}$.

Untergurt.

$U_1 = +\dfrac{3}{8}\dfrac{Q\,l_1}{h_2}$; $U_2 = +\dfrac{Q\,l_1}{2\,h}$.

Pfosten.

$V = -\dfrac{Q\,l}{8\,(o_1' + o_2')}$.

Diagonale.

$D = +\dfrac{Q\,(3\,m + 2\,n)}{8\,h_3}$.

---

einfl. Binder bis 24 m Stützweite.

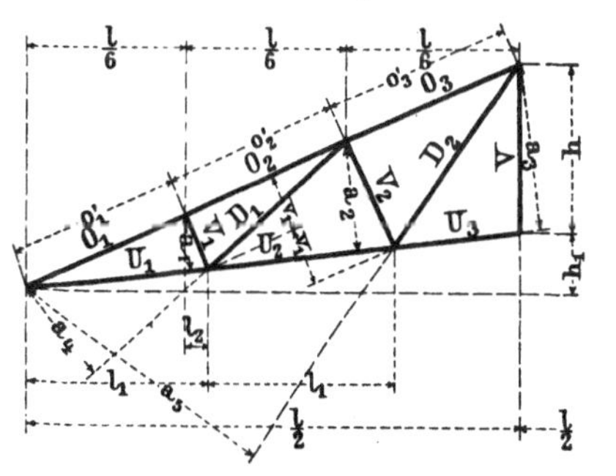

Obergurt.

$O_1 = -\dfrac{5}{12}\dfrac{Q\,l_1}{v_1}$; $O_2 = -\dfrac{Q\,(5\,l_1 - 2\,l_2)}{12\,v_1}$;

$O_3 = -\dfrac{Q\,(4\,l_1 - 3\,l_2)}{12\,v_1}$.

Untergurt.

$U_1 = +\dfrac{5}{72}\dfrac{Q\,l}{a_1}$; $U_2 = +\dfrac{Q\,l}{9\,a_2}$;

$U_3 = +\dfrac{Q\,l}{8\,a_3}$.

Pfosten.

$V_1 = -\dfrac{Q\,l}{36\,o_1'}$; $V_2 = -\dfrac{Q\,l}{24\,o_2'}$;

$V = \dfrac{Q\,h_1}{2\,h}$ für $h_1 = 0$ wird $V = 0$

Diagonale.

$D_1 = +\dfrac{Q\,l}{36\,a_4}$; $D_2 = +\dfrac{Q\,l}{12\,a_5}$.

Engl. Binder   bis 24 m Stützweite.

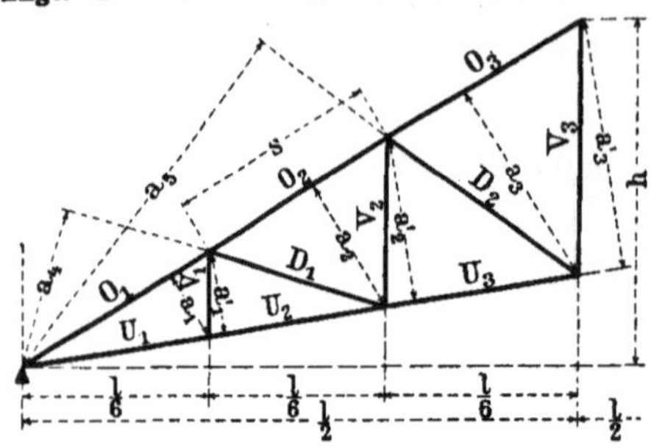

Obergurt.

$$O_1 = -\frac{5}{72}\frac{Q\,l}{a_1}; \quad O_2 = -\frac{Q\,l}{9\,a_2}; \quad O_3 = -\frac{Q\,l}{8\,a_3}$$

Untergurt.

$$U_1 = +\frac{5}{72}\frac{Q\,l}{a'_1}; \quad U_2 = U_1; \quad U_3 = +\frac{Q\,l}{9\,a'_2}$$

Pfosten.

$$V_1 = 0; \quad V_2 = +\frac{Q}{12}; \quad V_3 = \frac{Q\,l\,h}{12\,s\,a_3}$$

Diagonalen.

$$D_1 = -\frac{Q\,l}{36\cdot a_4}; \quad D_2 = -\frac{Q\,l}{12\,a_5}.$$

Dopp. Poloneeaubinder   bis 32 m Stützweite.

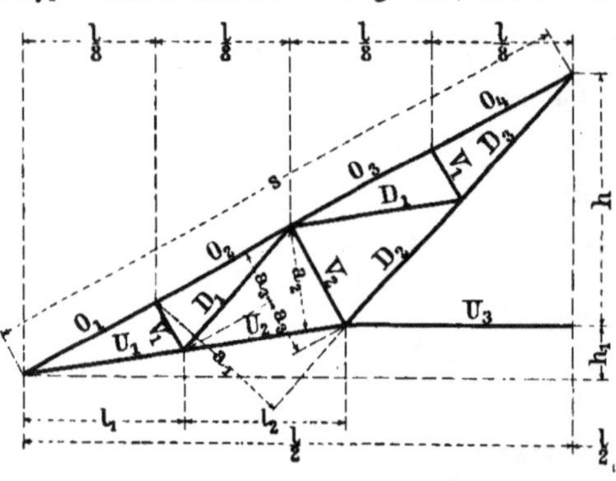

Obergurt.

$$O_1 = -\frac{7\,Q\,l_1}{16\,a_3}; \quad O_2 = -\frac{Q\,(5\,l_1 + 0,25\,l)}{16\,a_3}$$

$$O_3 = -\frac{Q\,(3\,l_1 + 0,5\,l)}{16\,a_3};$$

$$O_4 = -\frac{Q\,(l_1 + 0,75\,l)}{16\,a_3},$$

Untergurt.

$$U_1 = +7\,D_1; \quad U_2 = +6\,D_1; \quad U_3 = +\frac{Q\,l}{8\,h}$$

Pfosten.

$$V_1 = -\frac{Q\,l}{16\,s}; \quad V_2 = -\frac{Q\,l}{8\,s}.$$

Diagonalen.

$$D_1 = +\frac{Q\,l}{64\,a_2};$$

$$D_2 = +\frac{3}{32}\frac{Q\,l}{a_1}\left(\frac{1}{2} + \frac{h_1}{h}\right);$$

$$D_3 = +\frac{3}{32}\frac{Q\,l}{a_1}\left(\frac{3}{4} + \frac{h_1}{h}\right).$$

Für den dopp. Polonceaubinder wird für den Fall $h_1 = 0$

Obergurt.

$$O_1 = -\frac{7\,Q\,l_1}{16\,a_3}; \quad O_2 = O_1 + \frac{Q\,h}{8\,s}; \quad O_3 = O_2 + \frac{Q\,h}{8\,s}; \quad O_4 = O_3 + \frac{Q\,h}{8\,s};$$

Untergurt.

$$U_1 = +7\,D_1; \quad U_2 = +6\,D_1; \quad U_3 = 4\,D_1;$$

Pfosten.

$$V_1 = -\frac{Q\,l}{16\,s}; \quad V_2 = -\frac{Q\,l}{8\,s};$$

Diagonalen.

$$D_1 = +\frac{Q\,l}{32\,h}; \quad D_2 = +2\,D_1; \quad D_3 = +3\,D_1.$$

Entwässerung der Dächer.

Gefälle 1:100 bis 1:125.

Rinnenquerschnitt pro qm Entwässerungsfläche ca. $1 \div 1,2$ qcm.

Querschnitt der Abfallrohre pro qm Entwässerungsfläche ca. $0,9 \div 1,2$ qcm.

Entfernung der Abfallrohre voneinander ca. $15 \div 20$ m.

Tragfähigkeitstabellen

für

$\underline{\text{I}}$-Eisen.

Die Tragfähigkeiten sind nach den Bestimmungen des preußischen Ministers der öffentlichen Arbeiten, Runderlaß vom 31. Januar 1910 ermittelt.

Tragfähigkeit von beiderseits

mit gleichmäßig verteilter Belastung, bei einer durch den Ministerial-

$$\sigma = 1200 \text{ kg/qcm}; \quad \sigma = \frac{M}{W}; \quad 1200 = \frac{Q \cdot l}{8 \cdot W}; \quad Q = 96 \frac{W}{l},$$

Ohne Berücksichtigung des

I NP.	Stützweite = Entfernung der							
	1,0	1,5	2,0	2,5	3,0	3,5	4,0	4,5
8	1862	1242	931	745	621	532	466	414
9	2486	1658	1243	995	829	710	622	553
10	3274	2182	1637	1309	1091	935	818	727
11	4157	2771	2078	1663	1386	1188	1039	924
12	5232	3488	2616	2093	1744	1495	1308	1163
13	6432	4288	3216	2573	2144	1838	1608	1429
14	7843	5147	3922	3137	2614	2241	1961	1743
15	9398	6266	4699	3759	3133	2685	2350	2089
16	11232	7488	5616	4493	3744	3209	2808	2496
17	13152	8768	6576	5261	4384	3758	3288	2923
18	15456	10304	7728	6182	5152	4416	3864	3435
19	17760	11840	8880	7104	5920	5075	4440	3947
20	20544	13696	10272	8218	6848	5870	5136	4565
21	23424	15616	11712	9370	7808	6693	5856	5205
22	26688	17792	13344	10675	8896	7626	6672	5931
23	30144	20096	15072	12058	10048	8613	7536	6699
24	33888	22592	16944	13555	11296	9683	8472	7531
25	38016	25344	19008	15206	12672	10862	9504	8448
26	42336	28224	21168	16934	14112	12097	10584	9408
27	47136	31424	23568	18854	15712	13468	11784	10475
28	51936	34624	25968	20774	17312	14840	12984	11541
29	57024	38017	28512	22810	19008	16293	14256	12672
30	62592	41728	31296	25073	20864	17884	15648	13909
32	74976	49984	37488	29990	24992	21423	18744	16661
34	88512	59008	44256	35405	29504	25290	22128	19668
36	104448	69632	52224	41779	34816	29844	26112	23210
38	121152	80768	60576	48461	40384	34617	30288	26922
40	140064	93376	70032	56026	46688	40020	35016	31125
42½	166944	111296	83472	66778	55648	47701	41736	37098
45	195840	130560	97920	78336	65280	55957	48960	43519
47½	228000	152000	114000	91200	76000	65146	57000	50668
50	264000	176000	132000	105600	88000	75433	66000	58666
55	345792	203528	172896	138317	115264	98803	86448	76841
60	444672	296448	222336	177868	148224	127065	111168	98815

Profiltabelle siehe

freigelagerten I-Trägern

erlaß vom 31. Januar 1910 zugelassenen Beanspruchung des Eisens von

wobei Q in kg, W in cm³ und l in m ausgedrückt ist.

Eigengewichts der Träger.

Auflagermitten in Meter								I
5,0	6,0	7,0	8,0	9,0	10,0	11,0	12,0	NP.
372	310	266	233	207	186	169	155	8
497	414	355	311	276	249	226	207	9
655	546	468	409	364	327	298	273	10
831	693	594	520	462	416	378	346	11
1046	872	747	654	581	523	476	436	12
1286	1072	919	804	715	643	585	536	13
1569	1307	1120	980	871	784	713	654	14
1880	1566	1342	1175	1044	950	854	783	15
2246	1872	1604	1404	1248	1123	1021	936	16
2631	2192	1879	1644	1461	1315	1196	1096	17
3091	2576	2207	1932	1717	1546	1405	1288	18
3552	2960	2536	2220	1973	1776	1614	1480	19
4109	3424	2934	2568	2283	2054	1868	1712	20
4685	3904	3345	2928	2603	2342	2129	1952	21
5338	4448	3811	3336	2965	2669	2426	2224	22
6029	5024	4305	3768	3349	3014	2740	2512	23
6778	5648	4840	4236	3765	3389	3081	2824	24
7603	6336	5429	4752	4224	3802	3456	3168	25
8467	7056	6046	5292	4704	4234	3849	3528	26
9427	7856	6732	5892	5237	4714	4285	3928	27
10387	8656	7417	6492	5771	5194	4721	4328	28
11405	9504	8144	7128	6336	5702	5184	4752	29
12518	10432	8939	7824	6955	6259	5696	5216	30
14995	12496	10708	9372	8331	7498	6816	6248	32
17702	14752	12641	11064	9835	8851	8046	7376	34
20890	17408	14916	13056	11606	10445	9495	8704	36
24230	20192	17309	15144	13461	12115	11013	10096	38
28013	23344	20010	17508	15563	14006	12733	11672	40
33389	27824	23851	20868	18549	16694	15176	13912	42½
39168	32640	27979	24480	21759	19584	17803	16320	45
45600	38000	32573	28500	25333	22800	20727	19000	47½
52800	44000	37717	33000	29333	26400	23999	22000	50
69159	57632	49402	43224	38421	34579	31435	28816	55
88935	74112	63523	55584	49405	44467	40425	37056	60

Seite 20 und 21.

Tragfähigkeit von beiderseits

mit gleichmäßig verteilter Belastung, bei einer durch den Ministerial-

$$\sigma = 1200 \text{ kg/qcm}; \quad \sigma = \frac{M}{W}; \quad 1200 = \frac{Q \cdot l}{8 \cdot W}; \quad Q = 96 \frac{W}{l},$$

Mit Berücksichtigung des

I NP.	Stützweite = Entfernung der							
	1,0	1,5	2,0	2,5	3,0	3,5	4,0	4,5
8	1856	1233	919	730	603	511	442	387
9	2479	1647	1229	977	808	685	594	521
10	3266	2170	1620	1288	1066	906	785	690
11	4147	2757	2056	1721	1353	1149	994	874
12	5221	3471	2594	2065	1711	1456	1263	1113
13	6419	4269	3191	2541	2106	1794	1557	1372
14	7829	5125	3893	3101	2571	2191	1904	1678
15	9382	6242	4667	3719	3085	2629	2286	2017
16	11214	7461	5580	4448	3690	3146	2736	2415
17	13132	8738	6536	5212	4325	3698	3209	2834
18	15456	10271	7684	6127	5086	4339	3776	3336
19	17736	11804	8832	7044	5848	4991	4344	3839
20	20518	13657	10219	8152	6769	5778	5031	4447
21	23395	15573	11655	9299	7722	6593	5742	5076
22	26657	17745	13272	10597	8803	7517	6548	5791
23	30110	20046	14905	11974	9947	8496	7402	6548
24	33852	22538	16872	13465	11187	9556	8327	7388
25	37977	25285	18930	15108	12555	10725	9348	8272
26	42294	28161	21084	16829	13986	11950	10416	9219
27	47091	31357	23478	18742	15577	13311	11604	10273
28	51888	34552	25872	20654	17168	14672	12792	11325
29	56973	37941	28410	22683	18855	16115	14052	12443
30	62538	41647	31188	24901	20701	17694	15431	13665
32	74815	49892	37366	29837	24809	21209	18500	16386
34	88444	58906	44120	35235	29300	25052	21855	19361
36	104372	69518	52072	41588	34587	29577	25806	22867
38	121068	80642	60408	48251	40132	34323	29952	26544
40	139971	93237	69847	55794	46410	39696	34645	30708
42½	166840	111141	83265	66519	55337	47338	41322	36632
45	195725	130387	97689	78047	64934	55553	48498	43000
47½	227872	151808	113744	90880	75616	64698	56488	50090
50	263859	175788	131717	105247	87576	73938	65435	58030
55	345625	203277	172562	137899	114762	98218	85779	76089
60	444472	296148	221936	177368	147624	126365	110368	97915

Profiltabelle siehe

freigelagerten I-Trägern

erlaß vom 31. Januar 1910 zugelassenen Beanspruchung des Eisens von

wobei Q in kg, W in cm^3 und l in m ausgedrückt ist.

Eigengewichtes der Träger.

Auflagermitten in Meter								I NP.
5,0	6,0	7,0	8,0	9,0	10,0	11,0	12,0	
342	274	224	185	153	126	103	83	8
462	372	306	254	212	178	148	122	9
613	496	410	342	289	244	206	173	10
775	626	516	431	362	304	255	212	11
990	805	662	565	581	411	353	302	12
1223	996	831	701	601	517	446	384	13
1497	1221	1019	865	742	640	555	482	14
1800	1470	1230	1047	900	780	678	591	15
2156	1765	1479	1261	1087	944	824	721	16
2532	2073	1741	1486	1283	1117	978	859	17
2981	2445	2054	1757	1520	1327	1164	1025	18
3432	2816	2368	2028	1757	1536	1350	1192	19
3977	3266	2750	2358	2046	1791	1579	1396	20
4542	3733	3145	2699	2346	2056	1815	1609	21
5183	4261	3593	3087	2685	2358	2084	1851	22
5861	4823	4070	3500	3047	2679	2371	2110	23
6597	5431	4587	3946	3440	3027	2683	2390	24
7408	6102	5156	4440	3873	3412	3027	2700	25
8257	6804	5753	4957	4327	3815	3388	3025	26
9202	7587	6418	5533	4833	4265	3791	3389	27
10147	8368	7081	6108	5339	4714	4193	3752	28
11150	9198	7787	6720	5877	5192	4624	4141	29
12247	10107	8559	7390	6467	5717	5095	4565	30
14690	12130	10281	8883	7781	6887	6144	5515	32
17361	14343	12164	10519	9222	8170	7296	6558	34
20509	16951	14382	12446	10920	9683	8657	7789	36
23810	19688	16721	14472	12765	11275	10089	9088	38
27550	22788	19362	16767	14729	13080	11714	10560	40
32871	27202	23126	20039	17616	15658	14036	12669	42½
38591	31948	27171	23557	20720	18430	16534	14935	45
44960	37232	31677	27476	24181	21520	19319	17464	47½
52093	43152	36728	31870	28061	24987	22445	20304	50
68323	56629	48232	41886	36916	32907	29596	26809	55
87935	72912	62123	53984	47605	42467	38225	34635	60

Durchbiegungen für beiderseits freigelagerte

$$f = \frac{5\,Q \cdot l^3}{384 \cdot E \cdot J}; \text{ für } J = \frac{W \cdot h}{2} \text{ und } \frac{Q \cdot l}{8 \cdot W} = \sigma \text{ gesetzt,}$$

mit $E = 2\,150\,000$ kg/cm² und $\sigma = 1200$ kg/cm² wird:

Bei Trägern in Verbindung mit massiven Decken bleibt infolge der dann vorhandenen

I NP.	Höhe des Profils h mm	Durchbiegung f in mm l in m	Stützweite					
			1,0	1,5	2,0	2,5	3,0	3,5
			Durchbiegung					
8	80	f = 1,45 l^2	1,5	3,3	5,8	9,1	13,1	17,8
9	90	„ = 1,29 „	1,3	2,9	5,2	8,1	11,6	15,8
10	100	„ = 1,16 „	1,2	2,6	4,6	7,3	10,4	14,2
11	110	„ = 1,06 „	1,1	2,4	4,2	6,6	9,5	13,0
12	120	„ = 0,97 „	1,0	2,2	3,9	6,1	8,7	11,9
13	130	„ = 0,90 „	0,9	2,0	3,6	5,6	8,1	11,0
14	140	„ = 0,83 „	0,8	1,9	3,3	5,2	7,5	10,2
15	150	„ = 0,78 „	0,8	1,8	3,1	4,9	7,0	9,6
16	160	„ = 0,73 „	0,7	1,6	2,9	4,6	6,6	8,9
17	170	„ = 0,69 „	0,7	1,6	2,8	4,3	6,2	8,5
18	180	„ = 0,65 „	0,7	1,5	2,6	4,1	5,9	8,0
19	190	„ = 0,62 „	0,6	1,4	2,5	3,9	5,6	7,6
20	200	„ = 0,58 „	0,6	1,3	2,3	3,6	5,2	7,1
21	210	„ = 0,55 „	0,6	1,2	2,2	3,4	5,0	6,7
22	220	„ = 0,53 „	0,5	1,2	2,1	3,3	4,8	6,5
23	230	„ = 0,50 „	0,5	1,1	2,0	3,1	4,5	6,1
24	240	„ = 0,48 „	0,5	1,1	1,9	3,0	4,3	5,9
25	250	„ = 0,47 „	0,5	1,1	1,9	2,9	4,2	5,8
26	260	„ = 0,45 „	0,5	1,0	1,8	2,8	4,1	5,5
27	270	„ = 0,43 „	0,4	1,0	1,7	2,7	3,9	5,3
28	280	„ = 0,42 „	0,4	0,9	1,7	2,6	3,8	5,1
29	290	„ = 0,40 „	0,4	0,9	1,6	2,5	3,6	4,9
30	300	„ = 0,39 „	0,4	0,9	1,6	2,4	3,5	4,8
32	320	„ = 0,36 „	0,4	0,8	1,4	2,3	3,2	4,4
34	340	„ = 0,34 „	0,3	0,8	1,4	2,1	3,1	4,2
36	360	„ = 0,32 „	0,3	0,7	1,3	2,0	2,9	3,9
38	380	„ = 0,31 „	0,3	0,7	1,2	1,9	2,8	3,8
40	400	„ = 0,29 „	0,3	0,7	1,2	1,8	2,6	3,6
42¹/₂	425	„ = 0,27 „	0,3	0,6	1,1	1,7	2,4	3,3
45	450	„ = 0,26 „	0,3	0,6	1,0	1,6	2,3	3,2
47¹/₂	475	„ = 0,25 „	0,3	0,6	1,0	1,6	2,3	3,1
50	500	„ = 0,23 „	0,2	0,5	0,9	1,4	2,1	2,8
55	550	„ = 0,21 „	0,2	0,5	0,8	1,3	1,9	2,6
60	600	„ = 0,19 „	0,2	0,4	0,8	1,2	1,7	2,3

und mit 1200 kg/qcm beanspruchte I-Träger

gibt: $f = \dfrac{5 \cdot 8 \cdot l^2 \cdot 2 \cdot \sigma}{384 \cdot h \cdot E} = \dfrac{5}{24} \cdot \dfrac{\sigma}{E} \cdot \dfrac{l^2}{h}$

$f = 116{,}279\,\dfrac{l^2}{h}$, wobei f in mm, h in mm und l in m ausgedrückt ist.

Verbundwirkung die tatsächliche Durchbiegung weit unter der nachstehend berechneten.

l in Meter										I NP.
4,0	4,5	5,0	6,0	7,0	8,0	9,0	10,0	11,0	12,0	
f in mm										
23,2	29,4	36,3	52,2	71,1	92,8	117,5	145,0	175,5	208,8	8
20,6	26,1	32,3	46,4	63,2	82,6	104,5	129,0	156,1	185,8	9
18,6	23,5	29,0	41,8	56,8	74,2	94,0	116,0	140,4	167,0	10
17,0	21,5	26,5	38,2	51,9	67,8	85,9	106,0	128,3	152,6	11
15,5	19,6	24,3	34,9	47,5	62,1	78,6	97,0	117,4	139,7	12
14,4	18,2	22,5	32,4	44,1	57,6	72,9	90,0	108,9	129,6	13
13,3	16,8	20,8	29,9	40,7	53,1	67,2	83,0	100,4	119,5	14
12,5	15,8	19,5	28,1	38,2	49,9	63,2	78,0	94,4	112,3	15
11,7	14,8	18,3	26,3	35,8	46,7	59,1	73,0	88,3	105,1	16
11,0	14,0	17,3	24,8	,33,8	44,2	55,9	69,0	83,5	99,4	17
10,4	13,2	16,3	23,4	31,9	41,6	52,7	65,0	78,7	93,6	18
9,9	12,6	15,5	22,3	30,4	39,7	50,2	62,0	75,0	89,3	19
9,3	11,7	14,5	20,4	28,4	37,1	47,0	58,0	70,2	83,5	20
8,8	11,1	13,8	19,8	27,0	35,2	44,6	55,0	66,0	79,2	21
8,5	10,7	13,3	19,1	26,0	33,9	42,9	53,0	64,1	76,3	22
8,0	10,1	12,5	18,0	24,5	32,0	40,5	50,0	60,5	72,0	23
7,7	9,7	12,0	17,3	23,5	30,7	38,9	48,0	58,1	69,1	24
7,5	9,5	11,8	16,9	23,0	30,1	38,1	47,0	56,9	67,7	25
7,2	9,1	11,3	16,2	22,1	28,8	36,5	45,0	54,5	64,8	26
6,9	8,7	10,8	15,5	21,1	27,5	34,8	43,0	52,0	61,9	27
6,7	8,5	10,5	15,1	20,6	26,9	34,0	42,0	50,8	60,5	28
6,4	8,1	10,0	14,4	19,6	25,6	32,4	40,0	48,4	57,6	29
6,2	7,9	9,8	14,0	19,1	25,0	31,6	39,0	47,2	56,2	30
5,8	7,3	9,0	13,0	17,6	23,0	29,2	36,0	43,6	51,8	32
5,4	6,9	8,5	12,2	16,7	21,8	27,5	34,0	41,1	49,0	34
5,1	6,5	8,0	11,5	15,7	20,5	25,9	32,0	38,7	46,1	36
5,0	6,3	7,8	11,2	15,2	19,8	25,1	31,0	37,5	44,6	38
4,6	5,9	7,3	10,4	14,2	18,6	23,5	29,0	35,1	41,8	40
4,3	5,5	6,8	9,7	13,2	17,3	21,9	27,0	32,7	38,9	42½
4,2	5,3	6,5	9,4	12,7	16,6	21,1	26,0	31,5	37,4	45
4,0	5,1	6,3	9,0	12,3	16,0	20,3	25,0	30,3	36,0	47½
3,7	4,7	5,8	8,3	11,3	14,7	18,6	23,0	27,8	33,1	50
3,4	4,3	5,3	7,6	10,3	13,4	17,0	21,0	25,4	30,5	55
3,0	3,8	4,7	6,8	9,3	12,2	15,4	19,0	23,0	27,4	60

Tragfähigkeit von beiderseits freigelagerten Differ-

mit gleichmäßig verteilter Belastung, bei einer durch den Ministerial-

$$\sigma = 1200 \text{ kg/qcm}; \quad 1200 = \frac{Q \cdot l}{8 \cdot W}; \quad Q = 96 \cdot \frac{W}{l},$$

Ohne Berücksichtigung des

Profil Nr.	Stützweite = Entfernung der							
	1,0	1,5	2,0	2,5	3,0	3,5	4,0	4,5
18 B	37440	24960	18720	14976	12480	10697	9360	8320
20 B	49632	33088	24816	19853	16544	14152	12408	11029
22 B	64416	42944	32208	25766	21472	18406	16104	14315
24 B	82080	54720	41040	32832	27360	23451	20520	18240
25 B	92640	61760	46320	37056	30880	26469	23160	20587
26 B	105984	70656	52992	42394	35328	30281	26496	23552
27 B	117504	78336	58752	47002	39168	33573	29376	26112
28 B	130656	87104	65328	52262	43552	37330	32664	29035
29 B	144768	96512	72384	57907	48256	41362	36192	32171
30 B	161280	107520	80640	64512	53760	46080	40320	35840
32 B	180672	120448	90336	72269	60224	51621	45168	40149
34 B	199008	132672	99504	79603	66336	56859	49752	44224
36 B	226560	151040	113280	90624	75520	64731	56640	50347
38 B	250080	166720	125040	100032	83360	71451	62520	55573
40 B	277632	185088	138816	111053	92544	79323	69408	61696
42½ B	308352	205568	154176	123341	102784	88101	77088	68523
45 B	345120	230080	172560	138048	115040	98606	86280	76693
47½ B	383232	255488	191616	153293	127744	109495	95808	85163
50 B	427296	284864	213648	170918	142432	122085	106824	94955
55 B	509568	339712	254784	203827	169856	145591	127392	113237
60 B	573792	382528	286896	229517	191264	163941	143448	127509
65 B	642240	428160	321120	256896	214080	183497	160560	142720
70 B	707904	471936	353952	283162	235968	202258	176976	157312
75 B	774528	516352	387264	309811	258176	221294	193632	172117
80 B	865152	576768	432576	346060	288384	247200	216288	192253
85 B	937152	624768	468576	374860	312384	267772	234288	208253
90 B	1011168	674112	505584	404467	337056	288920	252792	224668
95 B	1113600	742400	556800	445440	371200	318188	278400	247428
100 B	1119280	795200	596400	477120	397600	340817	298200	265025

Profiltabelle siehe

dinger Trägern und breitflanschigen Spezialprofilen

erlaß vom 31. Januar 1910 zugelassenen Beanspruchung des Eisens von

wobei Q in kg, W in cm^3 und l in m ausgedrückt ist.

Eigengewichtes der Träger.

Auflagermitten in Meter								Profil
5,0	**6,0**	**7,0**	**8,0**	**9,0**	**10,0**	**11,0**	**12,0**	**Nr.**
7488	6240	5349	4680	4160	3744	3404	3120	**18 B**
9264	8272	7076	6204	5515	4963	4512	4136	**20 B**
12883	10736	9203	8052	7158	6442	5856	5368	**22 B**
16416	13680	11726	10260	9120	8208	7462	6840	**24 B**
18528	15440	13235	11580	10294	9264	8422	7720	**25 B**
21197	17664	15141	13248	11776	10598	9635	8832	**26 B**
23501	19584	16787	14688	13065	11750	10682	9792	**27 B**
26131	21776	18665	16332	14518	13066	11878	10888	**28 B**
28954	24128	20681	18096	16086	14477	13161	12064	**29 B**
32256	26880	23040	20160	17920	16128	14662	13440	**30 B**
36135	30112	25811	22584	20075	18067	16425	15056	**32 B**
39802	33168	28429	24876	22112	19901	18092	16584	**34 B**
45312	37760	32366	28320	25174	22656	20596	18880	**36 B**
50016	41680	35726	31260	27787	25008	22735	20840	**38 B**
55527	46272	39662	34704	30848	27763	25239	23136	**40 B**
61671	51392	44051	38544	34262	30835	28032	25690	**42½ B**
69024	57520	49303	43140	38347	34512	31375	28760	**45 B**
76647	63872	54748	47904	42582	38323	34839	31936	**47½ B**
85459	71216	61043	53412	47478	42730	38845	35608	**50 B**
101914	84928	72796	63696	56619	50957	46324	42464	**55 B**
114759	95632	81971	71724	63755	57379	52163	47816	**60 B**
128448	107040	91749	80280	71360	64224	58385	53520	**65 B**
141581	117984	101129	88488	78656	70790	64355	58992	**70 B**
154906	129088	110647	96816	86059	77452	70412	64544	**75 B**
173030	144192	123555	108144	91111	86515	78675	72096	**80 B**
187430	156192	133837	117144	98694	93715	85222	78096	**85 B**
202233	168528	144407	126396	106488	101116	91953	84264	**90 B**
222720	185600	159036	139200	117276	111360	101268	92800	**95 B**
238560	198800	170346	149100	125616	119280	108470	99400	**100 B**

Seite 22 und 23.

Tragfähigkeit von beiderseits freigelagerten Differ-

mit gleichmäßig verteilter Belastung, bei einer durch den Ministerial-

$$\sigma = 1200 \text{ kg/qcm}; \quad 1200 = \frac{Q \cdot l}{8 \cdot W}; \quad Q = 96 \cdot \frac{W}{l},$$

Mit Berücksichtigung des

Profil Nr.	Stützweite = Entfernung der							
	1,0	**1,5**	**2,0**	**2,5**	**3,0**	**3,5**	**4,0**	**4,5**
18 B	37393	24889	18626	14858	12339	10532	9172	8108
20 B	49578	33007	24708	19718	16382	13963	12192	10786
22 B	64351	42846	32078	25603	21277	18178	15844	14022
24 B	82004	54606	40888	32642	27132	23185	20216	17898
25 B	92557	61635	46154	36848	30631	26178	22828	20213
26 B	105893	70519	52810	42166	35055	29962	26132	23142
27 B	117407	78190	58558	46759	38877	33233	28988	25675
28 B	130547	86949	65122	52004	43243	36969	32252	28571
29 B	144657	96345	72162	57629	47923	40973	35748	31671
30 B	161161	107341	80402	64214	53403	45663	39844	35304
32 B	180546	120259	90084	71954	59846	51180	44664	39582
34 B	198877	132475	99242	79275	65943	56400	49228	43634
36 B	226417	150825	112994	90266	75028	64230	56068	49703
38 B	249930	166495	124740	99657	82910	70926	61920	54898
40 B	277472	184848	138496	110653	92064	78763	68768	60976
42½ B	308184	205316	153840	122921	102280	87513	76416	67767
45 B	344940	229810	172200	137598	114500	97976	85560	75883
47½ B	383042	255203	191236	152818	127174	108830	95048	84308
50 B	427090	284555	213236	170403	141814	121364	106000	94028
55 B	509342	339373	254332	203262	169178	144800	126488	112220
60 B	573556	382174	286424	228927	190556	163115	142504	126447
65 B	641993	427789	320626	256278	213339	182632	159572	141608
70 B	707649	471553	353442	282524	235203	201365	175956	156164
75 B	774265	515957	386738	309153	257387	220373	192580	170933
80 B	864874	576350	432019	345364	287548	246225	215173	191000
85 B	936865	624338	468002	374142	311523	266767	233140	206961
90 B	1010873	673669	504993	403728	336169	287886	251610	223338
95 B	1113289	741933	556178	444662	370267	317100	277156	246028
100 B	1118960	794720	595760	476320	396640	339700	296921	263586

Profiltabelle siehe

dinger Trägern und breitflanschigen Spezialprofilen

erlaß vom 31. Januar 1910 zugelassenen Beanspruchung des Eisens von

wobei Q in kg, W in cm³ und l in m ausgedrückt ist.

Eigengewichts der Träger.

Auflagermitten in Meter								Profil
5,0	**6,0**	**7,0**	**8,0**	**9,0**	**10,0**	**11,0**	**12,0**	Nr.
7253	5958	5020	4304	3737	3274	2887	2556	18 B
8994	7948	6698	5772	5029	4423	3918	3488	20 B
12558	10346	8748	7532	6573	5792	5141	4588	22 B
16036	13224	11194	9652	8436	7448	6626	5928	24 B
18113	14942	12654	10916	9547	8434	7509	6724	25 B
20742	17118	14504	12520	10957	9688	8634	7740	26 B
23016	19002	16108	13912	12192	10780	9615	8628	27 B
25616	21158	17944	15508	13591	12036	10745	9652	28 B
28399	23462	19904	17208	15087	13367	11940	10732	29 B
31661	26166	22207	19208	16849	14938	13353	12012	30 B
35505	29356	24929	21576	18941	16807	15039	13544	32 B
39147	32382	27512	23828	20933	18591	16651	15012	34 B
44597	36902	31365	27176	23887	21226	19023	17164	36 B
49266	40780	34676	30060	26437	23508	21085	19040	38 B
54727	45312	38542	33424	29408	26163	23479	21216	40 B
60831	50384	42875	37200	32750	29155	26184	23674	42½ B
68124	56440	48043	41700	36727	32712	29395	26600	45 B
75677	62732	53418	46384	40872	36423	32749	29656	47½ B
84429	69980	59601	51764	45624	40670	36579	33136	50 B
100784	83572	71214	61888	54585	48697	43838	39752	55 B
113579	94216	80319	69836	61631	55019	49567	44984	60 B
127213	105558	90020	78304	69137	61754	55668	50556	65 B
140306	116454	99344	86448	76361	68240	61550	55932	70 B
153591	127510	108806	94712	83692	74822	67519	61388	75 B
171637	142520	121605	105915	88603	83729	75610	68753	80 B
185995	154470	131828	114838	96110	90845	82065	74652	85 B
200755	166855	142339	124032	103828	98161	88703	80718	90 B
221165	183734	156859	136712	114477	108250	107847	89068	95 B
236960	196882	168108	146542	122740	116083	104953	95564	100 B

Seite 22 u. 23.

Durchbiegungen für beiderseits freigelagerte und mit 1200

$$f = \frac{5\,Q \cdot l^3}{384 \cdot E \cdot J}; \text{ für } J = \frac{W \cdot h}{2} \text{ und } \frac{Q \cdot l}{8 \cdot W} = \sigma \text{ gesetzt, gibt:}$$

mit $E = 2\,150\,000$ kg/cm² u. $\sigma = 1200$ kg/cm² wird:

Bei Trägern in Verbindung mit massiven Decken bleibt infolge der dann vorhandenen

Profil Nr.	Höhe des Profils h mm	Durchbiegung f in mm l in m	Stützweite					
			1,0	1,5	2,0	2,5	3,0	3,5
			Durchbiegung					
18 B	180	$f = 0{,}65\ l^2$	0,7	1,5	2,6	4,1	5,9	8,0
20 B	200	„ $= 0{,}58$ „	0,6	1,3	2,3	3,6	5,2	7,1
22 B	220	„ $= 0{,}53$ „	0,5	1,2	2,1	3,3	4,8	6,5
24 B	240	„ $= 0{,}48$ „	0,5	1,1	1,9	3,0	4,3	5,9
25 B	250	„ $= 0{,}47$ „	0,5	1,1	1,9	2,9	4,2	5,8
26 B	260	„ $= 0{,}45$ „	0,5	1,0	1,8	2,8	4,1	5,5
27 B	270	„ $= 0{,}43$ „	0,4	1,0	1,7	2,7	3,9	5,3
28 B	280	„ $= 0{,}42$ „	0,4	0,9	1,7	2,6	3,8	5,1
29 B	290	„ $= 0{,}40$ „	0,4	0,9	1,6	2,5	3,6	4,9
80 B	300	„ $= 0{,}39$ „	0,4	0,9	1,6	2,4	3,5	4,8
82 B	320	„ $= 0{,}36$ „	0,4	0,8	1,4	2,3	3,2	4,4
84 B	340	„ $= 0{,}34$ „	0,3	0,8	1,4	2,1	3,1	4,2
86 B	360	„ $= 0{,}32$ „	0,3	0,7	1,3	2,0	2,9	3,9
88 B	380	„ $= 0{,}31$ „	0,3	0,7	1,2	1,9	2,8	3,8
40 B	400	„ $= 0{,}29$ „	0,3	0,7	1,2	1,8	2,6	3,6
42½ B	425	„ $= 0{,}27$ „	0,3	0,6	1,1	1,7	2,4	3,3
45 B	450	„ $= 0{,}26$ „	0,3	0,6	1,0	1,6	2,3	3,2
47½ B	475	„ $= 0{,}25$ „	0,3	0,6	1,0	1,6	2,3	3,1
50 B	500	„ $= 0{,}23$ „	0,2	0,5	0,9	1,4	2,1	2,8
55 B	550	„ $= 0{,}21$ „	0,2	0,5	0,8	1,3	1,9	2,6
60 B	600	„ $= 0{,}19$ „	0,2	0,4	0,8	1,2	1,7	2,3
65 B	650	„ $= 0{,}18$ „	0,2	0,4	0,8	1,1	1,6	2,2
70 B	700	„ $= 0{,}17$ „	0,2	0,4	0,7	1,0	1,5	2,1
75 B	750	„ $= 0{,}16$ „	0,2	0,4	0,6	1,0	1,4	2,0
80 B	800	„ $= 0{,}15$ „	0,15	0,34	0,6	0,94	1,35	1,85
85 B	850	„ $= 0{,}14$ „	0,14	0,31	0,56	0,88	1,25	1,70
90 B	900	„ $= 0{,}13$ „	0,13	0,29	0,52	0,81	1,20	1,60
95 B	950	„ $= 0{,}122$ „	0,12	0 27	0,49	0,76	1,10	1,50
100 B	1000	„ $= 0{,}116$ „	0,12	0,26	0,46	0,73	1,00	1,40

kg/qcm beanspruchte Differdinger und breitflanschige $\mathbf{I}$-Träger

$$f = \frac{5 \cdot 8 \cdot l^2 \cdot 2 \cdot \sigma}{384 \cdot h \cdot E} = \frac{5}{24} \cdot \frac{\sigma}{E} \cdot \frac{l^2}{h};$$

$$f = 116{,}279 \cdot \frac{l^2}{h},$$ wobei f in mm, h in mm und l in m ausgedrückt ist.

Verbundwirkung die tatsächliche Durchbiegung weit unter der nachstehend berechneten.

| l in Meter | | | | | | | | | | Profil Nr. |
| 4,0 | 4,5 | 5,0 | 6,0 | 7,0 | 8,0 | 9,0 | 10,0 | 11,0 | 12,0 | |
f in mm										
10,4	13,2	16,3	23,4	31,9	41,6	52,7	65,0	78,7	93,6	18 B
9,3	11,7	14,5	20,4	28,4	37,1	47,0	58,0	70,2	83,5	20 B
8,5	10,7	13,3	19,1	26,0	33,9	42,9	53,0	64,1	76,3	22 B
7,7	9,7	12,0	17,3	23,5	30,7	38,9	48,0	58,1	69,1	24 B
7,5	9,5	11,8	16,9	23,0	30,1	38,1	47,0	56,9	67,7	25 B
7,2	9,1	11,3	16,2	22,1	28,8	36,5	45,0	54,5	64,8	26 B
6,9	8,7	10,8	15,5	21,1	27,5	34,8	43,0	52,0	61,9	27 B
6,7	8,5	10,5	15,1	20,6	26,9	34,0	42,0	50,8	60,5	28 B
6,4	8,1	10,0	14,4	19,6	25,6	32,4	40,0	48,4	57,6	29 B
6,2	7,9	9,8	14,0	19,1	25,0	31,6	39,0	47,2	56,2	30 B
5,8	7,3	9,0	13,0	17,6	23,0	29,2	36,0	43,6	51,8	32 B
5,4	6,9	8,5	12,2	16,7	21,8	27,5	34,0	41,1	49,0	34 B
5,1	6,5	8,0	11,5	15,7	20,5	25,9	32,0	38,7	46,1	36 B
5,0	6,3	7,8	11,2	15,2	19,8	25,1	31,0	37,5	44,6	38 B
4,6	5,9	7,3	10,4	14,2	18,6	23,5	29,0	35,1	41,8	40 B
4,3	5,5	6,8	9,7	13,2	17,3	21,9	27,0	32,7	38,9	42¹/₂ B
4,2	5,3	6,5	9,4	12,7	16,6	21,1	26,0	31,5	37,4	45 B
4,0	5,1	6,3	9,0	12,3	16,0	20,3	25,0	30,3	36,0	47¹/₂ B
3,7	4,7	5,8	8,3	11,3	14,7	18,6	23,0	27,8	33,1	50 B
3,4	4,3	5,3	7,6	10,3	13,4	17,0	21,0	25,4	30,5	55 B
3,0	3,9	4,8	6,8	9,3	12,2	15,4	19,0	23,0	27,4	60 B
2,9	3,7	4,5	6,5	8,8	11,5	14,5	18,0	21,8	25,9	65 B
2,7	3,5	4,3	6,1	8,3	10,9	13,8	17,0	20,6	24,5	70 B
2,6	3,3	4,0	5,8	7,8	10,2	13,0	16,0	19,4	23,0	75 B
2,4	3,0	3,8	5,4	7,4	9,6	12,2	15,0	18,2	21,6	80 B
2,2	2,8	3,5	5,0	6,9	9,0	11,4	14,0	17,0	20,2	85 B
2,1	2,6	3,2	4,7	6,4	8,3	10,5	13,0	15,7	18,7	90 B
2,0	2,5	3,0	4,4	6,0	7,8	9,9	12,0	14,8	17,6	95 B
1,9	2,4	2,9	4,2	5,7	7,4	9,4	12,0	14,0	10,7	100 B

Allgemeine Tabellen.

Tafel der Potenzen, Wurzeln, natürlichen Logarithmen, reziproken Werte, Kreisumfänge, Kreisflächen und der Kreisfunktionen.

n	$\dfrac{\pi n^2}{4}$	πn	$\dfrac{1000}{n}$	$\ln n$	$\sqrt[3]{n}$	$\sqrt{n}$	n^3	n^2
50	1963,50	157,08	20,0000	3,91202	3,6840	7,0711	125000	2500
51	2042,82	160,22	19,6078	3,93183	3,7084	7,1414	132651	2601
52	2123,72	163,36	19,2308	3,95124	3,7325	7,2111	140608	2704
53	2206,18	166,50	18,8679	3,97029	3,7563	7,2801	148877	2809
54	2290,22	169,65	18,5185	3,98898	3,7798	7,3485	157464	2916
55	2375,83	172,79	18,1818	4,00733	3,8030	7,4162	166375	3025
56	2463,01	175,93	17,8571	4,02535	3,8259	7,4833	175616	3136
57	2551,76	179,07	17,5439	4,04305	3,8485	7,5498	185193	3249
58	2642,08	182,21	17,2414	4,06044	3,8709	7,6158	195112	3364
59	2733,97	185,35	16,9492	4,07754	3,8930	7,6811	205379	3481
60	2827,43	188,50	16,6667	4,09434	3,9149	7,7460	216000	3600
61	2922,47	191,64	16,3934	4,11087	3,9365	7,8102	226981	3721
62	3019,07	194,78	16,1290	4,12713	3,9579	7,8740	238328	3844
63	3117,25	197,92	15,8730	4,14313	3,9791	7,9373	250047	3969
64	3216,99	201,06	15,6250	4,15888	4,0000	8,0000	262144	4096
65	3318,31	204,20	15,3846	4,17439	4,0207	8,0623	274625	4225
66	3421,19	207,35	15,1515	4,18965	4,0412	8,1240	287496	4356
67	3525,65	210,49	14,9254	4,20469	4,0615	8,1854	300763	4489
68	3631,68	213,63	14,7059	4,21951	4,0817	8,2462	314432	4624
69	3739,28	216,77	14,4928	4,23411	4,1016	8,3066	328509	4761
70	3848,45	219,91	14,2857	4,24850	4,1213	8,3666	343000	4900
71	3959,19	223,05	14,0845	4,26268	4,1408	8,4261	357911	5041
72	4071,50	226,19	13,8889	4,27667	4,1602	8,4853	373248	5184
73	4185,39	229,34	13,6986	4,29046	4,1793	8,5440	389017	5329
74	4300,84	232,48	13,5135	4,30407	4,1983	8,6023	405224	5476
75	4417,86	235,62	13,3333	4,31749	4,2172	8,6603	421875	5625
76	4536,46	238,76	13,1579	4,33073	4,2358	8,7178	438976	5776
77	4656,63	241,90	12,9870	4,34381	4,2543	8,7750	456533	5929
78	4778,36	245,04	12,8205	4,35671	4,2727	8,8318	474552	6084
79	4901,67	248,19	12,6582	4,36945	4,2908	8,8882	493039	6241
80	5026,55	251,33	12,5000	4,38203	4,3089	8,9443	512000	6400
81	5153,00	254,47	12,3457	4,39445	4,3267	9,0000	531441	6561
82	5281,02	257,61	12,1951	4,40672	4,3445	9,0554	551368	6724
83	5410,61	260,75	12,0482	4,41884	4,3621	9,1104	571787	6889
84	5541,77	263,89	11,9048	4,43082	4,3795	9,1652	592704	7056
85	5674,50	267,04	11,7647	4,44265	4,3968	9,2195	614125	7225
86	5808,80	270,18	11,6279	4,45435	4,4140	9,2736	636056	7396
87	5944,68	273,32	11,4943	4,46591	4,4310	9,3274	658503	7569
88	6082,12	276,46	11,3636	4,47734	4,4480	9,3808	681472	7744
89	6221,14	279,60	11,2360	4,48864	4,4647	9,4340	704969	7921
90	6361,73	282,74	11,1111	4,49981	4,4814	9,4868	729000	8100
91	6503,88	285,88	10,9890	4,51086	4,4979	9,5394	753571	8281
92	6647,61	289,03	10,8696	4,52179	4,5144	9,5917	778688	8464
93	6792,91	292,17	10,7527	4,53260	4,5307	9,6437	804357	8649
94	6939,78	295,31	10,6383	4,54329	4,5468	9,6954	830584	8836
95	7088,22	298,45	10,5263	4,55388	4,5629	9,7468	857375	9025
96	7238,23	301,59	10,4167	4,56435	4,5789	9,7980	884736	9216
97	7389,81	304,73	10,3093	4,57471	4,5947	9,8489	912673	9409
98	7542,96	307,88	10,2041	4,58497	4,6104	9,8995	941192	9604
99	7697,69	311,02	10,1010	4,59512	4,6261	9,9499	970299	9801

n	$\dfrac{\pi n^2}{4}$	πn	$\dfrac{1000}{n}$	$\ln n$	$\sqrt[3]{n}$	$\sqrt{n}$	n^3	n^2
1	0,7854	3,142	1000,000	0,00000	1,0000	1,0000	1	1
2	3,1416	6,283	500,000	0,69315	1,2599	1,4142	8	4
3	7,0686	9,425	333,333	1,09861	1,4422	1,7321	27	9
4	12,5664	12,566	250,000	1,38629	1,5874	2,0000	64	16
5	19,6350	15,708	200,000	1,60944	1,7100	2,2361	125	25
6	28,2743	18,850	166,667	1,79176	1,8171	2,4495	216	36
7	38,4845	21,991	142,857	1,94591	1,9129	2,6458	343	49
8	50,2655	25,133	125,000	2,07944	2,0000	2,8284	512	64
9	63,6173	28,274	111,111	2,19722	2,0801	3,0000	729	81
10	78,5398	31,416	100,000	2,30259	2,1544	3,1623	1000	100
11	95,0332	34,558	90,9091	2,39790	2,2240	3,3166	1331	121
12	113,097	37,699	83,3333	2,48491	2,2894	3,4641	1728	144
13	132,732	40,841	76,9231	2,56495	2,3513	3,6056	2197	169
14	153,938	43,982	71,4286	2,63906	2,4101	3,7417	2744	196
15	176,715	47,124	66,6667	2,70805	2,4662	3,8730	3375	225
16	201,062	50,265	62,5000	2,77259	2,5198	4,0000	4096	256
17	226,980	53,407	58,8235	2,83321	2,5713	4,1231	4913	289
18	254,469	56,549	55,5556	2,89037	2,6207	4,2426	5832	324
19	283,529	59,690	52,6316	2,94444	2,6684	4,3589	6859	361
20	314,159	62,832	50,0000	2,99573	2,7144	4,4721	8000	400
21	346,361	65,973	47,6190	3,04452	2,7589	4,5826	9261	441
22	380,133	69,115	45,4545	3,09104	2,8020	4,6904	10648	484
23	415,476	72,257	43,4783	3,13549	2,8439	4,7958	12167	529
24	452,389	75,398	41,6667	3,17805	2,8845	4,8990	13824	576
25	490,874	78,540	40,0000	3,21888	2,9240	5,0000	15625	625
26	530,929	81,681	38,4615	3,25810	2,9625	5,0990	17576	676
27	572,555	84,823	37,0370	3,29584	3,0000	5,1962	19683	729
28	615,752	87,965	35,7143	3,33220	3,0366	5,2915	21952	784
29	660,520	91,106	34,4828	3,36730	3,0723	5,3852	24389	841
30	706,858	94,248	33,3333	3,40120	3,1072	5,4772	27000	900
31	754,768	97,389	32,2581	3,43399	3,1414	5,5678	29791	961
32	804,248	100,531	31,2500	3,46574	3,1748	5,6569	32768	1024
33	855,299	103,673	30,3030	3,49651	3,2075	5,7446	35937	1089
34	907,920	106,814	29,4118	3,52636	3,2396	5,8310	39304	1156
35	962,113	109,956	28,5714	3,55535	3,2711	5,9161	42875	1225
36	1017,88	113,097	27,7778	3,58352	3,3019	6,0000	46656	1296
37	1075,21	116,239	27,0270	3,61092	3,3322	6,0828	50653	1369
38	1134,11	119,381	26,3158	3,63759	3,3620	6,1644	54872	1444
39	1194,59	122,522	25,6410	3,66356	3,3912	6,2450	59319	1521
40	1256,64	125,66	25,0000	3,68888	3,4200	6,3246	64000	1600
41	1320,25	128,81	24,3902	3,71357	3,4482	6,4031	68921	1681
42	1385,44	131,95	23,8095	3,73767	3,4760	6,4807	74088	1764
43	1452,20	135,09	23,2558	3,76120	3,5034	6,5574	79507	1849
44	1520,53	138,23	22,7273	3,78419	3,5303	6,6332	85184	1936
45	1590,43	141,37	22,2222	3,80666	3,5569	6,7082	91125	2025
46	1661,90	144,51	21,7391	3,82864	3,5830	6,7823	97336	2116
47	1734,94	147,65	21,2766	3,85015	3,6088	6,8557	103823	2209
48	1809,56	150,80	20,8333	3,87120	3,6342	6,9282	110592	2304
49	1885,74	153,94	20,4082	3,89182	3,6593	7,0000	117649	2401

n	n^2	n^3	$\sqrt{n}$	$\sqrt[3]{n}$	$\ln n$	$\dfrac{1000}{n}$	πn	$\dfrac{\pi n^2}{4}$	n
100	10000	1000000	10,0000	4,6416	4,60517	10,0000	314,16	7853,98	100
101	10201	1030301	10,0499	4,6570	4,61512	9,90099	317,30	8011,85	101
102	10404	1061208	10,0995	4,6723	4,62497	9,80392	320,44	8171,28	102
103	10609	1092727	10,1489	4,6875	4,63473	9,70874	323,58	8332,29	103
104	10816	1124864	10,1930	4,7027	4,64439	9,61538	326,73	8494,87	104
105	11025	1157625	10,2470	4,7177	4,65396	9,52381	329,87	8659,01	105
106	11236	1191016	10,2956	4,7326	4,66344	9,43396	333,01	8824,73	106
107	11449	1225043	10,3441	4,7475	4,67283	9,34579	336,15	8992,02	107
108	11664	1259712	10,3923	4,7622	4,68213	9,25926	339,29	9160,88	108
109	11881	1295029	10,4403	4,7769	4,69135	9,17431	342,43	9331,32	109
110	12100	1331000	10,4881	4,7914	4,70048	9,09091	345,58	9503,32	110
111	12321	1367631	10,5357	4,8059	4,70953	9,00901	348,72	9676,89	111
112	12544	1404928	10,5830	4,8203	4,71850	8,92857	351,86	9852,03	112
113	12769	1442897	10,6301	4,8346	4,72739	8,84956	355,00	10028,7	113
114	12996	1481544	10,6771	4,8488	4,73620	8,77193	358,14	10207,0	114
115	13225	1520875	10,7238	4,8629	4,74493	8,69565	361,28	10386,9	115
116	13456	1560896	10,7703	4,8770	4,75359	8,62069	364,42	10568,3	116
117	13689	1601613	10,8167	4,8910	4,76217	8,54701	367,57	10751,3	117
118	13924	1643032	10,8628	4,9049	4,77068	8,47458	370,71	10935,9	118
119	14161	1685159	10,9087	4,9187	4,77912	8,40336	373,85	11122,0	119
120	14400	1728000	10,9545	4,9324	4,78749	8,33333	376,99	11309,7	120
121	14641	1771561	11,0000	4,9461	4,79579	8,26446	380,13	11499,0	121
122	14884	1815848	11,0454	4,9597	4,80402	8,19672	383,27	11689,9	122
123	15129	1860867	11,0905	4,9732	4,81218	8,13008	386,42	11882,3	123
124	15376	1906624	11,1355	4,9866	4,82028	8,06452	389,56	12076,3	124
125	15625	1953125	11,1803	5,0000	4,82831	8,00000	392,70	12271,8	125
126	15876	2000376	11,2250	5,0133	4,83628	7,93651	395,84	12469,0	126
127	16129	2048383	11,2694	5,0265	4,84419	7,87402	398,98	12667,7	127
128	16384	2097152	11,3137	5,0397	4,85203	7,81250	402,12	12868,0	128
129	16641	2146689	11,3578	5,0528	4,85981	7,75194	405,27	13069,8	129
130	16900	2197000	11,4018	5,0658	4,86753	7,69231	408,41	13273,2	130
131	17161	2248091	11,4455	5,0788	4,87520	7,63359	411,55	13478,2	131
132	17424	2299968	11,4891	5,0916	4,88280	7,57576	414,69	13684,8	132
133	17689	2352637	11,5326	5,1045	4,89035	7,51880	417,83	13892,9	133
134	17956	2406104	11,5758	5,1172	4,89784	7,46269	420,97	14102,6	134
135	18225	2460375	11,6190	5,1299	4,90527	7,40741	424,12	14313,9	135
136	18496	2515456	11,6619	5,1426	4,91265	7,35294	427,26	14526,7	136
137	18769	2571353	11,7047	5,1551	4,91998	7,29927	430,40	14741,1	137
138	19044	2628072	11,7473	5,1676	4,92725	7,24638	433,54	14957,1	138
139	19321	2685619	11,7898	5,1801	4,93447	7,19424	436,68	15174,7	139
140	19600	2744000	11,8322	5,1925	4,94164	7,14285	439,82	15393,8	140
141	19881	2803221	11,8743	5,2048	4,94876	7,09220	442,96	15614,5	141
142	20164	2863288	11,9164	5,2171	4,95583	7,04225	446,11	15836,8	142
143	20449	2924207	11,9583	5,2293	4,96284	6,99301	449,25	16060,6	143
144	20736	2985984	12,0000	5,2415	4,96981	6,94444	452,39	16286,0	144
145	21025	3048625	12,0416	5,2536	4,97673	6,89655	455,53	16513,0	145
146	21316	3112136	12,0830	5,2656	4,98361	6,84932	458,67	16741,5	146
147	21609	3176523	12,1244	5,2776	4,99043	6,80272	461,81	16971,7	147
148	21904	3241792	12,1655	5,2896	4,99721	6,75676	464,96	17203,4	148
149	22201	3307949	12,2066	5,3015	5,00395	6,71141	468,10	17436,6	149

n	n^2	n^3	$\sqrt{n}$	$\sqrt[3]{n}$	$\ln n$	$\dfrac{1000}{n}$	πn	$\dfrac{\pi n^2}{4}$	n
150	22500	3375000	12,2474	5,3133	5,01064	6,66667	471,24	17671,5	150
151	22801	3442951	12,2882	5,3251	5,01728	6,62252	474,38	17907,9	151
152	23104	3511808	12,3288	5,3368	5,02388	6,57895	477,52	18145,8	152
153	23409	3581577	12,3693	5,3485	5,03044	6,53595	480,66	18385,4	153
154	23716	3652264	12,4097	5,3601	5,03695	6,49351	483,81	18626,5	154
155	24025	3723875	12,4499	5,3717	5,04343	6,45161	486,95	18869,2	155
156	24336	3796416	12,4900	5,3832	5,04986	6,41026	490,09	19113,4	156
157	24649	3869893	12,5300	5,3947	5,05625	6,36943	493,23	19359,3	157
158	24964	3944312	12,5698	5,4061	5,06260	6,32911	496,37	19606,7	158
159	25281	4019679	12,6095	5,4175	5,06890	6,28931	499,51	19855,7	159
160	25600	4096000	12,6491	5,4288	5,07517	6,25000	502,65	20106,2	160
161	25921	4173281	12,6886	5,4401	5,08140	6,21118	505,80	20358,3	161
162	26244	4251528	12,7279	5,4514	5,08760	6,17284	508,94	20612,0	162
163	26569	4330747	12,7671	5,4626	5,09375	6,13497	512,08	20867,2	163
164	26896	4410944	12,8062	5,4737	5,09987	6,09756	515,22	21124,1	164
165	27225	4492125	12,8452	5,4848	5,10595	6,06061	518,36	21382,5	165
166	27556	4574296	12,8841	5,4959	5,11199	6,02410	521,50	21642,4	166
167	27889	4657463	12,9228	5,5069	5,11799	5,98802	524,65	21904,0	167
168	28224	4741632	12,9615	5,5178	5,12396	5,95238	527,79	22167,1	168
169	28561	4826809	13,0000	5,5288	5,12990	5,91716	530,93	22431,8	169
170	28900	4913000	13,0384	5,5397	5,13580	5,88235	534,07	22698,0	170
171	29241	5000211	13,0767	5,5505	5,14166	5,84795	537,21	22965,8	171
172	29584	5088448	13,1149	5,5613	5,14749	5,81395	540,35	23235,2	172
173	29929	5177717	13,1529	5,5721	5,15329	5,78035	543,50	23506,2	173
174	30276	5268024	13,1909	5,5828	5,15906	5,74713	546,64	23778,7	174
175	30625	5359375	13,2288	5,5934	5,16479	5,71429	549,78	24052,8	175
176	30976	5451776	13,2665	5,6041	5,17048	5,68182	552,92	24328,5	176
177	31329	5545233	13,3041	5,6147	5,17615	5,64972	556,06	24605,7	177
178	31684	5639752	13,3417	5,6252	5,18178	5,61798	559,20	24884,6	178
179	32041	5735339	13,3791	5,6357	5,18739	5,58659	562,35	25164,9	179
180	32400	5832000	13,4164	5,6462	5,19296	5,55556	565,49	25446,9	180
181	32761	5929741	13,4536	5,6567	5,19850	5,52486	568,63	25730,4	181
182	33124	6028568	13,4907	5,6671	5,20401	5,49451	571,77	26015,5	182
183	33489	6128487	13,5277	5,6774	5,20949	5,46448	574,91	26302,2	183
184	33856	6229504	13,5647	5,6877	5,21494	5,43478	578,05	26590,4	184
185	34225	6331625	13,6015	5,6980	5,22036	5,40541	581,19	26880,3	185
186	34596	6434856	13,6382	5,7083	5,22575	5,37634	584,34	27171,6	186
187	34969	6539203	13,6748	5,7185	5,23111	5,34759	587,48	27464,6	187
188	35344	6644672	13,7113	5,7287	5,23644	5,31915	590,62	27759,1	188
189	35721	6751269	13,7477	5,7388	5,24175	5,29101	593,76	28055,2	189
190	36100	6859000	13,7840	5,7489	5,24702	5,26316	596,90	28352,9	190
191	36481	6967871	13,8203	5,7590	5,25227	5,23560	600,04	28652,1	191
192	36864	7077888	13,8564	5,7690	5,25750	5,20833	603,19	28952,9	192
193	37249	7189057	13,8924	5,7790	5,26269	5,18135	605,33	29255,3	193
194	37636	7301384	13,9284	5,7890	5,26786	5,15464	609,47	29559,2	194
195	38025	7414875	13,9642	5,7989	5,27300	5,12821	612,61	29864,8	195
196	38416	7529536	14,0000	5,8088	5,27811	5,10204	615,75	30171,9	196
197	38809	7645373	14,0357	5,8185	5,28320	5,07614	618,89	30480,5	197
198	39204	7762392	14,0712	5,8285	5,28827	5,05051	622,04	30790,7	198
199	39601	7880599	14,1067	5,8383	5,29330	5,02513	625,18	31102,6	199

n	n^2	n^3	$\sqrt{n}$	$\sqrt[3]{n}$	$\ln n$	$\dfrac{1000}{n}$	πn	$\dfrac{\pi n^2}{4}$
200	40000	8000000	14,1421	5,8480	5,29832	5,00000	628,32	31415,9
201	40401	8120601	14,1774	5,8578	5,30330	4,97512	631,46	31730,9
202	40804	8242408	14,2127	5,8675	5,30827	4,95050	634,60	32047,4
203	41209	8365427	14,2478	5,8771	5,31321	4,92611	637,74	32365,5
204	41616	8489664	14,2829	5,8868	5,31812	4,90196	640,88	32685,1
205	42025	8615125	14,3178	5,8964	5,32301	4,87805	644,03	33006,4
206	42436	8741816	14,3527	5,9059	5,32788	4,85437	647,17	33329,2
207	42849	8869743	14,3875	5,9155	5,33272	4,83092	650,31	33653,5
208	43264	8998912	14,4222	5,9250	5,33754	4,80769	653,45	33979,5
209	43681	9129329	14,4568	5,9345	5,34233	4,78469	656,59	34307,0
210	44100	9261000	14,4914	5,9439	5,34711	4,76190	659,73	34636,1
211	44521	9393931	14,5258	5,9533	5,35186	4,73934	662,88	34966,7
212	44944	9528128	14,5602	5,9627	5,35659	4,71698	666,02	35298,9
213	45369	9663597	14,5945	5,9721	5,36129	4,69484	669,16	35632,7
214	45796	9800344	14,6287	5,9814	5,36598	4,67290	672,30	35968,1
215	46225	9938375	14,6629	5,9907	5,37064	4,65116	675,44	36305,0
216	46656	10077696	14,6969	6,0000	5,37528	4,62963	678,58	36643,5
217	47089	10218313	14,7309	6,0092	5,37990	4,60829	681,73	36983,6
218	47524	10360232	14,7648	6,0185	5,38450	4,58716	684,87	37325,3
219	47961	10503459	14,7986	6,0277	5,38907	4,56621	688,01	37668,5
220	48400	10648000	14,8324	6,0368	5,39363	4,54545	691,15	38013,3
221	48841	10793861	14,8661	6,0459	5,39816	4,52489	694,29	38359,6
222	49284	10941048	14,8997	6,0550	5,40268	4,50450	697,43	38707,6
223	49729	11089567	14,9332	6,0641	5,40717	4,48430	700,58	39057,1
224	50176	11239424	14,9666	6,0732	5,41165	4,46429	703,72	39408,1
225	50625	11390625	15,0000	6,0822	5,41610	4,44444	706,86	39760,8
226	51076	11543176	15,0333	6,0912	5,42053	4,42478	710,00	40115,0
227	51529	11697083	15,0665	6,1002	5,42495	4,40529	713,14	40470,8
228	51984	11852352	15,0997	6,1091	5,42935	4,38596	716,28	40828,1
229	52441	12008989	15,1327	6,1180	5,43372	4,36681	719,42	41187,1
230	52900	12167000	15,1658	6,1269	5,43808	4,34783	722,57	41547,6
231	53361	12326391	15,1987	6,1358	5,44242	4,32900	725,71	41909,6
232	53824	12487168	15,2315	6,1446	5,44674	4,31034	728,85	42273,3
233	54289	12649337	15,2643	6,1534	5,45104	4,29185	731,99	42638,5
234	54756	12812904	15,2971	6,1622	5,45532	4,27350	735,13	43005,3
235	55225	12977875	15,3297	6,1710	5,45959	4,25532	738,27	43373,6
236	55696	13144256	15,3623	6,1797	5,46383	4,23729	741,42	43743,5
237	56169	13312053	15,3948	6,1885	5,46806	4,21941	744,56	44115,0
238	56644	13481272	15,4272	6,1972	5,47227	4,20168	747,70	44488,1
239	57121	13651919	15,4596	6,2058	5,47646	4,18410	750,84	44862,7
240	57600	13824000	15,4919	6,2145	5,48064	4,16667	753,98	45238,9
241	58081	13997521	15,5242	6,2231	5,48480	4,14938	757,12	45616,7
242	58564	14172488	15,5563	6,2317	5,48894	4,13223	760,27	45996,1
243	59049	14348907	15,5885	6,2403	5,49306	4,11523	763,41	46377,0
244	59536	14526784	15,6205	6,2488	5,49717	4,09836	766,55	46759,5
245	60025	14706125	15,6525	6,2573	5,50126	4,08163	769,69	47143,5
246	60516	14886936	15,6844	6,2658	5,50533	4,06504	772,83	47529,2
247	61009	15069223	15,7162	6,2743	5,50939	4,04858	775,97	47916,4
248	61504	15252992	15,7480	6,2828	5,51343	4,03226	779,11	48305,1
249	62001	15438249	15,7797	6,2912	5,51745	4,01606	782,26	48695,5

n	n^2	n^3	$\sqrt{n}$	$\sqrt[3]{n}$	$\ln n$	$\dfrac{1000}{n}$	πn	$\dfrac{\pi n^2}{4}$
250	62500	15625000	15,8114	6,2996	5,52116	4,00000	785,40	49087,4
251	63001	15813251	15,8430	6,3080	5,52545	3,98406	788,54	49480,9
252	63504	16003008	15,8745	6,3164	5,52943	3,96825	791,68	49875,9
253	64009	16194277	15,9060	6,3247	5,53339	3,95257	794,82	50272,6
254	64516	16387064	15,9374	6,3330	5,53733	3,93701	797,96	50670,7
255	65025	16581375	15,9687	6,3413	5,54126	3,92157	801,11	51070,5
256	65536	16777216	16,0000	6,3496	5,54518	3,90625	804,25	51471,9
257	66049	16974593	16,0312	6,3579	5,54908	3,89105	807,39	51874,8
258	66564	17173512	16,0624	6,3661	5,55296	3,87597	810,53	52279,2
259	67081	17373979	16,0935	6,3743	5,55683	3,86100	813,67	52685,3
260	67600	17576000	16,1245	6,3825	5,56068	3,84615	816,81	53092,9
261	68121	17779581	16,1555	6,3907	5,56452	3,83142	819,96	53502,1
262	68644	17984728	16,1864	6,3988	5,56834	3,81679	823,10	53912,9
263	69169	18191447	16,2173	6,4070	5,57215	3,80228	826,24	54325,2
264	69696	18399744	16,2481	6,4151	5,57595	3,78788	829,38	54739,1
265	70225	18609625	16,2788	6,4232	5,57973	3,77358	832,52	55154,6
266	70756	18821096	16,3095	6,4312	5,58350	3,75940	835,66	55571,6
267	71289	19034163	16,3401	6,4393	5,58725	3,74532	838,81	55990,2
268	71824	19248832	16,3707	6,4473	5,59099	3,73134	841,95	56410,4
269	72361	19465109	16,4012	6,4553	5,59471	3,71747	845,09	56832,2
270	72900	19683000	16,4317	6,4633	5,59842	3,70370	848,23	57255,5
271	73441	19902511	16,4621	6,4713	5,60212	3,69004	851,37	57680,4
272	73984	20123648	16,4924	6,4792	5,60580	3,67647	854,51	58106,9
273	74529	20346417	16,5227	6,4872	5,60947	3,66300	857,65	58534,9
274	75076	20570824	16,5529	6,4951	5,61313	3,64964	860,80	58964,6
275	75625	20796875	16,5831	6,5030	5,61677	3,63636	863,94	59395,7
276	76176	21024576	16,6132	6,5108	5,62040	3,62319	867,08	59828,5
277	76729	21253933	16,6433	6,5187	5,62402	3,61011	870,22	60262,8
278	77284	21484952	16,6733	6,5265	5,62762	3,59712	873,36	60698,7
279	77841	21717639	16,7033	6,5343	5,63121	3,58423	876,50	61136,2
280	78400	21952000	16,7332	6,5421	5,63479	3,57143	879,65	61575,5
281	78961	22188041	16,7631	6,5499	5,63835	3,55872	882,79	62015,8
282	79524	22425768	16,7929	6,5577	5,64191	3,54610	885,93	62458,0
283	80089	22665187	16,8226	6,5654	5,64545	3,53357	889,07	62901,8
284	80656	22906304	16,8523	6,5731	5,64897	3,52113	892,21	63347,1
285	81225	23149125	16,8819	6,5808	5,65249	3,50877	895,35	63794,0
286	81796	23393656	16,9115	6,5885	5,65599	3,49650	898,50	64242,4
287	82369	23639903	16,9411	6,5962	5,65948	3,48432	901,64	64692,5
288	82944	23887872	16,9706	6,6039	5,66296	3,47222	904,78	65144,1
289	83521	24137569	17,0000	6,6115	5,66642	3,46021	907,92	65597,2
290	84100	24389000	17,0294	6,6191	5,66988	3,44828	911,06	66052,0
291	84681	24642171	17,0587	6,6267	5,67332	3,43643	914,20	66508,3
292	85264	24897088	17,0880	6,6343	5,67675	3,42466	917,35	66966,2
293	85849	25153757	17,1172	6,6419	5,68017	3,41297	920,49	67425,6
294	86436	25412184	17,1464	6,6494	5,68358	3,40136	923,63	67886,7
295	87025	25672375	17,1756	6,6569	5,68698	3,38983	926,77	68349,3
296	87616	25934336	17,2047	6,6644	5,69036	3,37838	929,91	68813,4
297	88209	26198073	17,2337	6,6719	5,69373	3,36700	933,05	69279,2
298	88804	26463592	17,2627	6,6794	5,69709	3,35570	936,19	69746,5
299	89401	26730899	17,2916	6,6869	5,70044	3,34448	939,34	70215,4

n	$\frac{\pi n^2}{4}$	πn	$\frac{1000}{n}$	$\ln n$	$\sqrt[3]{n}$	$\sqrt{n}$	n^3	n^2
350	96211,3	1099,6	2,85714	5,85793	7,0473	18,7083	42875000	122500
351	96761,8	1102,7	2,84900	5,86079	7,0540	18,7350	43243551	123201
352	97314,0	1105,8	2,84091	5,86363	7,0607	18,7617	43614208	123904
353	97867,7	1109,0	2,83286	5,86647	7,0674	18,7883	43986977	124609
354	98423,0	1112,1	2,82486	5,86930	7,0740	18,8149	44361864	125316
355	98979,8	1115,3	2,81690	5,87212	7,0807	18,8414	44738875	126025
356	99538,2	1118,4	2,80899	5,87493	7,0873	18,8680	45118016	126736
357	100098	1121,5	2,80112	5,87774	7,0940	18,8944	45499293	127449
358	100660	1124,7	2,79330	5,88053	7,1006	18,9209	45882712	128164
359	101223	1127,8	2,78552	5,88332	7,1072	18,9473	46268279	128881
360	101788	1131,0	2,77778	5,88610	7,1138	18,9737	46656000	129600
361	102354	1134,1	2,77008	5,88888	7,1204	19,0000	47045881	130321
362	102922	1137,3	2,76243	5,89164	7,1269	19,0263	47437928	131044
363	103491	1140,4	2,75482	5,89440	7,1335	19,0526	47832147	131769
364	104062	1143,5	2,74725	5,89715	7,1400	19,0788	48228544	132496
365	104635	1146,7	2,73973	5,89990	7,1466	19,1050	48627125	133225
366	105209	1149,8	2,73224	5,90263	7,1531	19,1311	49027896	133956
367	105785	1153,0	2,72480	5,90536	7,1596	19,1572	49430863	134689
368	106362	1156,1	2,71739	5,90808	7,1661	19,1833	49836032	135424
369	106941	1159,2	2,71003	5,91080	7,1726	19,2094	50243409	136161
370	107521	1162,4	2,70270	5,91350	7,1791	19,2354	50653000	136900
371	108103	1165,5	2,69542	5,91620	7,1855	19,2614	51064811	137641
372	108687	1168,7	2,68817	5,91889	7,1920	19,2873	51478848	138384
373	109272	1171,8	2,68097	5,92158	7,1984	19,3132	51895117	139129
374	109858	1175,0	2,67380	5,92426	7,2048	19,3391	52313624	139876
375	110447	1178,1	2,66667	5,92693	7,2112	19,3649	52734375	140625
376	111036	1181,2	2,65957	5,92959	7,2177	19,3907	53157376	141376
377	111628	1184,4	2,65252	5,93225	7,2240	19,4165	53582633	142129
378	112221	1187,5	2,64550	5,93489	7,2304	19,4422	54010152	142884
379	112815	1190,7	2,63852	5,93754	7,2368	19,4679	54439939	143641
380	113411	1193,8	2,63158	5,94017	7,2432	19,4936	54872000	144400
381	114009	1196,9	2,62467	5,94280	7,2495	19,5192	55306341	145161
382	114608	1200,1	2,61780	5,94542	7,2558	19,5448	55742968	145924
383	115209	1203,2	2,61097	5,94803	7,2622	19,5704	56181887	146689
384	115812	1206,4	2,60417	5,95064	7,2685	19,5959	56623104	147456
385	116416	1209,5	2,59740	5,95324	7,2748	19,6214	57066625	148225
386	117021	1212,7	2,59067	5,95584	7,2811	19,6469	57512456	148996
387	117628	1215,8	2,58398	5,95842	7,2874	19,6723	57960603	149769
388	118237	1218,9	2,57732	5,96101	7,2936	19,6977	58411072	150544
389	118847	1222,1	2,57069	5,96358	7,2999	19,7231	58863869	151321
390	119459	1225,2	2,56410	5,96615	7,3061	19,7484	59319000	152100
391	120072	1228,4	2,55754	5,96871	7,3124	19,7737	59776471	152881
392	120687	1231,5	2,55102	5,97126	7,3186	19,7990	60236288	153664
393	121304	1234,6	2,54453	5,97381	7,3248	19,8242	60698457	154449
394	121922	1237,8	2,53807	5,97635	7,3310	19,8494	61162984	155236
395	122542	1240,9	2,53165	5,97889	7,3372	19,8746	61629875	156025
396	123163	1244,1	2,52525	5,98141	7,3434	19,8997	62099136	156816
397	123786	1247,2	2,51889	5,98394	7,3496	19,9249	62570773	157609
398	124413	1250,4	2,51256	5,98645	7,3558	19,9499	63044792	158404
399	125036	1253,5	2,50627	5,98896	7,3619	19,9750	63521199	159201

n	$\frac{\pi n^2}{4}$	πn	$\frac{1000}{n}$	$\ln n$	$\sqrt[3]{n}$	$\sqrt{n}$	n^3	n^2
300	70685,8	942,48	3,33333	5,70378	6,6943	17,3205	27000000	90000
301	71157,9	945,62	3,32226	5,70711	6,7018	17,3494	27270901	90601
302	71631,5	948,76	3,31126	5,71043	6,7092	17,3781	27543608	91204
303	72106,6	951,90	3,30033	5,71373	6,7166	17,4069	27818127	91809
304	72583,4	955,04	3,28947	5,71703	6,7240	17,4356	28094464	92416
305	73061,7	958,19	3,27869	5,72031	6,7313	17,4642	28372625	93025
306	73541,5	961,33	3,26797	5,72359	6,7387	17,4929	28652616	93636
307	74023,0	964,47	3,25733	5,72685	6,7460	17,5214	28934443	94249
308	74506,0	967,61	3,24675	5,73010	6,7533	17,5499	29218112	94864
309	74990,6	970,75	3,23625	5,73334	6,7606	17,5784	29503629	95481
310	75476,8	973,89	3,22581	5,73657	6,7679	17,6068	29791000	96100
311	75964,5	977,04	3,21543	5,73979	6,7752	17,6352	30080231	96721
312	76453,8	980,18	3,20513	5,74300	6,7824	17,6635	30371328	97344
313	76944,7	983,32	3,19489	5,74620	6,7897	17,6918	30664297	97969
314	77437,1	986,46	3,18471	5,74939	6,7969	17,7200	30959144	98596
315	77931,1	989,60	3,17460	5,75257	6,8041	17,7482	31255875	99225
316	78426,7	992,74	3,16456	5,75574	6,8113	17,7764	31554496	99856
317	78923,9	995,88	3,15457	5,75890	6,8185	17,8045	31855013	100489
318	79422,6	999,03	3,14465	5,76205	6,8256	17,8326	32157432	101124
319	79922,9	1002,2	3,13480	5,76519	6,8328	17,8606	32461759	101761
320	80424,8	1005,3	3,12500	5,76832	6,8399	17,8885	32768000	102400
321	80928,2	1008,5	3,11526	5,77144	6,8470	17,9165	33076161	103041
322	81433,2	1011,6	3,10559	5,77455	6,8541	17,9444	33386248	103684
323	81939,8	1014,7	3,09598	5,77765	6,8612	17,9722	33698267	104329
324	82448,0	1017,9	3,08642	5,78074	6,8683	18,0000	34012224	104976
325	82957,7	1021,0	3,07692	5,78383	6,8753	18,0278	34328125	105625
326	83469,0	1024,2	3,06748	5,78690	6,8824	18,0555	34645976	106276
327	83981,8	1027,3	3,05810	5,78996	6,8894	18,0831	34965783	106929
328	84496,3	1030,4	3,04878	5,79301	6,8964	18,1108	35287552	107584
329	85012,3	1033,6	3,03951	5,79606	6,9034	18,1384	35611289	108241
330	85529,9	1036,7	3,03030	5,79909	6,9104	18,1659	35937000	108900
331	86049,0	1039,9	3,02115	5,80212	6,9174	18,1934	36264691	109561
332	86569,7	1043,0	3,01205	5,80513	6,9244	18,2209	36594368	110224
333	87092,0	1046,2	3,00300	5,80814	6,9313	18,2483	36926037	110889
334	87615,9	1049,3	2,99401	5,81114	6,9382	18,2757	37259704	111556
335	88141,4	1052,4	2,98507	5,81413	6,9451	18,3030	37595375	112225
336	88668,3	1055,6	2,97619	5,81711	6,9521	18,3303	37933056	112896
337	89196,9	1058,7	2,96736	5,82008	6,9589	18,3576	38272753	113569
338	89727,0	1061,9	2,95858	5,82305	6,9658	18,3848	38614472	114244
339	90258,7	1065,0	2,94985	5,82600	6,9727	18,4120	38958219	114921
340	90792,0	1068,1	2,94118	5,82895	6,9795	18,4391	39304000	115600
341	91326,9	1071,3	2,93255	5,83188	6,9864	18,4662	39651821	116281
342	91863,3	1074,4	2,92398	5,83481	6,9932	18,4932	40001688	116964
343	92401,3	1077,6	2,91545	5,83773	7,0000	18,5203	40353607	117649
344	92940,9	1080,7	2,90698	5,84064	7,0068	18,5472	40707584	118336
345	93482,0	1083,8	2,89855	5,84354	7,0136	18,5742	41063625	119025
346	94024,7	1087,0	2,89017	5,84644	7,0203	18,6011	41421736	119716
347	94569,0	1090,1	2,88184	5,84932	7,0271	18,6279	41781923	120409
348	95114,9	1093,3	2,87356	5,85220	7,0338	18,6548	42144192	121104
349	95662,3	1096,4	2,86533	5,85507	7,0406	18,6815	42508549	121801

n	n^2	n^3	$\sqrt{n}$	$\sqrt[3]{n}$	$\ln n$	$\dfrac{1000}{n}$	πn	$\dfrac{\pi n^2}{4}$
400	160000	64000000	20,0000	7,3681	5,99146	2,50000	1256,6	125664
401	160801	64481201	20,0250	7,3742	5,99396	2,49377	1259,8	126293
402	161604	64964808	20,0499	7,3803	5,99645	2,48756	1262,9	126923
403	162409	65450827	20,0749	7,3864	5,99894	2,48139	1266,1	127556
404	163216	65939264	20,0998	7,3925	6,00141	2,47525	1269,2	128190
405	164025	66430125	20,1246	7,3986	6,00389	2,46914	1272,3	128825
406	164836	66923416	20,1494	7,4047	6,00635	2,46305	1275,5	129462
407	165649	67419143	20,1742	7,4108	6,00881	2,45700	1278,6	130100
408	166464	67917312	20,1990	7,4169	6,01127	2,45098	1281,8	130741
409	167281	68417929	20,2237	7,4229	6,01372	2,44499	1284,9	131382
410	168100	68921000	20,2485	7,4290	6,01616	2,43902	1288,1	132025
411	168921	69426531	20,2731	7,4350	6,01859	2,43309	1291,2	132670
412	169744	69934528	20,2978	7,4410	6,02102	2,42718	1294,3	133317
413	170569	70444997	20,3224	7,4470	6,02345	2,42131	1297,5	133965
414	171396	70957944	20,3470	7,4530	6,02587	2,41546	1300,6	134614
415	172225	71473375	20,3715	7,4590	6,02828	2,40964	1303,8	135265
416	173056	71991296	20,3961	7,4650	6,03069	2,40385	1306,9	135918
417	173889	72511713	20,4206	7,4710	6,03309	2,39808	1310,0	136572
418	174724	73034632	20,4450	7,4770	6,03548	2,39234	1313,2	137228
419	175561	73560059	20,4695	7,4829	6,03787	2,38663	1316,3	137885
420	176400	74088000	20,4939	7,4889	6,04025	2,38095	1319,5	138544
421	177241	74618461	20,5183	7,4948	6,04263	2,37530	1322,6	139205
422	178084	75151448	20,5426	7,5007	6,04501	2,36967	1325,8	139867
423	178929	75686967	20,5670	7,5067	6,04737	2,36407	1328,9	140531
424	179776	76225024	20,5913	7,5126	6,04973	2,35849	1332,0	141196
425	180625	76765625	20,6155	7,5185	6,05209	2,35294	1335,2	141863
426	181476	77308776	20,6398	7,5244	6,05444	2,34742	1338,3	142531
427	182329	77854483	20,6640	7,5302	6,05678	2,34192	1341,5	143201
428	183184	78402752	20,6882	7,5361	6,05912	2,33645	1344,6	143872
429	184041	78953589	20,7123	7,5420	6,06146	2,33100	1347,7	144545
430	184900	79507000	20,7364	7,5478	6,06379	2,32558	1350,9	145220
431	185761	80062991	20,7605	7,5537	6,06611	2,32019	1354,0	145896
432	186624	80621568	20,7846	7,5595	6,06843	2,31481	1357,2	146574
433	187489	81182737	20,8087	7,5654	6,07074	2,30947	1360,3	147254
434	188356	81746504	20,8327	7,5712	6,07304	2,30415	1363,5	147934
435	189225	82312875	20,8567	7,5770	6,07535	2,29885	1366,6	148617
436	190096	82881856	20,8806	7,5828	6,07764	2,29358	1369,7	149301
437	190969	83453453	20,9045	7,5886	6,07993	2,28833	1372,9	149987
438	191844	84027672	20,9284	7,5944	6,08222	2,28311	1376,0	150674
439	192721	84604519	20,9523	7,6001	6,08450	2,27790	1379,2	151363
440	193600	85184000	20,9762	7,6059	6,08677	2,27273	1382,3	152053
441	194481	85766121	21,0000	7,6117	6,08904	2,26757	1385,4	152745
442	195364	86350888	21,0238	7,6174	6,09131	2,26244	1388,6	153439
443	196249	86938307	21,0476	7,6232	6,09357	2,25734	1391,7	154134
444	197136	87528384	21,0713	7,6289	6,09582	2,25225	1394,9	154830
445	198025	88121125	21,0950	7,6346	6,09807	2,24719	1398,0	155528
446	198916	88716536	21,1187	7,6403	6,10032	2,24215	1401,2	156228
447	199809	89314623	21,1424	7,6460	6,10256	2,23714	1404,3	156930
448	200704	89915392	21,1660	7,6517	6,10479	2,23214	1407,4	157633
449	201601	90518849	21,1896	7,6574	6,10702	2,22717	1410,6	158337
450	202500	91125000	21,2132	7,6631	6,10925	2,22222	1413,7	159043
451	203401	91733851	21,2368	7,6688	6,11147	2,21729	1416,9	159751
452	204304	92345408	21,2603	7,6744	6,11368	2,21239	1420,0	160460
453	205209	92959677	21,2838	7,6801	6,11589	2,20751	1423,1	161171
454	206116	93576664	21,3073	7,6857	6,11810	2,20264	1426,3	161883
455	207025	94196375	21,3307	7,6914	6,12030	2,19780	1429,4	162597
456	207936	94818816	21,3542	7,6970	6,12249	2,19298	1432,6	163313
457	208849	95443993	21,3776	7,7026	6,12468	2,18818	1435,7	164030
458	209764	96071912	21,4009	7,7082	6,12687	2,18341	1438,8	164748
459	210681	96702579	21,4243	7,7138	6,12905	2,17865	1442,0	165468
460	211600	97336000	21,4476	7,7194	6,13123	2,17391	1445,1	166190
461	212521	97972181	21,4709	7,7250	6,13340	2,16920	1448,3	166914
462	213444	98611128	21,4942	7,7306	6,13556	2,16450	1451,4	167639
463	214369	99252847	21,5174	7,7362	6,13773	2,15983	1454,6	168365
464	215296	99897344	21,5407	7,7418	6,13988	2,15517	1457,7	169093
465	216225	100544625	21,5639	7,7473	6,14204	2,15054	1460,8	169823
466	217156	101194696	21,5870	7,7529	6,14419	2,14592	1464,0	170554
467	218089	101847563	21,6102	7,7584	6,14633	2,14133	1467,1	171287
468	219024	102503232	21,6333	7,7639	6,14847	2,13675	1470,3	172021
469	219961	103161709	21,6564	7,7695	6,15060	2,13220	1473,4	172757
470	220900	103823000	21,6795	7,7750	6,15273	2,12766	1476,5	173494
471	221841	104487111	21,7025	7,7805	6,15486	2,12314	1479,7	174234
472	222784	105154048	21,7256	7,7860	6,15698	2,11864	1482,8	174974
473	223729	105823817	21,7486	7,7915	6,15910	2,11416	1486,0	175716
474	224676	106496424	21,7715	7,7970	6,16121	2,10970	1489,1	176460
475	225625	107171875	21,7945	7,8025	6,16331	2,10526	1492,3	177205
476	226576	107850176	21,8174	7,8079	6,16542	2,10084	1495,4	177952
477	227529	108531333	21,8403	7,8134	6,16752	2,09644	1498,5	178701
478	228484	109215352	21,8632	7,8188	6,16961	2,09205	1501,7	179451
479	229441	109902239	21,8861	7,8243	6,17170	2,08768	1504,8	180203
480	230400	110592000	21,9089	7,8297	6,17379	2,08333	1508,0	180956
481	231361	111284641	21,9317	7,8352	6,17587	2,07900	1511,1	181711
482	232324	111980168	21,9545	7,8406	6,17794	2,07469	1514,2	182467
483	233289	112678587	21,9773	7,8460	6,18002	2,07039	1517,4	183225
484	234256	113379904	22,0000	7,8514	6,18208	2,06612	1520,5	183984
485	235225	114084125	22,0227	7,8568	6,18415	2,06186	1523,7	184745
486	236196	114791256	22,0454	7,8622	6,18621	2,05761	1526,8	185508
487	237169	115501303	22,0681	7,8676	6,18826	2,05339	1530,0	186272
488	238144	116214272	22,0907	7,8730	6,19032	2,04918	1533,1	187038
489	239121	116930169	22,1133	7,8784	6,19236	2,04499	1536,2	187805
490	240100	117649000	22,1359	7,8837	6,19441	2,04082	1539,4	188574
491	241081	118370771	22,1585	7,8891	6,19644	2,03666	1542,5	189345
492	242064	119095488	22,1811	7,8944	6,19848	2,03252	1545,7	190117
493	243049	119823157	22,2036	7,8998	6,20051	2,02840	1548,8	190890
494	244036	120553784	22,2261	7,9051	6,20254	2,02429	1551,9	191665
495	245025	121287375	22,2486	7,9105	6,20456	2,02020	1555,1	192442
496	246016	122023936	22,2711	7,9158	6,20658	2,01613	1558,2	193221
497	247009	122763473	22,2935	7,9211	6,20859	2,01207	1561,4	194000
498	248004	123505992	22,3159	7,9264	6,21060	2,00803	1564,5	194782
499	249001	124251499	22,3383	7,9317	6,21261	2,00401	1567,7	195565

n	$\dfrac{\pi n^2}{4}$	πn	$\dfrac{1000}{n}$	$\ln n$	$\sqrt[3]{n}$	$\sqrt{n}$	n^3	n^2	n
550	237583	1727,9	1,81818	6,30992	8,1932	23,4521	166375000	302500	550
551	238448	1731,0	1,81488	6,31173	8,1982	23,4734	167284151	303601	551
552	239314	1734,2	1,81159	6,31355	8,2031	23,4947	168196608	304704	552
553	240182	1737,3	1,80832	6,31536	8,2081	23,5160	169112377	305809	553
554	241051	1740,4	1,80505	6,31716	8,2130	23,5372	170031464	306916	554
555	241922	1743,6	1,80180	6,31897	8,2180	23,5584	170953875	308025	555
556	242795	1746,7	1,79856	6,32077	8,2229	23,5797	171879616	309136	556
557	243669	1749,9	1,79533	6,32257	8,2278	23,6008	172808693	310249	557
558	244545	1753,0	1,79211	6,32436	8,2327	23,6220	173741112	311364	558
559	245422	1756,2	1,78891	6,32615	8,2377	23,6432	174676879	312481	559
560	246301	1759,3	1,78571	6,32794	8,2426	23,6643	175616000	313600	560
561	247181	1762,4	1,78253	6,32972	8,2475	23,6854	176558481	314721	561
562	248063	1765,6	1,77936	6,33150	8,2524	23,7065	177504328	315844	562
563	248947	1768,7	1,77620	6,33328	8,2573	23,7276	178453547	316969	563
564	249832	1771,9	1,77305	6,33505	8,2621	23,7487	179406144	318096	564
565	250719	1775,0	1,76991	6,33683	8,2670	23,7697	180362125	319225	565
566	251607	1778,1	1,76678	6,33859	8,2719	23,7908	181321496	320356	566
567	252497	1781,3	1,76367	6,34036	8,2768	23,8118	182284263	321489	567
568	253388	1784,4	1,76056	6,34212	8,2816	23,8328	183250432	322624	568
569	254281	1787,6	1,75747	6,34388	8,2865	23,8537	184220009	323761	569
570	255176	1790,7	1,75439	6,34564	8,2913	23,8747	185193000	324900	570
571	256072	1793,8	1,75131	6,34739	8,2962	23,8956	186169411	326041	571
572	256970	1797,0	1,74825	6,34914	8,3010	23,9165	187149248	327184	572
573	257869	1800,1	1,74520	6,35089	8,3059	23,9374	188132517	328329	573
574	258770	1803,3	1,74216	6,35263	8,3107	23,9583	189119224	329476	574
575	259672	1806,4	1,73913	6,35437	8,3155	23,9792	190109375	330625	575
576	260576	1809,6	1,73611	6,35611	8,3203	24,0000	191102976	331776	576
577	261482	1812,7	1,73310	6,35784	8,3251	24,0208	192100033	332929	577
578	262389	1815,8	1,73010	6,35957	8,3300	24,0416	193100552	334084	578
579	263298	1819,0	1,72712	6,36130	8,3348	24,0624	194104539	335241	579
580	264208	1822,1	1,72414	6,36303	8,3396	24,0832	195112000	336400	580
581	265120	1825,3	1,72117	6,36475	8,3443	24,1039	196122941	337561	581
582	266033	1828,4	1,71821	6,36647	8,3491	24,1247	197137368	338724	582
583	266948	1831,6	1,71527	6,36819	8,3539	24,1454	198155287	339889	583
584	267865	1834,7	1,71233	6,36990	8,3587	24,1661	199176704	341056	584
585	268783	1837,8	1,70940	6,37161	8,3634	24,1868	200201625	342225	585
586	269703	1841,0	1,70648	6,37332	8,3682	24,2074	201230056	343396	586
587	270624	1844,1	1,70358	6,37502	8,3730	24,2281	202262003	344569	587
588	271547	1847,3	1,70068	6,37673	8,3777	24,2487	203297472	345744	588
589	272471	1850,4	1,69779	6,37843	8,3825	24,2693	204336469	346921	589
590	273397	1853,5	1,69492	6,38012	8,3872	24,2899	205379000	348100	590
591	274325	1856,7	1,69205	6,38182	8,3919	24,3105	206425071	349281	591
592	275254	1859,8	1,68919	6,38351	8,3967	24,3311	207474688	350464	592
593	276184	1863,0	1,68634	6,38519	8,4014	24,3516	208527857	351649	593
594	277117	1866,1	1,68350	6,38688	8,4061	24,3721	209584584	352836	594
595	278051	1869,2	1,68067	6,38856	8,4108	24,3926	210644875	354025	595
596	278986	1872,4	1,67785	6,39024	8,4155	24,4131	211708736	355216	596
597	279923	1875,5	1,67504	6,39192	8,4202	24,4336	212776173	356409	597
598	280862	1878,7	1,67224	6,39359	8,4249	24,4540	213847192	357604	598
599	281802	1881,8	1,66945	6,39526	8,4296	24,4745	214921799	358801	599

n	$\dfrac{\pi n^2}{4}$	πn	$\dfrac{1000}{n}$	$\ln n$	$\sqrt[3]{n}$	$\sqrt{n}$	n^3	n^2	n
500	196350	1570,8	2,00000	6,21461	7,9370	22,3607	125000000	250000	500
501	197136	1573,9	1,99601	6,21661	7,9423	22,3830	125751501	251001	501
502	197923	1577,1	1,99203	6,21860	7,9476	22,4054	126506008	252004	502
503	198713	1580,2	1,98807	6,22059	7,9528	22,4277	127263527	253009	503
504	199504	1583,4	1,98413	6,22258	7,9581	22,4499	128024064	254016	504
505	200296	1586,5	1,98020	6,22456	7,9634	22,4722	128787625	255025	505
506	201090	1589,6	1,97628	6,22654	7,9686	22,4944	129554216	256036	506
507	201886	1592,8	1,97239	6,22851	7,9739	22,5167	130323843	257049	507
508	202683	1595,9	1,96850	6,23048	7,9791	22,5389	131096512	258064	508
509	203482	1599,1	1,96464	6,23245	7,9843	22,5610	131872229	259081	509
510	204282	1602,2	1,96078	6,23441	7,9896	22,5832	132651000	260100	510
511	205084	1605,4	1,95695	6,23637	7,9948	22,6053	133432831	261121	511
512	205887	1608,5	1,95312	6,23832	8,0000	22,6274	134217728	262144	512
513	206692	1611,6	1,94932	6,24028	8,0052	22,6495	135005697	263169	513
514	207499	1614,8	1,94553	6,24222	8,0104	22,6716	135796744	264196	514
515	208307	1617,9	1,94175	6,24417	8,0156	22,6936	136590875	265225	515
516	209117	1621,1	1,93798	6,24611	8,0208	22,7156	137388096	266256	516
517	209928	1624,2	1,93424	6,24804	8,0260	22,7376	138188413	267289	517
518	210741	1627,3	1,93050	6,24998	8,0311	22,7596	138991832	268324	518
519	211556	1630,5	1,92678	6,25190	8,0363	22,7816	139798359	269361	519
520	212372	1633,6	1,92308	6,25383	8,0415	22,8035	140608000	270400	520
521	213189	1636,8	1,91939	6,25575	8,0466	22,8254	141420761	271441	521
522	214008	1639,9	1,91571	6,25767	8,0517	22,8473	142236648	272484	522
523	214829	1643,1	1,91205	6,25958	8,0569	22,8692	143055667	273529	523
524	215651	1646,2	1,90840	6,26149	8,0620	22,8910	143877824	274576	524
525	216475	1649,3	1,90476	6,26340	8,0671	22,9129	144703125	275625	525
526	217301	1652,5	1,90114	6,26530	8,0723	22,9347	145531576	276676	526
527	218128	1655,6	1,89753	6,26720	8,0774	22,9565	146363183	277729	527
528	218956	1658,8	1,89394	6,26910	8,0825	22,9783	147197952	278784	528
529	219787	1661,9	1,89036	6,27099	8,0876	23,0000	148035889	279841	529
530	220618	1665,0	1,88679	6,27288	8,0927	23,0217	148877000	280900	530
531	221452	1668,2	1,88324	6,27476	8,0978	23,0434	149721291	281961	531
532	222287	1671,3	1,87970	6,27664	8,1028	23,0651	150568768	283024	532
533	223123	1674,5	1,87617	6,27852	8,1079	23,0868	151419437	284089	533
534	223961	1677,6	1,87266	6,28040	8,1130	23,1084	152273304	285156	534
535	224801	1680,8	1,86916	6,28227	8,1180	23,1301	153130375	286225	535
536	225642	1683,9	1,86567	6,28413	8,1231	23,1517	153990656	287296	536
537	226484	1687,0	1,86220	6,28600	8,1281	23,1733	154854153	288369	537
538	227329	1690,2	1,85874	6,28786	8,1332	23,1948	155720872	289444	538
539	228175	1693,3	1,85529	6,28972	8,1382	23,2164	156590819	290521	539
540	229022	1696,5	1,85185	6,29157	8,1433	23,2379	157464000	291600	540
541	229871	1699,6	1,84843	6,29342	8,1483	23,2594	158340421	292681	541
542	230722	1702,7	1,84502	6,29527	8,1533	23,2809	159220088	293764	542
543	231574	1705,9	1,84162	6,29711	8,1583	23,3024	160103007	294849	543
544	232428	1709,0	1,83824	6,29895	8,1633	23,3238	160989184	295936	544
545	233283	1712,2	1,83486	6,30079	8,1683	23,3452	161878625	297025	545
546	234140	1715,3	1,83150	6,30262	8,1733	23,3666	162771335	298116	546
547	234998	1718,5	1,82815	6,30445	8,1783	23,3880	163667333	299209	547
548	235858	1721,6	1,82482	6,30628	8,1833	23,4094	164566592	300304	548
549	236720	1724,7	1,82149	6,30810	8,1882	23,4307	165469149	301401	549

n	n^2	n^3	$\sqrt{n}$	$\sqrt[3]{n}$	$\ln n$	$\dfrac{1000}{n}$	πn	$\dfrac{\pi n^2}{4}$
650	422500	274625000	25,4951	8,6624	6,47697	1,53846	2042,0	331831
651	423801	275894451	25,5147	8,6668	6,47851	1,53610	2045,2	332853
652	425104	277167808	25,5343	8,6713	6,48004	1,53374	2048,3	333876
653	426409	278445077	25,5539	8,6757	6,48158	1,53139	2051,5	334901
654	427716	279726264	25,5734	8,6801	6,48311	1,52905	2054,6	335927
655	429025	281011375	25,5930	8,6845	6,48464	1,52672	2057,7	336955
656	430336	282300416	25,6125	8,6890	6,48616	1,52439	2060,9	337985
657	431649	283593393	25,6320	8,6934	6,48768	1,52207	2064,0	339016
658	432964	284890312	25,6515	8,6978	6,48920	1,51976	2067,2	340049
659	434281	286191179	25,6710	8,7022	6,49072	1,51745	2070,3	341084
660	435600	287496000	25,6905	8,7066	6,49224	1,51515	2073,5	342119
661	436921	288804781	25,7099	8,7110	6,49375	1,51286	2076,6	343157
662	438244	290117528	25,7294	8,7154	6,49527	1,51057	2079,7	344196
663	439569	291434247	25,7488	8,7198	6,49677	1,50830	2082,9	345237
664	440896	292754944	25,7682	8,7241	6,49828	1,50602	2086,0	346279
665	442225	294079625	25,7876	8,7285	6,49979	1,50376	2089,2	347323
666	443556	295408296	25,8070	8,7329	6,50129	1,50150	2092,3	348368
667	444889	296740963	25,8263	8,7373	6,50279	1,49925	2095,4	349415
668	446224	298077632	25,8457	8,7416	6,50429	1,49701	2098,6	350464
669	447561	299418309	25,8650	8,7460	6,50578	1,49477	2101,7	351514
670	448900	300763000	25,8844	8,7503	6,50728	1,49254	2104,9	352565
671	450241	302111711	25,9037	8,7547	6,50877	1,49031	2108,0	353618
672	451584	303464448	25,9230	8,7590	6,51026	1,48810	2111,2	354673
673	452929	304821217	25,9422	8,7634	6,51175	1,48588	2114,3	355730
674	454276	306182024	25,9615	8,7677	6,51323	1,48368	2117,4	356788
675	455625	307546875	25,9808	8,7721	6,51471	1,48148	2120,6	357847
676	456976	308915776	26,0000	8,7764	6,51619	1,47929	2123,7	358908
677	458329	310288733	26,0192	8,7807	6,51767	1,47710	2126,9	359971
678	459684	311665752	26,0384	8,7850	6,51915	1,47493	2130,0	361035
679	461041	313046839	26,0576	8,7893	6,52062	1,47275	2133,1	362101
680	462400	314432000	26,0768	8,7937	6,52209	1,47059	2136,3	363168
681	463761	315821241	26,0960	8,7980	6,52356	1,46843	2139,4	364237
682	465124	317214568	26,1151	8,8023	6,52503	1,46628	2142,6	365308
683	466489	318611987	26,1343	8,8066	6,52649	1,46413	2145,7	366380
684	467856	320013504	26,1534	8,8109	6,52796	1,46199	2148,8	367453
685	469225	321419125	26,1725	8,8152	6,52942	1,45985	2152,0	368528
686	470596	322828856	26,1916	8,8194	6,53088	1,45773	2155,1	369605
687	471969	324242703	26,2107	8,8237	6,53233	1,45560	2158,3	370684
688	473344	325660672	26,2298	8,8280	6,53379	1,45349	2161,4	371764
789	474721	327082769	26,2488	8,8323	6,53524	1,45138	2164,6	372845
690	476100	328509000	26,2679	8,8366	6,53669	1,44928	2167,7	373928
691	477481	329939371	26,2869	8,8408	6,53814	1,44718	2170,8	375013
692	478864	331373888	26,3059	8,8451	6,53959	1,44509	2174,0	376099
693	480249	332812557	26,3249	8,8493	6,54103	1,44300	2177,1	377187
694	481636	334255384	26,3439	8,8536	6,54247	1,44092	2180,3	378276
695	483025	335702375	26,3629	8,8578	6,54391	1,43885	2183,4	379367
696	484416	337153536	26,3818	8,8621	6,54535	1,43678	2186,5	380459
697	485809	338608873	26,4008	8,8663	6,54679	1,43472	2189,7	381553
698	487204	340068392	26,4197	8,8706	6,54822	1,43266	2192,8	382649
699	488601	341532099	26,4386	8,8748	6,54965	1,43062	2196,0	383746

n	n^2	n^3	$\sqrt{n}$	$\sqrt[3]{n}$	$\ln n$	$\dfrac{1000}{n}$	πn	$\dfrac{\pi n^2}{4}$
600	360000	216000000	24,4949	8,4343	6,39693	1,66667	1885,0	282743
601	361201	217081801	24,5153	8,4390	6,39859	1,66389	1888,1	283687
602	362404	218167208	24,5357	8,4437	6,40026	1,66113	1891,2	284631
603	363609	219256227	24,5561	8,4484	6,40192	1,65837	1894,4	285578
604	364816	220348864	24,5764	8,4530	6,40357	1,65563	1897,5	286526
605	366025	221445125	24,5967	8,4577	6,40523	1,65289	1900,7	287475
606	367236	222545016	24,6171	8,4623	6,40688	1,65017	1903,8	288426
607	368449	223648543	24,6374	8,4670	6,40853	1,64745	1906,9	289379
608	369664	224755712	24,6577	8,4716	6,41017	1,64474	1910,1	290333
609	370881	225866529	24,6779	8,4763	6,41182	1,64204	1913,2	291289
610	372100	226981000	24,6982	8,4809	6,41346	1,63934	1916,4	292247
611	373321	228099131	24,7184	8,4856	6,41510	1,63666	1919,5	293206
612	374544	229220928	24,7386	8,4902	6,41673	1,63399	1922,7	294166
613	375769	230346397	24,7588	8,4948	6,41836	1,63132	1925,8	295128
614	376996	231475544	24,7790	8,4994	6,41999	1,62866	1928,9	296092
615	378225	232608375	24,7992	8,5040	6,42162	1,62602	1932,1	297057
616	379456	233744896	24,8193	8,5086	6,42325	1,62338	1935,2	298024
617	380689	234885113	24,8395	8,5132	6,42487	1,62075	1938,4	298992
618	381924	236029032	24,8596	8,5178	6,42649	1,61812	1941,5	299962
619	383161	237176659	24,8797	8,5224	6,42811	1,61551	1944,6	300934
620	384400	238328000	24,8998	8,5270	6,42972	1,61290	1947,8	301907
621	385641	239483061	24,9199	8,5316	6,43133	1,61031	1950,9	302882
622	386884	240641848	24,9399	8,5362	6,43294	1,60772	1954,1	303858
623	388129	241804367	24,9600	8,5408	6,43455	1,60514	1957,2	304836
624	389376	242970624	24,9800	8,5453	6,43615	1,60256	1960,4	305815
625	390625	244140625	25,0000	8,5499	6,43775	1,60000	1963,5	306796
626	391876	245314376	25,0200	8,5544	6,43935	1,59744	1966,6	307779
627	393129	246491883	25,0400	8,5590	6,44095	1,59490	1969,8	308763
628	394384	247673152	25,0599	8,5635	6,44254	1,59236	1972,9	309748
629	395641	248858189	25,0799	8,5681	6,44413	1,58983	1976,1	310736
630	396900	250047000	25,0998	8,5726	6,44572	1,58730	1979,2	311725
631	398161	251239591	25,1197	8,5772	6,44731	1,58479	1982,3	312715
632	399424	252435968	25,1396	8,5817	6,44889	1,58228	1985,5	313707
633	400689	253636137	25,1595	8,5862	6,45047	1,57978	1988,6	314700
634	401956	254840104	25,1794	8,5907	6,45205	1,57729	1991,8	315696
635	403225	256047875	25,1992	8,5952	6,45362	1,57480	1994,9	316692
636	404496	257259456	25,2190	8,5997	6,45520	1,57233	1998,1	317690
637	405769	258474853	25,2389	8,6043	6,45677	1,56986	2001,2	318690
638	407044	259694072	25,2587	8,6088	6,45834	1,56740	2004,3	319692
639	408321	260917119	25,2784	8,6132	6,45990	1,56495	2007,5	320695
640	409600	262144000	25,2982	8,6177	6,46147	1,56250	2010,6	321699
641	410881	263374721	25,3180	8,6222	6,46303	1,56006	2013,8	322705
642	412164	264609288	25,3377	8,6267	6,46459	1,55763	2016,9	323713
643	413449	265847707	25,3574	8,6312	6,46614	1,55521	2020,0	324722
644	414736	267089984	25,3772	8,6357	6,46770	1,55280	2023,2	325733
645	416025	268336125	25,3969	8,6401	6,46925	1,55039	2026,3	326745
646	417316	269586136	25,4165	8,6446	6,47080	1,54799	2029,5	327759
647	418609	270840023	25,4362	8,6490	6,47235	1,54560	2032,6	328775
648	419904	272097792	25,4558	8,6535	6,47389	1,54321	2035,8	329792
649	421201	273359449	25,4755	8,6579	6,47543	1,54083	2038,9	330810

n	n^2	n^3	$\sqrt{n}$	$\sqrt[3]{n}$	$\ln n$	$\dfrac{1000}{n}$	πn	$\dfrac{\pi n^2}{4}$	n
700	490000	343000000	26,4574	8,8790	6,55108	1,42857	2199,1	384845	700
701	491401	344472101	26,4764	8,8833	6,55251	1,42653	2202,3	385945	701
702	492804	345948408	26,4953	8,8875	6,55393	1,42450	2205,4	387047	702
703	494209	347428927	26,5141	8,8917	6,55536	1,42248	2208,5	388151	703
704	495616	348913664	26,5330	8,8959	6,55678	1,42045	2211,7	389256	704
705	497025	350402625	26,5518	8,9001	6,55820	1,41844	2214,8	390363	705
706	498436	351895816	26,5707	8,9043	6,55962	1,41643	2218,0	391471	706
707	499849	353393243	26,5895	8,9085	6,56103	1,41443	2221,1	392580	707
708	501264	354894912	26,6083	8,9127	6,56244	1,41243	2224,2	393692	708
709	502681	356400829	26,6271	8,9169	6,56385	1,41044	2227,4	394805	709
710	504100	357911000	26,6458	8,9211	6,56526	1,40845	2230,5	395919	710
711	505521	359425431	26,6646	8,9253	6,56667	1,40647	2233,7	397035	711
712	506944	360944128	26,6833	8,9295	6,56808	1,40449	2236,8	398153	712
713	508369	362467097	26,7021	8,9337	6,56948	1,40253	2240,0	399272	713
714	509796	363994344	26,7208	8,9378	6,57088	1,40056	2243,1	400393	714
715	511225	365525875	26,7395	8,9420	6,57228	1,39860	2246,2	401515	715
716	512656	367061696	26,7582	8,9462	6,57368	1,39665	2249,4	402639	716
717	514089	368601813	26,7769	8,9503	6,57508	1,39470	2252,5	403765	717
718	515524	370146232	26,7955	8,9545	6,57647	1,39276	2255,7	404892	718
719	516961	371694959	26,8142	8,9587	6,57786	1,39082	2258,8	406020	719
720	518400	373248000	26,8328	8,9628	6,57925	1,38889	2261,9	407150	720
721	519841	374805361	26,8514	8,9670	6,58064	1,38696	2265,1	408282	721
722	521284	376367048	26,8701	8,9711	6,58203	1,38504	2268,2	409415	722
723	522729	377933067	26,8887	8,9752	6,58341	1,38313	2271,4	410550	723
724	524176	379503424	26,9072	8,9794	6,58479	1,38122	2274,5	411687	724
725	525625	381078125	26,9258	8,9835	6,58617	1,37931	2277,7	412825	725
726	527076	382657176	26,9444	8,9876	6,58755	1,37741	2280,8	413965	726
727	528529	384240583	26,9629	8,9918	6,58893	1,37552	2283,9	415106	727
728	529984	385828352	26,9815	8,9959	6,59030	1,37363	2287,1	416248	728
729	531441	387420489	27,0000	9,0000	6,59167	1,37174	2290,2	417393	729
730	532900	389017000	27,0185	9,0041	6,59304	1,36986	2293,4	418539	730
731	534361	390617891	27,0370	9,0082	6,59441	1,36799	2296,5	419686	731
732	535824	392223168	27,0555	9,0123	6,59578	1,36612	2299,6	420835	732
733	537289	393832837	27,0740	9,0164	6,59715	1,36426	2302,8	421986	733
734	538756	395446904	27,0924	9,0205	6,59851	1,36240	2305,9	423138	734
735	540225	397065375	27,1109	9,0246	6,59987	1,36054	2309,1	424293	735
736	541696	398688256	27,1293	9,0287	6,60123	1,35870	2312,2	425447	736
737	543169	400315553	27,1477	9,0328	6,60259	1,35685	2315,4	426604	737
738	544644	401947272	27,1662	9,0369	6,60394	1,35501	2318,5	427762	738
739	546121	403583419	27,1846	9,0410	6,60530	1,35318	2321,6	428922	739
740	547600	405224000	27,2029	9,0450	6,60665	1,35135	2324,8	430084	740
741	549081	406869021	27,2213	9,0491	6,60800	1,34953	2327,9	431247	741
742	550564	408518488	27,2397	9,0532	6,60935	1,34771	2331,1	432412	742
743	552049	410172407	27,2508	9,0572	6,61070	1,34590	2334,2	433578	743
744	553536	411830784	27,2764	9,0613	6,61204	1,34409	2337,3	434746	744
745	555025	413493525	27,2947	9,0654	6,61338	1,34228	2340,5	435916	745
746	556516	415160936	27,3130	9,0694	6,61473	1,34048	2343,6	437087	746
747	558009	416832723	27,3313	9,0735	6,61607	1,33869	2346,8	438259	747
748	559504	418508992	27,3496	9,0775	6,61740	1,33690	2349,9	439433	748
749	561001	420189749	27,3679	9,0816	6,61874	1,33511	2353,1	440609	749

n	n^2	n^3	$\sqrt{n}$	$\sqrt[3]{n}$	$\ln n$	$\dfrac{1000}{n}$	πn	$\dfrac{\pi n^2}{4}$	n
750	562500	421875000	27,3861	9,0856	6,62007	1,33333	2356,2	441786	750
751	564001	423564751	27,4044	9,0896	6,62141	1,33156	2359,3	442965	751
752	565504	425259008	27,4226	9,0937	6,62274	1,32979	2362,5	444146	752
753	567009	426957777	27,4408	9,0977	6,62407	1,32802	2365,6	445328	753
754	568516	428661064	27,4591	9,1017	6,62539	1,32626	2368,8	446511	754
755	570025	430368875	27,4773	9,1057	6,62672	1,32450	2371,9	447697	755
756	571536	432081216	27,4955	9,1098	6,62804	1,32275	2375,0	448883	756
757	573049	433798093	27,5136	9,1138	6,62936	1,32100	2378,2	450072	757
758	574564	435519512	27,5318	9,1178	6,63068	1,31926	2381,3	451262	758
759	576081	437245479	27,5500	9,1218	6,63200	1,31752	2384,5	452453	759
760	577600	438976000	27,5681	9,1258	6,63332	1,31579	2387,6	453646	760
761	579121	440711081	27,5862	9,1298	6,63463	1,31406	2390,8	454841	761
762	580644	442450728	27,6043	9,1338	6,63595	1,31234	2393,9	456037	762
763	582169	444194947	27,6225	9,1378	6,63726	1,31062	2397,0	457234	763
764	583696	445943744	27,6405	9,1418	6,63857	1,30890	2400,2	458434	764
765	585225	447697125	27,6586	9,1458	6,63988	1,30719	2403,3	459635	765
766	586756	449455096	27,6767	9,1498	6,64118	1,30548	2406,5	460837	766
767	588289	451217663	27,6948	9,1537	6,64249	1,30378	2409,6	462041	767
768	589824	452984832	27,7128	9,1577	6,64379	1,30208	2412,7	463247	768
769	591361	454756609	27,7308	9,1617	6,64509	1,30039	2415,9	464454	769
770	592900	456533000	27,7489	9,1657	6,64639	1,29870	2419,0	465663	770
771	594441	458314011	27,7669	9,1696	6,64769	1,29702	2422,2	466873	771
772	595984	460099648	27,7849	9,1736	6,64898	1,29534	2425,3	468085	772
773	597529	461889917	27,8029	9,1775	6,65028	1,29366	2428,5	469298	773
774	599076	463684824	27,8209	9,1815	6,65157	1,29199	2431,6	470513	774
775	600625	465484375	27,8388	9,1855	6,65286	1,29032	2434,7	471730	775
776	602176	467288576	27,8568	9,1894	6,65415	1,28866	2437,9	472948	776
777	603729	469097433	27,8747	9,1933	6,65544	1,28700	2441,0	474168	777
778	605284	470910952	27,8927	9,1973	6,65673	1,28535	2444,2	475389	778
779	606841	472729139	27,9106	9,2012	6,65801	1,28370	2447,3	476612	779
780	608400	474552000	27,9285	9,2052	6,65929	1,28205	2450,4	477836	780
781	609961	476379541	27,9464	9,2091	6,66058	1,28041	2453,6	479062	781
782	611524	478211768	27,9643	9,2130	6,66185	1,27877	2456,7	480290	782
783	613089	480048687	27,9821	9,2170	6,66313	1,27714	2459,9	481519	783
784	614656	481890304	28,0000	9,2209	6,66441	1,27551	2463,0	482750	784
785	616225	483736625	28,0179	9,2248	6,66568	1,27389	2466,2	483982	785
786	617796	485587656	28,0357	9,2287	6,66696	1,27226	2469,3	485216	786
787	619369	487443403	28,0535	9,2326	6,66823	1,27065	2472,4	486451	787
788	620944	489303872	28,0713	9,2365	6,66950	1,26904	2475,6	487688	788
789	622521	491169069	28,0891	9,2404	6,67077	1,26743	2478,7	488927	789
790	624100	493039000	28,1069	9,2443	6,67203	1,26582	2481,9	490167	790
791	625681	494913671	28,1247	9,2482	6,67330	1,26422	2485,0	491409	791
792	627264	496793088	28,1425	9,2521	6,67456	1,26263	2488,1	492652	792
793	628849	498677257	28,1603	9,2560	6,67582	1,26103	2491,3	493897	793
794	630436	500566184	28,1780	9,2599	6,67708	1,25945	2494,4	495143	794
795	632025	502459875	28,1957	9,2638	6,67834	1,25786	2497,6	496391	795
796	633616	504358336	28,2135	9,2677	6,67960	1,25628	2500,7	497641	796
797	635209	506261573	26,2312	9,2716	6,68085	1,25471	2503,8	498892	797
798	636804	508169592	28,2489	9,2754	6,68211	1,25313	2507,0	500145	798
799	638401	510082399	28,2666	9,2793	6,68336	1,25156	2510,1	501399	799

n	$\frac{\pi n^2}{4}$	πn	$\frac{1000}{n}$	$\ln n$	$\sqrt[3]{n}$	$\sqrt{n}$	n^3	n^2
850	567450	2670,4	1,17647	6,74524	9,4727	29,1548	614125000	722500
851	568786	2673,5	1,17509	6,74641	9,4764	29,1719	616295051	724201
852	570124	2676,6	1,17371	6,74759	9,4801	29,1890	618470208	725904
853	571463	2679,8	1,17233	6,74876	9,4838	29,2062	620650477	727609
854	572803	2682,9	1,17096	6,74993	9,4875	29,2233	622835864	729316
855	574146	2686,1	1,16959	6,75110	9,4912	29,2404	625026375	731025
856	575490	2689,2	1,16822	6,75227	9,4949	29,2575	627222016	732736
857	576835	2692,3	1,16686	6,75344	9,4986	29,2746	629422793	734449
858	578182	2695,5	1,16550	6,75460	9,5023	29,2916	631628712	736164
859	579530	2698,6	1,16414	6,75577	9,5060	29,3087	633839779	737881
860	580880	2701,8	1,16279	6,75693	9,5097	29,3258	636056000	739600
861	582232	2704,9	1,16144	6,75809	9,5134	29,3428	638277381	741321
862	583585	2708,1	1,16009	6,75926	9,5171	29,3598	640503928	743044
863	584940	2711,2	1,15875	6,76041	9,5207	29,3769	642735647	744769
864	586297	2714,3	1,15741	6,76157	9,5244	29,3939	644972544	746496
865	587655	2717,5	1,15607	6,76273	9,5281	29,4109	647214625	748225
866	589014	2720,6	1,15473	6,76388	9,5317	29,4279	649461896	749956
867	590375	2723,8	1,15340	6,76504	9,5354	29,4449	651714363	751689
868	591738	2726,9	1,15207	6,76619	9,5391	29,4618	653972032	753424
869	593102	2730,0	1,15075	6,76734	9,5427	29,4788	656234909	755161
870	594468	2733,2	1,14943	6,76849	9,5464	29,4958	658503000	756900
871	595835	2736,3	1,14811	6,76964	9,5501	29,5127	660776311	758641
872	597204	2739,5	1,14679	6,77079	9,5537	29,5296	663054848	760384
873	598575	2742,6	1,14548	6,77194	9,5574	29,5466	665338617	762129
874	599947	2745,8	1,14416	6,77308	9,5610	29,5635	667627624	763876
875	601320	2748,9	1,14286	6,77422	9,5647	29,5804	669921875	765625
876	602696	2752,0	1,14155	6,77537	9,5683	29,5973	672221376	767376
877	604073	2755,2	1,14025	6,77651	9,5719	29,6142	674526133	769129
878	605451	2758,3	1,13895	6,77765	9,5756	29,6311	676836152	770884
879	606831	2761,5	1,13766	6,77878	9,5792	29,6479	679151439	772641
880	608212	2764,6	1,13636	6,77992	9,5828	29,6648	681472000	774400
881	609595	2767,7	1,13507	6,78106	9,5865	29,6816	683797841	776161
882	610980	2770,9	1,13379	6,78219	9,5901	29,6985	686128968	777924
883	612366	2774,0	1,13250	6,78333	9,5937	29,7153	688465387	779689
884	613754	2777,2	1,13122	6,78446	9,5973	29,7321	690807104	781456
885	615143	2780,3	1,12994	6,78559	9,6010	29,7489	693154125	783225
886	616534	2783,5	1,12867	6,78672	9,6046	29,7658	695506456	784996
887	617927	2786,6	1,12740	6,78784	9,6082	29,7825	697864103	786769
888	619321	2789,7	1,12613	6,78897	9,6118	29,7993	700227072	788544
889	620717	2792,9	1,12486	6,79010	9,6154	29,8161	702595369	790321
890	622114	2796,0	1,12360	6,79122	9,6190	29,8329	704969000	792100
891	623513	2799,2	1,12233	6,79234	9,6226	29,8496	707347971	793881
892	624913	2802,3	1,12108	6,79347	9,6262	29,8664	709732288	795664
893	626315	2805,4	1,11982	6,79459	9,6298	29,8831	712121957	797449
894	627718	2808,6	1,11857	6,79571	9,6334	29,8998	714516984	799236
895	629124	2811,7	1,11732	6,79682	9,6370	29,9166	716917375	801025
896	630530	2814,9	1,11607	6,79794	9,6406	29,9333	719323136	802816
897	631938	2818,0	1,11483	6,79906	9,6442	29,9500	721734273	804609
898	633348	2821,2	1,11359	6,80017	9,6477	29,9666	724150792	806404
899	634760	2824,3	1,11235	6,80128	9,6513	29,9833	726572699	808201

n	$\frac{\pi n^2}{4}$	πn	$\frac{1000}{n}$	$\ln n$	$\sqrt[3]{n}$	$\sqrt{n}$	n^3	n^2
800	502655	2513,3	1,25000	6,68461	9,2832	28,2843	512000000	640000
801	503912	2516,4	1,24844	6,68586	9,2870	28,3019	513922401	641601
802	505171	2519,6	1,24688	6,68711	9,2909	28,3196	515849608	643204
803	506432	2522,7	1,24533	6,68835	9,2948	28,3373	517781627	644809
804	507694	2525,8	1,24378	6,68960	9,2986	28,3549	519718464	646416
805	508958	2529,0	1,24224	6,69084	9,3025	28,3725	521660125	648025
806	510223	2532,1	1,24069	6,69208	9,3063	28,3901	523606616	649636
807	511490	2535,3	1,23916	6,69332	9,3102	28,4077	525557943	651249
808	512758	2538,4	1,23762	6,69456	9,3140	28,4253	527514112	652864
809	514028	2541,5	1,23609	6,69580	9,3179	28,4429	529475129	654481
810	515300	2544,7	1,23457	6,69703	9,3217	28,4605	531441000	656100
811	516573	2547,8	1,23305	6,69827	9,3255	28,4781	533411731	657721
812	517848	2551,0	1,23153	6,69950	9,3294	28,4956	535387328	659344
813	519124	2554,1	1,23001	6,70073	9,3332	28,5132	537367797	660969
814	520402	2557,3	1,22850	6,70196	9,3370	28,5307	539353144	662596
815	521681	2560,4	1,22699	6,70319	9,3408	28,5482	541343375	664225
816	522962	2563,5	1,22549	6,70441	9,3447	28,5657	543338496	665856
817	524245	2566,7	1,22399	6,70564	9,3485	28,5832	545338513	667489
818	525529	2569,8	1,22249	6,70686	9,3523	28,6007	547343432	669124
819	526814	2573,0	1,22100	6,70808	9,3561	28,6182	549353259	670761
820	528102	2576,1	1,21951	6,70930	9,3599	28,6356	551368000	672400
821	529391	2579,2	1,21803	6,71052	9,3637	28,6531	553387661	674041
822	530681	2582,4	1,21655	6,71174	9,3675	28,6705	555412248	675684
823	531973	2585,5	1,21507	6,71296	9,3713	28,6880	557441767	677329
824	533267	2588,7	1,21359	6,71417	9,3751	28,7054	559476224	678976
825	534562	2591,8	1,21212	6,71538	9,3789	28,7228	561515625	680625
826	535858	2595,0	1,21065	6,71659	9,3827	28,7402	563559976	682276
827	537157	2598,1	1,20919	6,71780	9,3865	28,7576	565609283	683929
828	538456	2601,2	1,20773	6,71901	9,3902	28,7750	567663552	685584
829	539758	2604,4	1,20627	6,72022	9,3940	28,7924	569722789	687241
830	541061	2607,5	1,20482	6,72143	9,3978	28,8097	571787000	688900
831	542365	2610,7	1,20337	6,72263	9,4016	28,8271	573856191	690561
832	543671	2613,8	1,20192	6,72383	9,4053	28,8444	575930368	692224
833	544979	2616,9	1,20048	6,72503	9,4091	28,8617	578009537	693889
834	546288	2620,1	1,19904	6,72623	9,4129	28,8791	580093704	695556
835	547599	2623,2	1,19760	6,72743	9,4166	28,8964	582182875	697225
836	548912	2626,4	1,19617	6,72863	9,4204	28,9137	584277056	698896
837	550226	2629,5	1,19474	6,72982	9,4241	28,9310	586376253	700569
838	551541	2632,7	1,19332	6,73102	9,4279	28,9482	588480472	702244
839	552858	2635,8	1,19190	6,73221	9,4316	28,9655	590589719	703921
840	554177	2638,9	1,19048	6,73340	9,4354	28,9828	592704000	705600
841	555497	2642,1	1,18906	6,73459	9,4391	29,0000	594823321	707281
842	556819	2645,2	1,18765	6,73578	9,4429	29,0172	596947688	708964
843	558142	2648,4	1,18624	6,73697	9,4466	29,0345	599077107	710649
844	559467	2651,5	1,18483	6,73815	9,4503	29,0517	601211584	712336
845	560794	2654,6	1,18343	6,73934	9,4541	29,0689	603351125	714025
846	562122	2657,8	1,18203	6,74052	9,4578	29,0861	605495736	715716
847	563452	2660,9	1,18064	6,74170	9,4615	29,1033	607645423	717409
848	564783	2664,1	1,17925	6,74288	9,4652	29,1204	609800192	719104
849	566116	2667,2	1,17786	6,74405	9,4690	29,1376	611960049	720801

n	n^2	n^3	$\sqrt{n}$	$\sqrt[3]{n}$	$\ln n$	$\dfrac{1000}{n}$	πn	$\dfrac{\pi n^2}{4}$
900	810000	729000000	30,0000	9,6549	6,80239	1,11111	2827,4	636173
901	811801	731432701	30,0167	9,6585	6,80351	1,10988	2830,6	637587
902	813604	733870808	30,0333	9,6620	6,80461	1,10865	2833,7	639903
903	815409	736314327	30,0500	9,6656	6,80572	1,10742	2836,9	640421
904	817216	738763264	30,0666	9,6692	6,80683	1,10619	2840,0	641840
905	819025	741217625	30,0832	9,6727	6,80793	1,10497	2843,1	643261
906	820836	743677416	30,0899	9,6763	6,80904	1,10375	2846,3	644683
907	822649	746142643	30,1164	9,6799	6,81014	1,10254	2849,4	646107
908	824464	748613312	30,1330	9,6834	6,81124	1,10132	2852,6	647533
909	826281	751089429	30,1496	9,6870	6,81235	1,10011	2855,7	648960
910	828100	753571000	30,1662	9,6905	6,81344	1,09890	2858,8	650388
911	829921	756058031	30,1828	9,6941	6,81454	1,09769	2862,0	651818
912	831744	758550528	30,1993	9,6976	6,81564	1,09649	2865,1	653250
913	833569	761048497	30,2159	9,7012	6,81674	1,09529	2868,3	654684
914	835396	763551944	30,2324	9,7047	6,81783	1,09409	2871,4	656118
915	837225	766060875	30,2490	9,7082	6,81892	1,09290	2874,6	657555
916	839056	768575296	30,2655	9,7118	6,82002	1,09170	2877,7	658993
917	840889	771095213	30,2820	9,7135	6,82111	1,09051	2880,8	660433
918	842724	773620632	30,2985	9,7188	6,82220	1,08932	2884,0	661874
919	844561	776151559	30,3150	9,7224	6,82329	1,08814	2887,1	663317
920	846400	778688000	30,3315	9,7259	6,82437	1,08696	2890,3	664761
921	848241	781229951	30,3480	9,7294	6,82546	1,08578	2893,4	666207
922	850084	783777448	30,3645	9,7329	6,82655	1,08460	2996,5	667654
923	851929	786330467	30,3809	9,7364	6,82763	1,08342	2899,7	669103
924	853776	788889024	30,3974	9,7400	6,82871	1,08225	2902,8	670554
925	855625	791453125	30,4138	9,7435	6,82979	1,08108	2906,0	672006
926	857476	794022776	30,4302	9,7470	6,83087	1,07991	2909,1	673460
927	859329	796597983	30,4467	9,7505	6,83195	1,07875	2912,3	674915
928	861184	799178752	30,4631	9,7540	6,83303	1,07759	2915,4	676372
929	863041	801765089	30,4795	9,7575	6,83411	1,07643	2918,5	677831
930	864900	804357000	30,4959	9,7610	6,83518	1,07527	2921,7	679291
931	866761	806954491	30,5123	9,7645	6,83626	1,07411	2924,8	680752
932	868624	809557568	30,5287	9,7680	6,83733	1,07296	2928,0	682216
933	870489	812166237	30,5450	9,7715	6,83841	1,07181	2931,1	683680
934	872356	814780504	30,5614	9,7750	6,83948	1,07066	2934,2	685147
935	874225	817400375	39,5778	9,7785	6,84055	1,06952	2937,4	686615
936	876096	820025856	30,5941	9,7819	6,84162	1,06838	2940,5	688084
937	877969	822656953	30,6105	9,7854	6,84268	1,06724	2943,7	689555
938	879844	825293672	30,6268	9,7889	6,84375	1,06610	2946,8	691028
939	881721	827936019	30,6431	9,7924	6,84482	1,06496	2950,0	692502
940	883600	830584000	30,6594	9,7959	6,84588	1,06383	2953,1	693978
941	885481	833237621	30,6757	9,7993	6,84694	1,06270	2956,2	695455
942	887364	835896888	30,6920	9,8028	6,84801	1,06157	2959,4	696934
943	889249	838561807	30,7083	9,8063	6,84907	1,06045	2962,5	698415
944	891136	841232384	30,7246	9,8097	6,85013	1,05932	2965,7	699897
945	893025	843908625	30,7409	9,8132	6,85118	1,05820	2968,8	701380
946	894916	846590536	30,7571	9,8167	6,85224	1,05708	2971,9	702865
947	896809	849278123	30,7734	9,8201	6,85330	1,05597	2975,1	704352
948	898704	851971392	30,7896	9,8236	6,85435	1,05485	2978,2	705840
949	900601	854670349	30,8058	9,8270	6,85541	1,05374	2981,4	707330

n	n^2	n^3	$\sqrt{n}$	$\sqrt[3]{n}$	$\ln n$	$\dfrac{1000}{n}$	πn	$\dfrac{\pi n^2}{4}$
950	902500	857375000	30,8221	9,8305	6,85646	1,05263	2984,5	708822
951	904401	860085351	30,8383	9,8339	6,85751	1,05152	2987,7	710315
952	906304	862801408	30,8545	9,8374	6,85857	1,05042	2990,8	711809
953	908209	865523177	30,8707	9,8408	6,85961	1,04932	2993,9	713306
954	910116	868250664	30,8869	9,8443	6,86066	1,04822	2997,1	714803
955	912025	870983875	30,9031	9,8477	6,86171	1,04712	3000,2	716303
956	913936	873722816	30,9192	9,8511	6,86276	1,04603	3003,4	717804
957	915849	876467493	30,9354	9,8546	6,86380	1,04493	3006,5	719306
958	917764	879217912	30,9516	9,8580	6,86485	1,04384	3009,6	720810
959	919681	881974079	30,9677	9,8614	6,86589	1,04275	3012,8	722316
960	921600	884736000	30,9839	9,8648	6,86693	1,04167	3015,9	723823
961	923521	887503681	31,0000	9,8683	6,86797	1,04058	3019,1	725332
962	925444	890277128	31,0161	9,8717	6,86901	1,03950	3022,2	726842
963	927369	893056347	31,0322	9,8751	6,87005	1,03842	3025,4	728354
964	929296	895841344	31,0483	9,8785	6,87109	1,03734	3028,5	729867
965	931225	898632125	31,0644	9,8819	6,87213	1,03627	3031,6	731382
966	933156	901428696	31,0805	9,8854	6,87316	1,03520	3034,8	732899
967	935089	904331063	31,0966	9,8888	6,87420	1,03413	3037,9	734417
968	937024	907039232	31,1127	9,8922	6,87523	1,03306	3041,1	735937
969	938961	909853209	31,1288	9,8956	6,87626	1,03199	3044,2	737458
970	940900	912673000	31,1448	9,8990	6,87730	1,03093	3047,3	738981
971	942841	915498611	31,1609	9,9024	6,87833	1,02987	3050,5	740506
972	944784	918330048	31,1769	9,9058	6,87936	1,02881	3053,6	742032
973	946729	921167317	31,1929	9,9092	6,88038	1,02775	3056,8	743559
974	948676	924010424	31,2090	9,9126	6,88141	1,02669	3059,9	745088
975	950625	926859375	31,2250	9,9160	6,88244	1,02564	3063,1	746619
976	952576	929714176	31,2410	9,9194	6,88346	1,02459	3066,2	748151
977	954529	932574833	31,2570	9,9227	6,88449	1,02354	3069,3	749685
978	956484	935441362	31,2730	9,9261	6,88551	1,02249	3072,5	751221
979	958441	938313739	31,2890	9,9295	6,88653	1,02145	3075,6	752758
980	960400	941192000	31,3050	9,9329	6,88755	1,02041	3078,7	754296
981	962361	944076141	31,3209	9,9363	6,88857	1,01937	3081,9	755837
982	964324	946966168	31,3369	9,9396	6,88959	1,01833	3085,0	757378
983	966289	949862087	31,3528	9,9430	6,89061	1,01729	3088,2	758922
984	968256	952763904	31,3688	9,9464	6,89163	1,01626	3091,3	760466
985	970225	955671625	31,3847	9,9497	6,89264	1,01523	3094,5	762013
986	972196	958585256	31,4006	9,9531	6,89366	1,01420	3097,6	763561
987	974169	961504803	31,4166	9,9565	6,89467	1,01317	3100,8	765111
988	976144	964430272	31,4325	9,9598	6,89568	1,01215	3103,9	766662
989	978121	967361669	31,4484	9,9632	6,89669	1,01112	3107,0	768214
990	980100	970299000	31,4643	9,9666	6,89770	1,01010	3110,2	769769
991	982081	973242271	31,4802	9,9699	6,89871	1,00908	3113,3	771325
992	984064	976191488	31,4960	9,9733	6,89972	1,00806	3116,5	772882
993	986049	979146657	31,5119	9,9766	6,90073	1,00705	3119,6	774441
994	988036	982107784	31,5278	9,9800	6,90174	1,00604	3122,7	776002
995	990025	985074857	31,5436	9,9833	6,90274	1,00503	3125,9	777564
996	992016	988047036	31,5595	9,9866	6,90375	1,00402	3129,0	779128
997	994009	991026973	31,5753	9,9900	6,90475	1,00301	3132,2	780693
998	996004	994011992	31,5911	9,9933	6,90575	1,00200	3135,3	782260
999	998001	997002999	31,6070	9,9967	6,90675	1,00100	3138,5	783828

Tafel der Kreisfunktionen.

Grad	Sinus 0'	10'	20'	30'	40'	50'	60'	
0	0,00000	0,00291	0,00582	0,00873	0,01164	0,01454	0,01745	89
1	0,01745	0,02036	0,02327	0,02618	0,02908	0,03199	0,03490	88
2	0,03490	0,03781	0,04071	0,04362	0,04653	0,04943	0,05234	87
3	0,05234	0,05524	0,05814	0,06105	0,06395	0,06685	0,06976	86
4	0,06976	0,07266	0,07556	0,07846	0,08136	0,08426	0,08716	85
5	0,08716	0,09005	0,09295	0,09585	0,09874	0,10164	0,10453	84
6	0,10453	0,10742	0,11031	0,11320	0,11609	0,11898	0,12187	83
7	0,12187	0,12476	0,12764	0,13053	0,13341	0,13629	0,13917	82
8	0,13917	0,14205	0,14493	0,14781	0,15069	0,15356	0,15643	81
9	0,15643	0,15931	0,16218	0,16505	0,16792	0,17078	0,17365	80
10	0,17365	0,17651	0,17937	0,18224	0,18509	0,18795	0,19081	79
11	0,19081	0,19366	0,19652	0,19937	0,20222	0,20507	0,20791	78
12	0,20791	0,21076	0,21360	0,21644	0,21928	0,22212	0,22495	77
13	0,22495	0,22778	0,23062	0,23345	0,23627	0,23910	0,24192	76
14	0,24192	0,24474	0,24756	0,25038	0,25320	0,25601	0,25882	75
15	0,25882	0,26163	0,26443	0,26724	0,27004	0,27284	0,27564	74
16	0,27564	0,27843	0,28123	0,28402	0,28680	0,28959	0,29237	73
17	0,29237	0,29515	0,29793	0,30071	0,30348	0,30625	0,30902	72
18	0,30902	0,31178	0,31454	0,31730	0,32006	0,32282	0,32557	71
19	0,32557	0,32832	0,33106	0,33381	0,33655	0,33929	0,34202	70
20	0,34202	0,34475	0,34748	0,35021	0,35293	0,35565	0,35837	69
21	0,35837	0,36108	0,36379	0,36650	0,36921	0,37191	0,37461	68
22	0,37461	0,37730	0,37999	0,38268	0,38537	0,38805	0,39073	67
23	0,39073	0,39341	0,39608	0,39875	0,40142	0,40408	0,40674	66
24	0,40674	0,40939	0,41204	0,41469	0,41734	0,41998	0,42262	65
25	0,42262	0,42525	0,42788	0,43051	0,43313	0,43575	0,43837	64
26	0,43837	0,44098	0,44359	0,44620	0,44880	0,45140	0,45399	63
27	0,45399	0,45658	0,45917	0,46175	0,46433	0,46690	0,46947	62
28	0,46947	0,47204	0,47460	0,47716	0,47971	0,48226	0,48481	61
29	0,48481	0,48735	0,48989	0,49242	0,49495	0,49748	0,50000	60
30	0,50000	0,50252	0,50503	0,50754	0,51004	0,51254	0,51504	59
31	0,51504	0,51753	0,52002	0,52250	0,52498	0,52745	0,52992	58
32	0,52992	0,53238	0,53484	0,53730	0,53975	0,54220	0,54464	57
33	0,54464	0,54708	0,54951	0,55194	0,55436	0,55678	0,55919	56
34	0,55919	0,56160	0,56401	0,56651	0,56880	0,57119	0,57358	55
35	0,57358	0,57596	0,57833	0,58070	0,58307	0,58543	0,58779	54
36	0,58779	0,59014	0,59248	0,59482	0,59716	0,59949	0,60182	53
37	0,60182	0,60414	0,60645	0,60876	0,61107	0,61337	0,61566	52
38	0,61566	0,61795	0,62024	0,62251	0,62479	0,62706	0,62932	51
39	0,62932	0,63158	0,63383	0,63608	0,63832	0,64056	0,64279	50
40	0,64279	0,64501	0,64723	0,64945	0,65166	0,65386	0,65606	49
41	0,65606	0,65825	0,66044	0,66262	0,66480	0,66697	0,66913	48
42	0,66913	0,67129	0,67344	0,67559	0,67773	0,67987	0,68200	47
43	0,68200	0,68412	0,68624	0,68835	0,69046	0,69256	0,69466	46
44	0,69466	0,69675	0,69883	0,70091	0,70298	0,70505	0,70711	45
	60'	50'	40'	30'	20'	10'	0'	Grad

Cosinus

Grad	Cosinus 0'	10'	20'	30'	40'	50'	60'	
0	1,00000	1,00000	0,99998	0,99996	0,99993	0,99989	0,99985	89
1	0,99985	0,99979	0,99973	0,99966	0,99958	0,99949	0,99939	88
2	0,99939	0,99929	0,99917	0,99905	0,99892	0,99878	0,99863	87
3	0,99863	0,99847	0,99831	0,99813	0,99795	0,99776	0,99756	86
4	0,99756	0,99736	0,99714	0,99692	0,99668	0,99644	0,99619	85
5	0,99619	0,99594	0,99567	0,99540	0,99511	0,99482	0,99452	84
6	0,99452	0,99421	0,99390	0,99357	0,99324	0,99290	0,99255	83
7	0,99255	0,99219	0,99182	0,99144	0,99106	0,99067	0,99027	82
8	0,99027	0,98986	0,98944	0,98902	0,98858	0,98814	0,98769	81
9	0,98769	0,98723	0,98676	0,98629	0,98580	0,98531	0,98481	80
10	0,98481	0,98430	0,98378	0,98325	0,98272	0,98218	0,98163	79
11	0,98163	0,98107	0,98050	0,97992	0,97934	0,97875	0,97815	78
12	0,97815	0,97754	0,97692	0,97630	0,97566	0,97502	0,97437	77
13	0,97437	0,97371	0,97304	0,97237	0,97169	0,97100	0,97030	76
14	0,97030	0,96959	0,96887	0,96815	0,96742	0,96667	0,96593	75
15	0,96593	0,96517	0,96440	0,96363	0,96285	0,96206	0,96126	74
16	0,96126	0,96046	0,95964	0,95882	0,95799	0,95715	0,95630	73
17	0,95630	0,95545	0,95459	0,95372	0,95284	0,95195	0,95106	72
18	0,95106	0,95015	0,94924	0,94832	0,94740	0,94646	0,94552	71
19	0,94552	0,94457	0,94361	0,94264	0,94167	0,94068	0,93969	70
20	0,93969	0,93869	0,93769	0,93667	0,93565	0,93462	0,93358	69
21	0,93358	0,93253	0,93148	0,93042	0,92935	0,92827	0,92718	68
22	0,92718	0,92609	0,92499	0,92388	0,92276	0,92164	0,92050	67
23	0,92050	0,91936	0,91822	0,91706	0,91590	0,91472	0,91355	66
24	0,91355	0,91236	0,91116	0,90996	0,90875	0,90753	0,90631	65
25	0,90631	0,90507	0,90383	0,90259	0,90133	0,90007	0,89879	64
26	0,89879	0,89752	0,89623	0,89493	0,89363	0,89232	0,89101	63
27	0,89101	0,88968	0,88835	0,88701	0,88566	0,88431	0,88295	62
28	0,88295	0,88158	0,88020	0,87882	0,87743	0,87603	0,87462	61
29	0,87462	0,87321	0,87178	0,87036	0,86892	0,86748	0,86603	60
30	0,86603	0,86457	0,86310	0,86163	0,86015	0,85866	0,85717	59
31	0,85717	0,85567	0,85416	0,85264	0,85112	0,84959	0,84805	58
32	0,84805	0,84650	0,84495	0,84339	0,84182	0,84025	0,83867	57
33	0,83867	0,83708	0,83549	0,83389	0,83228	0,83066	0,82904	56
34	0,82904	0,82741	0,82577	0,82413	0,82248	0,82082	0,81915	55
35	0,81915	0,81748	0,81580	0,81412	0,81242	0,81072	0,80902	54
36	0,80902	0,80730	0,80558	0,80386	0,80212	0,80038	0,79864	53
37	0,79864	0,79688	0,79512	0,79335	0,79158	0,78980	0,78801	52
38	0,78801	0,78622	0,78442	0,78261	0,78079	0,77897	0,77715	51
39	0,77715	0,77531	0,77347	0,77162	0,76977	0,76791	0,76604	50
40	0,76604	0,76417	0,76229	0,76041	0,75851	0,75661	0,75471	49
41	0,75471	0,75280	0,75088	0,74896	0,74703	0,74509	0,74314	48
42	0,74314	0,74120	0,73924	0,73728	0,73531	0,73333	0,73135	47
43	0,73135	0,72937	0,72737	0,72537	0,72337	0,72136	0,71934	46
44	0,71934	0,71732	0,71529	0,71325	0,71121	0,70916	0,70711	45
	60'	50'	40'	30'	20'	10'	0'	Grad

Sinus

Tafel der Kreisfunktionen.

Cotangens

Left minute labels (60′…0′) read with the lower Grad scale (0–44); the complementary reading uses the upper Grad scale (89–45). ∞ = unendlich.

Grad 0–22

Min	0	1	2	3	4	5	6	7	8	9	10	11	12	13	14	15	16	17	18	19	20	21	22
Grad (89→67)	89	88	87	86	85	84	83	82	81	80	79	78	77	76	75	74	73	72	71	70	69	68	67
60′	57,28996	28,63625	19,08114	14,30067	11,43005	9,51436	8,14435	7,11537	6,31375	5,67128	5,14455	4,70463	4,33148	4,01078	3,73205	3,48741	3,27085	3,07768	2,90421	2,74748	2,60509	2,47509	2,35585
50′	68,75009	31,24158	20,20555	14,92442	11,82617	9,78817	8,34496	7,26873	6,43484	5,76937	5,22566	4,77286	4,38969	4,06107	3,77595	3,52609	3,30521	3,10842	2,93189	2,77254	2,62791	2,49597	2,37504
40′	85,93979	34,36777	21,47040	15,60478	12,25051	10,07803	8,55555	7,42871	6,56055	5,87080	5,30928	4,84300	4,44942	4,11256	3,82083	3,56557	3,34023	3,13972	2,96004	2,79802	2,65109	2,51715	2,39449
30′	114,58865	38,18846	22,90377	16,34986	12,70621	10,38540	8,77689	7,59575	6,69116	5,97576	5,39552	4,91516	4,51071	4,16530	3,86671	3,60588	3,37594	3,17159	2,98869	2,82391	2,67462	2,53865	2,41421
20′	171,88540	42,96408	24,54176	17,16934	13,19688	10,71191	9,00983	7,77035	6,82694	6,08444	5,48451	4,98940	4,57363	4,21933	3,91364	3,64705	3,41236	3,20406	3,01783	2,85023	2,69853	2,56046	2,43422
10′	343,77371	49,10388	26,43160	18,07498	13,72674	11,05943	9,25530	7,95302	6,96823	6,19703	5,57638	5,06584	4,63825	4,27471	3,96165	3,68909	3,44951	3,23714	3,04749	2,87700	2,72281	2,58261	2,45451
0′	∞	57,28996	28,63625	19,08114	14,30067	11,43005	9,51436	8,14435	7,11537	6,31375	5,67128	5,14455	4,70463	4,33148	4,01078	3,73205	3,48741	3,27085	3,07768	2,90421	2,74748	2,60509	2,47509
Grad (unten)	0	1	2	3	4	5	6	7	8	9	10	11	12	13	14	15	16	17	18	19	20	21	22

Grad 23–44

Min	23	24	25	26	27	28	29	30	31	32	33	34	35	36	37	38	39	40	41	42	43	44
Grad (66→45)	66	65	64	63	62	61	60	59	58	57	56	55	54	53	52	51	50	49	48	47	46	45
60′	2,24604	2,14451	2,05030	1,96261	1,88073	1,80405	1,73205	1,66428	1,60033	1,53987	1,48256	1,42815	1,37638	1,32704	1,27994	1,23490	1,19175	1,15037	1,11061	1,07237	1,03553	1,00000
50′	2,26374	2,16090	2,06553	1,97680	1,89400	1,81649	1,74375	1,67530	1,61074	1,54972	1,49190	1,43703	1,38484	1,33511	1,28764	1,24227	1,19882	1,15715	1,11713	1,07864	1,04158	1,00583
40′	2,28167	2,17749	2,08094	1,99116	1,90741	1,82906	1,75556	1,68643	1,62125	1,55966	1,50133	1,44598	1,39336	1,34323	1,29541	1,24969	1,20593	1,16398	1,12369	1,08496	1,04766	1,01170
30′	2,29984	2,19430	2,09654	2,00569	1,92098	1,84177	1,76749	1,69766	1,63185	1,56969	1,51084	1,45501	1,40195	1,35142	1,30323	1,25717	1,21310	1,17085	1,13029	1,09131	1,05378	1,01761
20′	2,31826	2,21132	2,11233	2,02039	1,93470	1,85462	1,77955	1,70901	1,64256	1,57981	1,52043	1,46411	1,41061	1,35968	1,31110	1,26471	1,22031	1,17777	1,13694	1,09770	1,05994	1,02355
10′	2,33693	2,22857	2,12832	2,03526	1,94858	1,86760	1,79174	1,72047	1,65337	1,59002	1,53010	1,47330	1,41934	1,36800	1,31904	1,27230	1,22758	1,18474	1,14363	1,10414	1,06613	1,02952
0′	2,35585	2,24604	2,14451	2,05030	1,96261	1,88073	1,80405	1,73205	1,66428	1,60033	1,53987	1,48256	1,42815	1,37638	1,32704	1,27994	1,23490	1,19175	1,15037	1,11061	1,07237	1,03553
Grad (unten)	23	24	25	26	27	28	29	30	31	32	33	34	35	36	37	38	39	40	41	42	43	44

Tangens

Grad 0–22

Min	0	1	2	3	4	5	6	7	8	9	10	11	12	13	14	15	16	17	18	19	20	21	22
Grad (89→67)	89	88	87	86	85	84	83	82	81	80	79	78	77	76	75	74	73	72	71	70	69	68	67
60′	0,01746	0,03492	0,05241	0,06993	0,08749	0,10510	0,12278	0,14054	0,15838	0,17633	0,19438	0,21256	0,23087	0,24933	0,26795	0,28675	0,30573	0,32492	0,34433	0,36397	0,38386	0,40403	0,42447
50′	0,01455	0,03201	0,04949	0,06700	0,08456	0,10216	0,11983	0,13758	0,15540	0,17333	0,19136	0,20952	0,22781	0,24624	0,26483	0,28360	0,30255	0,32171	0,34108	0,36068	0,38053	0,40065	0,42105
40′	0,01164	0,02910	0,04658	0,06408	0,08163	0,09923	0,11688	0,13461	0,15243	0,17033	0,18835	0,20648	0,22475	0,24316	0,26172	0,28046	0,29938	0,31850	0,33783	0,35740	0,37720	0,39727	0,41763
30′	0,00873	0,02619	0,04366	0,06116	0,07870	0,09629	0,11394	0,13165	0,14945	0,16734	0,18534	0,20345	0,22169	0,24008	0,25862	0,27732	0,29621	0,31530	0,33460	0,35412	0,37388	0,39391	0,41421
20′	0,00582	0,02328	0,04075	0,05824	0,07578	0,09335	0,11099	0,12869	0,14648	0,16435	0,18233	0,20042	0,21864	0,23700	0,25552	0,27419	0,29305	0,31210	0,33136	0,35085	0,37057	0,39055	0,41081
10′	0,00291	0,02036	0,03783	0,05533	0,07285	0,09042	0,10805	0,12574	0,14351	0,16137	0,17933	0,19740	0,21560	0,23393	0,25242	0,27107	0,28990	0,30891	0,32814	0,34758	0,36727	0,38721	0,40741
0′	0,00000	0,01746	0,03492	0,05241	0,06993	0,08749	0,10510	0,12278	0,14054	0,15838	0,17633	0,19438	0,21256	0,23087	0,24933	0,26795	0,28675	0,30573	0,32492	0,34433	0,36397	0,38386	0,40403
Grad (unten)	0	1	2	3	4	5	6	7	8	9	10	11	12	13	14	15	16	17	18	19	20	21	22

Grad 23–44

Min	23	24	25	26	27	28	29	30	31	32	33	34	35	36	37	38	39	40	41	42	43	44
Grad (66→45)	66	65	64	63	62	61	60	59	58	57	56	55	54	53	52	51	50	49	48	47	46	45
60′	0,44523	0,46631	0,48773	0,50953	0,53171	0,55431	0,57735	0,60086	0,62487	0,64941	0,67451	0,70021	0,72654	0,75355	0,78129	0,80978	0,83910	0,86929	0,90040	0,93252	0,96569	1,00000
50′	0,44175	0,46277	0,48414	0,50587	0,52798	0,55051	0,57348	0,59691	0,62083	0,64528	0,67028	0,69588	0,72211	0,74900	0,77661	0,80498	0,83415	0,86419	0,89515	0,92709	0,96008	0,99420
40′	0,43828	0,45924	0,48055	0,50222	0,52427	0,54673	0,56962	0,59297	0,61681	0,64117	0,66608	0,69157	0,71769	0,74447	0,77196	0,80020	0,82923	0,85912	0,88992	0,92170	0,95451	0,98843
30′	0,43481	0,45573	0,47698	0,49858	0,52057	0,54296	0,56577	0,58905	0,61280	0,63707	0,66189	0,68728	0,71329	0,73996	0,76733	0,79544	0,82434	0,85408	0,88473	0,91633	0,94896	0,98270
20′	0,43136	0,45222	0,47341	0,49495	0,51688	0,53920	0,56194	0,58513	0,60881	0,63299	0,65771	0,68301	0,70891	0,73547	0,76272	0,79070	0,81946	0,84906	0,87955	0,91099	0,94345	0,97700
10′	0,42791	0,44872	0,46985	0,49134	0,51320	0,53545	0,55812	0,58124	0,60483	0,62892	0,65355	0,67875	0,70455	0,73100	0,75812	0,78598	0,81461	0,84407	0,87441	0,90569	0,93797	0,97133
0′	0,42447	0,44523	0,46631	0,48773	0,50953	0,53171	0,55431	0,57735	0,60086	0,62487	0,64941	0,67451	0,70021	0,72654	0,75355	0,78129	0,80978	0,83910	0,86929	0,90040	0,93252	0,96569
Grad (unten)	23	24	25	26	27	28	29	30	31	32	33	34	35	36	37	38	39	40	41	42	43	44

| Breitflanschige ⊥-Eisen $\frac{b}{h} = \frac{2}{1}$ | | | | | | | Länge |
| Profil Nr. | | | | | | | |
$\frac{\ }{2}$	$\frac{10}{5}$	$\frac{12}{6}$	$\frac{14}{7}$	$\frac{16}{8}$	$\frac{18}{9}$	$\frac{20}{10}$	m
30	**0,94**	**1,34**	**1,79**	**2,32**	**2,91**	**3,56**	**0,1**
50	1,88	2,67	3,58	4,63	5,81	7,13	**0,2**
40	2,83	4,01	5,37	6,95	8,72	10,69	**0,3**
20	3,77	5,34	7,16	9,26	11,62	14,26	**0,4**
01	**4,71**	**6,68**	**8,95**	**11,58**	**14,53**	**17,82**	**0,5**
31	5,65	8,01	10,74	13,90	17,43	21,38	**0,6**
51	6,59	9,35	12,53	16,21	20,34	24,95	**0,7**
41	7,54	10,68	14,32	18,53	23,24	28,51	**0,8**
21	8,48	12,02	16,11	20,84	26,15	32,08	**0,9**
01	**9,42**	**13,35**	**17,90**	**23,16**	**29,05**	**35,64**	**1,0**
81	10,36	14,69	19,69	25,48	31,96	39,20	**1,1**
51	11,30	16,02	21,48	27,79	34,86	42,77	**1,2**
41	12,25	17,36	23,27	30,11	37,77	46,33	**1,3**
21	13,19	18,69	25,06	32,42	40,67	49,90	**1,4**
02	**14,13**	**20,03**	**26,85**	**34,74**	**43,58**	**53,46**	**1,5**
82	15,07	21,36	28,64	37,06	46,48	57,02	**1,6**
62	16,01	22,70	30,43	39,37	49,39	60,59	**1,7**
42	16,96	24,03	32,22	41,69	52,29	64,15	**1,8**
22	17,90	25,37	34,01	44,00	55,20	67,72	**1,9**
02	**18,84**	**26,70**	**35,80**	**46,32**	**58,10**	**71,28**	**2,0**
[illegible]	[illegible]	[illegible]	[illegible]	[illegible]	319,55	392,04	11,0
11	104,56	148,19	198,69	257,08	322,46	395,60	**11,1**
11	105,50	149,52	200,48	259,39	325,36	399,17	**11,2**
11	106,45	150,86	202,27	261,71	328,27	402,73	**11,3**
11	107,39	152,19	204,06	264,02	331,17	406,30	**11,4**
2	**108,33**	**153,53**	**205,85**	**266,34**	**334,08**	**409,86**	**11,5**
12	109,27	154,86	207,64	268,66	336,98	413,42	**11,6**
12	110,21	156,20	209,43	270,97	339,89	416,99	**11,7**
12	111,56	157,53	211,22	273,29	342,79	420,55	**11,8**
12	112,10	158,87	213,01	275,60	345,70	424,12	**11,9**
2	**113,04**	**160,20**	**214,80**	**277,92**	**348,60**	**427,68**	**12,0**

Additional material from *Eisen im Hochbau,*
ISBN *978-3-662-23794-6,* is available at http://extras.springer.com